国家社科基金后期资助项目

可控网络安全控制理论

卢　昱　吴忠望　乔文欣　等著

国防工業出版社

·北京·

图书在版编目(CIP)数据

可控网络安全控制理论/卢昱等著. —北京:国防工业出版社,2025. 1. —ISBN 978-7-118-13548-0

Ⅰ. TP393. 08

中国国家版本馆 CIP 数据核字第 2024LH8523 号

内 容 简 介

本书是深化研究可控网络安全控制理论形成的系列研究成果。全书共有16章,前5章是安全控制的基础理论,总结阐述了可控网络的概念、内涵、特性、功能及其发展趋势;提出了可控网络的控制原理、控制过程和控制结构;总结了基于数学模型、关系模型和系统仿真的可控网络基本分析方法;设计了安全状态空间递阶拓展和时间维拓展的具体方法以及包含网络状态获取、评估、决策和控制执行等4个步骤的状态空间分析方法。中间9章是安全控制的核心技术,从结构可控性的模型、度量和优化3个方面系统阐述了结构控制技术的知识和相关研究成果;从基于认证的用户接入、基于信任的设备接入和基于行为的外网接入3个方面介绍了接入控制技术所涉及的主要知识;从SDN/NFV架构、云存储机理、安全服务功能链等视角分别对可控网络的传输控制技术、存储控制技术和运行控制技术进行了研究。最后2章,从系统工程的角度,介绍了相关设计理论和工程化方法。

全书充分考虑了可控网络安全控制理论框架的完整性、内容组织的系统性和各类网络安全控制的科学合理性,许多内容都是网络空间安全领域的最新研究成果,能够为网络空间安全研究提供借鉴,也能作为相关学科专业研究人员的参考书。

可控网络安全控制理论

卢　昱　吴忠望　乔文欣　等著

责任编辑　高　蕊
责任校对　王晓军
封面设计　方　妍
出版发行　国防工业出版社
地　　址　北京市海淀区紫竹院南路23号
印　　刷　雅迪云印（天津）科技有限公司印刷
开　　本　710mm×1000mm　1/16
印　　张　27¼
字　　数　438千字
版　　次　2025年1月第1版　第1次印刷
定　　价　108.00元

国防书店:(010)88540777　书店传真:(010)88540776
发行业务:(010)88540717　发行传真:(010)88540762

本书作者

卢　昱　吴忠望　乔文欣　李志伟　王增光

刘益岑　王　宇　陈兴凯　李　玺　赵东昊

国家社科基金后期资助项目
出版说明

后期资助项目是国家社科基金设立的一类重要项目,旨在鼓励广大社科研究者潜心治学,支持基础研究多出优秀成果。它是经过严格评审,从接近完成的科研成果中遴选立项的。为扩大后期资助项目的影响,更好地推动学术发展,促进成果转化,全国哲学社会科学工作办公室按照“统一设计、统一标识、统一版式、形成系列”的总体要求,组织出版国家社科基金后期资助项目成果。

全国哲学社会科学工作办公室

序一

随着“云物移大智”(云计算、物联网、移动互联网、大数据、智慧城市)等现代信息技术的快速发展,一个新型的网络空间域正逐步呈现,成为继“陆、海、空、天”后各个国家争夺主权的第五空间域。与此同时,网络空间环境正变得复杂而不可信,网络承载的价值日益增大,面临的攻击和破坏行为日趋随机多样而隐蔽广泛,存在的安全风险日益增大而充满不确定性,传统的分散、孤立、单一的防御手段和外在附加安全防护系统已经无法应对当前的严峻挑战。

党的十八大以来,我国将网络安全视为事关国家安全、经济繁荣、社会安定和人民安居乐业的战略问题。“没有网络安全,就没有国家安全”,网络空间安全已成为政治博弈的新战场、军事对抗的新手段和经济竞争的新领域,在此背景下,为实施国家安全战略,加快网络空间安全高层次人才培养,国家增设网络空间安全一级学科。面对网络空间安全的新挑战和新机遇,在传统的网络安全防御基础上,要“更上一层楼”,把网络安全视为一个复杂的系统问题进行体系应对,综合运用信息论、控制论、系统论和运筹学的理论,从网络控制的视角研究网络空间安全问题。基于此,陆军工程大学的卢昱教授及其研究团队在网络安全与控制研究领域开展了持续不断的研究,取得了系列研究成果,在国家社科基金项目《面向信息网络安全的可控网络构建战略研究》和国家社科基金后期资助项目《可控网络安全控制理论》等项目的资助下,深入研究了可控网络安全控制概念、原理、技术、策略和机制,涵盖了从网络安全控制原理到实际应用的整个过程,系统地构建了一套可控网络的动态安全防护体系。这一体系不仅在理论上具有创新性,更在实践中展现出较高应用价值和指导意义。

《可控网络安全控制理论》一书,作为国家社会科学基金资助项目的研究成果,是我国第一部系统阐述可控网络安全控制理论的专著,对可控网络安全控制理论进行了系统的总结和深入的剖析,为我们应对日益严峻的网络空间安全挑战提供了一个全新的视角和理论框架。书中提出的可控网络的三维安全控制体系结构和四维安全状态空间,是对现有网络空间安全理论和实践的重要补充和发展,这些理论为我们提供了一种全新的网络空间安全分析和控制方法,并会随着信息化、智能化技术发展而不断发展，特别是在动态变化的网络环境中，实现对网络空间安全状态的实时监控、评估和控制更为重要。

我由衷祝贺《可控网络安全控制理论》一书得以顺利出版。本书内容丰富、结构合理，论述全面而深刻，既有宏观的理论架构，也有微观的实践案例，具有较好的理论和实践参考价值，会对网络空间安全领域管理决策者、工程技术人员，以及高等院校网络空间安全学科专业师生有所启发和帮助，助推网络空间安全事业发展！

沈昌祥

2024 年 7 月 21 日于北京

序二

党的十八届三中全会成立了以习近平总书记为组长的中央网络安全和信息化领导小组,在中央网络安全和信息化领导小组第一次会议上,习近平总书记强调指出“没有网络安全就没有国家安全”。在习近平总书记亲自指导下,2014年国家开始设立每年举办一届的国家网络安全宣传周;2017年6月1日起开始施行《网络安全法》;2018年4月,教育部决定在“工学”门类下增设“网络空间安全”一级学科。这些重要措施使得国家各行各业更加重视网络空间安全,网络空间安全的教学科研及其相关活动蓬勃开展,取得了许多创新成果。

随着虚拟化、软件定义网络、人工智能、大数据和可信计算等新兴网络信息技术的深度应用以及卫星互联网、移动互联网和物联网快速发展,网络形态与安全态势发生深刻变化,新的网络安全问题和安全需求层出不穷。例如,网络拓扑结构的动态控制问题成为网络空间安全的重要影响因素。卫星互联络是一种集高时延、高动态等特点于一体的网络系统,网络拓扑始终呈高速变化状态;以智能手机为代表的移动智能终端使移动互联网的拓扑结构始终处于动态变化之中,物联网的网络节点增减或移动也使网络的拓扑结构随变化而变化。上述这些网络的拓扑结构是动态变化的,动态的拓扑结构则需要网络具有网络结构动态控制能力。目前的网络空间安全防护体系在应对网络结构动态控制方面还缺乏科学系统的安全技术协作策略,缺乏综合统一的安全控制理论和方法。

卢昱教授及其研究团队在网络安全和控制研究领域持续开展了20余年的研究,2001年起先后正式出版了《网络安全技术》《协同式网络对抗》《网络控制论概论》《空间信息对抗》和《信息网络安全控制》等专著。前沿网络信息技术快速发展也促使卢昱教授开始聚焦于利用这些技术系统解决网络安全控制问题,进一步强化了可控网络构建战略和技术途径、控制结构和控制原理、控制机制和核心控制技术以及可控网络安全控制分析方法等安全控制理论的研究,2015年申请的国家社科基金项目《面向信息网络安全的可控网络构建战略研究》获得立项。在该项目研究成果的支撑下,形成了《可控网络安全控制理论》初稿,2018年以此申请的国家社科基金后期资助项目《可控网络安全控制理论》获立项资助,这是我国第一部系统阐述可控网络安全控制理论的专著。

该专著的创新在于:首次提出了可控网络的概念,并从内涵、架构、技术、机制、功能和特性等方面对可控网络进行了多维度全方位的阐述,对结构控制、行为控制、接入控制、传输控制、存储控制和运行控制的控制机理进行了深入研究,厘清了各单一维度控制的基本概念、体系和模型,构建了可控网络控制体系,设计形成了可控网络控制机制;基于状态空间分析理论,提出了可控网络安全状态空间分析法,通过定义网络的安全状态及其表示方法、划分安全状态边界、研究攻防博弈中网络状态的演化规律、根据预判的演化规律采取有效的控制方法4个步骤,为可控网络系统的闭环控制和精确控制提供了有效手段;利用软件定义网络、可信计算、人工智能和大数据等新兴网络信息技术实现对信息网络的接入控制、传输控制、结构控制、运行控制等安全控制。从信息论、控制论、系统论和运筹学的角度来看待安全问题,利用网络控制的思路来对复杂并且不确定的信息网络实施安全控制,为解决网络空间安全问题提供全新解决方案。可控网络安全控制是一种理论研究视角的新探索,是网络空间安全理论的创新,也是网络空间安全防御技术发展的必由之路。

该书的研究成果是陆军工程大学和航天工程大学研究团队的精心之作,也是对可控网络安全控制理论和技术的初步探索和创新。该书既可作为网络空间安全、信息与通信工程等学科领域的高校教师、研究生和高年级本科生学习可控网络安全控制相关理论和技术的教材,也可以作为相关领域科研人员和工程技术人员的参考书。相信随着网络强国战略不断推进和网络空间安全可控需求的进一步凸显,可控网络安全控制必将迎来新的发展机遇。

郭世泽

2024年7月23日于北京

前　言

网络空间作为政治、经济、军事、文化、民生等领域不可或缺的重要基础设施，已成为支撑国民经济可持续发展和保障国家战略安全的核心资源。网络空间安全事关军队和国防建设，已经上升为国家安全的重大战略性问题。面对网络空间中的各种安全威胁和问题，目前各种网络系统都通过采用不同等级、不同类型、不同厂商的各种网络安全产品来进行网络安全防护，但其安全可控能力仍显不足。究其原因，主要是现有的大多数网络空间安全理论和技术基于先验知识实施被动防护多，从网络空间整体考虑实施成体系动态防御较少，不能有效应对未知的软硬件漏洞、预设的软硬件后门以及各种新型的攻击技术。

随着信息网络安全与控制的研究深入，引发人们从信息论、控制论、系统论和运筹学的角度来看待安全问题，从网络控制的角度来研究信息网络安全问题。从20世纪末，作者及其研究团队开始了网络安全理论和技术的研究，2001年起先后正式出版了《网络安全技术》《协同式网络对抗》《网络控制论概论》《空间信息对抗》和《信息网络安全控制》等专著。比较有代表性的成果是2005年撰写出版的《网络控制论概论》，网络控制论是系统科学与计算机科学相结合的产物，首次提出了用自动控制的理论来分析网络、描述网络、研究网络和控制网络，这本书奠定了我们开展可控网络安全控制研究的理论基础。随着虚拟化技术、软件定义网络（SDN）架构、人工智能、大数据和可信计算技术等前沿网络信息技术的飞速发展以及移动互联网的普及，卫星、车辆、舰船、无人机等移动装备构成的移动网络的动态节点越来越多，规模不断扩大，利用网络动态性的特点进行网络攻击的技术也在发展，无论是从网络结构还是网络行为上来看，网络空间动态演化引发的安全问题日益凸显，这也促使我们聚焦于利用云计算、大数据、SDN/NFV和人工智能等前沿信息技术来系统解决网络安全控制问题上。2013年以后，以陆军工程大学石家庄校区和航天工程大学航天信息学院的有关科研人员为主的作者团队进一步强化了可控网络在网络安全控制中的理论研究，于2015年申请了国家社科基金项目《面向信息网络安全的可控网络构建战略研究》，并获得立项（批准号：15GJ003-184）。在该项目研究成果的支撑下，形成了《可控网络安全控制理论》初稿，2018 年申请国家社科基金后期资助项目《可控网络安全控制理论》获立项资助（批准号：18FJS003），经过几年的深入研究，对初稿进行了不断的补充、修改和完善，形成了这本我国第一部系统阐述可控网络安全控制理论的专著。

可控网络就是运用网络控制论的思想，研究如何运用反馈控制的原理和方法，对复杂并且不确定的信息网络实施安全控制，通过构建可靠高效的网络安全控制系统，从网络结构和网络行为两个方面进行感知、分析和反馈控制，进而构建具有结构控制、接入控制、传输控制、存储控制、运行控制等控制功能的可控网络，使可控网络的安全状态保持动态稳定，改变了“头痛医头、脚痛医脚”传统单一控制目标的安全防御思想，能够对网络结构、网络行为和网络运行进行闭环的实时动态控制和管理，从而构建科学完善的可控网络动态安全防护体系。可控网络技术是网络安全技术发展到一定阶段的产物，它开辟了网络安全一个全新的研究领域，具有广泛的应用前景。我们相信在网络空间安全学科牵引下，在各种新兴信息网络技术推动下，可控网络安全控制理论研究将会越来越受到重视。

全书共分 16 章，各章的具体内容如下：

第 1 章绪论，介绍了网络系统、网络控制、网络控制论、网络安全控制和可控网络的相关概念、内涵、特性和功能以及可控网络的发展。

第 2 章可控网络控制结构，介绍了可控网络的控制原理、基本控制结构和控制结构拓展。

第 3 章可控网络基本分析方法，总结了基于数学模型、关系模型和系统仿真等 3 种基本分析方法。

第 4 章可控网络安全状态空间，设计了安全控制体系结构，总结了可控网络安全状态空间的概念、内涵和特点，介绍了递阶拓展和时间维拓展的具体方法。

第 5 章可控网络状态空间分析方法，详细阐述了网络状态获取、评估、决策和控制执行 4 步骤的状态空间分析方法，并以安全等级保护服务和入侵检测接入控制为例进行了分析。

第 6 章可控网络结构控制，介绍了结构控制相关概念、结构可控性模型、结构可控性分析等三方面知识。

第 7 章结构可控性度量，引入了最小控制输入、控制输入裕度和结构可控度 3 个概念，阐述了如何进行结构可控性度量。

第 8 章结构可控性优化,介绍了基于行相关性和基于特征结构二种优化方法、结构控制的实现方法,阐述了如何进行结构可控度的优化。

第 9 章可控网络用户接入控制,介绍了基于认证的用户接入控制概念和分类、控制体系和模型、常用环境下用户接入控制方案。

第 10 章可控网络设备接入控制,介绍了基于可信计算技术的设备接入控制概念和相关知识、控制体系和模型、可信环境下的设备接入控制方案。

第 11 章可控网络外网接入控制,介绍了网络行为的概念及分析方法、网络行为控制的概念及分类、基于网络行为控制的外网接入控制原理、模型、流程及方案。

第 12 章可控网络传输控制,介绍了传输控制的概念和相关知识、控制体系和模型、基于 SDN/NFV 架构的传输控制方案。

第 13 章可控网络存储控制,介绍了存储控制的概念、风险和特性、控制体系和模型、基于云存储架构的存储控制方案。

第 14 章可控网络运行控制,介绍了运行控制相关知识、动态安全防护体系、基于安全服务等级动态控制技术的运行控制方案。

第 15 章可控网络控制典型实践案例,介绍了基于跨域 SDN 架构的传输控制、基于 SDN/VxLAN 结构的结构控制、基于 SFC 的运行控制等 3 种原型系统设计及实验验证及测试。

第 16 章可控网络系统设计与工程,从系统工程的角度,对可控网络系统的单元组成、功能分配和实现过程进行了研究,形成了相关设计理论和工程化方法。

卢昱教授组织了相关研究,确定了全书结构、大纲,并撰写了主要章节的内容。吴忠望副教授、乔文欣博士、李志伟博士、王增光博士、刘益岑博士、王宇教授、陈兴凯博士、李玺博士、赵东昊博士等负责并参与了相关章节的撰写。全书由卢昱统稿并最后定稿。陈立云教授、古平教授、卢鋆博士、张汉峰博士、晏杰博士、卢皓博士等同志也参加了部分章节的修改完善。

本书的编写和出版得到了中国网络安全领率人物和学术带头人沈昌祥院士、网络空间安全知名专家郭世泽院士的倾力指导,两位院士倾情著序,让本书增色不少。在撰写本书的过程中,我们经历了从理论到实践的多次探索和验证,希望不仅能够为网络空间安全领域提供新的视角和解决方案，也希望能够激发更多研究团队参与研究和探索。由于可控网络安全控制理论提出的时间还比较短，研究涉及的内容多、范围广、资料少、技术新，难度非常大，虽经经过团队多年努力，许多研究还不够深入，特别是相关理论成果还不够成熟和完善，因此，本书撰写过程中错误和不足之处在所难免，恳请各位专家和广大读者批评指正。

卢昱

2024.7

目　　录

第1章　绪论

网络是人们工作、生活中不可或缺的一种基础设施,网络上的信息交流已经成为现代社会中人类最基本的活动之一。然而,在当前网络上的信息交流活动中,已经出现了许多诸如秘密泄露、信息伪造等具有威胁性的网络安全问题,这些问题与网络中控制管理的薄弱或不完善有着密切关系。随着网络安全问题研究的逐步深入,通过对网络进行控制来解决网络安全问题的研究已随之展开。网络安全非常重要,通过网络安全控制实现网络安全非常必要,网络安全控制理论的落地需要网络载体,这个载体就是可控网络,随着现代网络与信息飞速发展,移动互联网越来越普及,无论是从需求牵引上,还是从技术的推动上,都为可控网络的发展提供了可能和支撑。

1.1　相关概念

网络控制论[1]是应用控制论的概念和方法来研究网络控制的一般理论,它是将整个网络看作是一个被控制的对象,从系统、整体的角度来研究网络,从而更好地、更全面地描述网络、分析网络和控制网络,从而实现网络安全控制。网络控制论的提出不仅为诠释网络控制的概念和内涵提供了基本依据,还为可控网络这一新概念提供了核心理论支撑。为便于学习和理解,先介绍相关概念。

1.1.1　网络系统

1. 网络系统的定义

网络系统的定义有多种表述,最简单的说法是:一组有联系的网络和网络元素的集合。具有3层涵义:

(1) 网络系统是具有一定结构(相互存在着某种稳定联系)的网络元素的集合。

(2) 网络系统是以整体的方式与环境相互作用的,并通过对环境的作用表现其功能。

(3) 作为整体的网络系统在不同程度上具有稳定性、动态性和适应性等特征。

网络系统内部可以含有网络子系统,网络子系统是网络系统部分元素的集合。

2. 网络系统相关概念

网络系统有其概念体系,相关概念的具体描述如下。

(1) 网络系统的元素。网络系统的元素是完成某种功能而无需进一步分解的单元,是至少有一个输入和一个输出的特殊系统。网络系统的元素既包括路由器、交换机、集线器、服务器、网卡和终端机等网络硬件设备,也包括网络协议、系统软件和应用软件等。

(2) 网络系统的联系。网络管理控制的指令信息、设备状态信息和应用信息在各网络元素之间流动,构成了它们的相互联系。网络系统中的联系也称为网络耦合,指的是各网络要素之间的因果关系链。最常见的网络耦合就是网络系统中各网络元素之间的互联关系。

(3) 网络系统的结构。网络系统的结构就是指网络系统的元素及其联系的总和。网络系统作为统一的整体并具有一定的功能,都要通过网络元素之间的联系来实现。网络系统的结构一般是通过网络设计规范而形成。

(4) 网络系统的环境。与网络系统有关联的其他元素的集合称为网络系统的环境。网络信息在系统本身和其环境之间流动,构成了网络系统的输入和输出,并完成各种网络功能。根据系统与环境有无关系,可以把系统分为封闭系统和开放系统两类,网络系统大多是开放系统。

(5) 网络系统的边界。网络系统的边界一般由网络系统的物理结构所决定,网络系统的边界通常是相对的、开放的和变化的。网络系统的边界安全主要涉及3个基本问题:一是如何界定网络系统的边界,以判定用户是否进入了网络;二是如何鉴别用户的身份,以判定访问网络系统的用户是否合法;三是如何鉴别网络系统的身份,以便合法用户能够访问到真实的网络系统。

(6) 网络系统的稳定性、动态性和适应性。稳定性描述的是网络系统的行为特征的确定性和抗干扰能力;动态性描述的是网络系统的构成、边界及其信息流不断变化;适应性是网络系统为响应其环境变化而具有的学习能力和改变内部运行机制的能力。在变化较少或变化方式固定的环境中,集中性和刚性较强的网络系统具有较好的适应性,在变化较大或变化方式多样的环境中,分散而有弹性的网络系统具有较好的适应性。

(7) 网络系统的行为和功能。网络系统的行为就是在给定时间内网络系统中所发生的有关过程的集合;网络系统的功能是系统作为整体所表现出来的行为集合。行为和功能是网络系统具体运行的表现,是网络系统所实现的最终目标。

3. 网络系统的特性

网络系统的特性具体而言表现在以下 4 个方面。

(1) 网络系统的相对性。所有的研究对象都可以看成是系统,但根据研究的目的不同,看问题的角度不同,分析的方法不同,同一研究对象可以看作是不同的系统要素,具有不同的系统特征,这是网络系统概念的相对性。在某时和某种场合下,某一网络可以看成是一个系统,而在他时和他种场合下该网络可以看成是另一更大网络系统的元素或网络子系统。

(2) 网络系统的动态性。网络系统作为一种典型的人造的、开放的复杂巨系统,新的节点不断增加,网络拓扑结构实时改变、网络边界模糊可变,网络行为繁杂多变、连接模式多种多样、运行环境千姿百态、子网规模时大时小,这些都是构成网络系统动态多变的因素。网络系统就是在这样复杂多样、层次交叠、动态多变中,进行信息、数据和服务之间的交互、转移,还有人的随机参与,形成了网络系统的动态特性。

(3) 网络系统的抽象性。任何系统都代表具体的客观事物,代表组成该事物的各组成部分、各组成部分之间的联系以及其中发生的各种过程。这一切都是实际的、客观的、具体的。但是系统本身又具有抽象性。这就意味着系统所反映的不是事物所有组成部分的集合,也不是其中所有联系和行为的集合。网络系统的抽象性在于,按照一定的目的和要求选择网络的具有一定属性的特定组成部分(以及其特定的联系)作为网络系统执行特定功能的网络元素,而忽略网络的其他属性和组成部分。这也就是说,由认识的目的性产生了对研究对象诸多因素的选择性,因此也就产生了网络系统的抽象性。

(4) 网络系统的模型性。把一个网络系统和另一个系统对照起来,如果在两者的元素之间、在两者的内部联系之间、在两者与外部环境的联系之间具有部分的或全部的对应关系,那么,可以说这两个系统之间具有原型—模型关系。网络系统本身是以具体的网络对象为原型的一种模型,这就是网络系统的模型性。利用模型方法来分析网络活动,其结果的合理性取决于模型所反映的实际的管理过程、各参数之间的联系、各外部条件的制约关系以及所使用的信息的客观性和精确性。网络系统与模型之间的对应关系可以是部分的,也可以是全部的;可以是同态对应,即网络系统的多个元素或多个联系与另一系统的一个元素或一个联系相对应;可以是同构对应,即网络系统和另一系统的元素和联系严格地一一对应。

1.1.2　网络控制

1. 网络控制的概念

1）网络控制的定义

网络控制[2]的定义:为使网络系统、网络子系统或网络系统元素完成某种性能目标,而对网络系统、网络子系统或网络系统元素实施的控制。这里网络系统既是施控的网络主体,也是受控的网络客体,控制目标可以是网络运行的性能指标,也可以是网络安全的性能指标,控制的方式就是反馈控制的技术和机制。

网络控制是按照控制目标的要求,在网络资源的约束下,由施控单元下达,由控制单元执行,作用于网络系统或系统元素上的一组决策,且这组决策能够根据网络状态的反馈实时调整。由于状态反馈的作用,使得网络状态与网络管理目标不断趋同,从而实现网络控制的目标。

2）网络控制的种类

网络控制有合法控制和非法控制两种形式,合法控制有为了提高网络安全性能和网络运行效率而进行的控制,有为了进行必要的网络管理活动而采取的控制,有网络上的各种应用系统为完成其各自的功能而进行的控制等;而网络黑客和敌对方人员为窃取对方机密,破坏对方数据,干扰对方应用系统正常工作,利用对方网络系统的各种漏洞对对方网络进行控制均属非法控制。研究网络控制的目的就在于提高网络合法控制的可靠性和有效性,减少非法控制的可能性。

3）网络控制与网络管理

讲网络控制就离不开网络管理,网络控制和网络管理是两个存在交叉的概念,总的来讲两者应该互为借鉴、互相促进,不存在谁取代谁的问题,目前它们针对的是网络不同的问题、有着不同的目标和功能。单就控制这一点而言,网络控制的内涵远远大于网络管理中对网络进行控制这一概念。尽管网络管理中存在控制的因素,但这种控制是非常有限而且不成体系的。网络控制不仅包括网络管理中各种控制的内容,而且以网络控制论为理论指导,将现有的各种控制技术进行了归纳、融合和集成,用结构控制、接入控制、传输控制、存储控制和行为控制等概括了可控网络系统中的各种控制功能和控制组成。目前,网络管理和网络控制都朝着智能化的方向发展,可以预见,网络管理与网络控制将进一步在智能化的路上相互融合、互为补充。

2. 网络控制的内涵

为了进一步理解网络控制的内涵,可以将其与网络管理对照起来进行论述。

从概念上看,网络管理是指调度和协调资源,以便在任何时候都能通过计划、管理、分析、评估、设计和扩充网络等工作,进而以合理的成本和最佳的性能满足用户的需求:一是管理网络系统的运行,包括网络的监测、调整、设定网络设备,以及网络使用发展的规划;二是管理整个网络的所有资源,包括主机系统、网络互联设备、应用程序、数据库和网络服务等所有资源。网络控制是将网络控制论的理论运用于各种网络系统,通过相应控制策略的调度、控制机制的执行、控制协议的实现和控制部件的运行而实现对网络结构、网络行为和网络过程的调节或监控,网络控制的对象包含网络中的设备、信息、用户和行为。

从实现的目标来看,网络管理的目标是保证网络的有效运行,进而保证端用户得到可靠的服务:一是当网络环境发生变化时,采取有效的调节手段,确保连续的端用户服务,最终使网络性能达到最优;二是能用软件手段对网络进行配置、监视和控制,以保证网络的正常运行,减少故障发生的概率;三是能提供与操作员的直接接口,实施集中的综合管理,对整个网络性能进行监视和检测,提高网管的自动化水平;四是提供强有力的网络管理数据库,能用多种形式存储和统计数据。网络控制的目标依据控制性质的不同而不同,具体而言是要按照网络控制论的理论对网络系统的控制进行规划,设计系列的控制策略、控制机制,通过运行一定的控制协议和各种控制部件,可以提高网络传输效率和可靠性,可以优化网络的拓扑结构,可以对接入网络的设备和用户进行不同等级的控制,也可以构建不同等级的网络安全动态防护体系,从而提高整个网络系统的可靠性、可控性和安全性。如果是网络对抗则控制的目标就是获得网络控制权。

从作用的层次和范围来看,网络管理的管理协议大部分运行于应用层,对下层管理能力较差,管理范围一般限于己方网络上的设备和应用。网络控制较之网络管理作用层次更多、范围更广,几乎存在于网络的各个层次,各种网络系统中的网络实体、操作人员、各种信息、环境和行为,其中都包含网络控制的成分和作用。网络控制还有合法控制和非法控制、控制和反控制之分,作用范围几乎覆盖整个可以作用到的网络,既包括控制己方网络不被敌方入侵,又包括控制敌方网络为我所用。

从实现的控制结构上来看,网络管理系统和网络控制系统的管理控制结构相似,一般有集中式、分布式和分层式。集中式是多数情况下的首选,当网络规模改变而管理控制能力不能满足要求时,可以采用分布式或分层式;分布式与管理控制域的概念关联,优点是扩展性好;分层式是每个域只负责本域的管理控制,管理控制者位于更高的层次。根据管理控制的基本方式及其相应的网络系统结构特征的不同,网络管理控制可以归纳出 3 种基本结构,即集中控制结构、分散控制结构和递阶控制结构。实际上,网络控制的结构是复杂、多样化的,它们可能是上述基本结构的各种变型、组合或集成。以基本递阶控制结构为例,其变型和扩展就有 3 种,即多级控制结构、多层控制结构和多段控制结构。

3. 网络控制的实施

实施网络控制离不开网络控制系统,也可以说网络控制系统是实现网络控制的载体,通常由施控网络主体、受控网络客体以及它们之间的各种信息传输通道构成的网络系统,一般包括施控单元、被控单元、控制单元和反馈单元 4 个部分,其结构模型如图 1-1 所示。

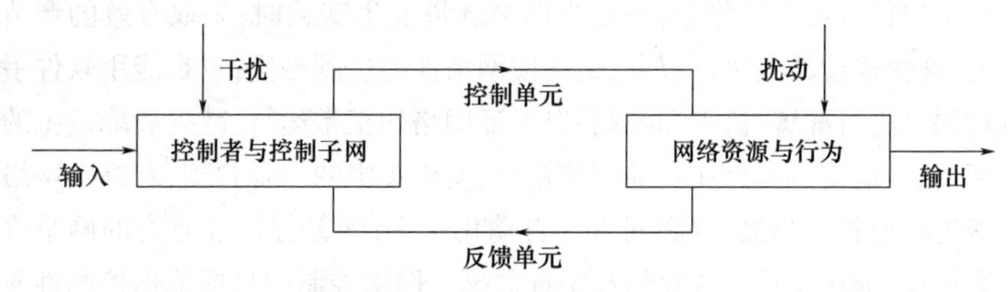

图 1-1 网络控制系统的结构模型

1) 施控单元

施控单元是网络控制的决策主体,且实施的网络控制不是孤立存在的,而是由统一网络控制理论指导的一组强关联、强耦合的有机控制。控制者和控制子网属于施控单元,其中控制者包括各种网络管理人员和网络应用系统的使用人员,控制子网包含各种网络控制系统和网管中心。

2) 被控单元

网络资源与行为属于被控单元,包括各种网络的组成设备、信息系统、网络应用和网络行为。

3) 控制单元

控制单元是网络控制的执行单元。控制单元包括各种控制作用和控制通道。可控网络系统在控制作用的影响下,能够改变自己的运动而进入某种状态。控制作用在某种意义上可以说是按一定目标对受控系统在状态空间中的各种可能状态进行选择,使系统的运动达到或趋近这些被选择的状态。因此,没有选择的目标就没有控制。控制通道是控制信息得以流通的各种控制结构、控制方式和传输介质的组合,它可以是物理的组合,也可以是逻辑的组合。在控制通道上,控制信息从施控部分传递到被控部分,属于前向通道。

4) 反馈单元

反馈单元是采集控制单元作用后的网络状态并回传施控单元做出下一步控制的网络状态感知单元。反馈单元包括反馈作用和反馈通道。可控网络系统在反馈作用的影响下,能够监视系统处于何种状态。反馈作用在某种意义上可以说是针对一定目标对受控系统的状态进行监测、分析和报告,使施控系统能及时作出响应,反馈作用的存在是控制论系统的典型特征。反馈通道由各种信息采集和分析设备、信息反馈和决策系统等组成。在反馈通道上,反馈信息从被控部分传递到施控部分,属于反向通道。

网络的各种活动都能通过网络行为来描述,一般来讲,网络控制是通过特定控制网络实现的,但是网络控制和控制网络的概念是不同的,前者强调的是对网络进行控制的过程,而后者强调的是对被控对象进行控制时网络系统所采用的架构形式。如果以网络系统的输出和输入关系来描述网络行为,那么网络控制就是为了改善和调节某个或某些网络对象的网络行为,通过获取并利用相关的网络状态信息,调节系统输入使受控部分的输出达到预期目标状态。

4. 网络控制的过程

下面通过网络拥塞控制来说明网络控制的概念,如图 1-2 所示,假设客户机向服务器发送数据包时遇到网络拥塞。在这个系统中,当路由器检测到通信子网发生拥塞时就开始丢弃多余的数据包,客户机(信息源地)超时还未收到确认信息时(相当于路由器向信息源发送了状态信息和控制信息)就会重新发送未确认的数据包,服务器(信息目的地)在未收到前面的数据包时也会在返回数据包中要求快速重传丢失的数据包(相当于向信息源发送状态信息和控制信息);客户机会根据收到确认包的情况及时调整本地拥塞窗口的大小,采取慢启动、拥塞避免等策略控制数据包发送的频率和时机,实现对网络拥塞的控制。用反馈控制解决拥塞问题的方案有3个步骤。

(1) 路由器监视网络流量,检测何时何地发生了拥塞。

(2) 路由器将无法处理的数据包丢弃。

(3) 服务器及时反馈数据包接收确认情况,客户机根据接收到的数据包确认情况及拥塞窗口的大小调整发包策略,进而控制流量,避免拥塞。

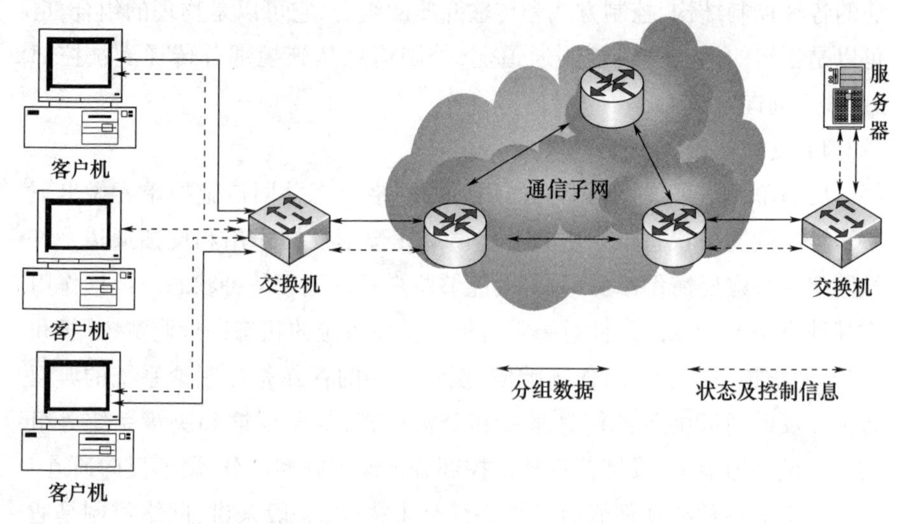

图 1-2　网络拥塞控制示意图

1.1.3　网络控制论

控制论是研究各类系统调节和控制规律的一种普适性科学，它是自动控制技术、通信技术、计算机技术、数理逻辑学、神经生理学、统计力学、行为学等多种科学技术相互渗透，形成的一门横断性学科，是多门学科综合的产物，也是诸多科学家共同合作的结晶。它通过研究生物体、机器以及各种不同基质系统的通信和控制过程，探讨它们共同具有的信息交换、反馈调节、自组织、自适应等原理，以及改善系统行为、使系统稳定运行的机制，从而形成了一套适用于各门科学的概念、模型、原理和方法。

控制论的研究表明，无论自动机器，还是神经系统、生命系统，以至经济系统、社会系统，撇开各自的质态特点，都可以看作是一个自动控制系统。在这类系统中有专门的调节装置来控制系统的运转，维持自身的稳定和系统的目的功能。控制机构发出指令，作为控制信息传递到系统的各个部分（控制对象）中去，它们按指令执行之后再把执行的情况作为反馈信息输送回来，并作为决定下一步调整控制的依据。可以看到，整个控制过程就是一个信息流通的过程，控制就是通过对信息的传输、变换、加工、处理来实现的。反馈对系统的控制和稳定起着决定性的作用，无论是生物体保持自身的动态平稳（如温度、血压的稳定），或是机器自动保持自身功能的稳定，都是通过反馈机制实现的，反馈是控制论的核心问题。控制论就是研究如何利用控制器，通过信息的变换和反馈作用，使系统能自动按照人们预定的程序运行，最终达到最优目标的学问，是具有方法论意义的科学理论。

1. 网络控制论的产生

自1948年维纳发表著名的《控制论》以来，控制论经过70多年的发展，与其他的学科互相结合，产生了许多新的边缘学科和综合学科。这些学科不断地“分化-结合”，形成了以控制论为核心的“学科树”和“学科林”。控制论发展到今天已经取得了辉煌成就，诞生了工程控制论、生物控制论、经济控制论、社会控制论和人口控制论等一系列现代控制论的分支学科。

在信息社会里，人、智能终端和信息源三者共同结合组成了一种新型社会生活空间和交往空间——网络空间。随着网络在社会生产、军事应用、电子商务、日常生活和物联网等方面的不断普及，移动网络拓扑结构的动态化趋势以及网络安全面临的严峻形势，产生了网络与控制论相结合的许多新问题、新思想和新方法，从控制论的角度来分析解决网络中的各种控制及安全问题是迫切而又亟需的。控制论这一经典理论和网络科学这一热门学科的结合，诞生了一门富有生命力的、适应社会需求和科学创新要求的学科——网络控制论。网络控制论是系统科学与计算机科学相结合，特别是前沿控制理论与网络技术相结合的产物，它的观察角度主要来自于信息论、系统论和控制论的基本思路，即在各种不同的网络系统中，网络结构和网络行为的活动过程是具有类似性和规律性的。这些活动和过程的基质就是信息，信息交流过程与信息承载者的性质无关，服从于一般的规律。

2. 网络控制论的概念

网络控制论针对充满不定性、关联性并不断发展的网络系统，用统一、综合、科学、系统的观点和分析方法，揭示诸如信息、网络、系统、控制、安全、管理、反馈、稳定等一系列重要概念的内在联系和普遍意义，来研究网络系统的运动变化过程及其相互关系。从这个基本思路出发，建立网络控制论自己的概念体系，处理各种各样的网络问题。概略地说，网络控制论是研究以智能终端为核心的各种网络系统内部通信、控制、协调、组织、平衡、稳定、计算及其与外部环境相互作用的科学方法论。

作为信息社会一个国家的基础设施，如果其网络系统运行状态好、稳定、可靠、协调并且可控，将有利于国民经济和社会的发展，也有利于社会的稳定。近年来，网络系统研究所涉及的相关领域取得了快速的进展，然而对网络系统运行客观规律的研究并没有建立系统的、普遍的概念和方法,这就迫切需要尽快开展网络控制理论和技术的研究。网络控制论对网络行为和过程的分析方法是崭新的,既有高度,又有深度和广度,它采用系统控制和动态控制的观点、结构控制和行为控制的观点,同时采用定性分析与定量分析相结合、结构分析与功能分析相结合、静态分析与动态分析相结合、宏观分析与微观分析相结合、局部分解与综合集成相结合、系统建模与计算机仿真相结合等现代先进的分析方法。所有这些观点和分析方法又不是各行其是、各持一端,而是有机地结合成一体。在研究网络活动规律性时,特别强调引入人工智能技术,实施智能控制,这在互联网日益扩大、信息交换日趋频繁、网络结构愈加复杂的网络活动中是非常重要的。

3. 网络控制论的内涵

网络控制论是研究网络系统中调节和控制过程普遍规律的科学,是一门涉及各个领域的综合性很强的学科。网络控制论可以从以下几个方面来认识。

(1) 网络控制论从更加完备和综合的角度来认识网络系统这一整体。它明确提出网络系统的结构、功能、行为这样一些网络系统的基本属性,并将它们作为描述网络系统的基点。在一定程度上可以说,以往的网络领域的研究只是将网络系统中某一方面作为自己的主要研究对象,并以此为出发点延伸、展开自己的理论体系和应用研究,而只有网络控制论才第一次试图从总体上全面地把握这些基本属性和它们之间的相互关系。

(2) 网络控制论首先开创和奠定了网络系统中调节与控制过程普遍理论的基础。现实世界的各种网络活动中从来就不存在纯粹自发的必然过程,这些活动中都充满着调节和控制现象。目前,许多对网络系统中特定技术的研究只是以特有的方式或多或少地回答其中的问题、揭示其中局部的规律;它们都是以特殊的方式对特定的网络行为和过程进行研究,从没有企图在更为一般的意义上来认识网络系统中普遍的有关调节和控制的规律。网络控制论以其对网络系统这一客体的更加全面的认识为起点,以控制论和人工智能技术为基础,吸取其他相关的特殊网络系统的调节和控制经验,并加以升华和拓宽,使得网络系统中关于调节和控制过程的普遍理论有了坚实的基础。

(3) 网络控制论把网络系统这个客观对象与网络管理者的主观能动性有机地结合在一起。调节和控制的过程就是主客观相统一的过程。网络控制论一方面将不同控制者的主观偏好抽象成不同的目标函数,据此分析能否或能够在多大程度上通过调节和控制并在一定的约束条件下,来达到一定的(单一的或综合的)控制目标,从而将不同的主观倾向性包含于调节和控制的问题之中。另一方面,它又可以对经由不同途径实现某一控制目标的各种方案进行比较,这又将客观评价融于调节和控制的问题之中。

(4) 网络控制论所研究的网络控制具有鲜明的特性。如网络拓扑结构的可控性、可观性给出了一整套的概念和分析方法,从而把网络管理活动定性分析的水平提高到一个新的高度,并能在此基础上进行定量分析。同时,网络控制与其他控制具有共有的特征,即整体性、目的性、反馈性和信息性。因此,系统论、信息论和控制论发展至今的一切理论成果,对网络控制研究都有指导意义,但网络控制理论作为一种新理论,又具有其他控制现象所不具备的特征——对抗性。对抗双方的人员在控制过程中同时兼有主、客体身份,为达成各自控制目标,在网络的控制与反控制的对抗过程中争夺信息优势,即制网络权,是网络控制的一大突出特点。

1.1.4 网络安全控制

随着互联网以及物联网的快速发展,网络系统的安全问题越来越突出,各种网络安全事件接踵而至,各式各样的网络安全威胁成为了网络安全建设的巨大屏障。网络安全面临的严峻形势为网络安全控制提出了迫切需求,而 SDN/NFV、人工智能、云计算、大数据和物联网等技术的快速发展也极大地推进了网络安全控制理论和技术的成熟和发展。

1. 网络安全控制的需求

20 世纪 90 年代以来,计算机网络的迅速崛起成为人类进入信息时代的显著标志。网络在建立的初期并没有过多地考虑网络中的信息安全问题,其初衷只是为了实现资源共享。当网络日益普及,应用范围不断扩大,网络攻击事件频繁发生,网络安全问题已经成为制约网络发展、令各类用户和研究人员头疼的顽疾,网络的开放性和安全性成为不可调和的矛盾。近年来,网络已经全面应用到政府、军队、金融等国家关键领域,计算机网络成为国家的关键基础设施,网络信息安全的研究也成为信息领域的热门课题。网络系统需要安全控制的主要原因主要有以下几点。

1) 网络安全控制是解决网络安全问题的必由之路

纵观目前信息网络存在的安全威胁,其主要体现在以下 3 个方面。

一是网络基础环境不可信带来的安全威胁。工业和贸易全球化以来,国产计算机系统、核心基础软件和硬件芯片的研发主要依靠国外引进,无论是政府部门,还是军队系统的 IT 设备,特别是操作系统、数据库、路由器、核心芯片等,频频出现美国“八大金刚”的影子。这些产品由于不具有自主知识产权,很可能被预置后门或漏洞,设备或系统的维护更新也受制于人,这相当于把自己的网络基础设施拱手让给别人掌控,使得网络面临着严峻的安全风险。2014 年 4 月,Microsoft 公司正式停止 Windows XP 系统的系统安全补丁、升级等服务支持,这使得大量的 XP 用户直接面临着基础操作系统不可信的安全威胁。

二是新型网络攻击技术带来的安全威胁。美国从 21 世纪初就制定了网络空间飞行器(Cyber craft)研究发展计划,该飞行器能够准确利用人员、系统存在的漏洞,实现多途径跨网穿梭、按环境自主决策、自适应变异生存,其攻击的指向性、渗透性、隐蔽性和智能化程度远远高于以往的网络攻击技术。此外,以 APT(高级持续性威胁)攻击等为代表的新型网络攻击具有针对性大、隐蔽性强、潜伏周期长、协同性高等特点,一般不需要建立攻击反馈回路,采用常规的检测技术手段很难在系统或数据遭受严重破坏前发现攻击。这些新型网络攻击大多利用信息网络系统中存在的漏洞,特别是未知漏洞,而现有的软件开发过程及计算机系统体系架构无法从根本上杜绝漏洞的存在。因此,新型网络攻击技术可以说是防不胜防,它们带来的安全威胁严重影响着当前的信息网络。

三是新技术不完备带来的安全威胁。随着移动互联网为代表的新型网络技术和以云计算为代表的新型网络应用技术的不断普及,这些技术及应用在安全方面的不完备,也给信息网络带来了一系列的安全威胁。移动互联网方面,主要体现为 3 点:一是移动终端日趋智能化、开放化带来的终端安全威胁;二是网络接入 IP 化与无线化带来的网络安全威胁;三是移动业务和应用多元化带来的应用安全威胁。云计算方面,虽然云的广泛应用带来了规模经济好、可用性高等优点,但由于其虚拟化、计算资源共享等特性,也带来了计算环境不受控、数据存储高风险等安全威胁。

为了应对和防范这些安全威胁,网络中采用了许多不同等级、不同类型、不同厂商的各种安全产品,但这些传统的网络安全产品是针对网络中某方面的安全威胁进行单方面、有针对性的防护,如数据加密、防火墙、防病毒、访问控制和入侵检测等都只是解决了网络的某一局部或某个环节的安全问题,属于“头痛医头,脚疼医脚”的安全防御思想,而且这些安全防护措施是基于先验知识实施的被动防护,无法有效应对未知的软硬件漏洞、预设的软硬件后门以及各种新型的攻击技术。系统解决网络安全问题需要运用控制论、系统论的方法和技术进行理论创新,在网络控制论的指导下进行网络的安全控制。

2）网络安全控制是构建网络安全动态防护体系的技术基础

信息网络最初是以向少数可信的用户群体提供网络服务为主要目的而设计的，并没有充分考虑安全问题，许多网络协议和应用都没有提供充分的安全服务，这导致网络体系构架的安全性在设计、实现、维护等各个环节都表现得十分脆弱。互联网是以 TCP/IP 协议为主要体系构架进行构建的，其透明性和扁平化使得攻击者可以访问、攻击网络中的任意网元，由此带来了诸多严重的安全威胁。如逻辑炸弹与后门的预置，病毒、蠕虫和木马等恶意代码的入侵，IP 欺骗和网络钓鱼攻击，分布式拒绝服务攻击与僵尸网络的泛滥，通信窃听与密码破解，非法访问与身份冒充等。

这种网络体系架构缺陷给信息网络带来的许多安全威胁，网络中各安全产品之间缺乏统一的数据交换标准和接口，防护、检测、响应与恢复系统之间缺乏高效的联动机制，且现有的大多数安全防御体系是静态的，缺乏整体的、科学系统的安全技术协作策略，缺乏综合统一的安全控制理论和方法，难以实现对一体化安全态势的实时感知和应急响应。网络控制论在网络控制和网络安全之间架起理论的桥梁，为解决日益严峻的网络安全问题提供了新的途径，为网络系统的安全分析、综合和模型化提供新的方法。因此，要想从根本上解决当前信息网络的安全问题，营造新的网络环境，就必须以网络控制论为指导，对网络实施安全控制，加强网络安全控制技术研究，通过科学、合理的将多种安全技术综合运用，建立完善的、健全的、动态的网络安全防护体系。

3）网络安全控制是构建可信可控军事信息网络系统的必然选择

网络安全控制具有广泛的应用领域，许多对网络安全性要求高的机构和组织都可以利用网络安全控制来解决他们面临的各种网络安全问题，在专用网络或者特种网络环境下，网络的可信可控更加重要。以军用网络为例，军用信息网络是未来信息与网络对抗的主战场，其安全与对抗问题的本质就是对网络的控制与反控制，所谓对制信息权和制网络权的获取，从某种意义上讲就是取决于是否对信息网络实施了成功的安全控制。因此，将网络安全控制作为未来军事信息网络的安全基石，是构建可信可控军事信息网络的必然选择。

一是体现了军事信息网络的高安全性本质。军事信息网络作为一种特殊的信息网络，具有很鲜明的军事特点，突出表现为战场上各种因素引起的不确定性，这种情况下，可控网络的高安全性可以保证指挥信息系统的正常工作，体现了军事信息网络的安全性本质。

二是体现了军事信息网络的高可控性特征。军事信息网络必须具有对网络结构以及网络行为的高度控制和管理能力，不仅要能够实现网络拓扑结构的全局观测、合理调控，也要能够实现网络行为的状态监测、结果评估和异常行为控制，这种可控性特征比一般信息网络要明显得多。

三是体现了军事信息网络的高动态化趋势。随着前沿信息技术在通信指挥的不断普及，卫星、车辆、舰船、无人机等移动装备构成的移动网络和卫星网络的规模将会不断扩大，军事信息网络中，将会出现越来越多的动态作战节点；另一方面，随着网络攻击技术的发展，网络中攻击行为也在变化，这些都使得军事信息网络必须采取动态安全防护措施。因此，无论是从结构还是行为上来看，都表明了未来军事信息网络的动态化趋势。网络安全控制可以根据反馈信息实时地掌握整个网络的结构、行为状态，并进行有效的安全控制，能够很好地体现军事信息网络的动态化趋势。

2. 网络安全控制的概念

网络安全控制的定义：为使网络系统或网络终端、部件等网络实体完成某种或多种网络安全性目标，而对网络系统或网络终端、部件等网络实体实施的控制。简言之，网络安全控制是为了实现网络安全目标而对网络实施一种特定的作用。

这些网络实体既是施控的网络主体，也是受控的网络客体，控制目标是网络安全性指标，控制的方式就是通过反馈控制的技术和机制。网络安全控制的核心是对网络信息的控制，同时还包含对网络结构和网络行为的控制。因此，网络对抗的实质就是网络安全控制的较量。网络安全控制是一个过程，在这个过程中，要利用各种控制技术和控制机制，采取一定的控制模型、控制方式和控制结构，对信息网络的安全属性进行监控，才能使之达到或符合预期的安全控制目标。

网络安全控制是通过网络安全控制系统实施的，网络安全控制系统可根据安全控制的需求提供相应的安全控制服务，这些服务可对网络系统的结构进行安全改造，对网络的行为进行检测与控制，对系统的输入/输出信息流进行安全调节，实现预定的安全控制目标。

从网络安全控制的概念可以看出，网络安全控制的实质是将控制原理运用于网络安全系统的设计和安全技术的实现过程中。现有的许多与网络安全相关的概念，如加密控制、安全边界控制、访问控制、防火墙控制、隔离控制、入侵防范控制、病毒传播控制等，都属于网络安全控制的范畴。

3. 网络安全控制的载体

随着现代信息技术的快速发展，一个新型的信息网络形态正逐步呈现，深刻改变了人类的政治、经济、社会、军事和生活等各个领域。与此同时,信息网络的环境正变得复杂而不可信,面临的攻击和破坏行为日趋随机多样而隐蔽广泛,传统的分散、孤立、单一的防御手段和外在附加安全防护系统已经无法应对当前的严峻挑战。

网络安全面临的严峻形势为网络安全控制提出了迫切需求,特别是网络拓扑结构的动态化趋势,更需要发挥网络安全控制理论的特长。逐渐兴起的软件定义网络(software defined network,SDN)将控制平面和数据转发平面分离,为传输控制、安全状态信息的采集和安全控制中心的构建提供了方便,使网络传输控制和结构控制更加方便;大数据分析技术和人工智能技术的不断成熟,为网络行为特征采集、分析与控制提供了可能性。云计算平台的虚拟存储技术使存储控制功能进一步加强和完善;新的人脸、指纹识别技术使网络接入控制中的身份认证更加精确。

解决网络安全问题亟需网络安全控制,而网络安全控制的实现又亟需载体,可控网络就是网络安全控制的载体,就是网络安全控制的具体实现。也就是说可控网络系统是依据网络安全控制理论而构建的一种网络系统,是网络安全控制理论的实践应用。可控网络是信息技术,特别是网络安全技术发展到一定阶段的产物,它开辟了网络安全一个新的研究领域,是网络安全技术发展的必由之路。

1.2 可控网络

开展可控网络理论研究,不仅可以为解决当前信息网络的安全问题提供新思路,也可以为构建未来信息网络中的可控网络系统提供可行性支撑,可控网络作为信息网络的安全基石,是未来构建安全信息网络的必然选择。

1.2.1 可控网络理论

可控网络是可控网络理论、可控网络系统的简称,与之相对应的还有可控网络技术。可控网络理论是以网络控制论为核心理论,以实现网络安全性指标为控制目标的网络安全控制理论。也可以说,可控网络理论的核心思想就是利用控制论的方法解决网络安全问题。可控网络理论有自己理论体系和概念体系,包括可控网络理论的概念、内涵、研究对象、研究内容、研究目标和分析方法等。

1. 可控网络理论的研究目标

可控网络理论的基础与核心是网络控制论,是网络控制论指导下的有关网络安全控制的理论,它以解决网络安全问题为着眼点,以网络安全性为控制目标,整合集成现有各种网络安全技术,构建高效的、科学合理的网络安全控制体系,为此,将逐渐形成一套科学完善的可控网络理论。依据网络控制论的基本思想,可控网络理论遵循信息论、系统论和控制论的基本研究思路,是应用控制理论的概念和方法来研究网络系统的一般理论,是关于网络系统中调节与控制过程的普遍理论。它首先从系统的角度来研究网络对象,把网络对象的某些属性、某个过程或某种问题放在一定的网络系统内来研究,目的在于更好地描述网络、研究网络和控制网络。

可控网络系统的安全性指标,也就是网络安全的“五性”:机密性、完整性、真实性、可用性和不可否认性。这些安全指标可以通过身份认证技术、访问控制技术和防火墙技术等接入控制技术,路由控制技术、VPN 技术和加密传输技术等传输控制技术,虚拟化存储技术、加密存储技术和数据隐藏技术等存储控制技术,以及结构控制技术、终端控制技术和行为控制技术来实现。

2. 可控网络理论的研究内容

可控网络理论研究是新出现的、正在发展的、不成熟的研究领域,要完整界定其研究内容是有困难的。但是为了研究和促进该研究领域的发展,在一定阶段需要根据它的研究对象和性质,明确其研究的基本内容和范畴。可控网络的研究对象涉及各种网络系统及其子系统,涉及这些网络系统内部和外部的各种联系,以及在各网络系统中运行的一切过程和机制。主要研究内容则集中于网络结构和网络行为的控制理论、控制结构和控制机制,以及网络系统中信息在获取、传输、处理、分发、存储和融合过程中的安全问题。

按照研究领域,可控网络理论的研究内容可以分为以下几个方面。

(1) 可控网络基础理论研究。包括可控网络相关的新概念、新内涵、新架构、新技术、新机制、新功能和新特性的研究;可控网络的控制理论研究,包括反馈理论、效能评估理论、决策分析理论、协同控制理论和智能控制理论等。

(2) 可控网络技术研究。包括可控网络系统构建技术、各类网络可控增强技术、新型信息技术、传统网络安全技术及其协同控制技术等;包括身份认证技术、访问控制技术、虚拟存储技术、加密通信技术、路由控制技术、安全代理技术、入侵检测技术、边界控制技术、行为控制技术和 SDN/NFV 技术、云计算、大数据、人工智能等。

(3) 可控网络分析方法研究。包括可控网络系统时空坐标系下的数学描述、网络结构描述和网络行为描述等方法研究;系统分析方法、建模分析方法和仿真分析方法等分析方法研究。

(4) 可控网络安全控制体系结构研究。包括研究提出适应于可控网络的安全控制体系结构;安全控制结构、安全控制参考模型、安全控制需求、安全控制策略、安全控制机制和安全控制服务,以及其相互关系等方面的研究。

(5) 可控网络应用研究。

可控网络的研究还可以按照可控网络的4个组成部分展开。

(1) 对网络控制的主体即可控网络系统中的施控部分进行研究,研究其概念、特点、体系结构、控制策略、控制机制和决策机制等。

(2) 对网络控制的客体即可控网络系统中的被控部分进行研究,研究其概念、特点、功能、描述方法和分析方法等。

(3) 对网络控制环节即可控网络系统中的前馈部分进行研究,研究网络控制的概念、控制方式、控制结构、控制功能和协同控制等。

(4) 对信息反馈环节即可控网络系统中的反馈部分进行研究,研究可控网络系统信息采集、信息反馈理论、效能评估和智能决策等。

3. 可控网络理论的分析方法

可控网络理论的形成与方法论的研究是分不开的。针对可控网络理论不同的研究内容,应采用不同的研究方法。可控网络理论分析方法是研究和解决可控网络问题的切入点,分析方法的正确与否将直接影响整个研究效果和研究结论。因此,选用正确的分析方法是至关重要的。可控网络理论的分析方法有系统分析方法、建模分析方法和仿真分析方法。

1) 系统分析方法

系统分析方法是用来解决复杂问题,对复杂系统进行分析或设计的。因此,系统分析方法对于研究网络系统的许多问题,尤其对于研究网络系统的结构、行为和过程及其控制问题,是非常重要的。单一的研究方法无法满足研究的需要,而可控网络理论的系统分析正是为了改进现有网络系统的安全状态,提高安全性能,而进行的定性分析与定量分析、结构分析与功能分析、静态分析与动态分析、宏观分析与微观分析、局部分解与综合集成相结合的系统分析,建立一般的理论和分析方法,从而完成对不同的网络行为、过程、性能、效率和安全性进行深入的比较和分析。

可控网络理论的系统分析方法从可控网络系统总体最优出发,在选定系统的安全性目标和准则的基础上,分析构成系统的各个层次分系统的功能、相互关系以及系统同环境的相互影响。这种系统分析方法是在可控网络理论所特有的观察角度和概念体系的基础上,研究各种可控网络系统的本质,认识并找出其行为和过程的规律性。

2)建模分析方法

可控网络理论把建立现有网络系统的安全控制模型作为本学科研究的核心问题,因此,可控网络理论的建模分析就是在对可控网络系统进行分析和研究的基础上,将可控网络系统抽象成各类模型,并利用模型来分析和解决各种网络安全控制问题。建模分析方法的核心是类比方法,类比方法的具体实现就是网络系统的模型化,即建立真实网络系统的安全控制模型,用来研究真实的网络系统。

网络系统的主动性、不确定性、不确知性因素,使得其难以用传统的数学模型描述,即使建立起网络系统的数学模型,也十分复杂,例如非线性、变系数、高阶或高维的偏微分方程,这就需要进行网络系统的模型简化,包括线性化、定常化、模型降阶或降维,简化模型可能与真实网络系统有一定差异,用简化模型所获得的系统分析和综合结果会有一定的误差,这种模型有一定的局限性。

3)仿真分析方法

现代仿真技术均是在计算机支持下进行的,因此系统仿真[3]也称为计算机仿真。系统仿真实质上是一种模型实验,仿真的目的是在系统分析、综合和预测的基础上,获得系统实际运行时的动态特性,从而解决在实际系统上进行测试的经济性和安全性问题。系统仿真有 3 个要素,即系统、模型和计算机系统,联系这 3 个要素的是系统仿真的 3 个活动,即系统建模、仿真建模和仿真实验。系统仿真的基础是系统模型,系统模型不同,使用的仿真方法也不尽相同。

可控网络系统的仿真主要是运用系统仿真的手段,针对不同的分析目的,实现对网络行为、过程及网络运行过程进行准确地描述和仿真。首先将可控网络系统的模型与算法输入仿真系统,同时用计算机仿真技术去模拟网络系统的状态转移,或运用现代智能技术去仿真网络系统中的实体所可能出现的状态变化,进而实现可控网络系统的仿真分析,得到系统的性能和各种参数。通过多次仿真分析,可以得到大量的可控网络系统的仿真分析结果,在这些分析结果的基础上,运用优化理论和方法,研究可控网络系统的控制优化问题,也可以进一步完善可控网络系统的设计。

1.2.2 可控网络内涵

可控网络是由各种有序的相互联系的网络元素有机结合而成的集合。

该集合可以包含许多子集合,它们之间又具有各种联系而形成较复杂的结构;它们在某种网络控制和管理的目标下,以整体方式执行整个系统的某种网络功能。这里所谓复杂结构的含义是:可控网络可以由各种子系统组成,它们体现为网络上不同的方面、不同的层次,各自相应有不同的子目标,执行不同的子功能。

1. 可控网络是典型的网络控制论系统

网络控制论研究的是各种网络系统,是以网络为实体的控制论系统。信息领域中的计算机网、互联网、移动互联网是可控网络的实体,空间飞行器和地面相应设施构成的空间信息网络,以计算机为核心的各种物联网,在为某种战略、某个战役或某个战术层次,由各种不同装备组成的天地一体化网络系统均可以说成是可控网络的实体。这些实体具有系统的功能和特点,又具有网络的行为和属性。可控网络作为网络控制论的研究对象,是网络控制论概念体系的核心。可控网络系统既然是系统,就具有一般系统的特征,既然是控制论系统,也就具有一般控制论系统的特征。因此,有关系统和控制的概念及其描述对它都适用。可控网络是网络控制论的载体,是网络控制论的体现,可控网络除了研究流量控制、路由控制、服务质量控制等一般网络控制问题外,将研究的重点放在了利用自动控制理论解决网络安全问题上,从安全控制的角度,系统的、成体系的整合利用各种传统网络安全设备和技术,实现信息共享、设备联动和响应同步,从而构建起网络安全动态防护体系。

2. 可控网络是离散事件动态系统

可控网络是典型的人机系统,是由离散事件驱动,并由离散事件按照一定运行规则相互作用,具有状态演化过程的一类动态系统。从这个角度看可控网络,其具有两个特点:一是可控网络的系统属性表现为由离散事件驱动;二是可控网络的人机属性表现为基于人为的运行规则。随着信息处理技术和网络技术的发展完善和广泛应用,在各行各业都建立与本领域相关的网络信息系统,在这类人机系统中,对系统行为进程起决定作用的是一批离散事件,而不是连续变量,所遵循的是一些复杂的人为规则,而不是物理学定律或广义物理学定律。在可控网络中,系统的状态由一些离散变量所表征,且只能在离散事件驱动下和在异步离散瞬时发生跳跃时变化。可控网络的动态性一方面体现为“离散事件的发生驱动系统状态的跃变”,另一方面体现为“系统状态的跃变触发新离散事件的发生”,由此形成错综复杂的交互作用。对于实际的可控网络系统,系统参数的微小变动,都将可能引起离散事件发生时序的改变,从而导致不同的系统状态演化模式。对于确定性的可控网络系统,在确定性运行规则和确定性系统参数下,由事件驱动的系统状态演化模式也是确定性的。

3. 可控网络是以安全控制为核心的闭环控制系统

不管可控网络物理上采用何种控制结构,其实质就是一个或多个反馈控制回路如何构建不同用途、不同层级的反馈控制回路。可控网络的逻辑控制结构,对应的反馈控制,可以分为小回路反馈控制,和大回路反馈控制,也称为二级反馈控制回路。小回路反馈控制,也称部件级反馈控制回路,是在网络中的安全设备,或部件层级上实现的控制,控制依据是来源于安全部件上的安全状态,如网络终端上的安全代理、访问控制、漏洞扫描和病毒查杀,路由器上的路由控制部件等,特点是自身能够构成的安全控制回路。大回路反馈控制,也称系统级反馈控制回路,是系统层级上实现的控制,控制依据是来源于整个系统的安全状态,如网络防火墙,和网络身份认证等系统,与网络安全控制中心,构成的控制回路,特点是,在网络安全控制中心的协调和控制下,信息共享,相互支撑,各系统各自或共同形成安全控制回路。

1.2.3 可控网络特性

可控网络系统具备控制论系统的特性,遵循控制论系统的规律,除前述的其他各类控制论系统具有基本特性外,还具有如下特性。

1. 离散性

在可控网络系统中,状态演化是由事件驱动的,状态只能在离散时间点上发生跃变,即仅在驱动事件发生的瞬时,状态才能出现跃变,其他时刻则保持不变。这是一种固有的不连续属性,与连续变量动态系统中时间离散化有着本质区别。连续变量动态系统中的时间离散化是依靠引入采样装置而人为加以实现的,不管是采用“同步”还是采用“异步”离散化,变量跃变时刻总是事先确知的。就物理本质而言,时间离散化后的连续变量动态系统仍具有连续属性。

2. 异步性

在可控网络系统中,由于系统由离散性决定,演化过程中状态发生跃变时刻呈现异步性,在时间轴上状态跃变时刻是异步地排列的。

3. 并发性

在可控网络系统中,一个离散事件的发生,可能会使状态变化呈现出并发性,即同时导致一些乃至全部状态变量的跃变。

4. 随机性

在可控网络系统中,离散事件同时受系统内部和外部因素的约束,严格地说,这些因素总是会包含某种不确定性的,由此导致系统状态变化呈现出不确定性。从这个意义上说,在对可控网络系统的建模和分析中,这种随机因素是不应回避的。

5. 开放性

网络需要与环境进行物质、能量和信息的交换才能维持,属于耗散结构。根据耗散结构论,任何系统要求得发展,从无序发展为有序,或从低级的有序发展为更高级的有序,都必须首先使系统开放。只有对外开放,从外界吸收负熵流来抵消自身的熵产生,才能使系统的总熵逐渐减小,从而维持其有序或从无序到有序的演化。一个良好的网络系统也是这样的,实践证明,建立相对稳定的开放性系统是保证网络不断适应新环境的必要条件。

6. 动态平衡性

任何一个具有内在活力的系统,必定是一个有差异的、非均匀的、非平衡的系统。一个系统如果处于无差异的平衡状态,就意味着系统内不存在势能差,无势能差的平衡系统必然是一个低效能的系统。因为在平衡态下,系统内部混乱度最大,无序性最高,网络最简单,信息量最小。因此,动态的平衡是网络系统完善的根本标志,是控制者力求达到的目标。

7. 自调节性

开放性和动态平衡性为网络朝着有序的方向发展提供了必要的条件,可控网络系统通过系统内部控制机制的调节和控制获得自我完善。网络要从无序向有序发展并使系统重新稳定到新的平衡状态还必须通过网络内部构成要素之间的非线性相互作用来完成。可控网络系统的组成要素之间按照非线性的关系组成一个耦合系统,通过相互作用共同实现网络的目标。

1.2.4 可控网络功能

1. 网络运行控制

网络运行控制简称网络控制,它不是独立存在的,它是网络结构控制、行为控制的综合体现,可控网络系统的运行过程,实际上就是各种控制过程的具体体现,包括信息采集、反馈、评估、决策和控制环节。在运行过程中,最核心的是可控网络的安全控制中心,它是协调整个可控网络系统中各个部件运行的关键。在安全控制中心的协调运行下,安全态势评估分析系统进行风险评估、安全预警、态势评估和态势预测，在此基础上，根据态势评估分析的结果，动态调度不同安全等级的功能组件，以确保对网络实施有效的运行控制。

图 1-3 所示为可控网络的控制功能组成，也可以说是控制功能分解图，网络控制分为结构控制和行为控制，结构控制又分为主动控制和被动控制。行为控制又分为合作行为控制与非合作行为控制，合作行为还可分为接入控制、传输控制和存储控制。

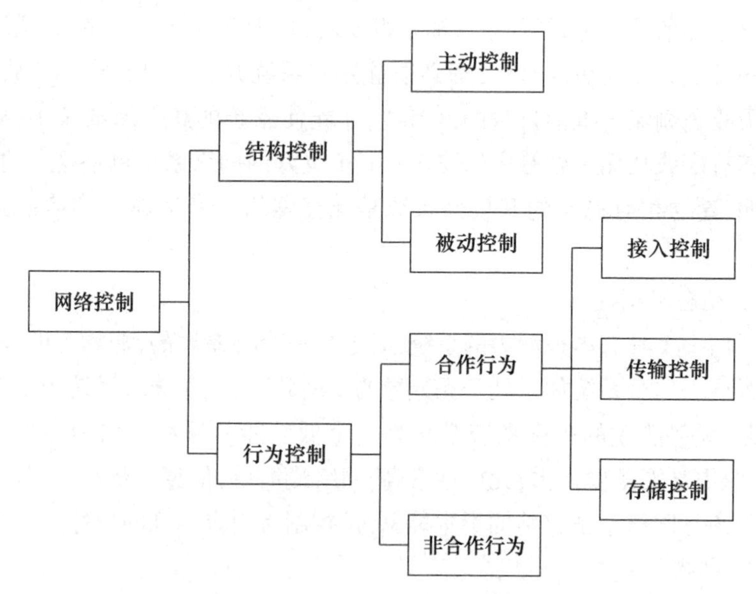

图 1-3　可控网络的控制功能组成

2. 网络结构控制

网络结构是体现一个网络区别于其他网络的核心要素，是一个网络对外呈现其特征的基本表现形式，是相对固定不变的。网络结构控制，是为了网络安全性指标而对网络结构进行的控制和调整，使网络的拓扑结构发生明显变化，如对不安全的传输路径，或不安全的终端，从物理上或逻辑上，进行安全隔离等；控制网络的逻辑拓扑结构和部分物理拓扑结构，目的是增强网络连接的可靠性、通信效率和安全性，同时保证网络拓扑的灵活性和可管理性。对于不同类型的拓扑结构，其可靠性和通信效率是不同的。

网络结构控制分为主动控制和被动控制两种。

（1）主动控制。主动控制是指当移动节点移动、通信链路性能下降等引起网络的可控性下降时，结构控制可以主动地对网络结构进行调整，使其可控性、可靠性和安全性增强。

（2）被动控制。被动控制是指在网络系统遭受物理打击，导致网络的可控性下降时，可控网络的结构控制系统对网络结构进行的被动调整。

3. 网络行为控制

网络行为是网络上各种网络活动的具体表现形式，不同的网络行为具有不同的特征，其共性的特征就是动态性，因而对网络行为的控制也是动态的。从安全控制的角度，网络系统中的全部行为活动都可分为合作网络行为和非合作网络行为。网络行为控制的目的，就是保证合作网络行为的进行，而阻止和控制非合作网络行为的发生。

网络行为控制分为合作网络行为控制和非合作网络行为控制。

（1）合作网络行为控制。合作网络行为通常是指正常网络行为，其特点是按照系统预设的控制策略，尽可能地对自身的行为特征进行本质表现，有利于系统相关控制部件成功识别，使行为活动得以顺利运行。

（2）非合作网络行为控制。非合作网络行为主要是指异常网络行为，通常是指网络攻击行为，其目的在于对网络和网络信息进行非法控制，其特点是主动隐瞒自己的行为特征，企图骗过相关安全控制系统，具有破坏性和隐蔽性。网络攻击行为往往不是孤立存在的，通常是敌方通过长期进行的网络扫描、漏洞检测和确定攻击方案后而精心实施的，由于其刻意隐藏在正常网络行为中，所以网络安全控制系统，必须对大量的网络攻击行为的特征数据进行采集和分析，利用大数据分析技术进行建模和预测，从而进行有效的控制。

合作网络行为控制包括接入控制、传输控制和存储控制，均属于网络正常工作时常规的、频繁的网络行为控制。

（1）接入控制。接入控制是控制网络流量的访问权限和网络终端的接入权限，包括用户访问网络设备、网络服务和网络信息资源的权限，保障信息的专用性和安全性。接入控制主要分为网络接入控制和终端接入控制两个部分，网络接入控制主要解决外部网络流量访问内部网络的问题，终端接入控制主要解决用户终端访问资源的接入权限问题。通过防火墙技术和身份认证技术可以分别实现网络接入和终端接入的控制，从而确保网络安全控制系统信息的专用性和安全性。接入控制包括身份认证、访问控制、边界控制等。

（2）传输控制。传输控制是控制网络信息通信的安全，目的是增强网络数据传输的安全性和可靠性，主要通过数据加密技术为通信双方建立安全传输信道，保证传输过程数据的完整性和机密性，以实现对网络安全控制系统数据传输过程的安全控制。传输控制可以通过链路加密传输、节点加密传输和端到端加密传输3种加密传输方式来实现,是一种主动安全防御策略,将通信双方的通信链路从开放的公共网络中抽象隔离,以保障数据传输不受外部窃听、篡改等恶意攻击影响。传输控制包括路由控制、加密传输和VPN等。

(3) 存储控制。存储控制是控制网络信息和数据在网络安全控制系统中的存储安全,目的是提高网络数据存储的安全性和存储效率,保障数据存储过程中信息的完整性和安全性。网络安全控制系统中,数据存储形式主要表现为云端的分布式存储。通过数据加密控制技术、数据去重控制技术和存储备份控制技术可以实现对网络数据存储安全性和存储效率的提升,同时保证信息的完整性和安全性。存储控制包括虚拟化存储、加密存储和数据隐藏等。

1.3 可控网络发展

可控网络技术的发展一是离不开需求牵引,二是离不开技术推动。

1.3.1 发展需求

1. 网络拓扑结构动态控制的需求

网络拓扑是网络节点间的连接关系。传统的网络节点大多是静态部署的,网络拓扑结构稳定,无需过多考虑拓扑控制。随着网络技术的发展,卫星网络、移动互联网、无线自组网快速发展,在给军民带来极大便利的同时,也带来了新的网络安全问题和安全需求。

1) 卫星网络的拓扑结构控制的需求

软件定义卫星概念的出现,以“北斗”[4]、“鸿雁工程”[5]和“虹云工程”[6]为代表的卫星网络工程[7]实施,卫星网络将逐步进入我们的生活。卫星网络是一种集高度复杂性、高时延、高动态等特点于一身的网络系统,网络拓扑始终呈快速变化状态,拓扑的时序演化如不加干预,卫星网络对地面的覆盖效果将难以保证。此外,卫星、临近空间通信节点、航空层和地基层之间的复杂组网需求,也亟需构建一套卫星网络结构控制策略。

2) 移动互联网的拓扑结构控制的需求

随着移动网络的通信能力日益提高和嵌入式芯片计算能力的快速增长,以智能手机为代表的移动智能终端成为人们日常生活中随身携带、不可缺少的必需品。4G手机改变了我们的生活,我们已有体会,5G手机很快就会进入我们的生活，5G 手机的出现，将会改变我们的社会。智能手机记录我们的习惯、暴露我们的行踪、绑定我们的银行账户，承载着大量的个人隐私信息，这也导致其成为病毒和恶意软件的攻击目标。移动智能终端使网络的拓扑结构始终处于动态变化之中，为解决移动互联网的安全问题，也必须解决拓扑动态变化条件下网络结构控制的问题[8]。

3）无线自组网的拓扑结构控制的需求

在现在战争中，无线自组网[9]作为承载、支撑通信与控制系统的基础网络平台，其安全性影响着指挥命令和交互信息可靠传输，成为影响胜负的关键。一是网络节点和通信链路极易受到敌方针对性的网络攻击，随着被攻击节点的失能，网络的拓扑结构随变化而变化。二是由于机动的需要，无线自组网的网络节点大部分具有移动性，通信单元的移动使网络的拓扑结构随变化而变化。无线自组网的节点拓扑结构一定是动态变化的，动态的拓扑结构则需要网络具有结构控制的能力。

2. 网络行为控制的需求

网络行为是网络活动实体所具备的能力或功能的体现，可对网络空间中的实体状态产生直接或间接影响。从网络安全和防护的角度来看，可将网络行为分为合作网络行为与非合作网络行为两类，以及由多个合作行为或非合作行为组成的复杂网络行为。网络行为控制是在对网络运行的动态变化规律研究的基础上，为保证网络正常运行，对网络行为所进行的一系列控制作用。可控网络的智能控制、反馈控制和协同控制可以对网络行为控制提供技术支撑，满足网络行为控制的需求。

1）合作网络行为需要高效精确地智能控制

合作行为指的是有利于网络正常运行的网络行为，从作用范围和包含关系来看，包括结构控制、接入控制、传输控制和存储控制等，以及身份认证、访问控制、路由控制和加密传输等子行为。合作行为的控制过程是建立在对被控合作行为的特征提取和模式识别的基础上的。因此，将合作行为由繁到简逐级细化分层，对每个子行为进行细粒度的特征提取和模式识别，并对网络运行过程中各子行为进行精确监控和智能分析至关重要。随着人工智能和计算机技术的高速发展，可控网络具有的自适应、自组织、自学习和自协调能力的智能控制技术为合作网络行为的管理和控制提供了高效便捷的控制过程，以及更细粒度、更精准精确的控制作用。

2）非合作网络行为需要动态灵活的反馈控制

非合作行为指的是影响和破坏网络正常运行的网络行为，非合作行为包括入侵行为、侦测行为、渗透行为和破坏行为等，以及扫描、监听、窃取、注入等子行为。非合作行为的控制过程的研究除了对于行为细化分层和细粒度特征提取及模式识别,更重要的是在对行为分析的基础上,利用可控网络的反馈控制功能对非合作行为进行动态灵活的调节纠正和快速响应,在整个系统中形成反馈闭环控制,从而提高整个网络系统的安全防御能力。

3）复杂网络行为需要科学统一的协同控制

复杂网络行为是由大量单个独立个体在网络中相互作用产生的。传统的网络安全防御手段主要是由网络系统中独立的安全部件完成的,对网络中攻击行为的防御也是独立的,缺乏对多种安全防御手段协同配合的研究,导致网络安全防御协同能力相对不足。通过对网络中各种安全部件之间的协同部署进行研究,分析各种安全防御部件之间协同工作的规律,利用可控网络的协同控制功能,对网络防御资源进行适当分配,建立协同控制策略,形成协同控制机制,构建协同防御系统,提高协同防御能力。

3. 网络对抗动态博弈的需求

博弈论又称对策论,早期在经济领域获得广泛应用,于 20 世纪 90 年代被运用于网络安全领域。博弈可以看作控制的延伸,当所控制的对象没有决策能力时,可运用传统控制理论生成控制策略使被控对象保持所期望的状态;当所控制的对象有决策能力时,被控对象会对控制方输出一个反控制,网络对抗的实质就是对特定网络的控制与反控制,所研究的问题也就变成了博弈问题。具体来说,当控制对象具有与控制方相同的决策目标时为合作博弈问题,当控制对象具有相反决策目标时为非合作博弈问题。网络攻防双方动态的对抗行为属于博弈论的研究范畴,已经成为网络安全控制的前沿研究领域,获取网络对抗动态博弈的优势需要可控网络相关控制功能的支持。

1）动态博弈需要网络安全状态感知能力

网络攻防博弈[10]是决策对抗的过程,任何决策的制定都依赖于对当前网络状态的掌握,因此网络状态是网络攻防博弈决策的信息基础。网络博弈中这种对状态信息的依赖关系与可控网络的理念不谋而合。可控网络为实现网络控制的需要,要求部署完善的态势感知单元,具有完善的态势信息收集、态势信息分析、网络态势评估和网络态势预测功能,建立在态势感知功能上的可控网络安全状态空间分析方法成为网络攻防博弈决策的关键一环。

2）动态博弈需要网络闭环反馈控制能力

网络攻防博弈过程是一个多阶段决策过程,需要博弈双方根据上一轮决策的执行结果调整优化后续的决策过程,因此需要持续不断地将网络状态信息采集并回传到控制中心,也需要将控制信息及时准确地传送到网络控制机构,可控网络的网络控制由施控单元、被控单元、控制单元和反馈单元四部分组成,形成闭环控制能力可以为多阶段网络博弈决策的顺利进行提供支持。

3）动态博弈需要网络行为协同控制能力

网络攻防博弈的决策过程可以抽象为攻防双方各自从自己的行为空间中搜索最优行动的过程。可控网络的控制理念是系统思维和整体思维,即从全局的视角解决网络安全问题,其理论基础是协同控制理论,控制技术是协同控制技术,强调各安全系统之间的协同联动,优势是具有对网络行为的协同控制能力,通过其二级反馈控制回路,打通了各子系统之间的行为空间的界限,使得各子系统的行动空间合并成为一个统一的更大的行动空间,行动空间的合并意味着可控网络能够带来呈指数倍增长的可行策略,从而为网络攻防博弈带来巨大的行动优势。

1.3.2 发展阶段

可控网络技术的发展可分为以下 3 个阶段。

第一阶段,自发安全控制阶段。为解决网络安全某一类问题,采用单一的安全控制措施,研发了各种单一功能的网络安全设备,如防病毒系统、防火墙系统、漏洞检测系统等。由于没有网络安全控制理论的指导,该阶段的特点是各系统独立工作,有自己的小反馈控制回路,但各系统间没有信息交互,也没有相互的协同,动态性防护弱,协同性差。

第二阶段,协同安全控制阶段。整合集成现有的各类网络安全技术,并利用安全分析制定安全控制策略,设置网络安全控制中心,形成了安全控制中心与各安全系统间的大反馈控制回路,增强各分系统相互间的协同联动,构建了初步的网络安全动态防护体系,形成了网络安全控制理论,这就是我们目前所处的阶段。

第三阶段,一体化安全控制阶段。未来将会形成完善的网络安全控制理论,在网络安全控制理论的指导下,从网络安全控制需求出发,设计新的网络安全控制协议,研制新的网络安全控制设备,构建新的网络安全控制体系结构,从而设计并实现一个全新的可控网络系统,从根本上解决网络安全问题。

现在正是可控网络快速发展的时期,是通过一体化构建可控网络,将彻底解决“头疼医头,脚疼医脚”网络安全防护问题。目前已经出现了可控网络的雏形,一些公司、企业、银行、部队的内部的专用网络,都采用了许多安全控制的措施,构建了自己的安全控制平台,形成了不同规模、不同水平的内网管理平台。许多单位的网络安全管理都采用了多种安全控制措施,比如,终端接入控制方面采用了口令、并对U盘、光盘的输入输出进行了控制,网络接入方面除防火墙外,还采用了IP绑定、交换机端口绑定等措施,传输控制方面采用专用通信软件,存储控制方面采用数字水印加密,行为控制方面采用入侵检测系统。总之,虽然形成了不少成果,但是没有统一的标准和规范,还没有形成共识和推广普及。

1.3.3 发展趋势

可控网络技术的发展离不开技术推动。随着云计算、大数据、5G通信和人工智能等许多现代信息技术的成熟,推进和支撑可控网络发展的技术也会增多,下面仅从普遍应用的、对可控网络发展推进较大的可信计算、SDN/NFV技术、大数据分析技术和智能控制技术加以介绍。

1. 利用可信计算为可控网络构建可信的支撑环境

从网络基础环境不可信带来的安全威胁可以看出,当前的网络环境及各种终端存在巨大的信任隐患。在这种背景下,即便实施网络安全控制,也很有可能是徒劳的。可信计算技术是一种运算和防护并存的主动免疫的计算模式,可以为终端安全控制在可信方面存在的问题提供解决方案。可信计算以及可信增强技术,为当前可控网络提供了基础的可信支撑环境,只有在这个环境中,才能实现网络安全控制,简言之就是,只有可信才能可控。

(1) 利用可信计算技术构建可信的基础环境。可以先从信任根和信任链开始,在计算机系统中建立一个基于硬件的信任根,再建立一条信任链;从信任根开始,经过硬件平台和操作系统,再到应用,一级测量认证一级,一级信任一级,从而把这种信任扩展到整个计算机网络系统中。

(2) 能有效防护网络病毒和网络攻击。当计算机系统受到APT等恶意代码攻击和完整性被破坏时,运用可信度量与报告方式,可实现系统的自我保护、自我管理和自我恢复,有效防止恶意代码获得系统执行权,进而从根本上限制或杜绝了APT攻击对漏洞的利用。

(3) 能方便地和虚拟化技术融合应用。可信计算和虚拟化技术相结合,构建VM的可信根,使VM整个运行周期具有可信根的可信保障,保证VM及相关计算机、网络系统的可信性。

综合来看,可信是可控的有效保证,只有打牢可信的根基,才能构建更好的可控网络,可信的网络终端可以为可控网络系统构建提供可信支撑环境,可信计算的相关技术研究在未来可控网络理论研究中是必不可少的。

2. 利用 SDN/NFV 构架构建可控网络安全控制中心

以 SDN/NFV[11] 为核心的技术是下一代可控网络安全控制中心的重要组成部分,SDN 架构具有高度的自动化以及路由的灵活修饰能力,业务流量的分类和引导是实现服务功能链部署的基础。NFV 技术将服务节点的形态从专用硬件向虚拟网络功能(VNF)[12] 转变,形态上的虚拟化使得网络功能部署不再受物理位置的局限,VNF 不仅可以插到网络边缘的任意位置,而且可以在不同的位置进行资源迁移。该模型架构一方面通过内置的安全结构提供差异化的安全保障,另一方面是以可变且有限的节点资源高效优化地满足安全应用需求。利用 SDN/NFV 的思想构建可控网络安全控制中心,具有高度的可拓展性和灵活性,每个安全服务请求均可通过快速调用虚拟资源的方式来快速达到缩容、扩容的目的,保证安全服务的快速调整和灵活部署,以适配网络业务的安全特征和需求。

基于 SDN/NFV 构架构建可控网络安全控制中心具有以下 3 点独特的优势。

(1) 便于构建部件级和系统级二级闭环控制结构。基于 SDN/NFV 架构的安全控制中心为动态安全防护系统提供运行状态信息并施加一定的控制,使整个防护系统能够以闭环形式自运行。其中,基础设施层中各通用型硬件设备与管理控制层中各功能组件形成部件级反馈控制回路,进行针对某一类型的问题实施网络安全控制。安全控制中心将 SDN 控制器和 NFV 编排器两者协同,经过全局协调和整体分析,从而形成了系统级的反馈控制回路,进行针对需要全局协同的网络安全控制。动态安全防护系统采用部件级、系统级的二级反馈控制结构,逐渐趋向最优化的网络设计和运维,确保安全防护系统达到自优化、自服务的效果,可以为解决安全控制中心自动化、智能化运维提供一种新的思路。

(2) 便于网络状态信息采集和灵活实施控制。基于 SDN/NFV 架构的安全控制中心采用解耦合的方式,其中 SDN 架构打破了传统网络的分布式架构,NFV 技术使得传统的网络传输设备从复杂的功能中得以解脱,提高了整个网络的扩展性、开放性、灵活性、管控性等效果。该架构能够方便地获取不同平面上的网络运行状态,有效地进行态势信息感知、数据分析、决策判断和实施控制,在运行时间和信息处理等方面有着明显的优势,有助于安全控制中心对网络实施结构控制、传输控制等相关的安全控制。

(3) 便于安全功能的实现和满足差异化的安全应用需求。安全控制中心管理 SDN 控制器和 NFV 编排器,负责端到端的安全服务部署,并将其拆分为 SDN 控制器和 NFV 编排器能够理解的对象,协调两者对安全防护系统进行最优化安全服务部署。安全服务部署问题分为安全功能的放置和流量的牵引,其中 NFV 技术使得网络安全功能软件化,通过调用资源池中的安全资源,选取合适的 VM 实例化进而实现安全功能;SDN 使得网络设备转控分离,通过下发流量表的方式引导流量经过承载安全功能的 VM,进而实现安全功能、满足差异化的安全应用需求。

SDN/NFV 作为网络的一种新体系、新架构,为可控网络理论的发展与应用带来了新的机遇。

3. 利用大数据分析技术进行网络行为检测与控制

大数据安全分析[13]作为当前的研究热点,运用十分广泛。基于大数据的安全分析能够为行为安全控制提供有力支撑,是信息网络安全控制研究的重要内容。基于大数据的安全分析,实现了对网络系统产生的与安全相关的各类海量信息的采集与分析。在云计算平台的支撑下,能够满足日益增长的对海量安全数据的快速采集、存储、分析和展示能力的需求。

(1) 能够通过状态数据整合网络中各种安全产品。现有网络系统中安装部署了多种网络安全和检测设备,包括多种防火墙/UTM、IDS/IPS、防病毒系统、多种信息安全审计系统、终端管理系统和漏洞扫描等安全产品,由于这些异构的产品一般由不同的厂商提供,采集的数据存在较大的差异,这些数据的规模和复杂性还会继续增长,只有通过大数据技术才能有效整合这些安全产品。

(2) 便于开展网络行为的检测与控制。结合网络行为学的相关研究成果,构建各种类型的网络行为模型,通过网络安全设备和部件定期收集与网络安全相关的数据,感知网络安全态势,对网络行为做合规性审计、事后取证分析和综合关联分析,从中发现安全事件和异常网络行为,实施行为控制和安全策略调整,能够实现的功能包括 APT 检测、恶意代码检测和威胁情报管理等。

(3) 大数据的分布式数据存储技术为可控网络的存储控制提供借鉴。大数据技术的普及和发展离不开云计算平台和技术的支撑,其中包括分布式数据的安全存储机制和技术,为了数据的完整性和机密性而采取的数据加密、数据备份、数据认证和分布式存储策略等都可以为可控网络提供借鉴或直接采用。

因此,大数据分析技术为网络行为检测与控制提供了一种重要的技术手段。

4. 利用智能控制实现可控网络系统精确安全控制

智能控制[14]是控制理论、人工智能和计算机科学相结合的研究成果。在可控网络系统[15]中,智能是指系统具备学习或获取各种知识,并利用此知识进行决策以改善自身行为的能力,智能控制机制是指利用人工智能技术构造可控网络系统,并对其实现控制以达到预定要求的控制技术方案的集合[16-17]。

(1) 可控网络中的精确安全控制需要人工智能。对网络中接入控制、传输控制等网络行为的精确控制是为了保证其按照设定的控制参数和控制模型高效、准确地执行,人工智能能够根据实施控制的状态和效果,学习和适应环境,不断修改和完善控制参数和控制模型,进一步提高控制的响应速度和控制效率。

(2) 复杂网络中的协同安全控制需要人工智能。可控网络中许多安全设备和部件,在安全控制中心的协调下运行,既有相同功能的分布式协同控制,也有不同功能的协同控制,只有通过引入人工智能,才能使相关控制信息共享、相互支撑、协同一致,形成一体化精确控制,达到 1+1>2 的效果。

(3) 网络对抗中的博弈决策需要人工智能。网络对抗就是敌对双方网络行为你来我往的控制与反控制,在这个过程中对对抗形势的准确把握是能够采取正确反控制行动的前提和关键,只有将人工智能引入网络对抗的博弈决策中,才能进一步提高博弈决策的科学合理性和控制的敏捷精确性。

第2章　可控网络控制结构

可控网络的控制结构实质是一个或多个反馈控制回路连接成的复杂反馈控制系统[15]，通过闭环反馈控制实现对网络安全的可控。本章首先介绍了可控网络的基本控制原理；其次概述了基本控制结构，分为集中控制结构、分散控制结构和递阶控制结构；然后对控制结构的拓展进行了分析，主要分为控制结构纵向拓展、横向拓展和横纵混合拓展；最后对可控网络的逻辑控制结构进行介绍，分析了逻辑结构的反馈控制状态迁移。

2.1　可控网络控制原理

2.1.1　基本控制原理

网络控制[18]本质上是由信息采集、信息反馈、决策分析和实施控制组成的开环或闭环控制回路。可控网络系统的反馈与决策是实现可控网络系统的开环与闭环控制的重要环节，网络控制的基本原理如图2-1所示。

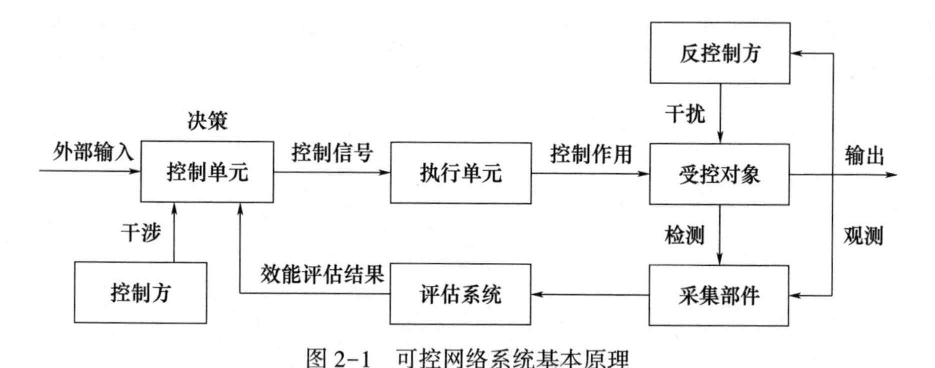

图2-1　可控网络系统基本原理

外部输入和控制方的控制指令等经过控制单元采纳，形成对各级网络控制部件的控制信号，由它们控制被控网络中具体的被控对象（包括网络的软硬件设备和子系统），调整它们的运行状态。当前实施的控制机制对网络控制论系统的影响最终反映在受控对象的状态和性能指标上，这些指标和反控制方对受控对象造成的干扰（如网络攻击事件或灾难事件造成的影响)通过输出反馈采集部件反馈给效能评估系统,由它对控制效能进行评估,按照相应的评估方法得到综合控制效能指标,再反馈给控制单元和控制方,制定新的控制方案,并对决策方案进行选择和优化,实施新一轮的控制。因此,网络性能的反馈、综合控制效能的评估与控制方案的决策是保持网络控制论系统动态、稳定、受控运行的不可或缺的过程,是网络控制论系统的重要组成部分。在整个控制环路中,控制命令、控制的作用效果都是通过信息的形式表现出来的,因此对信息价值的保有能力成为评价网络控制论系统控制效能的重要量度。

2.1.2 反馈控制原理

可控网络系统[19]是以网络控制论为理论支撑构建的网络系统,其反馈是指把信息网络输出量的一部分或全部,经过一定的转换后反送回控制部件或控制中心,以增强或减弱网络系统输入信号效应的一个过程或连接方式。可控网络系统的反馈原理可概括为:把施控系统的信息(又称为给定信息)作用于受控系统(对象)后产生的结果(真实信息)再输送回来,并对信息的再输出发生影响的这种过程。反馈可分为两类。

(1) 若从输出端反馈到输入端去的反馈信息是增强系统输入效应的,称为正反馈。

(2) 若反馈信息是减弱系统输入效应的,称为负反馈。

正反馈作用的结果将使系统的输出量变得越来越大,从而导致系统不稳定,产生严重的周期波动。负反馈的作用与正反馈相反,能使系统的稳定性增加,补偿系统内部的某些因素变化而产生的影响。在控制系统中,常常采用负反馈来实现按偏差控制,构成局部反馈连接,以改善系统的品质。

显而易见,反馈控制利用的是负反馈,它是把系统输出量的一部分或全部,经过一定的转换,反送到系统的输入端,并与预期的控制标准进行比较,利用比较得到的偏差施加于受控系统,以减少二者之间的偏差而进行的控制。要实现反馈控制,必须具备3个条件。

(1) 制定标准:制定出衡量实际控制效果的准则,此准则通常为预期控制量。

(2) 计算偏差:表示实际结果与标准结果间偏差的信息,说明实际情况偏离标准多少。

(3) 实施校正:偏差校正的目的是使最终的控制结果与标准吻合。

通常,控制标准是根据对系统实际情况的估计和对系统的控制期望主观确定的,反馈控制的目的就是在控制的技术、经济和条件可行的情况下,尽可能使客观的控制结果达到主观的控制标准,因此它是一个不断采集、评估、决策、控制的过程。

在反馈控制中,常常使用反馈控制器的概念,它是反馈控制中由控制方实行控制的决策器,图 2-1 所示的评估系统和控制单元共同构成了反馈控制中的决策器。

一个或多个反馈控制器与一个或多个被控对象联结成的闭环控制系统,就是反馈控制系统。一个简单的反馈控制系统只有一个反馈控制器和一个被控对象,而复杂的系统包括多个控制器和多个被控对象。可控网络系统是复杂的反馈控制系统,它是由不同层次、不同范围的反馈控制系统组成的。例如针对链路层的流量控制系统,针对网络层的阻塞控制系统、负载平衡控制系统、服务质量(QoS)控制系统等。在这里,网络通信的双方可能既是控制器,也是被控对象,控制的决策是通过既定的网络通信协议体现的。

在可控网络系统中,控制方主要采用负反馈控制机制,目的在于降低系统中信息熵的不确定性;反控制方主要采用正反馈控制机制,目的在于增加系统中信息熵的不确定性。

运用反馈方法时,为了保证反馈的有效性,应当遵循以下原则。

(1) 多信源原则:由于网络系统的复杂性和信息的多样性,在采集反馈信息时,必须从多信源出发,尽可能全面地捕获信息。

(2) 多信道原则:信息是靠信道传递的,没有相当容量的信道反馈系统,也就不能获得足够的反馈信息量。以网络的阻塞控制为例,如果在某条信道已经发生严重阻塞的情况下,还在同一信道上发送信道阻塞的反馈信息,只会导致更严重的阻塞。因此,在设计反馈系统时,应该建立多渠道的敏感的信息反馈网络,采取分布式的层次或网状反馈结构,必要时可以实施越级反馈。

(3) 不失真原则:信息的价值和生命在于真实。如何减少原始信息传递中的失真,是信息应用中的一个重要问题。在处理信息过程中,由于分析、综合、筛选等不当,都可能引入失真,失真是运用反馈信息的大忌。解决的方法是尽可能提高分析、识别、筛选信息的能力,及时地发现、辩证地分析、综合地运用反馈信息。

2.1.3 安全控制原理

对可控网络的控制,正是通过反馈信息才能比较、纠正和调整所发出的控制信息,从而实现控制的。可控网络安全控制原理的研究是建立在网络控制和反馈控制基本原理的基础上的,是针对于网络安全功能和安全服务所进行的一系列控制过程的研究。

可控网络的安全控制原理如图 2-2 所示。

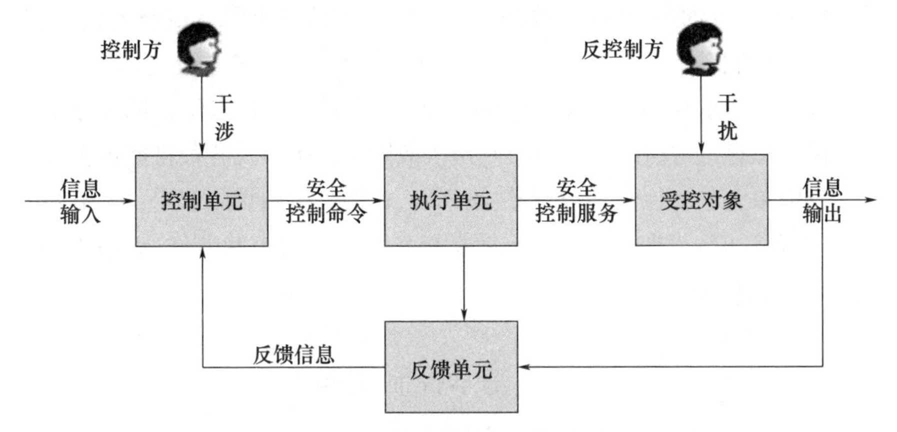

图 2-2　可控网络的安全控制原理

和一般的控制系统[20]类似,可控网络控制系统主要是由控制单元、执行单元、受控对象和反馈单元组成的。控制单元根据输入网络系统的信息和反馈信息,进行决策分析,由控制方(可以是控制系统本身,也可以是网络安全管理人员)下达安全控制命令给执行单元。执行单元按照下达的安全控制指令和安全策略,对可控网络系统实施安全控制服务。安全控制服务是由必要的安全控制机制组成的。受控对象一般为网络系统和网络系统中的信息资源。反馈单元负责采集受控对象的状态信息和输出信息,并进行安全效能评估和控制效能评估,为控制方和控制单元提供改进控制策略、控制方式的决策支持。反控制方是来自网络系统外部的攻击者,它会对网络系统实施被动和主动方式的各种攻击,目的是干扰、破坏网络系统的正常运行,降低信息价值。

控制单元是由结构控制单元、接入控制单元、传输控制单元和存储控制单元组成。结构控制单元负责对网络的拓扑结构、信息的存储与交换结构进行控制,以提高系统的可靠性、可生存性和信息的可用性;接入控制单元负责对用户的身份进行鉴别,对访问资源的权限进行鉴别,对信息的来源和真实性进行鉴别,以保证用户身份的安全性和可靠性,以及信息的真实性、完整性和抗否性;传输控制单元负责数据的加解密和密钥系统的管理,以保证信息的机密性;访问控制单元负责对用户的操作进行授权和权限控制,以保证信息的可控性;存储控制单元负责对信息和数据进行安全存储,以保证信息的完整性和安全性。

受控对象包括网络设备、网络用户、网络协议和网络信息。网络设备含各种软硬件系统,网络用户包括管理员和普通用户。网络协议涉及从物理层到应用层的各层、各种用途的协议。网络信息是指在网络上存储、传输、处理和利用的各种文件、数据、消息、图像等信息资源。控制者包括控制方和反控制方。

控制方力求控制与增强网络的安全,反控制方包括有组织的攻击者、有目的的黑客、误操作的合法用户、出现故障的系统以及各种自然灾害等。

反馈单元包括检测、分析和决策系统,目的是检测控制效果,提出改进控制的策略和最优措施。执行单元是指各种具体的控制部件,如防火墙、VPN 和入侵检测系统等。

2.2 基本控制结构

根据网络系统中控制器与子网络的控制关系,典型的基本网路控制结构包括集中控制结构、分散控制结构和递阶控制结构。

2.2.1 集中控制结构

由统一的集中控制器对多个子网络进行统一控制的网络系统结构称为集中控制结构[21],如图 2-3 所示。

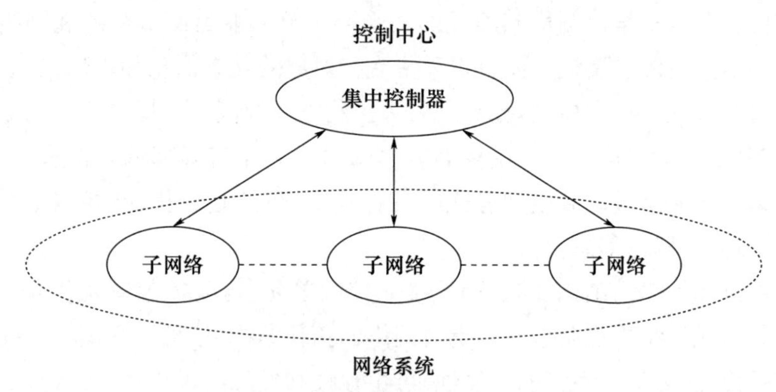

图 2-3 网络系统集中控制结构

集中控制结构的特征如下。

(1) 具有星型拓扑结构:由网络管理中心的集中控制器对网络系统中各子系统进行集中控制,统一制订控制决策,发出控制指令。关于网络系统中各子系统的运行状态的信息,都集中传送到网络管理中心,进行统一的信息处理和集中观测。

(2) 具有集中信息结构:集中控制器对网络系统的全局状态在结构上是可控制、可观测的。具有在集中控制器与被控制对象之间进行交互的纵向信息流,上行状态观测信息流,下达控制指令信息流。

(3) 功能集中、权力集中:网络管理中心能够对网络系统的全局运行状态,进行统一的、集中的观测和控制,不存在分散的多个局部控制器之间难以协调的问题,网络系统的控制有效性较高。为了实现网络系统的集中控制,通常在网络管理中心安装管理控制计算机系统,利用网络本身的信息通道进行信息的传输和控制,易于实现。

(4) 故障集中、风险集中:若网管中心的集中控制器出现故障,网络系统就全局瘫痪,就会导致系统运行的结构可靠性降低。当系统规模庞大时,直接应用控制理论方法进行网络系统分析和设计,将遇到"维数灾"的困难。

因此,集中控制结构适用于下列场合。

(1) 网络规模不太大,网络管理中心与被控制对象的现场距离较近的场合,如一般单位的局域网。

(2) 系统可靠性要求较低或者可靠性要求较高,允许网络管理中心采取各种备份措施。

(3) 用户要求采用集中控制结构,如特种网络的集中式控制中心。

在集中控制结构中,集中控制器与各子对象之间的控制和观测信息通道形成星型的拓扑结构,如图 2-4 所示。

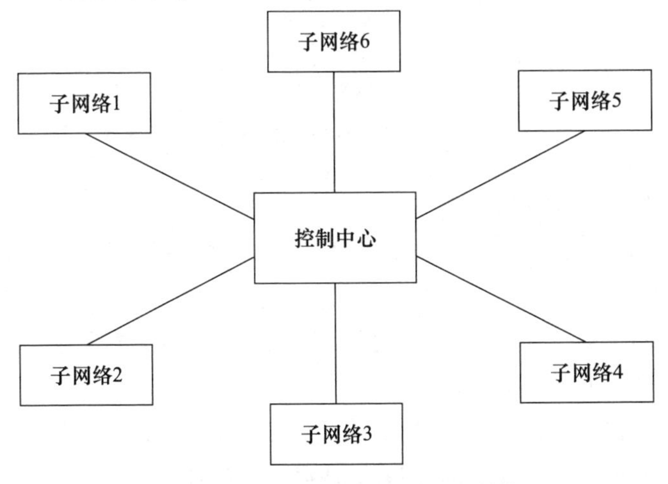

图 2-4　网络系统集中控制拓扑结构

星型拓扑结构优点如下。

(1) 结构简单,便于管理。

(2) 控制简单,便于建网。

(3) 故障诊断和隔离容易。

(4) 方便服务。

(5) 网络延迟时间较小,传输误差较低。

星型拓扑结构缺点如下。

(1) 电缆长度和安装工作量大。

(2) 中央节点负担较重,形成瓶颈。

(3) 各站点的分布处理能力较低。

(4) 成本高、可靠性较低、资源共享能力也较差。

2.2.2 分散控制结构

由多个分散集中控制器互相通信从而完成对子网络统一控制的网络系统结构称为分散控制结构[22],如图 2-5 所示。

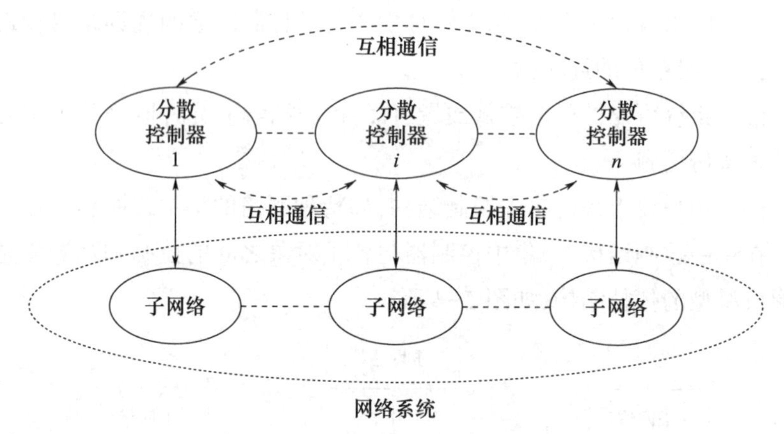

图 2-5 网络系统分散控制结构

分散控制结构的特征如下。

(1) 相互通信、相互协同:由于没有集中的控制器,为了各局部控制子系统之间的协调,各个分散的局部控制器之间需要相互通信、相互协同才能完成控制任务。如果是"完全分散"模式,则局部控制器之间无信息流,局部控制器之间不相互通信。

(2) 逻辑结构决定控制结构:从物理的拓扑结构上讲,各个分散的局部控制器是可以互相连通的,但是其协同控制的控制结构是由其逻辑上的拓扑结构所决定的。

（3）具有分散的信息结构：由多个局部控制器对网络系统进行分散控制和观测，每个局部控制器只能对相应的局部子系统进行控制和观测，发出局部控制指令，接收局部观测信息；局部的分散控制器对网络系统的全局状态在结构上是不可控制、不可观测的。

（4）故障分散、风险分散：由于具有分散的信息结构，即使控制器出现故障，也不会导致网络系统全局瘫痪，因此，网络系统的可靠性较高。每个局部控制器任务相对简化，易于实现，可以就近安装，便于控制和观测信号的传输，且局部控制和观测信息传输设备较简单，能及时获取观测信息、制订控制策略、发出控制指令，对相应子系统的控制有效性较高，灵活性好。

（5）结构上不可控制、不可观测：由于具有非集中信息结构，局部的分散控制器对网络系统的全局状态是不可控制、不可观测的，各子系统之间的相互关联，状态观测和状态控制是相互影响的。多个分散的局部控制器之间需要进行协调，而这种依靠相互通信进行的协调，存在通信时延和干扰的情况，难以进行全面的、及时的协调，因而网络系统全局控制的有效性较低。

因此，分散控制结构适用于下列场合。

（1）对网络系统的协调性要求不高或者相互通信比较方便的场合，如校园网系统。

（2）系统规模太大，不能或难以进行集中控制的场合，如规模较大的互联网系统。

（3）用户需要采用分散控制结构的场合。

2.2.3 递阶控制结构

网络系统的递阶控制结构如图 2-6 所示。以二级递阶控制系统为例，网络系统的下级由 N 个局部控制子系统组成，上级为协同器，对各子系统进行协同式网络控制。协同式网络控制的任务在于适当处理各子系统之间的相互关联，在各子系统局部最优化的基础上，通过协同，实现网络系统的全局最优化[23]。

递阶网络系统的协同式控制可分为分解和协同两个步骤进行。

（1）分解：适当处理相互关联，将复杂的网络系统分解为若干简单子系统，分别并行求解各子系统的局部最优控制问题。

（2）协同：通过模型协同或目标协同，在各子系统局部最优的基础上，实现网络系统全局最优。

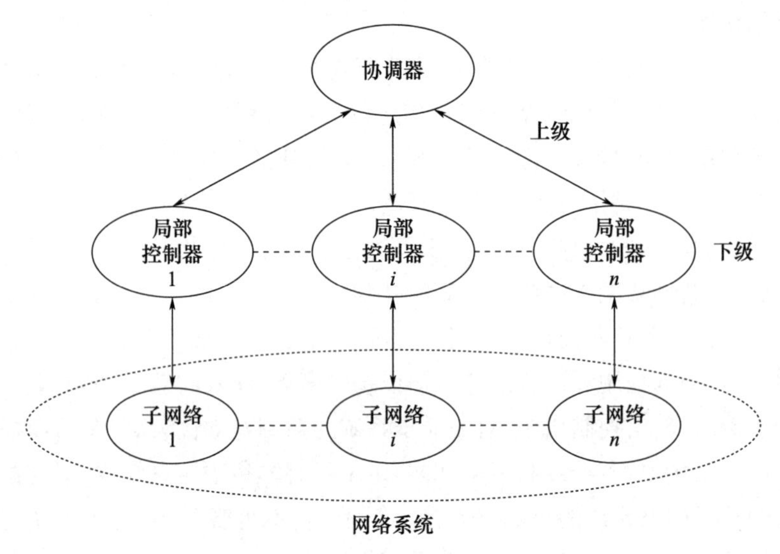

图 2-6　网络系统递阶控制结构

递阶协同的网络拓扑结构是网络拓扑结构中的树型拓扑结构，也是分层次的，如图 2-7 所示。

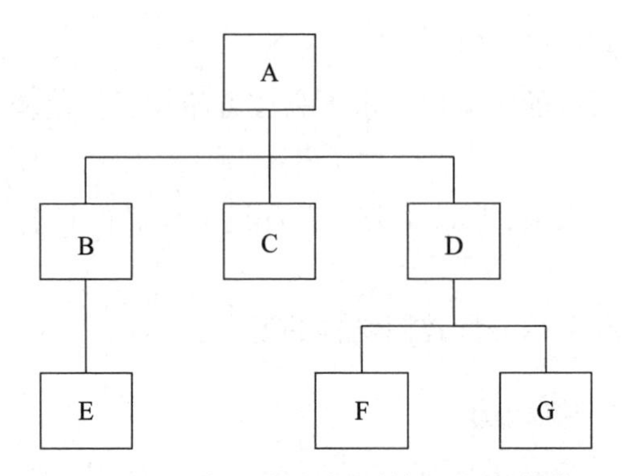

图 2-7　网络系统递阶控制树型拓扑结构

树型拓扑结构的优点如下。

(1) 通信线路总长度短，成本较低。

(2) 易于扩展，寻找路径比较方便。

(3) 故障隔离较容易。

树型拓扑结构的缺点：节点对根依赖性太大，若根发生故障，则全网不能正常工作。

根据以上分析，递阶控制结构的特征如下。

(1) 递阶控制结构具有递阶的信息结构，上级协调器与下级各局部控制器、各子系统之间的信息通道,形成树状拓扑结构。协调器通过各控制器,在结构上有可能对网络系统全局状态进行间接的控制和观测。

(2) 递阶控制结构采取分级式递阶控制和控制结构。其中,下级为各分散的局部控制器,分别对相应的子系统进行局部控制和观测;上级协调器通过对各局部控制器的协调控制和协调观测,间接地对网络系统进行集中式全局控制和全局观测,从而实现“集中-分散”相结合的网络系统递阶控制和“分散-集中”相结合的网络系统递阶观测。

(3) 递阶控制结构在“协调器-局部控制器-子系统”之间,递阶式传递纵向信息流。其中,在“协调器-局部控制器”之间,传递的是根协调器的协调控制与协调观测信息;在“局部控制器-子系统”之间,传递的是局部协调器和局部子系统之间的控制与观测信息。

(4) 递阶控制结构中集中控制与分散控制相结合,既有分散的、直接的、及时的局部控制,又有集中的、间接的、全局的协调控制,兼有集中控制和分散控制的优点。因此,对网络系统的全局协调及各子系统的局部控制有效性高;下级的局部控制器发生故障,只影响相应的局部子系统,相当于分散控制的可靠性。上级协调器发生故障,将导致全局协调失灵,但各局部控制器仍可继续运行,递阶控制将蜕化为分散控制,网络系统不至于完全瘫痪,因此运行可靠性高。

(5) 递阶控制系统具有准集中信息结构,在结构上是可控制、可观测的。各局部控制器可与相应的子对象就近安装,便于局部控制与观测信号传输;协调器只进行协调控制,而不必对网络系统进行直接全局控制,协调任务相对简化,协调控制与协调观测信息量较小,也便于传输和处理。

因此,递阶控制由于取长补短,弥补了集中控制和分散控制的缺点,兼有各自的优点,所以,递阶控制结构获得了广泛的应用,是各领域网络系统普遍适用的控制结构。

2.3 控制结构拓展

2.3.1 纵向拓展

控制结构的纵向拓展采用多层控制方式[24],在功能部件级和系统级控制器之间增加中间级控制器,实现在不同层次提供信息采集、网络运行状态检测,并及时提供相应的异常行为控制。纵向拓展结构如图 2-8 所示。

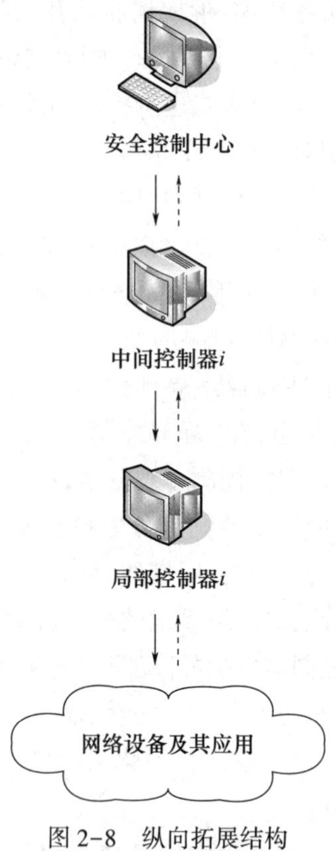

图 2-8　纵向拓展结构

纵向拓展后的控制平面分为系统级、中间级和功能部件级,信息处理能力具有自上而下的优先次序。安全控制中心在整个系统中的控制决策权最大,负责全网信息的协调。中间控制器避免了数据信息与安全控制中心的频繁交互,同时分担安全控制中心的负载,进而增强功能部件级控制器处理的能力。当网络设备在处理数据流时,首先询问较近的局部控制器,若数据流的状态信息在局部级控制器的控制范围内,则局部控制器迅速做出回应。若有些数据流的状态信息不在局部级控制器的控制范围,它将咨询中间控制器,通常大部分数据流在中间级控制器就能够被控制和管理。如果中间控制器无法处理该数据流,它将最终询问安全控制中心,并将相关的控制信息逐级下发给网络设备及应用。

2.3.2　横向拓展

控制结构的横向拓展采用的是分布式控制方式,该结构增加局部控制器的数量和功能,进而提升网络的整体性能。横向拓展结构如图 2-9 所示。

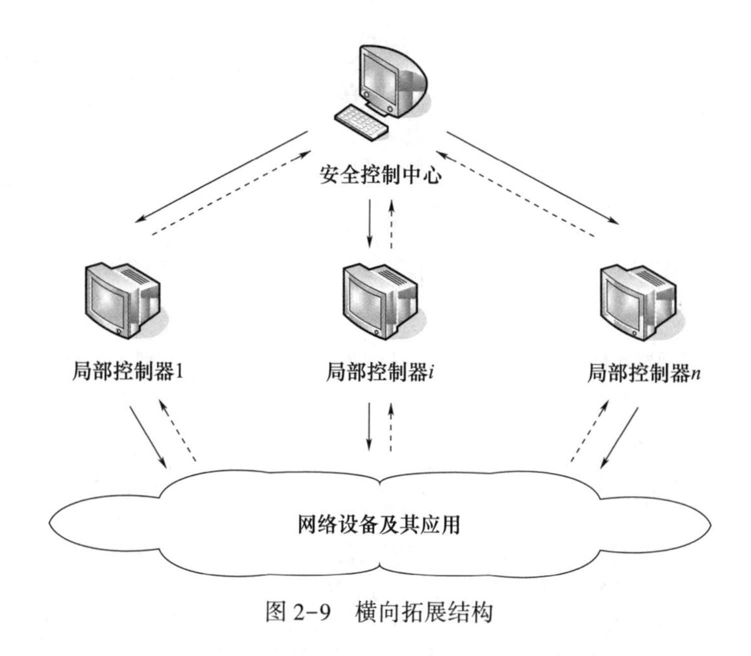

图 2-9　横向拓展结构

横向拓展后的各个局部控制器位于控制平面的同一级,物理上各个局部控制器位于不同的区域,安全控制中心负责所有的局部控制器。在数量规模方面,局部控制器通过横向拓展分布在整个网络中,每个局部控制器能够及时掌握其所负责区域内的网络设备,避免了信息交互的时间延迟,同时也解决了单一集中控制器的单点失效问题。在业务功能方面,网络异常行为呈现出综合化的趋势,也要求网络监控体制综合化。横向拓展后的结构将分散孤立的网络安全控制技术融合在同一安全控制中心下发挥作用,网络安全体系由被动防御转向积极防御,同时安全控制中心接收各局部控制器的状态信息(传输和负载网络状态),形成网络全局视图。安全控制中心实时调整各局部控制器与网络设备的映射关系,对网络资源进行集中调度和协调,从而达到弹性调整控制规模和效能目的。

2.3.3　横纵向拓展

结合横、纵拓展各自的优点,设计出多层分布式控制的横纵拓展混合结构,如图 2-10 所示。

安全控制中心按分时方式控制各中间控制器,它结合全网视图不仅根据状态信息产生相应的控制指令,并决定分配在各中间控制器的控制时间。安全控制中心实时调整各中间控制器与各局部控制器的映射关系,对控制策略和机制进行集中调度和灵活协调。各中间控制器结合安全控制

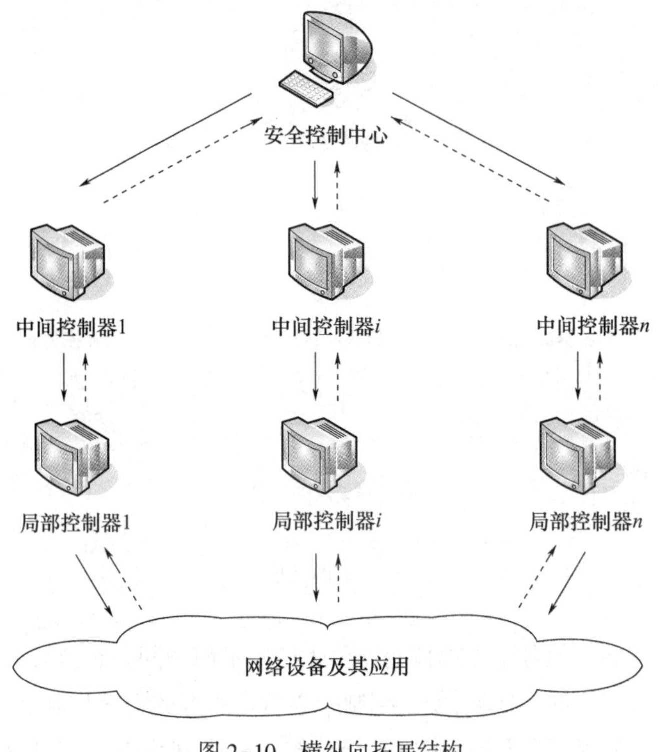

图 2-10 横纵向拓展结构

中心的指令和网络态势的信息反馈，匹配出对应的控制策略，各局部控制器依据控制指令执行相应的控制行为。

综上所述，根据实际应用的需要，由基本控制结构的变型或扩展，可以进行纵向拓展、横向拓展和横纵混合拓展。在上述控制结构的基础上，还可以进一步组合和集成。利用集中、分散、递阶控制等基本结构，以不同的组合或集成方式，构成多种网络系统的控制结构。

2.3.4 逻辑控制结构

不管可控网络物理上采用集中式、分散式、递阶式控制结构，还是拓展的控制结构，从逻辑上看，其控制结构的实质都是由二级反馈控制回路构成。可控网络的控制结构框架如图 2-11 所示，主要由安全控制中心、终端、交换设备和各种信息交换通道构成的反馈控制回路组成。依据制定的安全控制目标和控制策略，各个反馈控制回路之间或单独运行或相互配合，实现相应的网络安全功能。根据反馈控制作用的范围和层次不同，反馈控制回路可以分为功能部件级回路和系统级回路，控制回路不同的工作阶段，形成了不同的稳定态、决策态和控制态。

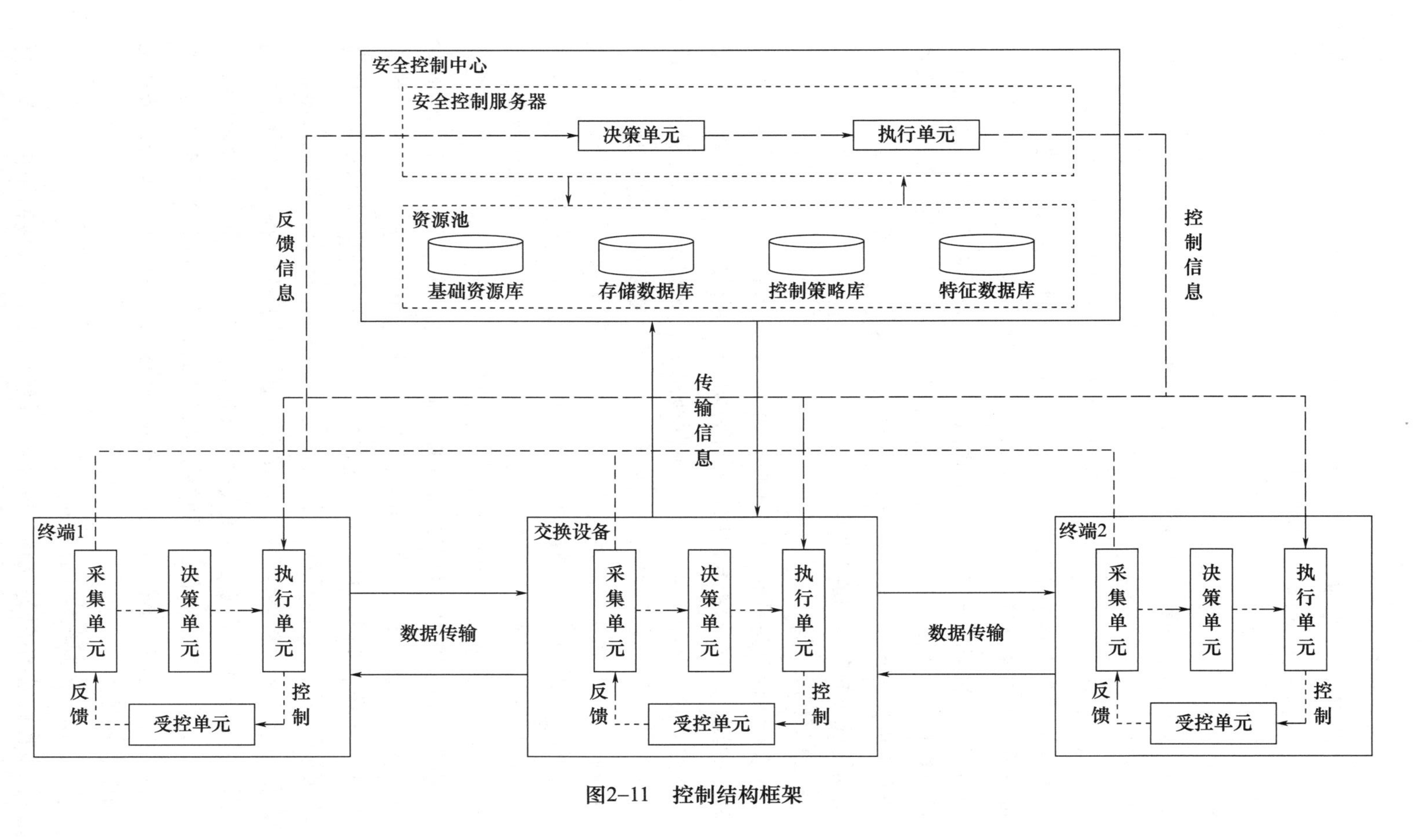

安全控制中心
安全控制服务器
决策单元
执行单元
资源池
基础资源库
存储数据库
控制策略库
特征数据库
反馈信息
控制信息
传输信息
终端1
采集单元
决策单元
执行单元
反馈
控制
受控单元
数据传输
交换设备
采集单元
决策单元
执行单元
反馈
控制
受控单元
数据传输
终端2
采集单元
决策单元
执行单元
反馈
控制
受控单元

图2-11　控制结构框架

1. 功能部件级回路

功能部件级回路是在安全功能设备或者部件层次上各自构成的反馈控制,是较为低层次的反馈控制调节过程。在图2-11中,终端和交换设备中的反馈控制回路属于功能部件级回路。在终端内部,采集单元实时采集终端中受控单元的状态信息并将状态信息进行融合后发送给决策单元;决策单元对融合后的状态信息进行分析处理后形成最终的决策指令发送给执行单元;执行单元根据决策指令向受控单元下达控制信息;受控单元综合控制信息和自身运行规则进行网络功能的实施并将自身的运行状态信息上报给采集单元。由上述分析可知,以可控思想为指导,在终端内部能够形成反馈控制闭环,动态地对终端安全功能的实施进行调节。交换设备内部的自我反馈控制原理与终端相似。功能部件级回路只有一个网络受控对象和一个局部施控设备,其特点是通过功能部件自身的闭环回路来达到安全可控的指标。功能部件级回路属于单级反馈控制,主要实现单个安全功能设备的单一功能的反馈控制。

2. 系统级回路

系统级回路是系统层次上的反馈控制,是较为高级的反馈控制调节过程,一般由多个反馈控制回路相互配合实施。在图2-11中,终端、交换设备和安全控制中心所构成的反馈控制回路属于系统级回路。系统级回路包括一个或多个受控对象和安全控制中心,其特点是在安全控制中心的全局协调、整体分析下形成反馈控制回路。与功能部件级回路不同的是,终端和交换设备不仅在内部受自身反馈控制回路的调整,还要受到安全控制中心控制信息的调控。在安全控制中心的统筹下,多个终端和交换设备相互配合,形成嵌套反馈控制回路,实现对网络复杂功能的控制。在系统级反馈控制回路中,终端和交换设备的采集单元不仅需要将实时采集到的融合状态信息发送给自身的决策单元,还要将信息上报给安全控制中心的决策单元;安全控制中心的决策单元在综合分析同类型的状态信息后形成高级决策指令下发给执行单元;执行单元根据决策指令形成高级执行命令下发到相应的终端和交换设备。终端和交换设备的执行单元在对受控终端进行调控时,不仅要考虑本级决策单元的决策指令,还有考虑控制中心下发的高级执行命令。系统级回路既可以实现多个不同安全设备的同一类型的网络功能的反馈控制,也可实现单一功能设备的不同类型的网络功能的反馈控制。

3. 逻辑控制结构工作原理

可控网络的逻辑控制结构是由部件级回路和系统级回路相互嵌套而

成，并以闭环反馈控制的方式实现控制状态迁移，控制结构的工作原理可以通过分析二级闭环反馈控制状态迁移图来说明，如图 2-12 所示。

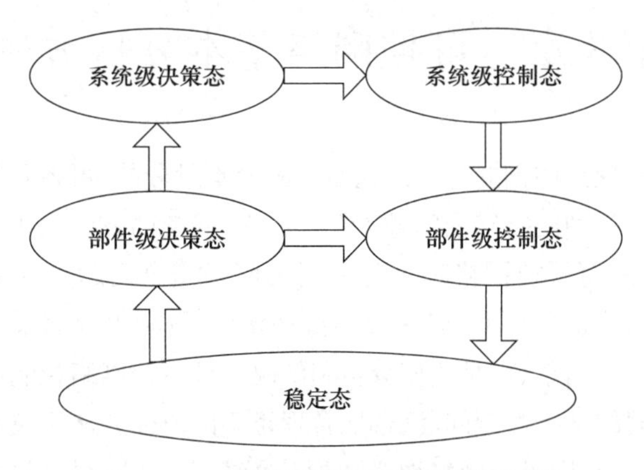

图 2-12　二级闭环反馈控制状态迁移图

网络反馈控制的状态空间包括稳定态、决策态和控制态。网络系统在稳定状态下主要完成网络状态采集和监测，稳定状态下网络的安全状态或相关流量行为特征参数始终在许可区域内，各种网络行为都可能使网络系统的稳定状态发生变化，当其变化时系统就进入了决策态，在决策状态下完成态势感知、数据分析和决策判断等行为后，将具体的控制措施以指令流的形式传给控制环节，在控制状态下产生相应的控制作用对网络系统不断地进行调整，最终回到稳定状态，从而形成一个闭环的自诊断、自恢复网络控制过程。网络系统的稳定状态变化时进入决策态，首先经过多个部件级决策态进行态势感知、数据分析和决策判断后，若控制权限是在部件级决策范围内，则直接将具体的控制措施传给控制环节，进入部件级控制态，最终返回到稳定态。若控制权限是不在部件级决策范围内，则将相关状态信息反馈给系统级，经过系统级决策态进行全局协调、整体分析后，再进入系统级控制态，最终逐渐趋近于某个设定的稳定状态，从而形成系统级反馈控制回路嵌套功能部件级反馈控制回路的二级闭环控制结构。

第3章　可控网络基本分析方法

可控网络理论的创立与方法论研究是密不可分的,可控网络系统研究过程中产生的各种网络安全问题需要在科学、系统的方法论指导下研究对应的解决办法,而可控网络理论是一门为网络安全问题提供方法论的方法。可控网络分析方法是针对可控网络理论的研究内容而采用各种不同分析和研究方法的集合,是我们分析和解决各种可控网络控制问题的切入点。针对不同的网络安全问题,选取合理正确的研究方法至关重要。本章主要介绍三部分,即可控网络数学建模分析方法、可控网络关系建模分析方法和可控网络仿真分析方法。同时也为后续网络结构控制、网络接入控制、网络传输控制、网络存储控制、网络运行控制等5个方面研究提供基本的分析方法。

3.1　数学建模分析方法

3.1.1　建模概念

可控网络数学建模分析方法是控制论的基本方法,属于可控网络理论的主要分析方法范畴。数学建模方法的核心是类比方法,具体实现就是网络系统的数学模型化,即建立真实网络系统的模型,借此以便研究真实的网络系统。可控网络数学建模方法是建立在对基本建模分析方法、建模步骤和建模方法的认识与理解的基础上的。

目前,在系统理论中一般都采用控制理论[25]和运筹学[26]的模型化方法。采用的数学模型主要是时域的状态方程组(微分方程、差分方程和代数方程),应用系统辨识方法建立数学模型。但是网络系统的复杂性,使得网络系统的模型化存在许多困难。网络系统的主动性、不确定性、不确知性因素,使得其难以用传统的数学模型描述,即使建立起网络系统的数学模型,也十分复杂,例如非线性、变系数、高阶或高维的偏微分方程。通常控制理论和运筹学只能对线性、常系数、低阶或低维的系统,提供有效的分析和综合方法,这就需要进行网络系统的模型简化,包括线性化、定常化、模型降阶或降维。然而,简化模型可能与真实网络系统有一定差异,用简化模型所获得的系统分析和综合结果会有一定的误差,这种模型有一定的局限性。因此,模型的精确性和方法的有效性之间存在矛盾,在网络系统建模中单纯依靠数学模型存在方法学上的局限性,是远远不够的。为了解决网络系统模型化的难题,需要研究和建立综合模型化的方法,该方法将知识模型、数学模型和结构模型灵活运用和互相结合,系统辨识、人工智能和图论方法相结合,建立集成模型。控制者模型和被控制对象模型相结合,组成控制论模型,引用人工智能、专家系统技术和模糊数学方法,建立控制者模型、主动系统模型和不确知系统模型。根据网络系统的特点,运用多层多重视点建模的方法,建立多层多重视点的模型体系。

可控网络系统数学模型是可控网络系统有关属性的模拟,它应当具有可控网络系统中所需研究对象的主要特征。网络复杂,变量繁多,具有非线性、变系数和变结构的特点,在数学上缺乏通用的、精确的解析方法,这就使得仅仅使用常规的数学模型分析方法无法或难以描述网络中的许多因素,达不到所需的精确度。比之可用微分方程或差分方程描述的连续变量动态系统,可控网络系统作为离散事件动态系统,可控网络建模和分析过程更为复杂。所以,可控网络系统的建模,需要使用各种建模方法,如定性与定量方法相结合,或使用系统活动图或流程图,以达到所需的要求,清晰地描述可控网络系统。

可控网络系统的建模是在一定的建模原则下进行的,包括分离性、因果性、主次性和时空性。

(1) 分离性:在建立系统模型时,注意可分离性和相对独立性,考虑系统是否能够以及如何才能从周围环境中分离出来,使系统对环境具有相对独立性。

(2) 因果性:因果关系分析是建立关系模型、知识模型和数学模型的基础,网络的输入、输出以及各子系统之间的关系都要根据因果关系来确定或判别。

(3) 主次性:在可控网络系统模型化过程中,要根据系统分析综合的实际需要和可能条件,分清主次,把握主要因素,略去次要因素,建立合适的模型。

(4) 时空性:为判断模型类型,需要对系统时空特性进行分析,以便选取相应的模型类别。

通常,根据所确定的目的,用反映网络系统内部的一定性质(统称为状态)的一组独立变量来描述网络系统,这一组独立变量称为网络系统的状态向量;网络系统的每个状态对应网络状态空间的一个点,称为网络系统的描述点,网络系统的变化反映为网络状态空间中描述点的运动,而网络系统的运动过程对应于描述点的轨迹。网络状态空间的选取取决于选择的网络系统的性质,简单地说,对于一定的研究目的,可以独立而充分地反映网络系统状态的一组性质称为系统的完备性质,它们对应的网络状态空间就是相空间,相应的状态向量即为网络系统的特征向量,其中各个分量对应于相空间的坐标基。引入网络时空概念之后,就可以定量地描述网络系统。描述的方式就是辨识网络系统的网络时空变量,并按照一定的网络控制论法表示这些变量的关系,具体地说就是给出网络的数学模型。

网络时间的概念与各种活动所经历过程的持续时间或时间间隔(时期或周期)有关,它包含了各种网络过程的同步关系,前后顺序关系以及网络控制论系统活动的延续性和节奏性。网络过程中的时间仅仅用一般的物理时间来描述是不够的,同样的网络活动在某一期间、某一工作环境和在另一时期、另一工作环境效果会大不一样。其中的关键在于:同样的网络活动,在相同的物理时间内,对于不同的时期来说有着不同的档次、不同速度的软件和硬件平台,因此有着不同的工作效率,网络时间就要考虑到这种网络活动在运行时间上的时间特征。这样,在比较同样机制的网络活动时可以强调其网络时间上的差异。网络时间往往可取为离散变量,相应的许多网络变量也就具有离散性,网络控制论系统也就是离散时间变量系统。

代数层次的网络系统数学建模方法主要考虑极大代数方法,这种方法可以将非线性的网络系统“线性化”并具有定量化和结构化的特点,因此可对网络系统建立起类似于线性连续变量系统的线性数学模型,便于研究系统的结构性质和运动特性。在可控网络系统中,驱动网络运行的是离散事件。网络时间作为离散变量,取 $1,2,3,\cdots,n$ 等正整数值,以表示时、分、秒等时间单位。因此,可控网络系统属于离散事件动态系统。离散系统是指系统的运动在时间上是不连续的,描述离散系统的方程称为差分方程,差分方程的一般形式为

$$F(y(k),y(k-1),y(k-2),\cdots,y(k-n))=0 \tag{3-1}$$

如果差分方程是未知函数 $y(k)$ 及 $y(k-1),y(k-2),\cdots,y(k-n)$ 的一次方程,就称其为线性的,否则称为非线性的。

离散系统的动态状态方程一般形式为

$$\begin{aligned}\boldsymbol{x}(k+1)&=\boldsymbol{A}\boldsymbol{x}(k)+\boldsymbol{B}\boldsymbol{u}(k)\\ \boldsymbol{y}(k)&=\boldsymbol{C}\boldsymbol{x}(k)+\boldsymbol{D}\boldsymbol{u}(k)\end{aligned} \tag{3-2}$$

式中：$\boldsymbol{x}(k)=[x_1(k),x_2(k),\cdots,x_n(k)]^{\mathrm{T}}$ 为状态向量；$\boldsymbol{u}(k)=[u_1(k),u_2(k),\cdots,u_p(k)]^{\mathrm{T}}$ 为输入向量；$\boldsymbol{y}(k)=[y_1(k),y_2(k),\cdots,y_q(k)]^{\mathrm{T}}$ 为输出向量。实际的系统其状态方程大部分都是非线性的，但往往能够转化成线性的状态方程来求解并进行分析和研究。

3.1.2 建模步骤

可控网络在建立模型过程中的主要任务分为两个方面：一是建立定性分析模型；二是建立定量分析模型。可控网络建模的一般步骤如图 3-1 所示。

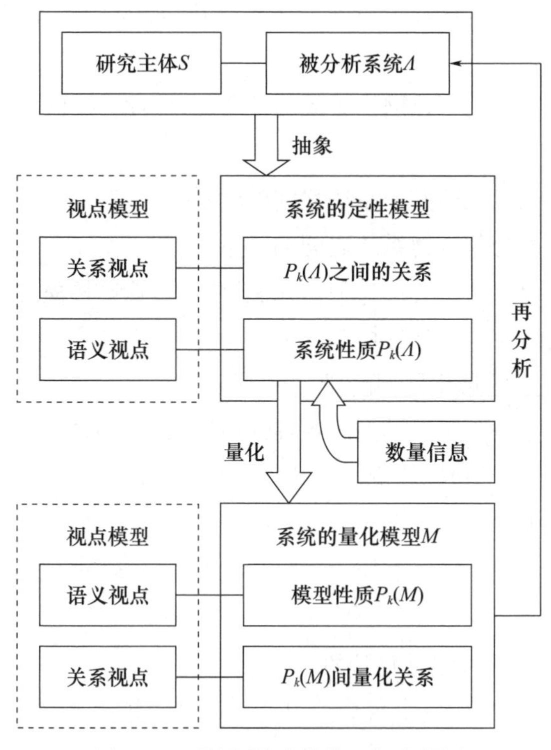

图 3-1 可控网络建模的一般步骤图

建立模型的基础是主体 S、被分析系统 Λ 和模型 M 这三者的对应关系，建立模型的步骤都是围绕着这三者的对应关系进行的。

1. 模型的建立阶段

首先把被分析系统 Λ 与一定的研究主体 S 对应起来，从而使被分析系统中与主体有关的诸因素（包括元素及其相互关系以及系统与外部环境的关系等）抽象出来并概念化，成为定性描述系统的各种性质：$P_1(\Lambda)$，

$P_2(\Lambda),\cdots,P_n(\Lambda)$。在可控网络系统中,这些性质 $P_k(\Lambda)(k=1,2,\cdots,n)$ 有3个层次。

第一层次是有关网络信息流的性质,这些性质主要反映如下两个方面的特征。

(1) 反映网络状态、管理控制指令、网络浏览、文件传输和电子邮件等网络信息流方面的各种特征。

(2) 反映网络状态、管理控制指令、网络浏览、文件传输和电子邮件等网络信息流方面的相互关系的特征,即它们的各种组合形式。

第二层次是有关网络技术范畴的性质,它们是综合上述(第一层次)诸因素而反映一定网络技术范畴的各种性质,如安全性、可靠性、可控性、可观性和效率等。

第三层次是有关可控网络系统的性质,这些性质反映如下两个方面的特点。

(1) 反映元素之间和子系统之间的联系。

(2) 反映系统与其他系统之间的联系。

系统性质 $P_k(\Lambda)(k=1,2,\cdots,n)$ 的总体以及这些性质之间的所有联系构成了可控网络系统的定性模型。

2. 部分性质的量化模型阶段

采用计量方法向定性模型的各种性质输入基本的数量信息,这些数量信息有两种:确定量和统计量。为获得统计量,需要采用各种统计方法,如回归分析方法等。

在这一步骤中系统的性质 $P_k(\Lambda)(k=1,2,\cdots,n)$ 被量化为模型的性质 $P_k(M)(k=1,2,\cdots,n)$。

3. 模型性质关系定量化阶段

以各种模型性质 $P_k(M)(k=1,2,\cdots,n)$ 之间在量上的关系来反映这些性质在整体上的特点,这也就是用现有的数学工具来研究模型性质 $P_k(M)$ $(k=1,2,\cdots,n)$ 之间在量上的关系,从而获得有关模型 M 的新信息。这些信息反映了模型的总体特征,如模型的各种量之间的关系、可观性、可控性和稳定性等,表示为 $P_{n+1}(M),P_{n+2}(M),\cdots,P_{n+m}(M)$,这些性质是以定量的方式在更高一级上反映系统的总体特征的。

在这一步骤中可采用的数学工具有各种最优控制的理论和算法[27],如古典变分法、波特里雅金最大值原理、线性规划法和贝尔曼动态规划法等。

4. 模型完成阶段

把从模型 M 获得的各种新信息 $P_{n+1}(M)(n=1,2,\cdots,m)$ 转向原系统 Λ，即结合原系统 Λ 对模型的各种性质 $P_{n+1}(M)(n=1,2,\cdots,m)$ 作定性解释，从而提供有关原系统 Λ 的新信息 $P_{n+1}(\Lambda)(n=1,2,\cdots,m)$。

3.1.3 建模方法

1. 典型网络控制系统结构

参照网络控制系统(network control system,NCS)的分析与建模方法，从被控对象的角度出发，对 4 种驱动方式下的被控对象进行模型描述，进而对不同条件下的网络控制系统进行整体描述。

图 3-2 所示为典型的网络控制系统结构，该系统结构主要由控制者、控制器、执行器、被控对象、传感器组成。控制者和控制器是网络控制系统的核心，也是控制信号的来源，大多数采用具有大容量和高计算能力的高速计算机或服务器。执行器负责接收控制器下达的控制信号，转化为相应的控制功能执行在被控对象上。被控对象本质上为网络中大部分节点，可以为独立的某个节点，可以看作是一系列相关节点，被控对象的多少和大小取决于控制执行范围。传感器负责采集和观测网络当前状态，并及时将信息传达回控制器。控制器收到反馈信息之后，进行分析和处理，作出相应反馈控制，完成反馈回环。

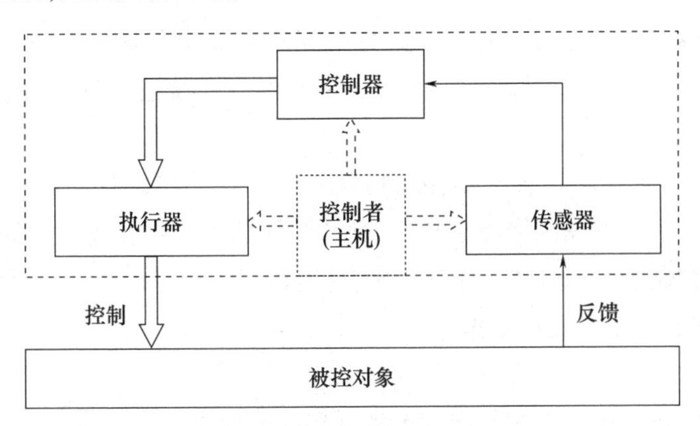

图 3-2 典型网络控制系统结构

在网络控制系统中，传感器一般为时钟驱动，控制器和执行器可采用时钟驱动，也可采用事件驱动[28]。不同驱动方式的组合形成 4 种类型的控制系统，如表 3-1 所列。

表 3-1　典型网络控制系统结构

方式	传感器	控制器	执行器
1	时钟驱动	时钟驱动	时钟驱动
2	时钟驱动	事件驱动	时钟驱动
3	时钟驱动	时钟驱动	事件驱动
4	时钟驱动	事件驱动	事件驱动

如果不考虑网络的影响,大量的被控对象都可以描述为线性时不变系统,状态空间模型为

$$\begin{cases}\dot{\boldsymbol{x}}(t)=\boldsymbol{A}\boldsymbol{x}(t)+\boldsymbol{B}\boldsymbol{u}(t)\\ \boldsymbol{y}=\boldsymbol{C}\boldsymbol{x}(t)\end{cases} \tag{3-3}$$

式中:$\boldsymbol{x}(t)\in\mathbf{R}^n$、$\boldsymbol{u}(t)\in\mathbf{R}^m$、$\boldsymbol{y}(t)\in\mathbf{R}^m$ 分别为被控对象的状态、控制输入和输出;$\boldsymbol{A}$、$\boldsymbol{B}$、$\boldsymbol{C}$ 为具有相应维数的常矩阵。

2. 被控对象模型

在网络控制系统中,由于存在网络诱导时延 $\tau(\tau\leqslant T)$,对于不同的驱动方式,被控对象的离散模型具有不同的表现形式。不失一般性,记 x_k 表示第 k 个采样周期的采样值;z_k 表示第 k 个采样周期的控制器输入;u_k 表示第 k 个采样周期控制器的输出;v_k 表示第 k 个采样周期执行器的输入。下面讨论在 4 种驱动方式条件下,网络控制系统被控对象的具体表现形式。

(1) 驱动方式 1:传感器、控制器和执行器均为时钟驱动。在这种驱动方式下,由于考虑网络诱导时延的影响,传感器数据在到达控制器节点后,直到控制器节点开始工作的时刻,才能被用于计算控制量。因此,控制器在时刻 t_k 能够利用的数据为

$$z_k=x_{k-1}$$

同样,执行器节点在 t_k 时刻能够利用的数据为

$$v_k=u_{k-1}$$

由以上分析可知,在一个采样周期内,对被控对象进行离散化,可得 NCS 中被控对象的离散模型为

$$\begin{cases}x(k+1)=\Phi x(k)+\Gamma u_{k-1}\\ y_k=Cx_k\end{cases} \tag{3-4}$$

式中：$\Phi = e^{AT}$；$\Gamma = \int_0^T e^{As} ds B$。

（2）驱动方式2：传感器和控制器时钟驱动，执行器为事件驱动。假设控制器节点和传感器节点的时钟完全同步，有 $z_k = x_{k-1}$；而执行器节点为事件驱动，在控制器达到执行器节点时，由于网络诱导时延的影响，执行器节点为

$$v(t) = \begin{cases} u_{k-1}, t_k < t < t_k + \tau_k^{ca} \\ u_k, t_k + \tau_k^{ca} < t < t_{k+1} \end{cases} \tag{3-5}$$

因此，被控对象的离散模型为

$$\begin{cases} x(k+1) = \Phi x(k) + \Gamma_0(\tau_k) u(k) + \Gamma_1(\tau_k) u(k-1) \\ y_k = C x_k \\ z_k = x_{k-1} \end{cases} \tag{3-6}$$

式中：$\Phi = e^{AT}$；$\Gamma_0 = \int_0^{T-\tau_k^{ca}} e^{As} ds B$；$\Gamma_1(\tau_k) = \int_{T-\tau_k^{ca}}^T e^{As} ds B$。

（3）驱动方式3：传感器与执行器节点时钟驱动，控制器执行事件驱动。假设执行器节点与传感器节点时钟完全同步，控制器节点采用事件驱动时，传感器节点的数据到达控制器时，控制器节点计算控制量并输出，因此，有

$$z(t) = \begin{cases} x_{k-1}, t_k < t \leqslant t_k + \tau_k^{sc} \\ x_k, t_k + \tau_k^{sc} < t \leqslant t_{k+1} \end{cases} \tag{3-7}$$

而执行器节点采用事件驱动，定时输出控制量，由于网络时延的存在，被控对象的离散模型为

$$\begin{cases} x(k+1) = \Phi x(k) + \Gamma u_{k-1} \\ y_k = C x_k \end{cases} \tag{3-8}$$

式中：$\Phi = e^{AT}$；$\Gamma = \int_0^T e^{As} ds B$。

（4）驱动方式4：传感器时钟驱动，控制器和执行器均为事件驱动。类似地，控制器节点在传感器的数据到达时刻立即计算控制量并输出，因此，有

$$z(t) = \begin{cases} x_{k-1}, t_k < t \leqslant t_k + \tau_k^{sc} \\ x_k, t_k + \tau_k^{sc} < t \leqslant t_{k+1} \end{cases} \tag{3-9}$$

同理，执行器节点在控制量到达时刻输出控制量，因此，有

$$v(t) = \begin{cases} u_{k-1}, t_k < t \leqslant t_k + \tau_k \\ u_k, t_k + \tau_k^{sc} < t \leqslant t_{k+1} \end{cases} \tag{3-10}$$

其中，$\tau_k=\tau_k^{sc}+\tau_k^{ca}$，被控对象的离散模型为

$$\begin{cases} x(k+1)=\Phi x(k)+\Gamma_0(\tau_k)u(k)+\Gamma_1(\tau_k)u(k-1) \\ y_k=Cx_k \end{cases} \tag{3-11}$$

式中：$\Phi=e^{AT}$；$\Gamma_0(\tau_k)=\int_0^{T-\tau_k}\mathrm{e}^{As}\mathrm{d}sB$；$\Gamma_1(\tau_k)=\int_{T-\tau_k}^{T}\mathrm{e}^{As}\mathrm{d}sB$。

3. 数学建模方法

对于可控网络系统的数学建模，通常采用以下 3 种方法，即优化方法、模拟方法[29]和启发式方法[30]。

(1) 优化方法：优化方法是运用线性规划、整数规划和非线性规划等数学规划技术来描述网络系统的数量关系，以便求得最优解，进行最优控制。由于网络系统庞大而复杂，建立整个系统的优化模型一般比较困难，而且用计算机求解大型优化问题的时间和费用太大，因此优化模型常用于网络系统的局部优化，并结合其他方法求得网络系统的次优解。

(2) 模拟方法：模拟方法利用数学公式、逻辑表达式、图表和坐标等抽象概念来表示实际网络系统的内部状态和输入输出关系，以便通过计算机对模型进行实验，通过实验取得改善网络系统或设计新的网络系统所需要的信息。虽然模拟方法在模拟构造、程序调试和数据整理等方面的工作量很大，但由于网络系统结构复杂，不确定情形多，所以模拟方法仍以其描述和求解问题的能力优势，成为网络系统建模的主要方法。

(3) 启发式方法：启发式方法针对优化方法的不足，运用一些经验法则来降低优化模型的数学精确程度，并通过模仿人的跟踪校正过程求取网络系统的满意解。启发式方法能同时满足详细描绘问题和求解的需要，比优化方法更为实用；其缺点是难以知道何时最优解已经被求得。因此，只有当优化方法和模拟方法不必要或不实用时，才使用启发式方法。

3.2 关系建模分析方法

关系建模分析方法是通过研究可控网络系统各部分内部和外部关联关系，从网络功能和网络控制流程的角度对网络整体进行研究的一种分析方法[31]，是在传统的数学模型无法准确描述错综复杂的网络系统的情况下，将可控网络系统中的控制功能模块化、控制流程分解分析，从而建立反映可控网络系统各部分内外部关系及控制关系的分析方法。下面在介绍关系建模分析方法概念的基础上，总结可控网络关系建模的一般步骤，最后对关系建模方法进行详细的阐述。

3.2.1 建模概念

可控网络关系建模分析方法的研究重点是可控网络系统中的网络功能和网络控制两个部分，其中网络功能是对可控网络中网络行为的解析和细化，通过动态的网络控制流程将静态的网络功能串联起来，则能够通过关系模型准确描述可控网络系统中网络行为的动态性。可控网络的关系建模分析方法与一般的建模分析方法相比，具有以下两个特点。

首先，可控网络的关系建模分析方法在内容上最显著的特点是对网络功能的模拟，即将网络行为特征抽象为对网络基本功能的模拟，并通过对网络基本功能和控制流程的描述将网络行为的动态性展现出来。可控网络规定了网络行为这一概念的内涵，并把它作为自己的基本概念，可以说关系建模方法是这一基本概念在方法论中的体现。人们对模型相似性的理解越来越深入，也越来越广泛，相似性可以是纯粹外表的，可以是内部结构的，也可以是行为的某些一般性质。可控网络关心的是网络行为上的相似性，不仅撇开了组成可控网络系统的元素的不同本质，而且还撇开了这些元素彼此联结的具体方式。例如，对于网络信息，可控网络只集中研究信息在网络控制和自组织中所发挥的功能。可以说，功能模拟方法反映了可控网络这一研究的特点和抽象化水平。

其次，可控网络的功能模型之所以能建立，其中隐含这样一个思想，即在一定条件下，在形式、结构不同的网络系统中，可以观察到同样的行为。可控网络不满足和停留在行为的相似性上，它试图从模型的行为得出有关控制客体结构的知识。这里可能存在一个矛盾，不同结构的网络系统可以具有相似或相同的功能，而从这些相同的功能又如何确定它们各自的网络结构呢？可控网络不认同只有认识了网络结构才能认识网络功能这种简单的认识方法，它要研究的是一种更为复杂和细致的网络功能和网络结构之间的内在联系。克劳斯曾指出，在评价控制论模型时，极为重要的是要正确地、也就是辩证地解决结构与功能的统一性问题[32]。可控网络正是在研究不同网络系统中共同的控制、管理和调节功能时，发现了信息反馈通道的存在，指出它是执行网络控制和调节功能必要的网络结构条件。

可控网络系统的主动性、不确定性、不确知性因素，使得其难以用传统的数学模型描述，即使建立起网络系统的数学模型，也十分复杂，难以准确描述。而简化的网络模型则与真实网络系统存在较大差异，具备很大局限性。因此，为了解决网络系统模型化的难题，需要研究和建立综合模型化的方法，采用数学模型和关系模型相结合，仿真模型做补充，并根据网络系统的特点,运用多层多重视点建模的方法,从而建立多层多重视点的模型体系。

3.2.2 建模步骤

可控网络关系建模的一般过程可分为如下几个步骤。

1. 网络系统分析与描述

对可控网络系统进行分析和定义,确定系统中主要构成部分的分类、层次,明确系统构成部分的一般组成单元和模块与特殊组成单元和模块。其中,一般组成单元和模块指的是具备普遍性的通用型的功能单元和功能模块,在不同分类和不同层次的构成部分中起相同或相似的作用及功能,特殊组成单元和模块则指的是具备特殊性的专用型的功能单元和功能模块,仅在特定分类和层次的构成部分中起特定的作用及功能。

2. 建立模块化的功能模型

根据系统主要构成部分的分类和层次,对各部分的具体功能和运行流程进行深入分析。由简到繁,由低层到高层,逐步对于可控网络系统中的各部分进行部件级建模,描述各部分的功能单元和功能模块的具体定义和作用,同时对各部分的基本控制流程进行描述。

3. 建立系统的关系模型

在完成各部分的功能单元和功能模块的部件级建模的基础上,研究各部分直接的功能关系及层次关系,对可控网络系统进行整体性的系统级建模,即描述系统运行状态下各部分的协同工作关系和基本控制流程,从而建立起以信息流和控制流为驱动的可控网络系统的关系模型。

4. 具体场景应用

根据具体的应用场景条件和需求,将上述关系模型的建模步骤从 1~3 逐步实现,从而完成具体应用场景下的可控网络关系模型建立。当应用场景及需求发生变化时,模块化的建模方法使得其关系模型的调整及完善更加灵活和便捷。

在可控网络关系建模的过程中,应用场景的不同、系统事件发展的状态不同,都会使得系统网络状态呈现动态性。

3.2.3 建模方法

1. 终端基本模型

运用图论和逻辑学方法,描述网络组成结构和各部分关系,建立可控网络系统的关系模型,也称结构模型。建立可控网络系统的关系模型,首先从终端、交换设备和安全控制中心3类典型部件进行基本部件级建模，类比一般计算机网络中的终端、中继、服务器3类部件的建模方法，将这3类部件的组成及功能以结构示意图的方式描述出来，同时结合结构示意图，将该部分的控制工作流程进行描述，包括控制流和数据流如何输入输出、控制流传递过程等，完成部件级的基本模型建立，为可控网络系统总体建模提供基础支撑。

终端即终端设备，是可控网络中处于网络最外围的设备，主要用于用户信息的输入和处理结果的输出等，如图3-3所示。在可控网络系统中，终端是范围最广、数量最多的网络节点，也是最普遍的被控对象。可控网络系统中的终端可以是各种类型、各种型号的个人终端(PC)和移动终端，为了便于后续建模，该部分的终端指的是普遍意义上的智能终端，其组成结构和功能具备普遍性。

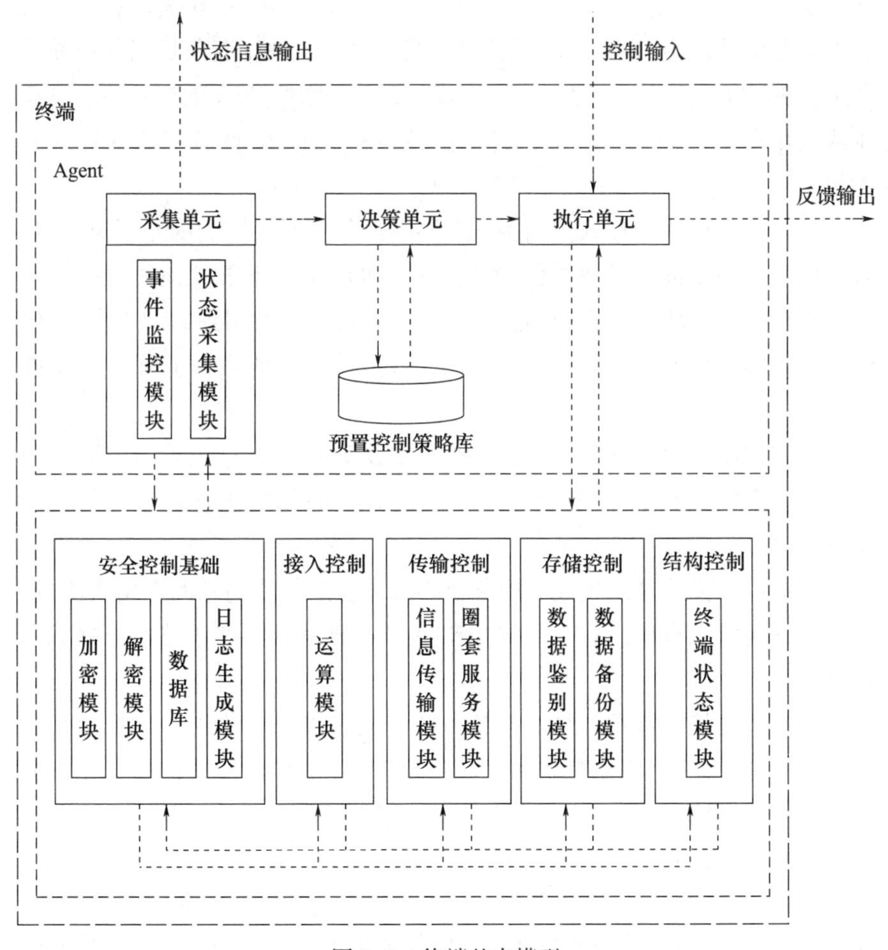

图3-3　终端基本模型

(1) 基本组成部分。终端基本模型的组成结构主要包括 Agent、安全控制基础模块、接入控制模块、传输控制模块、存储控制模块和结构控制模块。

Agent 具备基本的控制指令接收、控制决策、策略执行和状态信息反馈指令输出功能,主要由采集单元、决策单元和执行单元组成,采集单元包含了事件监控模块和状态采集模块,主要负责对当前的网络状态、各种网络控制模块的控制状态进行持续不断的采集和监控。决策单元根据采集的网络状态信息作出基本控制决策。执行单元负责接收控制决策信息,并根据具体的控制要求,与相应的功能模块进行交互,调用各种控制功能和服务,或实施数据传递等具体的控制动作。

安全控制基础模块是各种安全控制服务和安全控制功能实施过程中所共用的基础功能模块的集合,包括加密模块、解密模块、数据库和日志生成模块等。加密、解密模块提供的数据加密解密功能,是安全控制必须具备的最基础的能力,也是利用最频繁的模块之一。数据库负责当前终端设备上各种数据的存储,包括缓存数据库、存储数据库、特征数据库等。日志生成模块负责当前终端的状态信息、控制信息或其他事件信息记录并上报。

接入控制模块是接入控制服务在终端设备上所使用到的专用模块,包含身份认证一个运算模块,负责为接入控制的工作流程提供运算支持。

传输控制模块是传输控制服务在终端设备上所使用到的专用模块,包含信息传输模块和圈套服务模块,负责为传输控制的工作流程提供功能支持。

存储控制模块是存储控制服务在终端设备上所使用到的专用模块,包含数据鉴别模块和数据备份模块,负责为存储控制的工作流程提供功能支持。

结构控制模块是结构控制服务在终端设备上所使用到的专用模块,包含一个终端状态模块,负责为结构控制的工作流程提供当前终端连接状态信息。

(2) 基本控制流程。终端设备控制流程可以分为终端内部控制和终端外部控制,也称小回路控制和大回路控制,其中与外界的信息交互主要包括控制信息输入,状态信息输出和反馈信息输出。

终端内部控制(小回路控制)是终端内部的控制自回路,目的是保持当前终端的稳定运行状态。首先由状态采集单元生成当前终端状态信息,并传递至决策单元,决策单元结合终端预置决策数据库和当前终端状态信息做出决策判断,并生成决策指令传递至执行模块。执行模块接收决策指令,并按照决策指令调用相应的控制功能模块,执行具体的控制动作,并生成反馈信息。同时结合反馈信息,控制安全基础模块中的日志生成模块生成状态日志,采集单元采集到新的状态日志或监测到网络状态变化,则重复控制过程。

终端外部控制(大回路控制)是终端与外部网络(主要为安全控制中心)交互的控制回路。外部网络传递的控制信息输入至该终端,直接由执行单元接收控制信息并按照指令调用相应控制功能模块,执行具体的控制动作,并生成反馈信息输出至外部网络中。需要强调的是,小回路控制的决策单元生成的控制指令和大回路控制的控制信息输入均为决策后生成的控制指令,均可以对执行单元做出具体执行动作的指示,当两部分控制指令冲突时,优先满足大回路控制的控制指令,即外部网络控制指令的优先级大于终端内部控制指令。

2. 交换设备基本模型

交换设备是可控网络系统中使各个终端和控制中心互联,能够组成完整的网络系统的关键连接设备,主要是交换机、路由器、网关等起到数据转发和网络互联作用的网络设备,如图 3-4 所示。传统意义上的交换设备仅仅只负责 OSI 模型各层分组数据的交换,新型的交换设备如 SDN 交换机、路由器、网关等增加了多种控制功能和控制服务,能够在可控网络系统提供更多的控制作用。

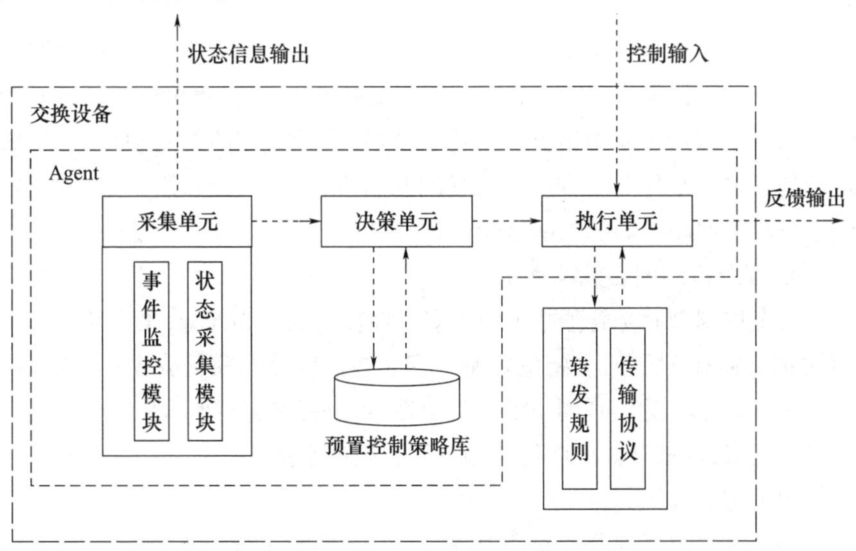

图 3-4 交换设备基本模型

(1) 基本组成部分。交换设备基本模型结构主要由 Agent、转发协议与传输协议模块组成。Agent 主要包括采集单元、决策单元和执行单元。采集单元包含事件监控模块和状态采集模块,负责为决策单元提供当前交换设备状态信息,以及输出当前交换设备的状态信息到外部网络中。决策单元和执行单元的作用与终端基本模型中一致,不再重复说明。预置控制策略库中预先存储了来自安全控制中心的基本控制决策,可以为决策单元提供基本的控制判定信息。

值得注意的是,控制决策的执行主要体现在更新当前交换设备的转发规则和传输协议。其中转发规则包括了路由器的路由表、交换机的交换表、SDN 交换机的流表等,传输协议指的是当前交换设备所遵循的传输协议。

(2) 基本控制流程。交换设备在控制流程可以分为内部小回路控制和外部大回路控制,其中与外界的信息交互主要包括控制信息输入,状态信息输出和反馈信息输出。

小回路控制是交换设备内部的控制自回路,目的是保持当前交换设备的稳定运行状态。首先由状态采集单元生成当前终端状态信息,并传递至决策单元,决策单元结合预置决策数据库和当前交换设备状态信息做出决策判断,并生成决策指令传递至执行模块。执行模块接收决策指令,并按照决策指令调用相应的控制功能模块,执行具体的控制动作,并生成反馈信息进行上报。当采集单元监测到网络状态变化,则重复控制过程。

大回路控制是交换设备与外部网络(主要为控制中心)交互的控制回路。外部网络传递的控制信息输入至该交换设备,直接由执行单元接收控制信息并按照指令调用相应控制功能模块,执行具体的控制动作,并生成反馈信息输出至外部网络中。与终端控制流程一致,当控制指令冲突时,优先满足大回路控制的控制指令。

3. 安全控制中心基本模型

安全控制中心是管理整个网络安全性功能的核心部分,集成了较为全面的安全应用及服务,主要负责制定安全控制策略和实施安全控制部署,如图 3-5 所示。为实现网络的高安全性,需要将诸多零散的控制分系统统一协调起来,形成整体的防御体系,而安全控制中心正是统一各个控制分系统的关键。

(1) 基本组成部分。安全控制中心主要由控制服务器、控制功能模块集合和数据库集合组成。

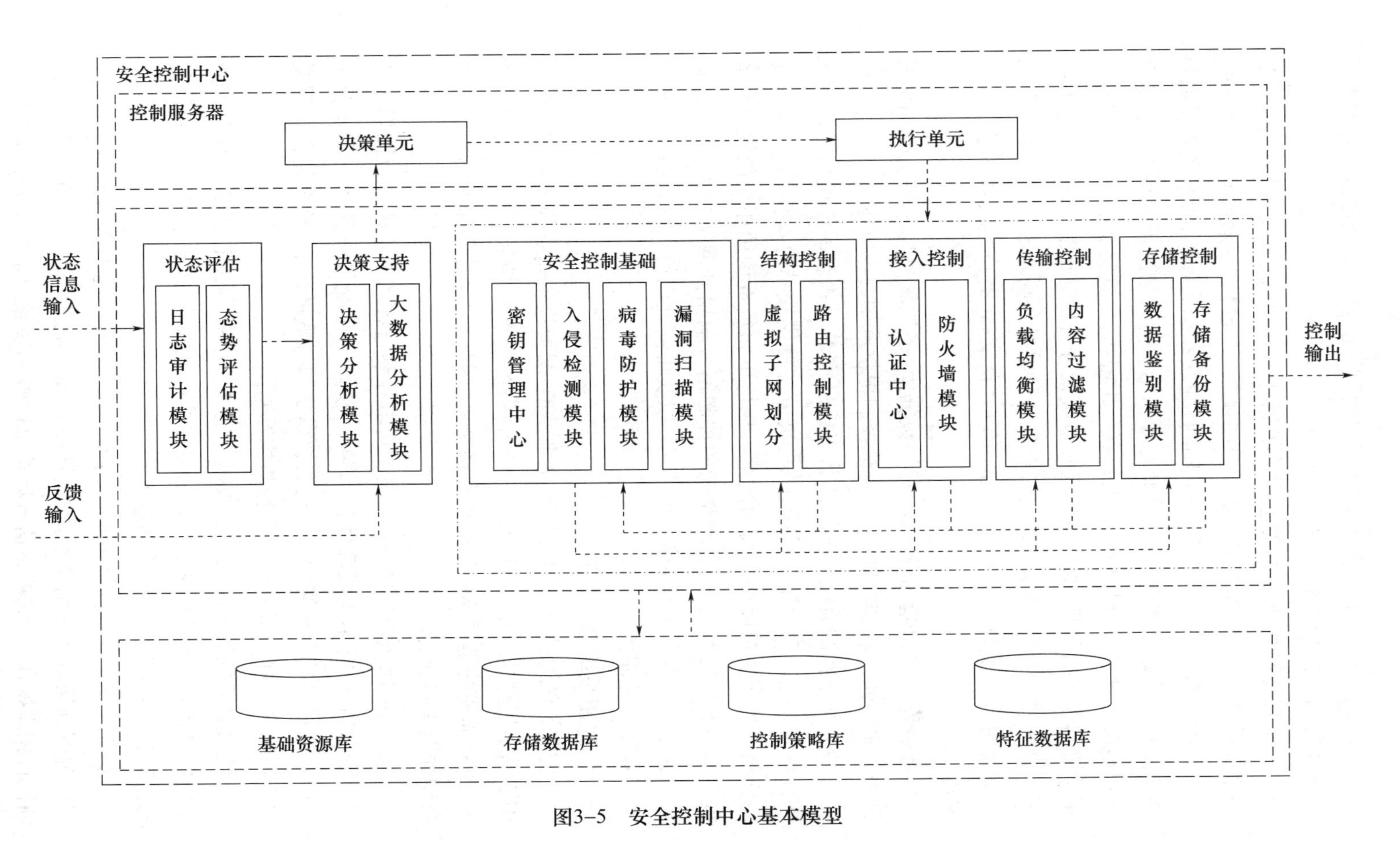

图3-5　安全控制中心基本模型

控制服务器主要包括决策单元和执行单元,负责安全控制中心决策指令和执行指令的生成和下发。

控制功能模块集合主要包括了状态评估模块、决策支持模块、安全控制基础模块、结构控制模块、接入控制模块、传输控制模块和存储控制模块。其中状态评估模块包含了日志审计模块和态势评估模块,负责接收网络中的状态信息输入并分析,将状态评估结果传递至决策支持模块。决策支持模块包含决策分析模块和大数据分析模块,负责将状态评估结果和控制反馈结果进行处理,为决策单元提供决策分析所需信息支持。安全控制基础模块、结构控制模块、接入控制模块、传输控制模块和存储控制模块分别负责为各个控制服务提供具体的控制功能支持,并产生具体的控制信息输出。

数据库集合由基础资源库、存储数据库、控制策略库和特征数据库分别为基本控制过程和存储控制、传输控制提供基础数据支撑。

(2) 基本控制流程。网络的状态信息输入至状态评估模块并生成状态评估结果输出至决策支持模块时,决策支持模块结合反馈输入,由决策单元结合控制决策库做出新的决策。执行单元负责调用相应的模块和数据库实施具体控制动作,并产生新的控制信号输出到网络中去,该控制信号包含了所涉及的安全控制功能类型,以及由何处的何种设备执行何种操作等具体的控制信息。

4. 控制系统总体模型

控制系统总体模型是在终端基本模型、交换设备基本模型和安全控制中心基本模型建立的基础上,对于控制系统中基本控制流程的模型的研究,主要描述的是整体控制流程在网络典型部位的流转和作用情况。总体模型如图 3-6 所示。

以典型的传输控制为例,将典型传输控制过程和工作流程以图形化的形式表示出来,基本组成部件包括两个终端,一个交换设备和一个安全控制中心。在终端 1 和终端 2 通过交换设备进行数据传输,整个传输过程受安全控制中心在全局范围内进行整体控制。

模型中黑色实线代表实际数据传输通道。控制流程主要包括 3 种类型的信息传输,分别为网络状态信息在控制系统中的传递过程;控制信息的传递过程;反馈信息的传递过程。

安全控制中心首先获取网络当前状态,给出相应的传输控制指令,并转化为控制信号传递给交换设备、终端 1 和终端 2,之后终端和交换设备分别执行相应操作,完成控制信号所给出的控制决策,同时向安全控制中心

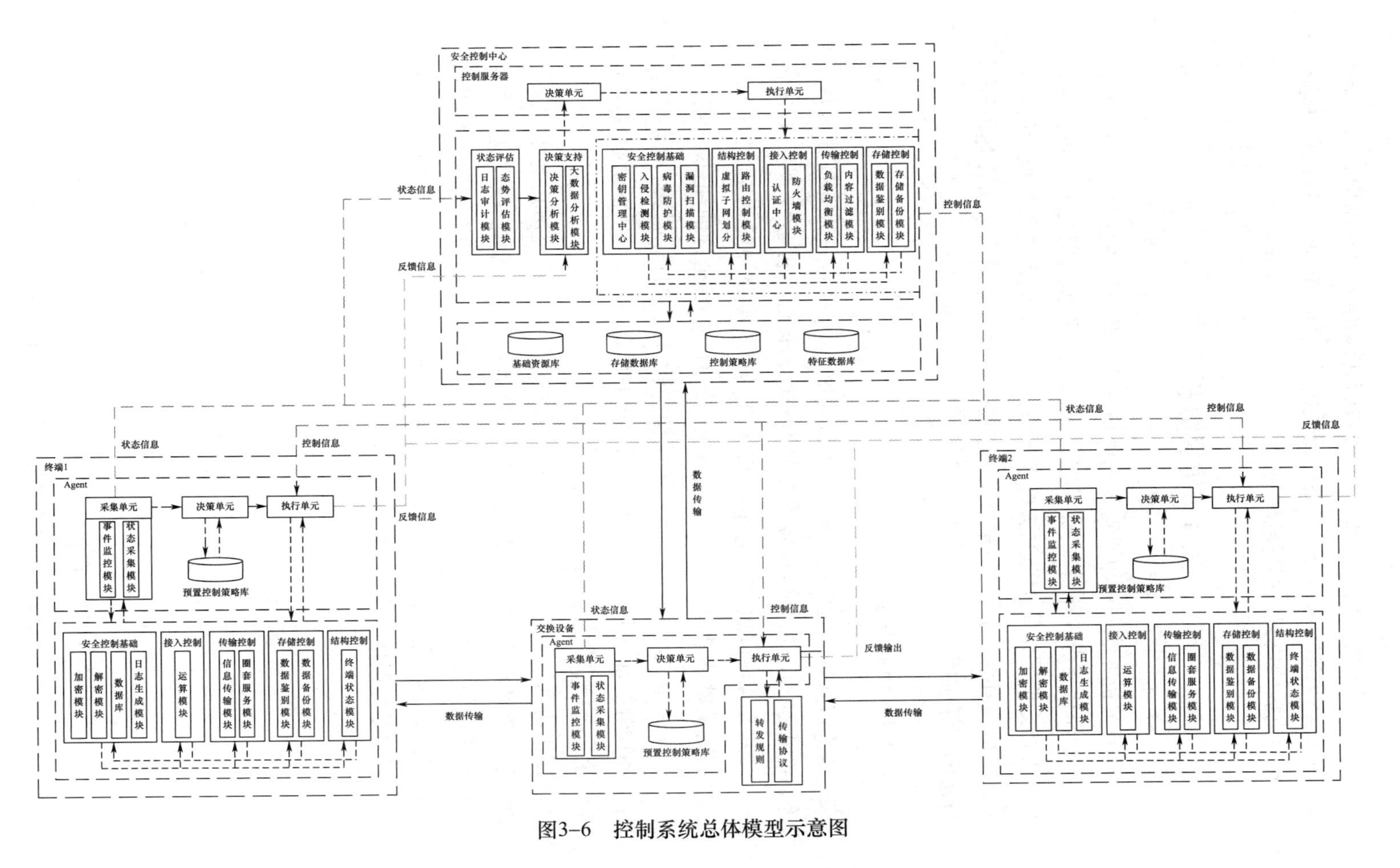

图3-6　控制系统总体模型示意图

传递反馈信号,将当前执行状态和网络状态反馈给安全控制中心。安全控制中心收到来自终端和交换设备的反馈信号,解析信号所携带信息并进行分析,得出新的决策,重复控制过程。

3.3 仿真分析方法

仿真分析方法同样也是可控网络理论的主要分析方法之一,也是目前研究、设计和分析各种系统,尤其是复杂系统的重要工具之一。可控网络仿真方法是依据系统仿真方法而建立的,因此在介绍系统仿真概念的基础上,总结可控网络仿真的一般步骤和方法,最后举例说明了仿真建模分析方法的实际应用。

3.3.1 仿真概念

系统仿真是建立在控制理论、相似理论、信息处理技术和计算机技术等理论基础之上的,是以计算机和其他专用物理效应设备为工具,利用系统模型对真实或假想的系统进行实验,并借助于专家经验知识、统计数据和资料对实验结果进行分析研究,做出决策的一门综合性的和试验性的学科[33]。系统仿真[34]实质上是一种模型实验,仿真的目的是在系统分析、综合和预测的基础上,获得系统实际运行时的动态特性,从而解决在实际系统上进行测试的经济性和安全性问题。

现代仿真技术均是在计算机支持下进行的,因此系统仿真也称为计算机仿真。系统仿真有 3 个要素,即系统、模型和计算机系统,联系这 3 个要素的是系统仿真的 3 个活动,即系统建模、仿真建模和仿真实验。系统仿真的基础是系统模型,系统模型不同,使用的仿真方法也不尽相同。系统仿真三要素之间的关系可用图 3-7 描述。

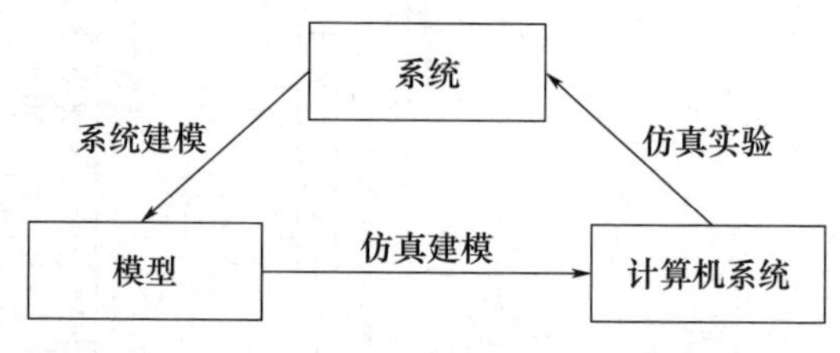

图 3-7　系统仿真 3 个要素及 3 个基本活动

在仿真实验方面,仿真将实验框架和仿真运行控制区分开来:实验框架定义一组条件,包括模型参数、输入变量、观测变量、初始条件、终止条件和输出说明,而仿真运行控制有时间控制部件,按一定的规律控制仿真钟的推进,直到仿真结束为止。

系统仿真可以从不同的角度进行分类,比较典型的是根据模型的种类、仿真时钟与实时时钟的比例关系以及系统模型的特征来进行分类。

1. 模型种类

根据模型的种类不同,系统仿真可分为3种,即物理仿真、数学仿真和半实物仿真。根据真实系统的物理性质构造系统的物理模型,并在物理模型上进行实验的过程称为物理仿真。对实际系统进行抽象,并将其特征用数学关系加以描述得到系统的数学模型,对数学模型进行实验的过程称为数学仿真。将数学模型与物理模型,甚至实物联合起来进行实验是半实物模型。

2. 时钟比例关系

实际动态系统的时钟称为实际时钟,系统仿真时模型所采用的时钟称为仿真时钟。根据仿真时钟与实际时钟的比例关系,系统仿真分为实时仿真、亚实时仿真和超实时仿真。

实时仿真的仿真时钟与实际时钟完全一致,也就是模型仿真的速度与实际系统运行的速度相同,当仿真的系统中存在物理模型或实物时,必须进行实时仿真。亚实时仿真是仿真时钟慢于实际时钟,也就是模型仿真的速度慢于实际系统运行的速度,当仿真速度要求不苛刻的情况下可以使用亚实时仿真。超实时仿真是仿真时钟快于实际时钟,也就是模型仿真的速度快于实际系统运行的速度。

3. 模型特征

根据系统模型的特征可分为连续系统仿真和离散事件系统仿真。连续系统是指系统状态随时间连续变化的系统,离散事件系统是指系统状态在某些随机时间上发生离散变化的系统。

在可控网络仿真分析过程中,需要对可控网络系统进行规范、描述和分析。为了全面而有效地概括和分析可控网络系统,可从两个层面,即结构层面和行为层面出发,使用两种方法,即面向对象和面向过程的方法。

1. 面向对象方法

从结构层面出发,采用面向对象的方法,可将可控网络系统看作是节点模块、链路模块和协议模块的集合。这些模块都可以看作可控网络仿真分析的对象,对象用于将现有系统分解为更小的部分,即对象就其自身而言是一个整体,同时又可看作是很多更小的对象的集合。节点和链路是网络系统中物理上相区别的实体,节点又包括中间设备和终端设备等,这些实体都可以当成对象来看待,对这些物理实体除了分析其物理特性外,为了进行建模,还需了解其工作方式以及与其他对象的通信和交互,即输入输出;对协议进行建模时,需借助于有限状态自动机 FSM 或 Petri 网模型,为协议的设计、评价和验证提供系统方法和自动化工具,有助于分析协议的性能[35]。在分解-综合的基础上,既可以将这些对象之间的关系表现出来,描述系统的结构,又可以分别对单个对象和整个系统进行描述和分析。

2. 面向过程方法

从行为层面出发,可控网络系统中包含有各种简单行为和复杂行为,面向过程的方法可动态地对这些行为进行描述。对行为的描述可以明确系统的各种状态和事件,确定性地说明网络系统中的各种行为模式,发现网络行为导致网络中各种实体属性和状态发生变化的关键因素,了解其本质及内在工作机理,在此基础上,控制单元可根据这些状态对受控单元进行相应的有效控制。

根据以上的分析,基于面向对象和面向过程的方法,需要在仿真建模过程中建立可控网络系统的实体模型和行为模型。

实体具有执行能力和行为表现,是行为的支撑体和执行体,它是面向对象建模的一个产物,是对客观物体的抽象表达,可以是任何独立存在的对象。实体可分成基本实体单元和中间实体单元,基本实体单元没有下属单元,是最基本的实体单元,中间实体单元则包括下属实体单元。实体包括一般行为实体和控制行为实体,一般行为实体是仅具备一般行为能力的实体,对应于基本单元;控制行为实体是具备控制能力的实体,它按照控制策略和控制机制提供控制服务,对应于中间实体。实体模型是对具备行为能力的实体进行描述的模型,实体模型包含实体属性模型和实体关系模型。一般行为实体模型是对一般行为实体进行描述的模型,控制行为实体模型是指对控制行为实体进行描述的模型。

行为是实体的动态表现,与特定实体相联系,表现为特定实体约束下的行动和控制。行为实体受控制实体的控制和指挥,其结果表现为行为实体的行为模型的行为过程。对应于实体,行为包括一般行为和控制行为。行为模型是实体模型的内部描述,以行为来表现实体的行动过程和行动结果。行为模型包括行为约束模型和行为发生模型。一般行为模型是对一般行为实体的行为进行描述的模型。控制行为模型是控制行为实体模型的内部描述,以其控制行为实现控制机制。实体模型是一般行为模型和控制行为模型的执行者,行为实体模型和一般行为模型决定着控制实体模型和控制行为模型的运行。

3.3.2 仿真步骤

系统仿真的一般过程可分为如下几个步骤。

1. 系统分析与描述

对系统进行分析,给出系统的详细定义,明确系统的构成、边界和约束,然后确定系统的目标和目标实现的衡量标准。

2. 建立系统的模型

根据系统分析的结果,确定系统的变量,依据变量间的相互关系以及约束条件,用数学的形式描述出来,构成系统的数学模型,并验证数学模型的有效性。

3. 建立仿真模型

将系统模型编写成计算机易于处理的形式,包括确定仿真模型的模块结构、确定各个模块的输入输出接口、确定模型和数据的存储方式、选择编制模型的程序设计语言及实现算法等。此外,要对仿真模型及其特性与现实系统及其特性进行全过程比较,对仿真模型进行验证和确认。

4. 编写仿真程序

在进行仿真实验设计的基础上,选择并运用计算机语言和仿真软件进行仿真实验的程序设计。

5. 仿真模型运行

对编写好的仿真程序进行上机实验,实现其系统模型仿真。

6. 仿真结果分析

仿真结果分析的目的是确定仿真实验中得到的信息是否合理和充分,是否满足系统的目标要求,仿真结果是否可信。当仿真结果不合理时,分析原因,从而改变步骤 2~4 的内容,使仿真结果合理,为了对仿真模型进行深入研究和优化,也必须进行多次循环运行,以实现各参数的优化。

7. 仿真结果的处理

将多次运行的仿真结果在确定其可信的基础上,分析整理成报告,确定各个不同系统择优方案的准则、仿真实验结果、数据的评价标准及问题的可能解,为系统方案的最终决策提供辅助支持。

在仿真过程中,随着事件的不断发生,系统状态呈现出动态变化过程,行为的动态特性很难用数学方程形式加以描述,难以得到行为动态过程的解析表达。由于这种变化是随机的,某一次仿真运行得到的状态变化过程只是随机过程的一次取样,只有在统计意义下才有参考价值,因此要进行随机事件的多次仿真,得出实际行为的一般性能,并用统计计数器来搜集仿真过程中的有关数据进行统计分析,获得行为的统计性能。

上述过程常用于系统的设计和分析阶段,它提供了修改和更换模型的灵活性。当系统经过分析设计后进入研制阶段时,为提高仿真实验的可信度,常常用实际部件或子系统代替部分计算机模型,进行半实物仿真实验,以实现对实际部件或子系统的功能性测试,最终进入全实物的物理仿真,即基于硬件级的实时仿真。

3.3.3 仿真方法

仿真方法就是从总体上确定仿真模型的控制逻辑和仿真时钟的推进机制。仿真钟是表示仿真时间变化的描述,在可控网络系统中,由于引起系统状态变化的事件发生时间的随机性,仿真钟的推进步长是完全随机的。同时,由于相邻两事件之间系统状态不发生任何变化,因而仿真钟可跳过这些“不活动”周期,从一个事件发生时刻直接推进到下一事件发生时刻。所以,仿真钟既有随机性,又有跳跃性。如何推进仿真钟,同时如何通过逻辑来控制仿真模型的运行是可控网络系统仿真分析方法要完成的任务。

要对可控网络系统的网络行为和过程进行仿真,首先应弄清组成这类系统的一些基本要素,如实体、活动和事件等。实体是系统的成分,它分为两大类:物理实体,即长期存在系统中的实物实体,如网络中的各种主机、硬件和软件设备等;逻辑实体,即存在于系统中的非实物实体,如病毒、黑客程序、软件程序等,活动是实体所作的或对实体施加的事情,在这里,活动是一个动词,比如对某一主机的访问就是一种活动。事件是引起系统状态发生变化的原因,而事件之间的时间即为某一活动的周期,活动与事件两个要素之间的关系可用图 3-8 表示。

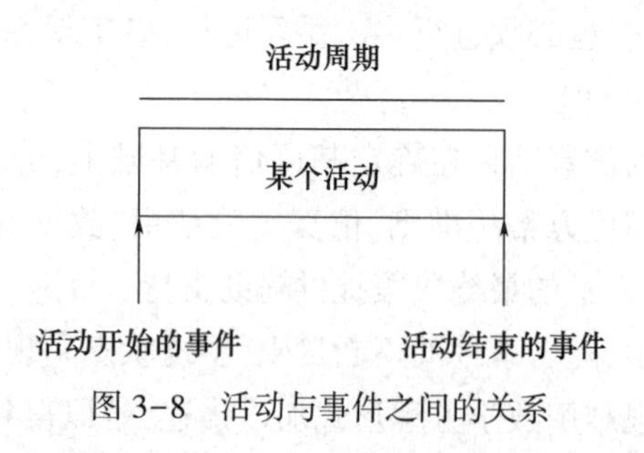

图 3-8　活动与事件之间的关系

系统仿真的目的和特点决定了系统仿真所使用的方法。可控网络系统仿真的实质是一种静态模型仿真,也即仿真过程不考虑系统从一种状态变化到另一种状态的过程;可控网络系统仿真的实质目的是力图用大量抽样的统计结果来逼近总体分布的统计特征值,所以它需要进行多次大量的仿真实验和较长时间的仿真;可控网络系统仿真中时间的推进是不确定的,它取决于系统的状态条件和事件发生的可能性。

基于以上的分析,对于可控网络系统的仿真,通常有3种方法,即事件调度法、活动扫描法和进程交互法。

1. 事件调度法

事件调度法是面向事件的仿真方法,用事件的观点来分析可控网络系统,通过定义事件及每个事件发生引起的系统状态的变化,按时间顺序确定每个事件发生时有关的逻辑关系。

按照这种方法建立模型时,所有事件均放在事件表中。模型中设有一个时间控制成分,该成分从事件表中选择具有最早发生时间的事件,并将仿真钟修改到该事件发生的时间,然后调用与该事件相应的事件处理模块,该事件处理完后返回时间控制部分。这样,事件的选择与处理不断地进行,直到仿真终止的条件或程序事件产生为止。

2. 活动扫描法

活动扫描法是面向活动的仿真方法,可控网络系统由实体组成,而实体包含着活动,这些活动的发生必须满足某些条件,每一个主动实体均有一个相应的活动子例程。仿真过程中,活动的发生时间也作为条件之一,而且是较之其他条件具有更高的优先权。

3. 进程交互法

一个进程包含若干个有序事件及有序活动,进程交互法采用进程描述可控网络系统,它将模型中的主动实体所发生的事件及活动按时间顺序进行组合,从而形成进程表,一个实体一旦进入进程,它将完成该进程的全部活动。采用进程交互法建模更接近于实际系统,从用户的观点来看,这种方法更易于使用,因而得到迅速发展,但这种方法的软件实现比事件调度法和活动扫描法要复杂得多。

第4章　可控网络安全状态空间

可控网络安全状态空间是在第3章可控网络基本分析方法构建的模型基础上,借鉴现代控制论中基于状态控制的思想,创新提出的一种描述可控网络安全状态的方法,该方法以控制服务、控制设备和控制功能3个维度刻画安全元素之间的关系,用安全状态空间中的相关状态表征可控网络的安全状态,是可控网络安全状态空间分析法的基础。

4.1　安全控制体系结构

安全控制体系结构是对可控网络安全控制系统的控制能力的描述和分析工具。本节首先阐述安全控制体系结构的有关概念,接着对安全控制体系结构进行分析。

4.1.1　体系结构定义

体系结构或者系统结构对应的英文单词是architecture,在定义安全控制体系结构之前,先看一下关于体系结构的定义。在韦氏词典(merrianm-webster's collegiate dictionary)[36]中有如下几个相关的定义。

(1) 建造的艺术或者科学(The Art or Science of Building)。

(2) 建造的方法或者风格(A Method or Style of Building)。

(3) 计算机或者计算机系统各部分组织与集成的方式(The Manner in Which the Components of A Computer or Computer System are Organized and Integrated)。

在《现代汉语词典》中,对结构是这样定义的。

(1) 各个组成部分的搭配和排列。

(2) 建筑物上承载重力或外力部分的构造。

综合以上几个定义,结合可控网络系统的特点,给出如下有关可控网络系统安全控制体系结构的定义:

可控网络系统安全控制体系结构是可控网络的各软硬件设备、安全控制功能和安全控制服务的组织和集成方式。它给出了可控网络安全控制系统基本组成与功能,描述了系统各组成部分的关系以及它们集成的方式或方法,刻画了支持可控网络安全控制系统有效运转的机制。因此,也可以将可控网络安全控制体系结构定义为“划分可控网络系统安全控制基本部件,指定系统部件的目的与功能,说明部件之间如何相互作用、如何集成为一个整体以及通过何种机制实现整体功能的技术”。

4.1.2 体系结构内涵

可控网络安全控制体系结构贯穿“分解”与“集成”两条主线。可控网络安全控制体系结构的作用在一定程度上就是对可控网络系统的剖解,必须要能够标识出可控网络系统安全控制的基本组成成分,能够清楚地说明可控网络系统是由哪些关键部分结合在一起形成的。同时,可控网络安全控制体系结构还必须能够对各部分的功能、目的、特点等进行清晰的描述,使人们能够了解各个组成部分的作用。这些都是“分解”的作用,在“分解”的基础上,可控网络安全控制体系结构还需要进一步描述“集成”起来的功能,即在充分了解可控网络系统的各个组成部分的作用机理、作用方式等的基础上,将这些部分按照一定的方式进行组织和集成,形成一个具有特定功能的整体对外提供服务。

4.1.3 体系结构表示

按照系统论思想和网络安全控制理论,重点针对系统中安全控制相关理论和技术,建立可控网络安全控制系统的安全控制体系结构,并划分 3 个维度,即控制设备维、控制服务维和控制功能维。如图 4-1 所示。控制服务与控制功能构成的平面反映的是某种控制服务需要哪些控制功能支持,通过相交的点表示。控制设备与控制功能构成的平面,反映是哪些控制设备可以提供相关的控制功能,通过相交点表示。控制服务与控制设备构成的平面反映的是相关控制服务和控制设备的相关性,通过相交点表示。

第一维为控制服务维,是对可控网络安全控制体系结构中涉及的主要控制服务进行描述的维度,分别是结构控制服务、接入控制服务、传输控制服务、存储控制服务、安全等级保护服务和按需控制服务。

第二维为控制功能维,是对可控网络安全控制体系结构中所运用的多种安全控制方法、机制或技术进行描述的维度,通过多种控制功能协同运作形成相应的控制服务,是第一维控制服务维中的各个控制服务具体实施的技术基础,主要包括结构控制功能、接入控制功能、传输控制功能、存储控制功能、通用控制功能、虚拟安全控制功能和安全等级保护功能等。

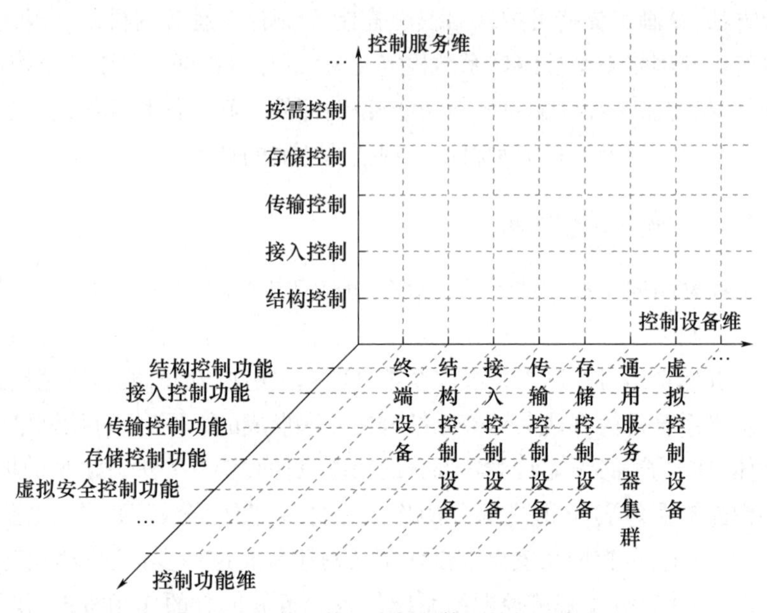

图 4-1　可控网络安全控制体系结构示意图

第三维为控制设备维,又可称为控制的作用位置或作用对象,即可控网络安全控制所发生的物理或逻辑位置,以及控制输入所作用的位置,是第二维控制功能维中各个控制功能具体实现的软硬件基础支撑。主要可以分为终端设备、结构控制设备、接入控制设备、传输控制设备、存储控制设备、通用控制设备和虚拟控制设备等。

如果对该网络安全体系结构进行概念拓展,引入安全状态空间的概念,现有的可控网络三维安全体系结构就是可控网络的三维安全状态空间,依据状态空间中的相关点安全状态的不同赋予其不同的数字,表示不同的安全状态,通过对安全状态空间中状态的获取、评估、决策和控制,可以开展相关分析研究。

加入运行维或称为时间维,网络安全状态将随运行时间、安全控制输入、攻击事件发生等离散时间序列变化而变化,网络安全控制的作用位置、控制策略、控制类型和控制方法也同时发生变化。运行维负责将这种变化发生时,安全控制体系结构如何运转、各部分如何协同工作的情况描述出来。

从总体来说,控制服务维、控制功能维和控制设备维是具有一定正交性的,这里的正交性采用的是工程语境下的正交性,而非数学语境下的正交性。因为选定的 3 个维度已经做到了尽可能的独立和避免重复,理由如下。

首先,控制服务维、控制功能维、控制设备维3个维度都是从不同的角度对可控网络安全控制体系结构进行划分和描述的,它们分别反映了网络安全控制的目的、手段和对象,它们之间没有必然的因果关系或依赖关系,而是根据实际的网络环境和安全需求进行动态匹配和选择的,因此它们具有相对独立性。

其次,控制服务维、控制功能维、控制设备维3个维度都是为了实现网络安全控制的统一目标而设计和存在的,它们之间没有相互排斥或抵消的作用,而是相互支持和补充的,因此它们具有无冲突性。

最后,由于控制服务维、控制功能维、控制设备维3个维度具有相对独立性和无冲突性,它们之间就可以形成多对多的关系,没有固定的对应关系,也就是说,它们之间的正交性不在于三者完全没有关联,而在于从泛在的普遍关联中,找到了3个既相对独立、又无冲突的维度。换句话说,这3个维度的选取不是否认相互耦合,而是在泛在的耦合中确立了3个无冲突的视角。从这个意义上来说,这种维度的划分在便于分析问题方面是具有意义和价值的。

4.2 安全状态空间

安全状态空间[37]是由安全控制体系结构直接演变而来的,它是由相关的3个安全状态平面组成的,安全状态平面是由二个相关的一维状态坐标组成的,而一维状态坐标又是由相应的安全控制的基本坐标元素组成,下面我们就从一维状态坐标、二维状态平面和三维状态空间分别加以介绍。

4.2.1 一维状态坐标

可控网络的安全状态平面是由二个相关的安全控制坐标轴组成的,安全控制坐标轴是构建安全状态空间的基础,其上选取的坐标元素是安全状态空间的最基础的要素,且具有相同的属性。安全控制坐标轴分为基本坐标维和递阶坐标维,具体说明如下。

1. 基本坐标维

基本坐标维也称一级坐标维,是组成基本安全状态平面和基本安全状态空间的基础,分为安全控制服务维、安全控制软硬件设备或系统维、安全控制功能维等。

可控网络安全状态空间的基本坐标维包括控制服务一级坐标维、控制功能一级坐标维和控制设备一级坐标维。控制服务一级坐标维的元素组成有结构控制服务、接入控制服务、传输控制服务、存储控制服务和按需控制服务;控制功能一级坐标维的元素组成有结构控制功能、接入控制功能、传输控制功能、存储控制功能、通用控制功能和虚拟控制功能;控制设备一级坐标维的元素组成有终端设备、结构控制设备、接入控制设备、传输控制设备、存储控制设备、通用控制设备和虚拟控制设备。

1) 控制服务维

可控网络安全控制体系结构提供的安全服务分为系统结构的安全控制服务、系统行为的安全控制服务和系统运行的安全控制服务。系统结构的安全控制服务主要是为保证可控网络的物理结构可靠性和逻辑结构可靠性。系统行为的安全控制服务主要是为保证可控网络的信息流程和信息交换的安全,它可进一步划分为接入控制、传输控制和存储控制。系统运行的安全控制服务主要是为保证可控网络系统运行和维护过程的可控性和可管理性。

(1) 结构控制。控制网络的逻辑拓扑结构和部分物理拓扑结构,目的是增强网络连接的可靠性、通信效率和安全性,同时保证网络拓扑的灵活性和可管理性。对于不同类型的拓扑结构,其可靠性和通信效率是不同的。网络与网络之间的连接方式,尤其是内、外部网络的连接方式,决定了网络防御的深度。在网络系统遭受物理打击或网络结构主动调整时,拓扑结构的变化可能导致网络的可控性下降,结构控制可以主动的对网络结构进行调整,使其可控性、可靠性和安全性增强。

(2) 接入控制。控制网络流量的访问权限和网络终端的接入权限,包括用户访问网络设备、网络服务和网络信息资源的权限,保障信息的专用性和安全性。接入控制主要分为用户接入控制、设备接入控制和外网接入控制三部分。用户接入控制主要对网络中用户提出接入申请的合法性进行判断,决定是否允许该用户操作网络终端进而访问网络资源。设备接入控制主要对网络设备是否可信可控进行判断,从而决定是否允许设备接入网络。外网接入控制是根据系统预设规则对外部网络向内部网络发起的接入和数据交互请求进行合法性判断,对预设合法请求允许入内,否则拒绝请求或执行相应防御策略。

(3) 传输控制。控制网络信息通信的安全,目的是增强网络数据传输的安全性和可靠性,主要通过数据加密技术为通信双方建立安全传输信道,保证传输过程数据的完整性和机密性,以实现对可控网络系统数据传输过程的安全控制。传输控制可以通过链路加密传输、节点加密传输和端到端加密传输3种加密传输方式来实现,是一种主动安全防御策略,将通信双方的通信链路从开放的公共网络中抽象隔离,以保障数据传输不受外部窃听、篡改等恶意攻击影响。

(4)存储控制。控制网络信息和数据在可控网络系统中的存储安全,目的是提高网络数据存储的安全性和存储效率,保障数据存储过程中信息的完整性和安全性。可控网络系统中数据存储形式主要表现为云端的分布式存储,通过数据加密控制技术、数据去重控制技术和存储备份控制技术可以实现对网络数据存储安全性和存储效率的提升,同时保证信息的完整性和安全性。

(5)按需控制。按照用户的特定网络安全需求,利用多种安全控制手段使可控网络系统满足定制化的网络安全需求,目的是为可控网络用户提供多样化的可控网络安全服务和安全功能,并且优化安全服务资源和网络资源的利用率,降低可控网络安全开销。安全等级保护控制是按需控制的一个具体示例,安全等级保护是以安全等级为标准,规范化网络系统整体安全水平,控制网络系统使之始终维持在某个安全等级标准之上。具体来说,可控网络系统依照《信息安全技术——网络安全等级保护安全设计技术要求》(GB/T 25070—2019),结合军事信息系统安全需要,制定可控网络安全等级保护标准,并以该标准为依据利用基本控制方法调控网络功能。调控方式为针对可控网络用户所提出的安全等级保护需求,综合利用结构控制、接入控制、传输控制、存储控制及其子控制等多种安全控制手段优化控制开启的网络功能,使当前网络系统平稳地处于所要求的安全等级内。

2)控制设备维

可控网络安全控制系统的物理基础是由各种通用网络设备和专用网络设备组成的专用软硬件设备,主要包括终端设备、结构控制和接入控制等专用控制设备、通用控制设备和虚拟控制设备。

(1)终端设备。包括用户终端、移动终端、可信终端等多种类型的终端,终端在可控网络体系结构内通常作为控制服务的受控对象。用户终端一般指个人计算机,移动终端指智能手机、便携式计算机、车载终端等具备移动性的智能计算机设备。可信终端是在用户终端和移动终端的基础上增加了可信根进行度量的可信计算设备,目的是通过可信根等安全特性来提高终端系统的安全性。

(2)结构控制设备。结构控制服务所需的设备主要包括SDN控制器、SDN交换机以及智能路由等。智能路由能够在不改变物理拓扑的基础上,通过部署优化路由算法来改变可控网络逻辑拓扑结构,提高网络的安全性和网络效率。

(3) 接入控制设备。接入控制服务所需的专用设备,包括认证服务器、密钥管理服务器、可信网关、可信设备管理服务器等,能够提供身份认证、访问控制、可信认证等接入控制所需的控制功能。其中,认证服务器是访问控制和接入控制中的关键控制设备,具有用户身份认证代理的功能,能够与证书认证服务系统交互,完成用户身份认证过程,审核用户对网络的访问权限,以实现可控网络系统的接入控制和访问控制;密钥管理是加密控制和身份认证中的关键环节,密钥管理服务器负责为 CA 系统提供密钥生成、保存、备份、更新、恢复、查询等密钥服务,以解决分布式大型网络系统中密钥管理问题,从而提高网络加密的安全性。可信网关和可信设备管理服务器通常根据设备接入控制策略来决定某个可信设备是否可信、是否满足接入标准,以此提高可控网络的设备接入安全。

(4) 传输控制设备。传输控制服务所需的专用设备,包括加解密服务器、负载均衡服务器等,能够为传输信息控制和传输路径控制服务提供加解密控制和负载均衡控制功能。加解密服务器主要针对网络传输数据进行加密和解密,一般采用硬件加密方式运行多种加密算法封装传输数据。负载均衡通过在一台或多台服务器上安装软件的方式执行负载均衡策略,以控制网络中传输的流量类型和速率,目的是提高网络整体的资源利用率、可用性和数据处理能力。

(5) 存储控制设备。存储控制服务所需的专用设备,包括云服务器集群、备份服务器、日志审计服务器等,能够为云存储控制、加密存储控制和数据库存储控制服务提供云加密、数据加密、数据备份与恢复和日志审计等功能。

(6) 通用控制设备。指的是多种控制服务所常用的控制设备,包括 SDN 控制器、SDN 交换机、防火墙服务器、安全网关、入侵检测设备等。SDN 控制器和 SDN 交换机利用 SDN 网络控制功能与转发功能相分离的思想,将全局网络控制能力集中于 SDN 控制器处,使得网络安全控制灵活且便捷;防火墙服务器主要通过设定安全策略和访问控制规则,对进出网络的数据流进行过滤和处理,以达到提高内部网络安全性的目的;安全网关是在网关的基础上融合多种安全防护技术,其范围从协议级过滤到应用级过滤技术,通过在内外网间部署安全网关,控制网络出入的数据流,以保护内网不受非授权的外部网络访问和各种形式的入侵攻击。入侵检测设备通过从网络系统中若干关键节点收集信息,监测网络并分析特征,在不影响网络性能的前提下对网络行为和防御状态进行监测,从而提供对内部攻击、外部攻击和误操作行为的实时保护。

(7) 虚拟控制设备。能够灵活且便捷地承载多种虚拟网络安全功能,包括虚拟防火墙、虚拟内网管理系统、虚拟安全智能网关、虚拟防病毒等软件化虚拟网络安全功能,为可控网络实现动态化安全运维和可重构安全体系管控提供基础支撑。

3) 控制功能维

控制功能维是在控制设备维基础上所能够提供的安全控制功能组成的维度,主要分为结构控制功能、接入控制功能、传输控制功能、存储控制功能、通用控制功能和虚拟安全控制功能。

(1) 结构控制功能。主要包括主动结构控制、被动结构控制、节点物理状态控制、链路物理状态控制、节点逻辑状态控制和链路逻辑状态控制功能。

(2) 接入控制功能。主要包括身份认证、访问控制和可信认证等专用接入控制功能,身份认证是研究对授权用户的身份识别和合法用户的身份验证技术。实现对系统用户身份信息的识别、合法性验证以及访问权限的验证,能够有效阻止攻击者轻易进入系统,实施信息窃取、篡改或其他非法行为,保证系统的可用性和安全性。身份认证技术是可控网络系统的第一道安全防线,身份认证功能实现方法有 CA、静态密码、智能卡、动态口令、USB KEY、生物识别等。

(3) 传输控制功能。主要包括加解密控制、负载均衡控制等专用控制功能。加解密控制功能是实现对密钥产生、存储、分配、恢复以及销毁的安全管理,以及对数据加解密操作的安全控制,目前有多种常见加解密方式和加解密算法,按照传输控制服务需要可以选择相应的加解密功能。负载均衡是通过分散网络计算任务和网络流量等提高网络处理能力,从而提升网络健壮性和可用性,避免因流量过载导致节点失效引发安全漏洞的安全控制功能。常见的网络负载均衡技术包括 DNS 轮询、IP 负载均衡和 CDN,其中 IP 负载均衡可以使用硬件设备和软件方式来实现。

(4) 存储控制功能。主要包括云加密、数据加密、恶意代码防范、数据备份与恢复、日志审计等专用存储控制功能。云加密和数据加密类似,是对云服务器、本地终端和远程服务器等位置所存储的数据及其存取过程进行加密的功能,具体加密方式和算法的选择取决于应用的场景和对象,常见加密算法有:DES、3DES、RC2、RC4、IDEA、RSA、DSA、AES、BLOWFISH、ElGamal、Diffie-Hellman、椭圆曲线 ECC 等。恶意代码防范一般通过终端防病毒软件、安全网关或入侵检测系统等具备查杀功能的软硬件设备来实现。数据备份与恢复功能一般通过数据库备份、网络数据远程传输和远程镜像等方式进行备份和恢复。日志审计功能则采用日志审计服务器或综合日志审计系统等软硬件设备来记录并分析系统安全事件、访问记录、运行日志和运行状态等信息。

（5）通用控制功能。主要包括防火墙、入侵检测、安全网关等常用控制功能。防火墙是研究内外网络间边界位置的安全防御技术，主要包括内网安全漏洞防御技术、动态包过滤技术、访问控制技术、内容审计技术等，也是网络系统抵御外部攻击的第一道防线。入侵检测是研究网络入侵行为和攻击行为的检测方法、未授权和违规行为的检测方法、非法攻击和恶意探测的识别方法，包括信息收集技术、日志分析技术、信息分析技术和安全响应技术。入侵检测是继防火墙之后网络内部第二道安全防线，为系统提供对内、外部攻击和误操作行为的实时保护。该类通用功能在网络安全领域适用范围较广，技术较为成熟，因此可以通过多种软硬件设备和技术来实现。例如，防火墙功能可以使用硬件防火墙服务器、终端防火墙软件、集成防火墙功能的内网管理系统、虚拟化防火墙等方式来实现。

（6）虚拟安全控制功能。利用网络功能虚拟化和设备虚拟化等虚拟化技术，将传统的硬件安全设备功能抽象为软件安全功能，进而形成虚拟防火墙、虚拟安全网关、虚拟防病毒软件等虚拟安全控制功能，使其能够被灵活的配置在不限地理位置、不限网络环境的通用服务器平台上，进而提升可控网络系统的可拓展性和安全性。

2. 递阶坐标维

递阶坐标维也称二级坐标维，是组成递阶安全状态平面和递阶安全状态空间的基础，由安全控制服务的子服务维、安全控制软硬件设备或其部组件维、安全控制功能或其子功能或安全控制机制维构成。

可控网络的安全控制服务是由结构、接入、传输、存储和按需控制等安全控制服务组成的，而这些安全控制服务又是由各自相关的安全控制子服务组成，如结构控制、接入控制、传输控制、存储控制和按需控制都可分解为若干相应的子服务；同样，可控网络的各种安全控制设备是由相应的安全控制部件或子设备组成以及各种安全控制功能也是由相应的安全控制子功能或安全控制机制组成的。

以存储控制服务维为例，存储控制包括云存储服务、加密存储服务和数据库存储服务 3 个一级子服务，存储控制服务就有 3 个坐标，分别是云存储服务、加密存储服务和数据库存储服务。

云存储控制服务又可以递阶展开为云存储加密控制、云数据审计控制、云数据检测控制、云数据存取控制和云存储访问控制 5 个二级子服务，以上 5 个二级子服务就是云存储控制服务的 5 个坐标元素。同理，加密存储控制服务可以递阶展开为数据加密存储控制、加密访问控制、加密策略控制和加密数据检测 4 个二级子服务，即有 4 个坐标元素；数据库存储控制可以递阶展开为本地数据库存储控制、分布式数据库存储控制、远程数据库存储控制、数据库加解密控制、数据库访问控制和数据库日志审计 6 个二级子服务，即有 6 个坐标元素。

3. 坐标的选取

可控网络中的各个相同类别安全要素彼此是相互独立的，也是离散的、分层次的，不同类别安全元素之间是密切联系、相互关联的，为了研究的便利，突出安全控制这个研究重点，状态坐标的选取应遵守以下原则。

（1）安全性原则。安全状态空间来源于安全控制体系结构，其构建的目的也是为了研究可控网络安全性能，因此状态空间中一维坐标所选取的控制类别要与网络安全性具有相关性，即与机密性、可用性、可控性、不可否认性等相关。

（2）关联性原则。为了研究安全控制的控制过程和控制规律，构成状态平面或状态空间的各个坐标维相互之间要具有关联性，这样才能体现坐标状态对空间状态的影响。如控制设备提供控制功能，控制功能支撑控制服务，从而控制设备也支撑控制服务，控制机制支撑控制功能，进而也支撑控制服务。

（3）层次性原则。为了开展不同目标的研究，需要构建不同粒度的状态空间，状态空间坐标的选取要有层次性，下一层次的坐标应是上一层次坐标的子服务、子设备、子功能和子机制，以便于进行状态空间的递阶拓展。

（4）便利性原则。可控网络是一个控制结构、系统组成都比较复杂的大系统，配置了各种软硬件设备，为了分析和控制的便利，在选择单一安全功能设备或具有多安全功能设备时，应优先选择集成化多安全功能设备；在网络基础设施智能化通用化水平较高时，可以选择使用传统安全设备或网络虚拟化设备实现多种安全控制功能，应优先选择网络虚拟化设备。

4.2.2 二维状态平面

可控网络的安全状态空间是由相关的 3 个安全状态平面组成的，安全状态平面分为基本安全状态平面、递阶安全状态平面和按需控制安全状态平面。

1. 基本安全状态平面

由一级坐标元素构成的平面称为基本安全状态平面。

1）控制服务–控制功能平面

控制服务与控制功能构成的平面反映的是某种控制服务需要哪些控制功能支持，通过相交的点表示。

如图4–2所示，控制服务维–控制功能维平面反映了当前安全状态空间内，控制服务与控制功能之间的关系。可以看出实心圆表示结构控制功能、接入控制功能、传输控制功能、存储控制功能分别提供了结构控制服务、接入控制服务、传输控制服务和存储控制服务，而虚拟控制设备通过网络虚拟化技术能够提供上述功能，进而实现相应控制服务，但当前状态中未开启服务，因此为空心圆。

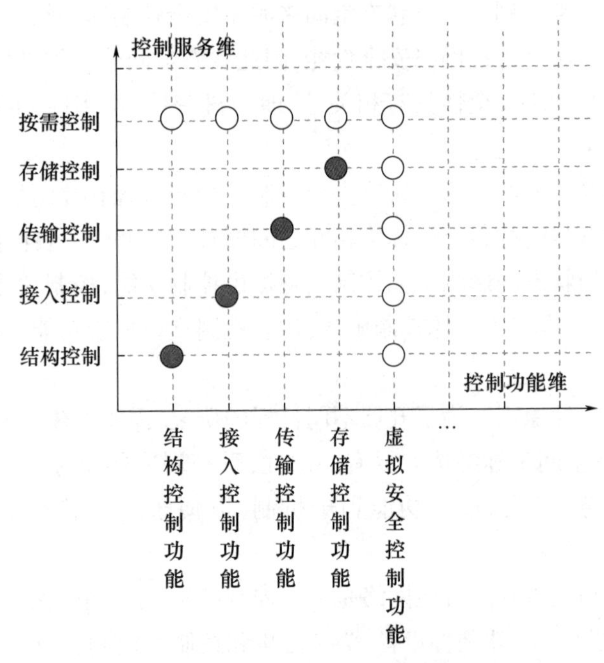

图4–2　控制服务维–控制功能维平面图

2）控制功能–控制设备平面

控制功能与控制设备和部件构成的平面，反映是哪些控制设备和部件可以提供相关的控制功能。

图4–3中的控制功能维–控制设备维平面反映了当前安全状态空间内，控制功能与控制设备之间的关系。虚拟控制设备能够提供多种控制功

能,通用控制设备如防火墙系统、加解密设备等能够提供接入控制功能和传输控制功能,但当前状态下并未启用功能。

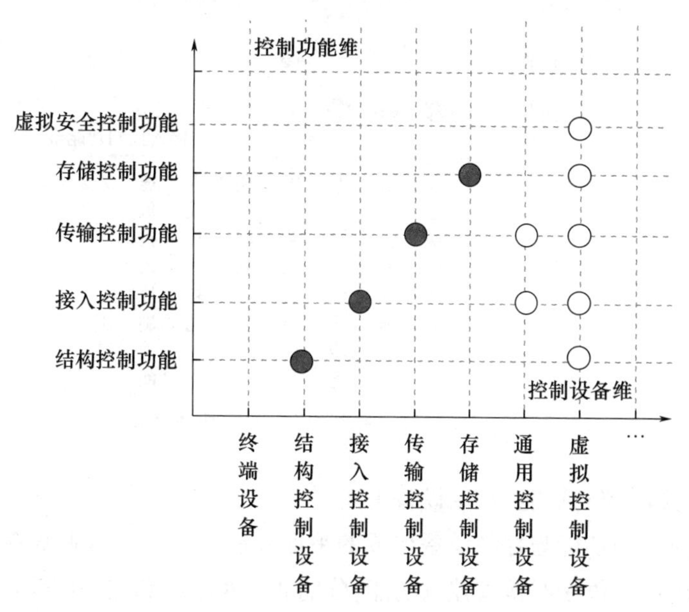

图 4-3　控制功能维-控制设备维平面图

2. 递阶安全状态平面

由一级坐标元素的子服务、子设备和子功能与其他两个一级坐标构成的平面称为递阶控制平面。如:分解控制服务坐标元素结构控制服务、接入控制服务、传输控制服务、存储控制服务和按需控制子服务的坐标元素分别与控制设备或部件坐标元素和控制功能坐标元素构成的坐标平面,相关的组成或支撑关系形成的交叉点就是其工作(运行)的坐标。也可以根据研究需要,从控制设备和部件、控制功能进行分解。下面以接入控制服务的安全状态平面为例进行说明。

1) 递阶控制服务-控制功能平面

递阶控制服务与控制功能构成的平面反映的是接入控制服务需要哪些接入控制功能支持,通过相交的点表示。如图 4-4 所示,身份认证功能、访问控制功能和无线接入认证功能支撑了用户接入控制服务,可信认证功能提供了设备接入控制服务,防火墙功能和入侵检查功能是外网接入控制服务实现的主要过程。虚拟接入控制功能则根据可控网络安全需求和网络状态提供相应的接入控制服务,空心圆代表当前虚拟接入控制功能未提供接入控制服务。

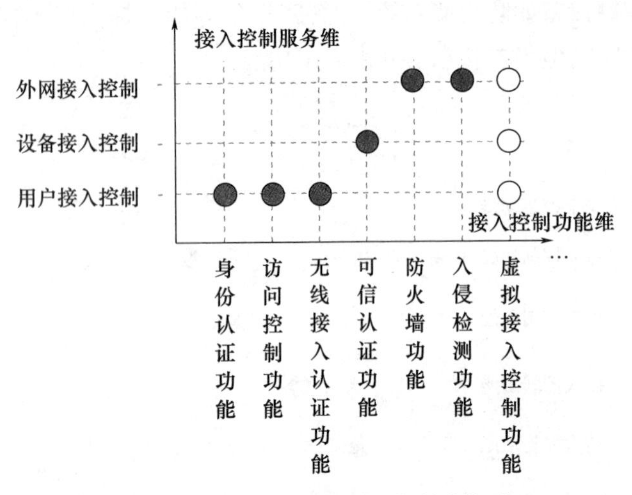

图 4-4　递阶接入控制服务-控制功能平面

2）递阶控制功能-控制设备平面

递阶控制功能与控制设备构成的平面反映的是接入控制设备正在提供或者可以提供哪些接入控制功能,分别通过实心圆和空心圆表示。由于当前网络设备和网络功能的复杂性和多样性,某些安全功能的运行需要多个网络设备协同工作,而某些通用网络设备可具备多种安全功能,根据需要选择启用与否。如图 4-5 所示,接入控制设备维的认证服务器、可信网关和可信设备管理服务器协同工作提供可信认证功能。防火墙服务器可以提供访问控制功能、无线接入认证功能、防火墙功能和入侵检查功能,但当前入侵检测功能未启用。入侵检测服务器同样可以提供部分防火墙功能,但当前未启用。通过分析递阶控制平面,可以明确看出控制设备与控制功能之间的支持关系。

3. 按需控制安全状态平面

以安全等级保护为例进行说明。

1）按需控制服务-控制功能平面

按需控制服务与控制功能构成的平面反映的是按需控制子服务需要按需控制功能支持,通过相交的点表示。

以安全等级保护的按需接入控制服务和控制功能平面为例,实心圆代表当前功能存在并启用,空心圆代表当前功能存在未启用,如图 4-6 所示。假设第一级安全保护对无线接入认证功能不做要求,并且不要求启用访问控制功能,在第二级则需要加入无线接入认证功能。接入安全功能的需求随着等级增长而加强,第五级安全保护不仅要求所有接入安全功能,同时

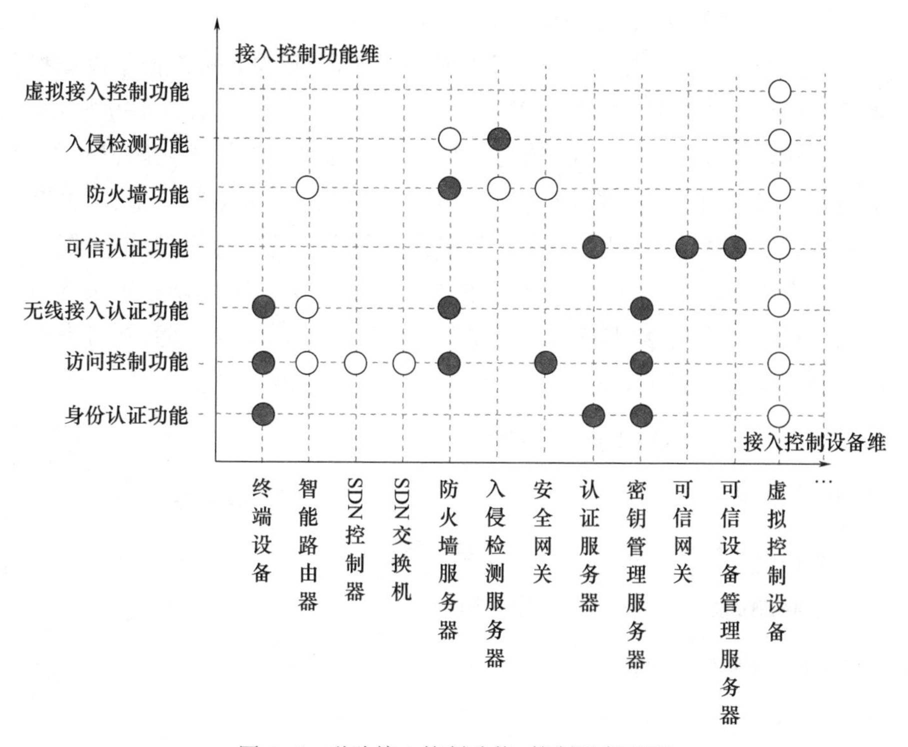

图 4-5　递阶接入控制功能-控制设备平面

需要虚拟接入控制功能的辅助以增强网络安全性。

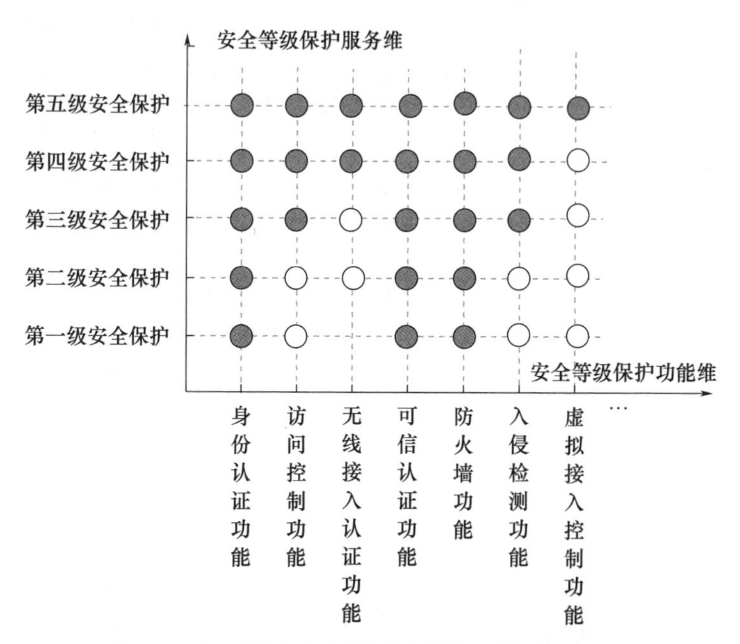

图 4-6　安全等级保护接入控制服务-控制功能平面

2）按需控制功能-控制设备平面

按需控制功能与控制设备或部件构成的平面，反映是按需控制设备和部件可以提供相关的按需控制功能，通过相交的点表示，如图 4-7 所示。实心圆代表当前安全等级下，该存储控制设备提供并启用该功能，相同功能需要或可以由多个设备协同提供。空心圆代表当前安全等级下，该存储设备拥有该功能但未启用，当安全等级提高或安全需求变化时，该功能可能会被启用。以第三级安全等级保护的存储控制服务为例，防火墙服务器提供恶意代码防范、数据备份与恢复、访问控制、日志审计功能，同时虚拟防火墙可以提供相同功能，但因安全需求中等，所以未启用。

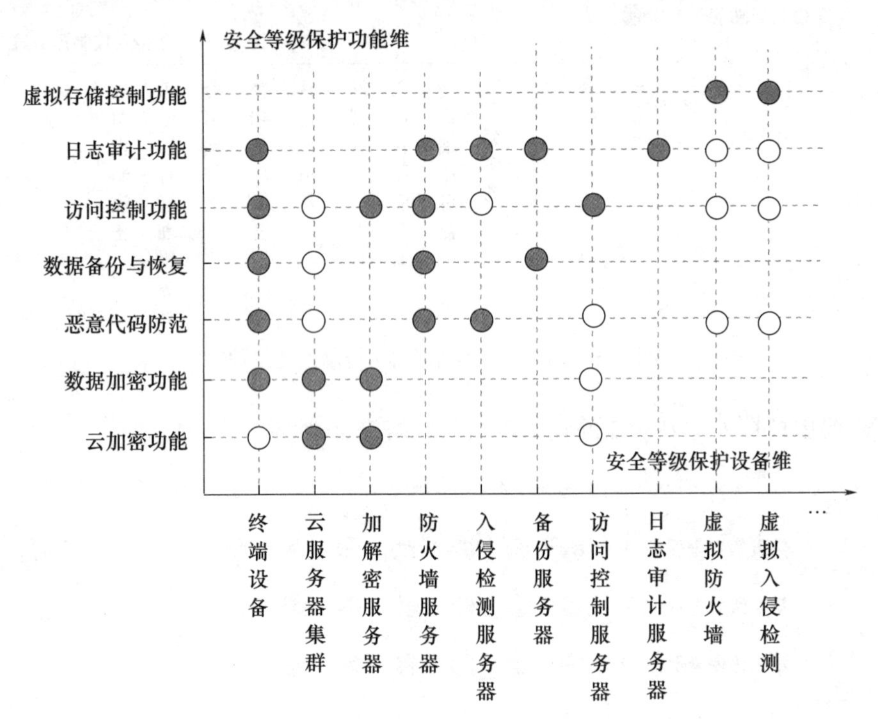

图 4-7　第三级安全等级保护存储控制功能-控制设备平面

4.2.3　三维状态空间

1. 安全状态空间的组成

可控网络的基本安全状态空间是由相关的三个基本安全状态平面组成的，安全状态平面是由二个相关的基本坐标维组成的，而基本坐标维又是由相应的安全控制的基本坐标元素组成，即基本安全状态空间由基本控制服务维、基本控制功能维和基本控制设备维组成的三维空间构成。其中,控制服务维包括结构控制、接入控制、传输控制、存储控制和按需控制五个子服务维。如图 4-8 所示。

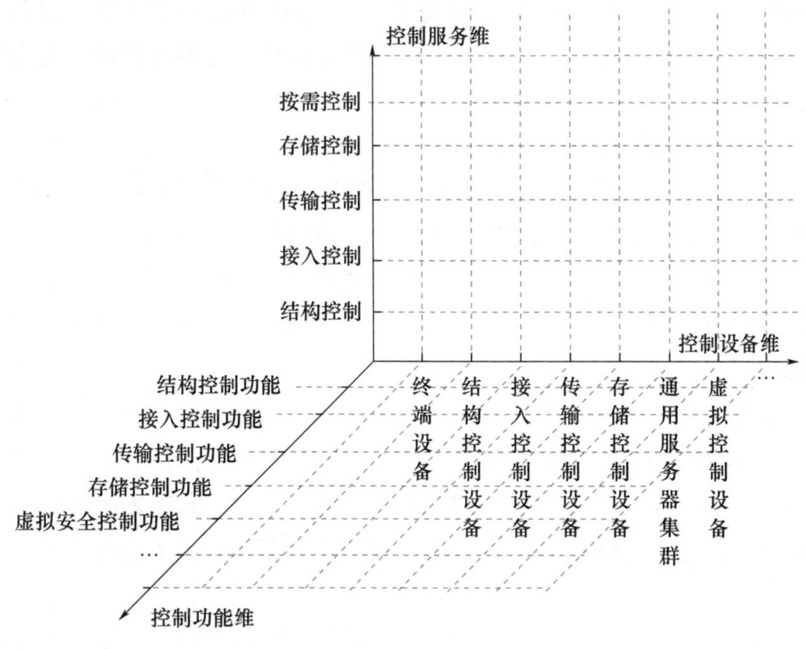

图 4-8　基本安全状态空间

2. 安全状态空间概念与描述

安全状态空间是由安全控制体系结构直接演变而来的,反映的是控制设备可以提供哪些相关的控制功能,某种控制服务又需要哪些相关的控制功能支持,各个维度之间坐标元素有关联所构成的相交点,用实心圆"●"和空心圆"○"表示,实心圆"●"代表当前交点控制设备提供控制功能,控制功能运行控制服务,空心圆"○"则代表当前控制设备、控制功能或控制服务存在但并未开启。所有控制设备、控制功能和控制服务的关联性相交点构成了三维的安全状态空间,通过相交点的状态来展示当前安全控制状态。三维控制空间比较直观,符合人的思维习惯,便于分析和可视化,通常都选择三维坐标系。

从控制服务、控制设备与控制功能 3 个维度入手,分析每一个维度的组成和维度间的相互关系,并且细化每个维度相应的子服务、子设备、子功能,根据研究需要形成不同粒度安全控制状态空间,为利用安全控制状态空间分析方法对可控网络的控制过程、控制效果和控制规律研究奠定基础。

安全状态空间反映了可控网络的安全状态,是各种网络安全软硬件设备按照特定的控制结构和控制策略进行协调形成动态安全防护体系的依据,可以用于说明网络系统中各个控制要素之间存在的相互关系,也可以对可控网络安全控制系统的控制过程、控制规律和控制能力进行分析研究,是深入研究可控网络安全控制特点、控制难点和控制规律的一种分析工具。

3. 安全状态的定义及描述

我们将可控网络的安全状态定义为描述可控网络在特定时刻的安全状态所需要的一组最少信息,这些状态信息和从该时刻开始的任一输入控制一起可以完全确定该网络之后任何时刻的状态。可控网络安全状态变量是一组独立动态变量,它们在任何时刻的值就组成了该时刻网络的安全状态。

三维安全状态空间中各个维度之间有关联的坐标元素相交所构成的交叉点,用●表示,所有●点构成了三维的安全状态空间。各个交叉点的数值可以表示该点的安全状态,通常用数字 0、1 表示;该交叉点为 0,表示该点安全控制功能没有正常工作,该交叉点为 1 表示该点安全控制功能正常工作。

三维控制空间中所有 0、1 点就组成了安全状态空间。安全状态空间反映了可控网络所有安全控制服务或某一安全服务所涉及的相关网络当前的安全状态,借助相关安全状态我们可以通过安全软硬件设备的有无、安全控制功能或子功能是否正常启用、是否提供了相应的安全控制服务以及需要达到的安全防护等级等,对可控网络的相关特性进行分析。三维控制空间中所有 * 点就组成了安全状态空间的边界,它是安全状态空间中点的最大集合。

4. 安全状态空间的特性

(1) 空间离散性。空间离散性是指空间的定义域是离散的。安全状态空间除时间维外,其他 3 个维度(控制服务维、控制设备维和控制功能维)只在离散的点上有定义,即四维安全状态空间在时间上是连续的,在空间上是离散的。

(2) 无序无距性。无序无距性是指空间中的坐标点无法排序、无法定义距离。安全状态空间的控制服务维、控制设备维和控制功能维上的坐标点的数据类型为分类数据,这些数据既没有大小的顺序关系,也无法定义空间距离,与一般的矢量空间完全不同。

(3) 递阶相似性。递阶相似性是指空间的任何特定局部都可用相似的方式不断递阶拓展。由于安全状态空间是基于分类数据构建的,而按照辩证法的思想，任何事物都是无限可分的，即安全状态空间中坐标轴上的任何数据点都可进行下一级分类，换句话说，安全状态空间的坐标点、坐标轴、平面以及立体空间都可以用相同的方式构建其特定局部的递阶空间。当聚焦更细节的局部时，可以不断进行递阶拓展，这种逐级递阶的分析方法在各个坐标轴和坐标平面上均适用，且没有递阶级数的限制。

(4) 时空延拓性。时空延拓性是指空间中的时间维可与任何其他维度一同构成时空子空间。时间维可以与控制设备维、控制功能维、控制服务维中的任何一维或两个维度构成的平面或三个维度构成的空间形成时空组合，进行时空延拓，可方便地在相关状态空间中进行时空分析，观察和分析某方面状态随时间变化的过程和规律。

4.3 安全状态空间时空拓展

安全状态空间拓展一节是在介绍安全控制体系结构和安全状态空间相关知识的基础上，概述了安全状态空间时空拓展的必要性和可行性，并从递阶拓展和时间维拓展两个方面进行介绍。

4.3.1 时空拓展问题的提出

1. 安全状态空间时空拓展的必要性

可控网络安全控制的核心是网络安全状态的获取、评估、决策与控制，是以安全状态为核心和主线的，需要有一个基于状态空间的描述和分析方法，由于安全状态空间具有离散性和无序无距性，常规的矢量空间分析方法无法应用于安全状态空间中，同时，由于可控网络是一个多级多要素构成的复杂系统，单一粒度的安全状态空间无法满足相关安全服务功能、性能分析与控制分析的需要，必须能够构建不同类型、不同层次和不同粒度安全状态空间；为了对安全状态空间中状态变量的变化过程和规律进行分析，还需进行时空分析。因此，对安全状态空间进行时空拓展是十分必要的。

2. 安全状态空间时空拓展的可行性

可控网络安全状态空间具有递阶相似性：一方面，安全控制是围绕安全状态进行的，控制结构采用部件级和系统级两级反馈控制，部件级控制与局部状态空间相对应，而系统级控制与全局状态空间相对应，状态空间结构与控制结构具有相似性；另一方面，状态空间是基于分类数据构建的，3 个控制要素坐标轴上的数据点均为分类数据，分类数据在状态空间中的分布具有相似性。安全状态空间的这种递阶相似性决定了其进行状态空间拓展是可行的。同时,安全状态空间具有时空延拓性,说明安全状态空间在时间维度进行拓展也是可行的。

下面分别介绍安全状态空间的递阶拓展和时间维拓展。

4.3.2 递阶拓展

可控网络的安全状态空间具有递阶相似性,可以根据研究的需求,对某一安全控制服务子服务、控制设备子设备和控制功能子功能进行递阶拓展,形成较细粒度的三维状态空间,开展有针对性的分析研究。通常,从控制服务子服务的维度进行递阶拓展比较普遍。

可以从安全控制服务维的结构控制子服务、接入控制子服务、传输控制子服务、存储控制子服务和按需控制子服务分别进行拓展;下面以接入控制和按需控制子服务为例进行说明。

1. 接入控制安全状态空间

可控网络系统接入控制的安全状态空间如图 4-9 所示,分为接入控制服务维、接入控制功能维和接入控制设备维 3 个维度。按照安全状态空间递阶展开分析方法,可以将上述 3 个维度分别展开描述。

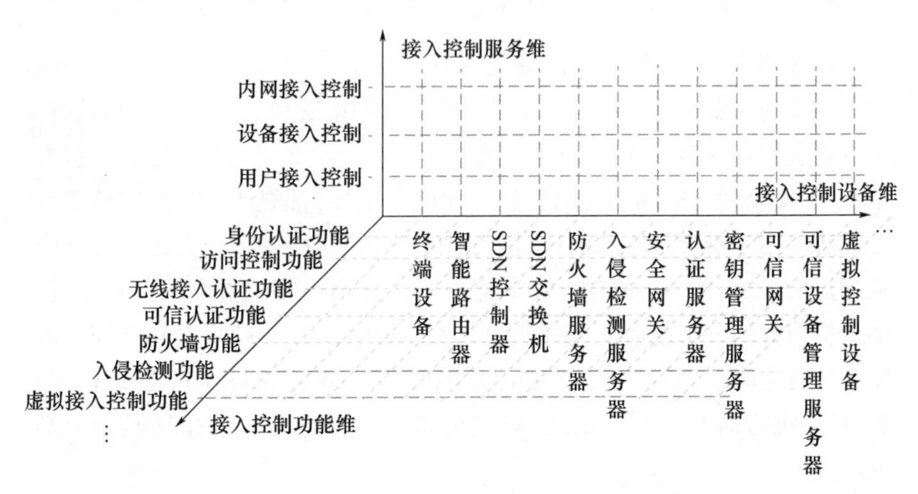

图 4-9　一阶递阶拓展-接入控制服务的安全状态空间

接入控制服务维中,接入控制服务拓展为用户接入控制、设备接入控制和内网接入控制 3 个子服务维。用户接入控制子服务维主要负责以身份认证、访问控制为主的接入控制服务,控制方式一般利用无线接入点、认证服务器、密钥管理服务器等用户接入控制设备为用户终端和移动终端提供身份认证功能和访问控制功能。设备接入控制子服务维主要负责以可信接入为主的接入控制服务，通常利用可信设备管理服务器、可信网络等可信接入控制设备为可信终端提供可信认证功能。外网接入控制子服务维主要负责以防火墙和入侵检测为主的外网行为接入控制服务，利用防火墙服务器、入侵检测服务器、安全网关等外网接入控制设备为用户终端、移动终端、可信终端、无线接入点等提供防火墙功能、入侵检测功能。

接入控制功能维中，主要包括身份认证、访问控制、无线接入认证和可信认证的专用接入控制功能，以及防火墙和入侵检测等通用控制功能。身份认证、访问控制、无线接入认证和可信认证功能由认证服务器、可信网关和可信设备管理服务器提供，并且在用户接入和设备接入控制服务中起主要功能的作用。防火墙功能可以由硬件防火墙服务器、防火墙软件或安全网关自带的防火墙功能实现，与之类似，入侵检测功能也可以由多种软硬件系统提供。虚拟接入控制功能指利用虚拟网络功能技术以软件或虚拟机的方式，将上述接入控制功能在虚拟控制设备上实例化并实现其功能。

接入控制设备维中，除终端设备和智能路由器、SDN 控制器、SDN 交换机、防火墙服务器和入侵检测服务器等通用控制设备外，需要重点关注安全网关、认证服务器、密钥管理服务器、可信网关、可信设备管理服务器等，在身份认证、访问控制、可信认证等用户接入控制和设备接入控制过程中起到重要作用。

2. 按需控制安全状态空间

按需控制服务的安全状态空间拓展是将控制服务维、控制功能维、控制设备维向更细更具体的子服务、子功能和子设备维度拓展，基本方法是将控制服务、控制功能和控制设备拆解为重要组成元素或实施过程，依次列出形成子服务、子功能和子设备维。根据可控网络安全需要，通常选取某一控制服务或其子服务，展开其相应的组成元素，并确定其相关的安全控制软硬件和控制功能或子功能形成控制状态空间。如研究需要，还可以进一步递减选取的坐标元素，开展细粒度研究分析，如围绕按需控制服务的某一或二级子服务展开。也可以开展可控网络安全属性，如完整性、机密性、可用性和不可否认等方面的研究。

安全等级保护服务是按需控制服务的一个典型应用。本书所介绍的安全等级保护依照《信息安全技术——网络安全等级保护测评要求》(GT/T 28448—2019)和军事信息系统安全等级保护测评规范指南的防护等级设置标准，将安全等级分为 5 个安全防护等级，安全防护强度从第一级至第五级逐步提升，目的是综合分析可控网络系统的各个设备和组件的功能和特性，从整体的角度对当前可控网络系统的安全防护水平做出综合评价和表述。安全等级保护服务是将结构控制、接入控制、传输控制、存储控制及其他安全服务和安全功能的控制粒度和强度进行了量化，以便于可控网络用户能够根据特定的安全需求选取强弱适当的安全防护等级，部署相应的安全控制功能在对应的安全控制设备之上，使得可控网络系统长期处于通用、规范的安全防护水平。

如图 4-10 所示，安全等级保护的安全状态空间由安全等级保护服务维、安全等级保护功能维和安全等级保护设备维组成，其中，安全等级保护服务维分为第一级安全防护、第二级安全防护、第三级安全防护、第四级安全防护和第五级安全防护子服务维。通过递阶拓展方法，可以单独将每一级的安全保护服务维平面抽象出来，分析其中的递阶子控制功能和子控制设备与子服务之间的对应关系。图中实心圆“●”所在位置表示第二级安全保护平面中传输控制子设备与传输控制子设备在第二级安全保护服务需求下的状态和状态关联关系。

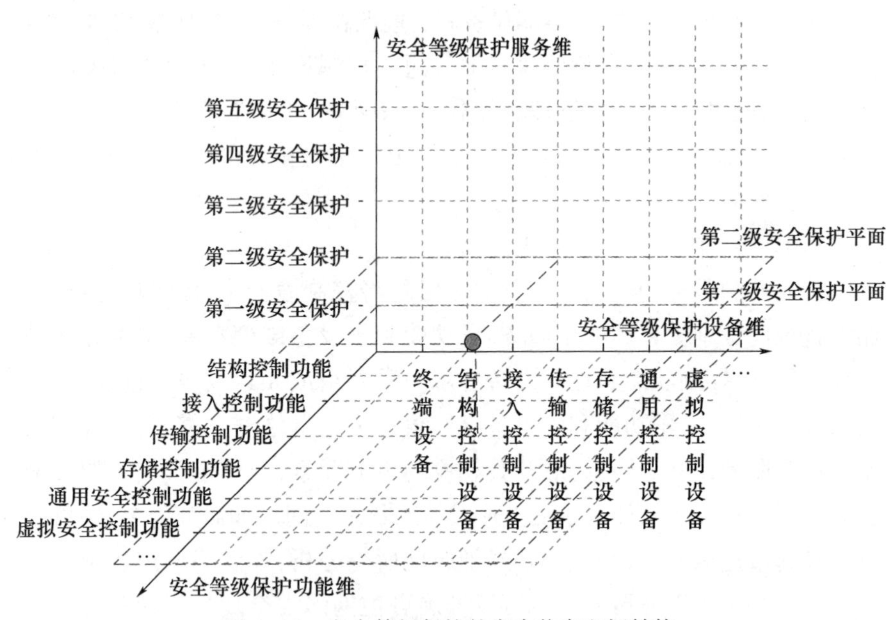

图 4-10　安全等级保护的安全状态空间结构

通常地，第一级安全防护服务对安全设备所提供的安全功能要求较低，所启用的安全设备和安全功能较少，且防护强度较弱，适用于安全需求不高的网络系统。相对地，第五级安全防护服务对安全设备和安全功能要求最高，所采用的安全设备和安全功能最多，防护强度最强，适用于安全需求高的网络系统。

如果需要进一步深入研究,可以将接入控制服务维中的用户接入控制、设备接入控制和外网接入控制 3 个二级子服务进行拓展,形成更细粒度的三维状态空间。相关内容会在 5.2 节安全等级保护服务分析举例中进行介绍。

4.3.3 时间维拓展

1. 安全状态空间沿时间维拓展

安全状态空间时间维拓展指的是将安全状态空间随时间变化情况沿时间轴展开,每一时刻的安全状态空间变化情况都可以通过与上一时刻的状态对比得出。如图 4-11 所示,从 t_1 时刻开始到无限时间,有无数个安全状态空间。为了进一步阐述安全状态空间时间维拓展的具体过程,下面给出传输路径控制子服务的具体示例。

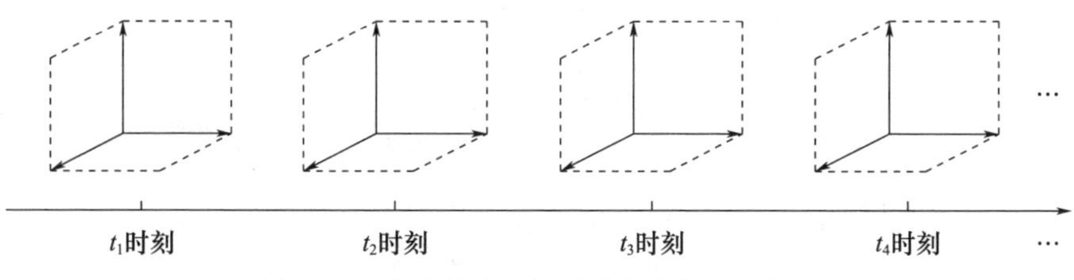

图 4-11　安全状态空间沿时间维拓展示意图

如图 4-12 所示,可以看出传输控制服务的控制服务维、控制设备维和控制功能维的空间沿时间轴拓展变化情况,以传输路径控制子服务中的更新路径流表过程为例,按照传输路径控制子服务维、传输路径控制子功能维、传输路径控制子设备维进行描述。

t_1 时刻,SDN 控制器运行链路发现功能和控制策略生成功能,综合当前网络状态和控制策略信息,为生成并更新流表做准备;t_2 时刻 SDN 控制器完成流表生成,并根据控制策略下发到相应 SDN 交换机处;t_3 时刻,SDN 交换机 1 和 SDN 交换机 3 更新流表并根据流规则进行数据转发,SDN 交换机继续保持链路发现服务和功能,持续监测网络系统安全状态,为控制服务和控制功能的运行提供状态感知支持。

2. 安全状态平面沿时间维拓展

1）结构控制服务平面拓展

能够提供结构控制服务的控制设备和相关控制功能的平面沿时间轴拓展,以逻辑结构控制子服务平面为例,按照结构控制功能维、结构控制设备维和时间维进行描述。

如图 4-13 所示，假设当前因可控网络系统中某 SDN 交换机与其他节点间的逻辑链路断开，需要改变网络逻辑结构来恢复网络状态，t_1 时刻 SDN 控制器和 SDN 交换机正常工作并提供链路逻辑状态控制功能，t_2 时刻 SDN 交换机因流表改变导致逻辑链路状态发生改变。此时利用 SDN 控制器下发新的流表至该交换机，重新建立虚拟链路，则 t_3 时刻 SDN 交换机恢复正常工作。

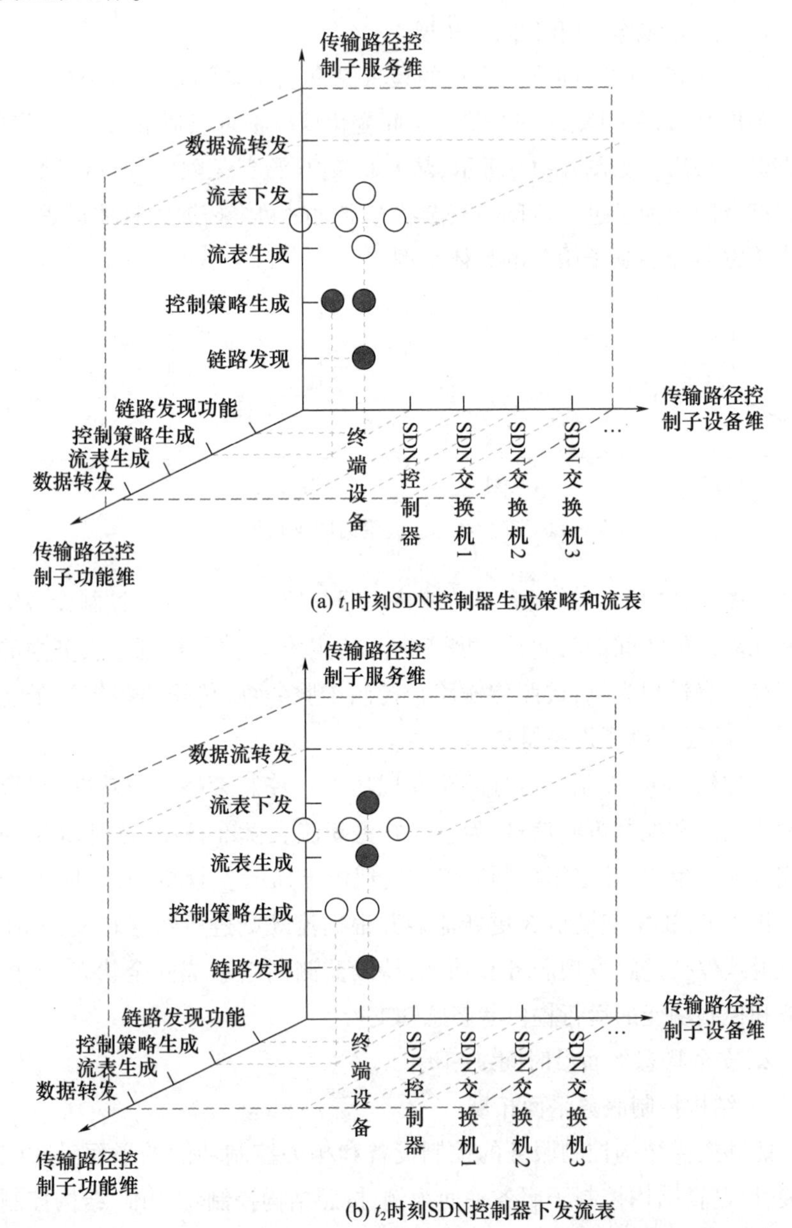

(a) t_1时刻SDN控制器生成策略和流表

(b) t_2时刻SDN控制器下发流表

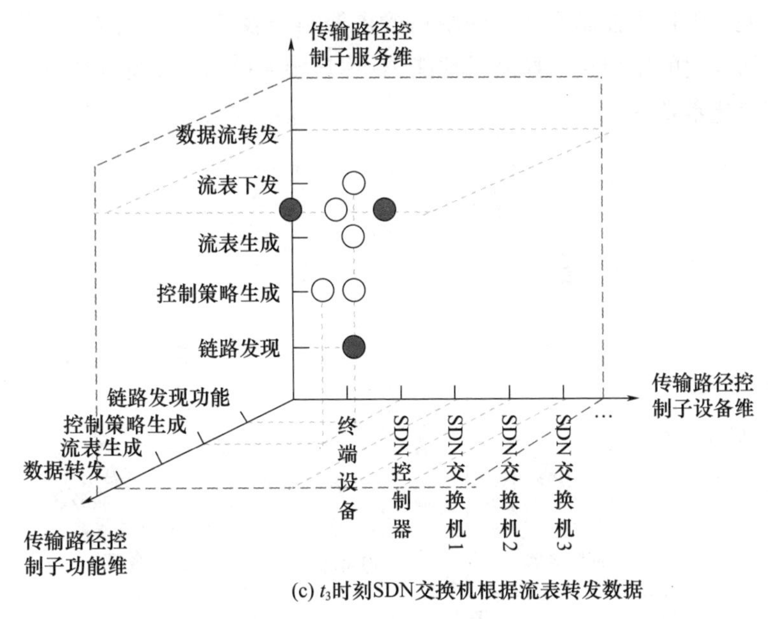

(c) t_3时刻SDN交换机根据流表转发数据

图 4-12　传输路径控制子服务空间沿时间维拓展

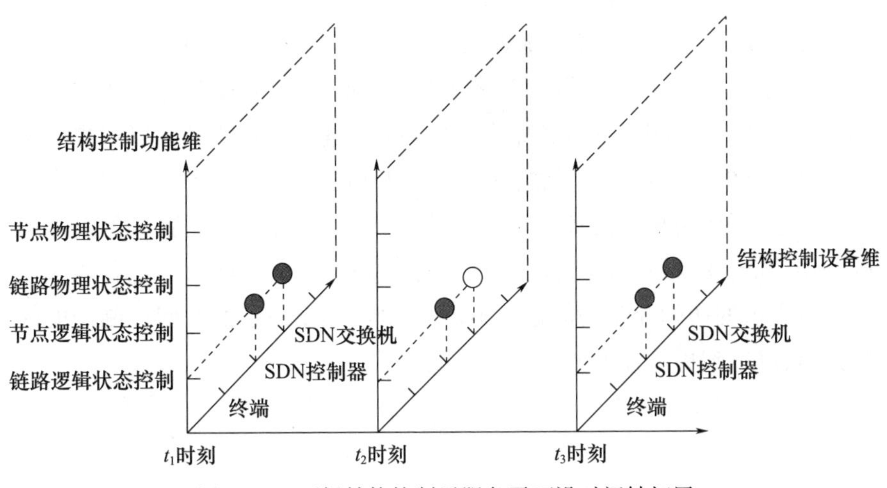

图 4-13　逻辑结构控制子服务平面沿时间轴拓展

除此之外,安全状态空间的时间轴拓展包括接入控制服务、传输控制服务、存储控制服务和安全等级保护控制服务沿时间轴拓展,能够提供接入、传输、存储和安全等级保护控制服务的控制设备和相关控制功能的平面沿时间轴展开。

2）接入控制子服务维平面拓展

能够提供接入控制子服务的控制设备和相关控制功能的平面沿时间

轴拓展。以接入控制服务中的用户接入控制子服务为例,图 4-14 所示为随时间变化的用户接入控制子功能维-用户接入控制子设备维组成的二维平面变化示意图。

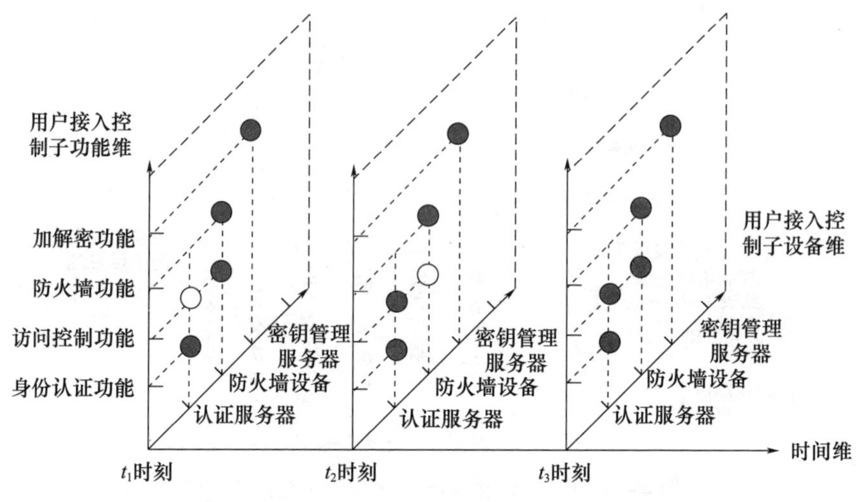

图 4-14　用户接入控制子服务沿时间轴拓展

如图 4-14 所示,假设 t_1 时刻可控网络安全系统运行用户接入控制子服务,当前时刻认证服务器提供身份认证功能,防火墙设备提供访问控制和防火墙功能,密钥管理服务器提供加解密功能。认证服务器可以提供访问控制功能但并未运行该功能,处于设备开启功能关闭状态。t_2 时刻由于控制策略变化,防火墙设备关闭了访问控制功能,改由认证服务器提供访问控制功能。t_3 时刻由于访问控制强度需求提升,单纯防火墙设备或认证服务器提供的访问控制功能强度不足,因此将两个设备的访问控制功能同时开启,以达到更高强度的访问控制服务。

第5章　可控网络状态空间分析方法

可控网络状态空间分析方法是在前面两章的基本分析方法和构建的安全状态空间的基础上，借鉴现代控制论中基于状态控制的思想，创新出的一种可控网络分析方法。该方法是建立在网络安全控制体系结构基础上的，通过描述可控网络系统的基本组成和功能、各组成部分之间的关系以及集成方式方法，以控制设备、控制服务和控制功能3个维度刻画安全状态空间，动态确定系统的安全状态边界，为可控网络形成动态安全防护体系提供了有效的分析和控制手段。安全状态空间分析方法是网络安全控制理论中提出的特有的分析方法，是利用网络状态及其运转方式来描述可控网络系统的一种分析方法。

5.1　状态空间四步分析方法

状态空间四步分析方法是一整套以网络状态为中心的分析、决策和控制方法，包括网络状态获取、网络状态评估、网络控制决策、网络控制执行4个循环往复的步骤，如图5-1所示。

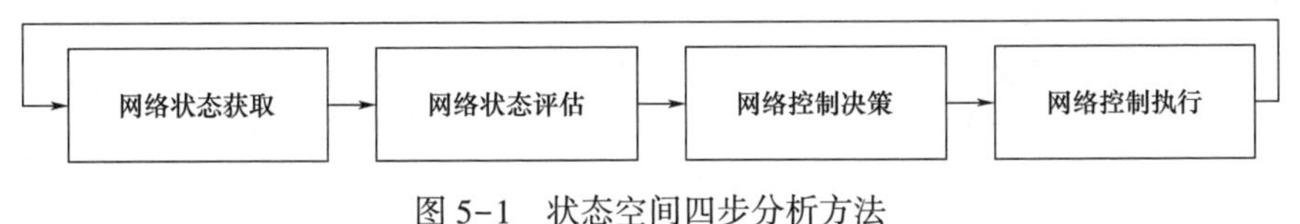

图5-1　状态空间四步分析方法

5.1.1　网络状态获取

网络状态是指在某给定时刻网络所必须具备的最少信息量。它们和从该时刻开始的网络控制输入一起足以完全确定今后该网络在任何时刻的状态。网络状态的获取有两个关键点：一是网络状态的信息量充足，体现在网络状态可以描述后续时刻网络的状态；二是网络状态信息量的必要性，即信息无冗余无重复，体现为定义中最少信息量的要求。由此可知，网络状态与所关注问题紧密相关，例如当安全控制体系结构中的控制服务维变化时，可分别构建不同的安全状态空间，相应的网络状态也将不同。当控制服务维选定用户接入控制时，网络状态为与身份认证服务相关的设备具有的网络安全功能的变化情况，而当控制服务维选定安全等级保护服务时，网络状态维与安全等级保护网络设备具有网络安全功能的变化情况。

5.1.2 网络状态评估

在网络状态获取环节中，定义的网络状态具有客观性，网络状态不一定可以直接观测到。当所定义的网络状态可以直接观测时，网络状态评估的步骤比较简单，就是将该环节采集到的各个部件的网络状态进行统计汇总，从而得到整个网络的状态，必要时进行信息压缩或降维。而当所定义的网络状态不可直接观测时，网络状态评估的任务就必须按照一定的算法，对观测到的部件级的信息进行加工和处理，尽可能地利用观测数据计算出网络状态的近似值。例如，当网络安全状态不可直接观测时，可以通过采集到的网络状态数据计算出网络的安全风险，以安全风险值作为网络安全状态的近似值。我们按照状态是否可直接观测以及状态特征的维度高低对状态评估的有关算法进行分类，并分析其优缺点，网络状态评估有关算法如表5-1所列。

表5-1 网络状态评估有关算法

<table>
<tr><th>类别</th><th>二级类别</th><th>方法</th><th>优点</th><th>缺点</th></tr>
<tr><td rowspan="5">状态可直接观测</td><td rowspan="3">低维状态特征</td><td>直接使用观测值</td><td>简单</td><td>适用面窄</td></tr>
<tr><td>基于数学模型的方法</td><td>具有极佳的可解释性</td><td>状态评估非常依赖经验和专业知识，有一点的主观性</td></tr>
<tr><td>主成分分析方法</td><td>简单，具有线性误差</td><td>当维度过高时协方差矩阵计算困难</td></tr>
<tr><td rowspan="2">高维状态特征</td><td>流形学习</td><td>有解析的整体解，具有优先的可解释性，不需要迭代，计算量小</td><td>要求观测数据稠密，小样本的初始阶段无法使用，且对噪声敏感</td></tr>
<tr><td>压缩感知</td><td>可实现高速采用，算法的处理、传输、存储成本低</td><td>在状态信息面临干扰时，恢复性较差</td></tr>
</table>

续表

类别	二级类别	方法	优点	缺点
状态不可直接观测	低维状态特征	基于隐马尔可夫模型的方法	算法成熟度高,工程实践应用广泛,训练简单	当网络规模过大时,状态转移概率难以计算
		基于知识推理的方法	评估过程高度模拟专家的处理过程	获取的知识往往来源于经验,且知识的更新滞后于外界环境的变化
	高维状态特征	基于卷积神经网络的方法	具有很强的自动特征提取能力,对非线性数据具有很强的处理能力	网络参数的调整主观性强,模型具有不可解释性

(1) 直接使用观测值。当网络状态可直接观测、状态特征的维度不高且无显著相关性时,可直接将状态观察值作为网络状态,这种方法无需对数据做额外处理,但该方法的适用场合有限。

(2) 基于数学模型的方法。该类方法的核心是通过构造状态评估函数,建立状态因子集合到状态空间的映射,即 $\boldsymbol{\theta}=f(r_1,r_2,\cdots,r_n)$,其中 $\boldsymbol{\theta}$ 是状态空间,$r_i\in\mathbf{R}(1\leqslant i\leqslant n)$ 为状态因子。状态包含众多互相关联的状态因子,在它们的相互作用和影响下形成了综合状态信息。传统的效用理论以及多目标决策理论的有关方法都能够用于状态评估,这其中最常用的是公式法、权重分析法和集对分析法。该方法具有最佳的可解释性,但状态评估非常依赖经验和专业知识,模型构建具有一点的主观性。

(3) 主成分分析法。PCA 于 20 世纪初由 Hotelling 提出,通过对原始变量的相关矩阵或协方差矩阵结构的研究,将多个原随机变量转换为少数几个新的随机变量,从而达到降维的目的。该方法是一种无监督的学习方法,具有算法简单的优点,但占用存储空间较大,算法使用的协方差矩阵的大小与状态数据维数成正比,导致计算高维数据的特征向量非常困难。

(4) 流形学习法。流形学习法的主要思想是利用局部邻域距离近似计算数据点间的流形测地距离,同时将高维数据间的测地距离进行推导,将低维嵌入坐标的求解转化为矩阵的特征值问题。该方法有解析的整体解,具有优先的可解释性,不需要迭代,计算量小。但该方法要求观测数据稠密,小样本的初始阶段无法使用,且对噪声敏感。

(5) 压缩感知法。压缩感知是基于数据稀疏性提出一种新的采样理论,使得高维数据的采样与压缩成功实现。该理论指出只要数据在某个正交变换域中或字典中是稀疏的,那么就可以用一个与变换基不相关的观测矩阵将变换所得高维数据投影到一个低维空间上,然后通过求解一个优化问题从这些少量的投影中以高概率重构出原数据,可以证明这样的投影包含了重构数据的足够信息。压缩感知算法是一种基于数据稀疏的优化计算恢复数据的过程,利用随机采样阵除去了冗余数据和无用的数据,缓解了高速采样的压力,减少了处理、存储、传输成本。但该方法在状态信息面临干扰时,恢复性较差。

(6) 基于隐马尔可夫模型的方法。马尔可夫模型是由俄国数学家A. Markov首次提出,其核心思想是通过对事物不同状态的初始概率及转移概率进行研究,达到分析事物变化趋势的目的。经过不断的发展和完善,逐渐衍生出隐马尔可夫、时变马尔可夫等模型。当网络状态不可观测时,隐马尔可夫模型可根据观测序列对状态序列进行评估,该方法算法成熟度高,工程实践应用广泛,训练简单,但当网络规模过大时,状态转移概率难以计算。

(7) 基于知识推理的方法。基于知识推理的方法指的是在先验概率和经验知识的基础上,根据实时监测的各类传感器数据、IDS报警数据等信息,通过推理得到网络安全态势值的方法。基于知识推理的方法从大类上可以分为基于产生式规则(production rules)、证据理论(evidence theory)和图模型(graph model)3种类型的推理。该类方法具有一定的智能,可以模拟人类思维方式,接近专家解决问题的处理过程。评估结果是离散的,等级分明,符合常规。但获取的知识往往凭借经验,数据不够客观。而且需要维护大量推理规则,这导致需要大量的存储空间,同时推理复杂度较高。

(8) 基于卷积神经网络的方法。当网络状态信息存在冗余,但难以用解析的方法提纯时,可以借助卷积神经网络(convolutional neural networks, CNN)的特征抽取能力对状态信息进行压缩。CNN中卷积层的功能是对输入数据进行特征提取,其内部包含多个卷积核,组成卷积核的每个元素都对应一个权重系数和一个偏差量,类似于一个前馈神经网络的神经元。卷积层内每个神经元都与前一层中位置接近的区域的多个神经元相连,区域的大小取决于卷积核的大小。该方法具有很好的自学习性、分布性和非线性的优点,实现简单,计算速度快,适合于网络安全的非线性和多变量预测的特点。但该方法是一种黑盒评估方法,可以实现对系统数据的非线性拟合,但是不能明确描述输入数据和输出数据之间的关系。网络参数的调整往往要利用人工试验的方法,主观性强,随机性较大,难以收敛。

5.1.3 网络控制决策

网络控制决策是指可控网络为了维持或改变网络状态,以控制效能最大化为目标,生成一组网络控制行为的过程。网络控制决策的触发条件有3种情况:一是由主动控制引发;二是由设备或功能故障引发;三是由外部网络攻击引发。其中前两种情况只有一个决策主体,就是可控网络安全控制中心的网络控制器,因此这两种情况的控制决策问题属于优化问题。决策优化问题的解决方法相对简单,决策的关键在于确定优化目标和约束条件,建立相对完善的决策策略库。下面以功能故障的修复控制为例进行说明。

在等级保护控制过程中,假设第 r 级等级保护需要至少开启 N_r 种网络功能,当发生网络设备故障,开启的网络功能数量小于 N_r 时,需要开启后备的网络功能以补足需要的网络功能。假设网络功能种类数为 S 种,分别记为 $f_1,\cdots,f_s,\cdots,f_S$,已经开启的网络设备还可提供的网络功能分别为 $E_{f_1},\cdots,E_{f_s},\cdots,E_{f_S}$,开启的时延均为 T_1。启动新的物理设备并开启相应功能所能提供的功能数分别为 $H_{f_1},\cdots,H_{f_s},\cdots,H_{f_S}$,开启时延均为 T_2。启动新的虚拟设备并开启相应功能可提供的功能总数为 Q,开启时延均为 T_3。假设在网络运行的时间段内,发生了若干次网络功能故障,S 种网络功能的故障数分别记为 $R_{f_1},\cdots,R_{f_s},\cdots,R_{f_S}$。网络控制决策的目标是在尽可能短的时间内恢复故障的网络功能,则该控制过程可描述为如下的优化问题。

$$\min \sum_{i=1}^{S} \sum_{f_i=1}^{R_{f_i}} \sum_{j=1}^{3} x_{f_i j} T_j$$

$$\text{s.t.} \begin{cases} \sum\limits_{f_i=1}^{R_{f_i}} x_{f_i,1} \leqslant E_{f_i}, \forall 1 \leqslant i \leqslant S \\ \sum\limits_{f_i=1}^{R_{f_i}} x_{f_i,2} \leqslant H_{f_i}, \forall 1 \leqslant i \leqslant S \\ \sum\limits_{f_i=1}^{R_{f_i}} x_{f_i,3} \leqslant Q, \forall 1 \leqslant i \leqslant S \\ \sum\limits_{j=1}^{3} x_{f_i,j} = 1 \end{cases} \text{,其中 } x_{f_i,j} \text{ 为 } 0-1 \text{ 决策变量}$$

当外部网络攻击发生时,网络控制决策问题就变成了博弈问题。该情况下有两个决策主体:一个是可控网络安全控制中心的网络控制器;另一个是外部网络攻击控制器。博弈问题的两个决策主体相互耦合,决策更加依赖网络安全状态空间状态的实时变化情况,决策的复杂度急剧增加,下面以博弈问题为例对两个决策主体对抗的场景进行介绍。

网络攻防博弈过程如图 5-2 所示。对整个网络攻防过程进行离散化处理,整个过程可以看作一系列的时间片,每个时间片只包含一组网络安全状态。在每个安全状态下,攻防双方检测当前的网络安全状态,根据网络安全状态选择执行的攻防行为。网络系统在攻防双方的联合作用下由一个状态转移到另一个状态,攻防双方的对抗结果决定网络安全状态的变化趋势。

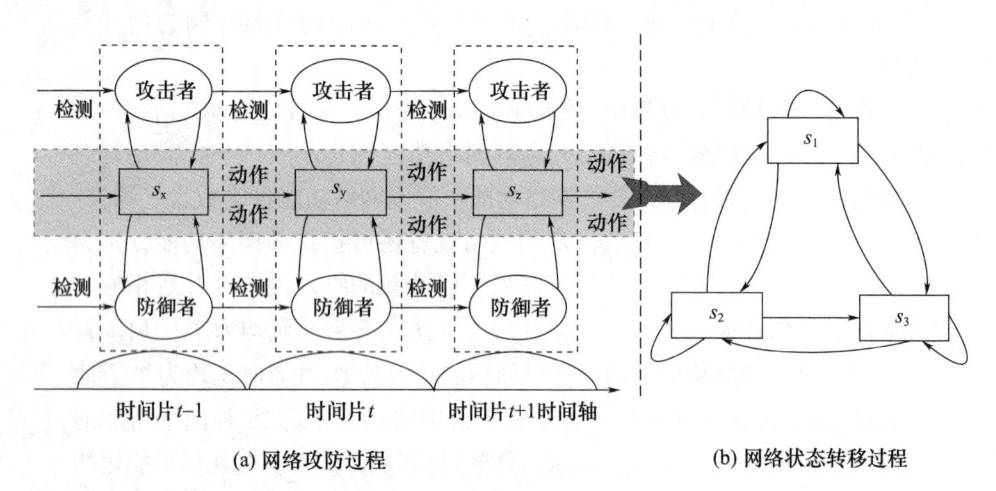

图 5-2 网络攻防博弈示意图

基于博弈的网络控制决策步骤如下。

(1) 攻击方根据网络的脆弱性情况和主机之间的权限,分析由初始攻击节点到目标节点之间的路径,建立攻击策略库。

(2) 防守方在网路资源的约束下,针对网络中已知的安全漏洞,构建防御策略库。

(3) 在时间片 t,假设网络处于安全状态 S_1。

(4) 对攻防双方可能构成的攻防策略对进行收益量化。

(5) 通过纳什均衡分析均衡状态下攻防双方最优可能采用的攻防策略。

(6) 攻防双方最优的攻防策略决定时间片 t+1 时的网络安全状态。

（7）网络攻防的离散变化就是步骤（3）~（6）不断重复的过程。

当将网络攻防博弈建模为马尔可夫链决策过程（MDP）时，还可以借助强化学习算法将博弈过程智能化。

网络控制决策的最基本方法是博弈论，但传统的博弈论方法的求解需要对攻防双方做很多假设，以环境信息采样为特征的强化学习方法克服了这方面的不足，但强化学习算法的收敛有一个过程，无法像传统博弈模型那样用解析的方法直接计算出纳什均衡点。我们按照能否用解析的方法获得控制策略将网络控制决策方法分为两大类，分别是博弈类和强化学习类。对于博弈类的典型方法有不完全信息博弈、动态贝叶斯博弈和微分博弈。对于强化学习类的典型方法有无模型强化学习、环境建模强化学习和深度强化学习等。网络控制决策方法如表5-2所列。

表5-2　网络控制决策有关算法

类别	方法	优点	缺点
博弈类	不完全信息博弈	适用于对网络攻击方的状态不完全获知的情况	模型对攻防双方的攻防类型假设难以客观
	动态贝叶斯博弈	在小样本的情况下表现良好	无法解决多步攻击条件下的智能决策
	微分博弈	适用于超大规模网络	网络规模稍小的情况下无法使用
强化学习	无模型强化学习	对外界环境变化的适应性极强	收敛速度慢，数据利用率低
	环境建模强化学习	算法收敛快，数据利用率高	决策的效能与环境模型的质量非常相关
	深度强化学习	可以允许状态值连续变化，消除了维度灾的影响	需要消耗的算力资源多

（1）不完全信息博弈。在网络控制决策中，不完全信息博弈是指攻防双方先后进行多次控制与反控制的对抗行为，后行动的一方可以观测到先行动一方的行为，但对先行动一方的行为特征、策略空间或收益函数并不完全掌握。该方法适用于对网络攻击方的状态不完全获知的情况，但模型对攻防双方的攻防类型假设难以客观。

（2）动态贝叶斯博弈。在博弈论中贝叶斯博弈是指博弈参与者对于对手的类型没有掌握完全信息的博弈，其主要分析方法是由美国经济学家约翰·海萨尼提出的 Harsanyi 变换。该方法在小样本的情况下表现良好，但无法解决多步攻击条件下的智能决策。

（3）微分博弈。微分博弈理论是求解协调控制问题的崭新思路，起源于 20 世纪 50 年代美国空军开展的军事对抗中双方追逃问题的研究，是最优控制与博弈论的结合。该方法适用于超大规模网络，但网络规模稍小的情况下无法使用。

（4）无模型强化学习。不依赖环境建模的强化学习算法称为无模型强化学习（model-free learning），其典型算法为 Q-learning。该方法对外界环境变化的适应性极强，但收敛速度慢，数据利用率低。

（5）环境建模强化学习。依赖环境建模的强化学习算法称为基于环境模型的强化学习（model-based learning）。该方法算法收敛快，数据利用率高，但决策的效能与环境模型的质量非常相关。

（6）深度强化学习。深度强化学习是指借助深度卷积神经网络提取状态特征的强化学习算法。该方法可以允许状态值连续变化，消除了维度灾的影响，但需要消耗的算力资源多。

5.1.4 网络控制执行

网络控制的执行过程是网络中各种控制器向被控网络输入控制命令和执行控制命令的过程，一般由可控网络系统中的控制中心具体实施，控制的执行具体表现为网络拓扑结构的改变，数据包转发关系的改变、网络安全控制设备的添加与移除、网络安全设备参数的变化、某网络安全设备安全策略的调整等。网络控制的执行必然带来网络状态的变化，这既是控制的结果，也是控制的目的。由于新的网络状态又产生新的网络状态评估值，进而产生新的控制决策并进行相关控制，从而形成循环往复的反馈控制过程。

网络控制的执行方式与网络功能的虚拟化程度有关。当采用传统网络架构时，网络控制的执行需要网络管理员登录或远程登录到每一台网络设备，对该网络设备的参数配置进行修改。当采用 SDN/NFV 的网络架构时，由于 SDN 的数控分离特性和 NVF 带来的网络功能虚拟化能力，使得网络控制行为的执行具有自动化和智能化，具体来说可以将服务功能链技术与网络安全需求相结合，构建新的安全功能链技术，从而大大提高网络控制的执行效能。安全服务功能链的具体工作步骤如下。

(1) 确定网络安全需求。为了实现目标控制服务,需要根据感知到的当前网络安全状态和资源约束准确地描述出相应的安全需求。

(2) 制定安全控制方案。综合考虑现有网络安全控制策略库,已经上述确定的安全需求和当前网络安全状态,由可控网络安全控制中心作出安全控制决策。

(3) 确定安全服务路径。根据控制中心作出的安全决策,结合当前网络路由策略和可用安全资源等综合考虑,确定出安全服务功能所映射的物理位置,以及实现安全服务功能链所需的服务路径,即路径上的具体节点及链路。

(4) 构建安全服务功能链。在当前网络状态和用户安全业务请求下,控制中心根据反馈的安全功能状态和可控资源等信息综合作出最优决策,并将决策的具体执行策略下发至相应控制器和交换机节点,使得用户流量能够依次通过安全服务功能所在物理节点。

(5) 动态维护网络安全防护体系。当网络安全状态或用户安全业务需求动态变化时,根据可控网络反馈控制原理,动态地调整对应的安全控制决策及执行策略,并及时下发至相关控制设备。

5.2 安全等级保护服务分析举例

可控网络安全控制理论的研究在国内刚刚起步,我们提出的安全状态空间及其分析方法还不十分完善,其应用范围、应用效果也还需要进一步验证、改进和完善。下面以网络安全等级保护动态控制为研究背景,对如何使用安全状态空间分析方法进行说明。

5.2.1 安全等级的划分

按照《信息安全技术——网络安全等级保护安全设计技术要求》(GB/T 25070—2019),按照安全等级由低至高的顺序,逐级增加网络安全设备和安全措施的数量。数据的重要性由遭到拦截、篡改、窃取后给国家安全、社会秩序、公共利益造成的危害程度确定。5 个安全防护等级的设计目标分别如下。

第一级,按照对第一级系统的安全保护要求,实现定级系统的自主访问控制,使系统用户对其所属客体具有自我保护的能力。

第二级,在第一级系统安全保护环境的基础上,增加系统安全审计、客体重用等安全功能,并实施以用户为基本粒度的自主访问控制,使系统具有更强的自主安全保护能力,并保障基础计算资源和应用程序可信。

第三级,在第二级系统安全保护环境的基础上,通过实现基于安全策略模型和标记的强制访问控制以及增强系统的审计机制,使系统具有在统一安全策略管控下,保护敏感资源的能力,并保障基础计算资源和应用程序可信,确保关键执行环节可信。

第四级,建立一个明确定义的形式化安全策略模型,将自主和强制访问控制扩展到所有主体与客体,相应增强其他安全功能强度;将系统安全保护环境结构化为关键保护元素和非关键保护元素,以使系统具有抗渗透的能力;保障基础计算资源和应用程序可信,确保所有关键执行环节可信,对所有可信验证结果进行动态关联感知。

第五级,在第四级系统安全保护环境的基础上,进一步提高安全状态感知的实时性、控制策略的智能性以及控制执行的实时性,确保网络安全行为可信任、可溯源。

5.2.2 安全等级保护状态空间

1. 安全等级状态空间的构建

安全状态空间的构建应当突出安全等级保护,因此将控制服务维中的安全等级保护服务进行递阶拓展,分成 5 个安全等级,控制设备维和控制功能维根据安全等级保护的要求进行相应调整。具体来说,控制功能维包括国家或军队安全等级保护基本规范中所要求的各种安全功能,安全控制设备维包括能够提供相关安全功能的各类软硬件设备集群以及虚拟控制设备,构建的安全等级服务的安全状态空间如图 5-3 所示。

简单来说,控制服务维分 5 个安全级别,安全级别越高,网络具有的安全性能越高,所使用的安全软硬件设备也就越多;安全状态空间的相互关系是:安全控制设备提供各种安全控制功能,安全控制功能来支撑相应的安全等级保护服务,服务、设备和功能三者相关的交叉点即为安全状态空间的工作点,所有的工作点的集合为工作空间;某点状态为 1 时,说明该点功能正常,为该安全等级保护提供了支撑;状态为 0 时,说明该点功能故障或设备没有启动。

2. 安全等级状态空间的描述

设网络设备有 M 个传统设备集群,第 m 个传统设备集群有 $D_m^{t_1}$ 台网络设备,有 N 个虚拟设备集群,第 n 个虚拟设备集群有 $D_n^{t_2}$ 台通用网络设备。设第 m 个传统集群的第 i 台设备的 ID 号为 $\mathrm{ID}_i^{t_{1m}}$,第 n 个虚拟集群的第 j 台

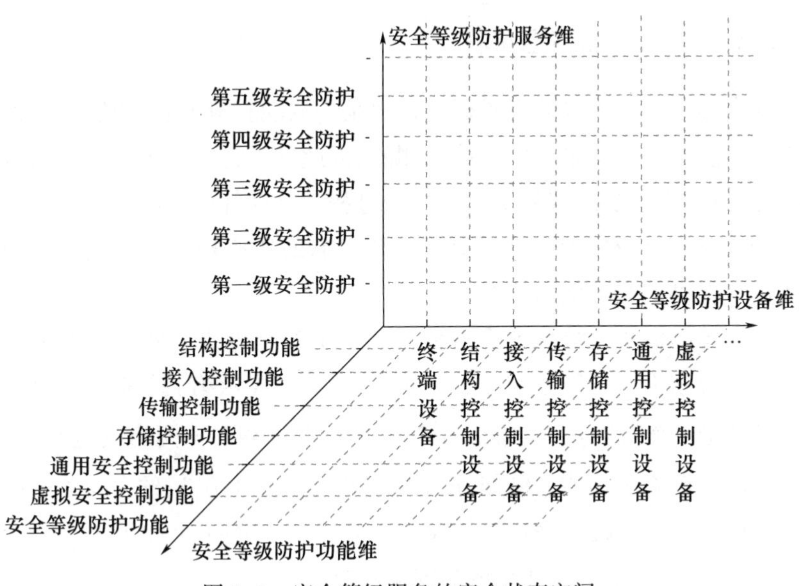

图 5-3　安全等级服务的安全状态空间

设备的 ID 号为 $\mathrm{ID}_j^{t_{2n}}$，则网络中的全部设备集合为 $\{\mathrm{ID}_1^{t_{11}},\cdots,\mathrm{ID}_{D_1^{t_1}}^{t_{11}},\mathrm{ID}_1^{t_{12}},\cdots,\mathrm{ID}_{D_2^{t_1}}^{t_{12}},\cdots,\mathrm{ID}_1^{t_{1M}},\cdots,\mathrm{ID}_{D_M^{t_1}}^{t_{1M}},\mathrm{ID}_1^{t_{21}},\cdots,\mathrm{ID}_{D_1^{t_2}}^{t_{21}},\cdots,\mathrm{ID}_1^{t_{2N}},\cdots,\mathrm{ID}_{D_N^{t_2}}^{t_{2N}}\}$。假设当前的控制功能维共有 S 种网络功能，当某台设备具备第 s 种功能时用 1 表示，不具备该功能时用 0 表示，则网络在 k 时刻的安全状态可表示为 $\{0,\cdots,1,1,\cdots,0,0,\cdots,0,1,\cdots,1\}$，其中安全状态与设备 ID 号的 S 种功能一一对应，$\mathrm{ID}_{D_{3(2)}^{t_1}}^{t_{11}}$ 为 0 表示 1 号传统设备集群的第 3 台设备的第 2 个功能为启动，而 $\mathrm{ID}_{D_{4(2)}^{t_2}}^{t_{23}}$ 为 1 表示第 3 号虚拟设备集群的第 4 台设备虚拟出第 2 个网络功能。

由于等级保护的定级标准为是否具有相应的安全功能，因此网络的控制动作共有两种，分别是打开 ID 号为 i 的设备的第 s 个网络功能 $C_{i(s)}=1$ 或者关闭 ID 号为 j 的设备的第 s 个网络功能 $C_{j(s)}=0$。

3. 安全等级状态空间的特点

可控网络系统设置为某一安全防护等级，该等级的平面即为工作平面，状态空间中的 1 都要集中在该平面。维持安全等级的现状就是当某原因使某点由 1 变 0 时，应启动设备使功能状态由 0 变 1，维持 1 的总体数量。动态控制要有一定的备份，即平面上要有一定数量为 0 的点。调整现有安全等级就是根据目标等级的功能状态为 1 数量的要求进行调整，启动或关闭相关功能，调整目标平面 1 的数量。

5.2.3 安全等级状态获取

安全等级保护等级的定级标准是由是否启动相应的安全功能来确定，而安全功能是否启动是可以直接观测的，因此在进行安全等级保护服务控制时，网络安全状态获取的工作就是通过相关软硬件设备读取可控网络当前所处的安全等级保护的具体等级应该开启的所有相关安全设备的情况以及正常提供安全功能的情况。

安全等级保护共分为 5 个等级。第 r 个安全等级需要具备的网络安全功能可表示为 $\boldsymbol{R}_r=[f_1,\cdots,f_s,\cdots,f_S]$，其中 f_s 表示第 r 个安全等级是否需要具备第 s 个网络安全功能，当 f_s 为 1 时表示需要该网络安全功能，否则为不需要该安全功能。例如，$\boldsymbol{R}_1=[f_1^1,f_2^1,f_3^1]=[1,0,1]$ 的含义为一级安全等级保护要求可控网络提供网络安全功能维的第 1 个和第 3 个网络安全功能，而不需要提供第 2 个网络安全功能。

安全等级状态获取方法可以由可控网络安全控制中心相关安全设备直接提供，也可以采用心跳包轮询的方式进行，具体来说，可控网络安全控制中心按照 ID 的顺序依次 ping 每台网络设备，当该设备没有应答时，则认定该设备的所有网络功能均不可用，当该台设备有应答时，再监听该设备开放的服务端口，根据开放的服务端口号来监测该台设备提供了哪些网络功能，将相应设备的对应功能设置为 1，其余设置为 0，这样操作后得到的 0/1 数值按照设备 ID 号的递增顺序和网络功能从 1 到 S 的顺序排列为状态向量，该状态向量记为整个网络的当前状态，记为 $\boldsymbol{S}^{(k)}=[s_f^{id}]$，$s_f^{id}$ 表示 ID 号为 id 的网络设备是否提供编号为 f 的网络功能，其中，$1\leqslant f\leqslant S$，$1\leqslant id\leqslant \mathrm{ID}_{D_N^{t_2}}^{t_{2N}}$。

5.2.4 安全等级状态评估与决策

1. 安全等级的确定

根据采集到的安全等级状态信息可以判断是否符合相应的安全等级设计规范和要求，从而准确判断当前可控网络所处的安全等级。直观的看，安全状态空间中取值为 1 的点都处在哪个安全等级平面，该平面的等级就是可控网络当前的安全等级。当使用数学公式表达时，如 $\sum_{id=1}^{\mathrm{ID}_{D_N^{t_2}}^{t_{2N}}} s_f^{id}\geqslant f_f\ \forall 1\leqslant f\leqslant S$ 均成立时，网络满足了第 r 级的安全等级要求。当网络满足

第 r 级的安全等级,且不满足 $r+1$ 级的安全等级要求或 $r=5$ 时,网络的安全等级为第 r 级。

由此可以对可控网络安全等级进行确认和动态认证。

2. 安全等级空间状态变化

可控网络安全等级变化的原因:一是网络正常操作行为引起的状态变化;二是设备故障或误操作行为引起的状态变化;三是敌方网络攻击行为引起的状态变化。

当环境变化或工作需要要提升或降低当前的安全等级时,可根据选定的安全等级,确定状态空间的目标安全等级状态,人工或自动地进行调整。

当某一时刻网络安全控制设备发生故障或安全功能失效时,安全等级平面 1 个或几个为 1 的点将变为 0,说明这些点对应的安全等级就要降级,获取这些状态变化后,我们可以启动备份软硬件设备或虚拟化设备使相应的安全功能工作,使变为 0 的这些点重新恢复到 1,从而维持网络系统相应的安全等级。

当网络遭受攻击时,一些原本正常工作的网络安全设备的安全功能将丧失正常的功能,为了保持网络始终处于规定的安全等级,需要重新开启意外终止的网络安全功能。

3. 安全等级控制决策的主要内容

(1) 需要重新开启哪些网络功能。

(2) 重新开启的网络功能部署在物理设备上还是虚拟设备上,如果部署在物理设备上,应选择部署在哪个设备集群的哪台设备上。如果部署在虚拟设备上,需要在哪个虚拟集群上虚拟出该网络功能。

(3) 加入当前网络功能始终无法重新开启时,能否开启替代的网络功能,使安全等级依然保持不变。

当上述控制决策涉及的设备较少、网络功能较少时,可以采用遍历的顺序找到最佳决策策略,但当网络设备数量庞大且网络功能数量繁多时,遍历算法的效率过于低下,也可以使用启发式算法等次优算法或强化学习算法等智能算法,提高控制决策的效能。

5.2.5 安全等级控制执行

当某些安全功能失效导致可控网络处于安全等级保护要求的临界状态时,网络面临安全等级降级的风险,此时需要安全控制中心通过激活备份的网络功能,使当前网络的安全功能始终满足安全等级所要求的网络功能,具体操作如下。

(1) 调整设备的参数配置,试图重启该安全功能。

(2) 如果失败,启动设备集群中的另外一台设备,重新部署该功能。

(3) 如果还是失败,用虚拟服务器虚拟一个安全功能,代替当前失效的安全功能。

当以虚拟功能为主时,为了提高虚拟功能部署的效能,可以使用服务功能链部署算法优化虚拟网络功能的部署效能。

图 5-4 为安全等级控制执行示意图,安全等级保护状态空间以及第 3 级安全等级保护状态平面随时间变化的过程如图所示。图中黑色点表示设备功能正常,状态值为 1。白色点表示部署了相应设备但功能未开启,状态值为 0。空间中未标注的点表明没有相应的网络设备,无法提供相应功能。在 t_1 时刻,认证服务器启动了身份认证功能,安全网关启动了访问控制功能,防火墙设备启动了访问控制功能,网络启动的安全功能达到了三级等级保护的要求,此时网络处于三级等级保护状态。在 t_2 时刻,由于网络反控制器的入侵,防火墙设备的访问控制功能失效,该状态点的状态从 1 变为 0,与此同时,三级等级保护平面内状态为 1 的点的数量不再满足等级保护的要求,但二级等级保护平面内状态为 1 的点依然可以满足二级等级保护的要求,此时网络的安全等级从三级降低为二级。当将虚拟防火墙的访问控制功能激活后,三级等级保护平面中状态为 1 的点的数量重新满足了三级等级保护的要求,此时网络的安全状态重新从二级回到了三级。

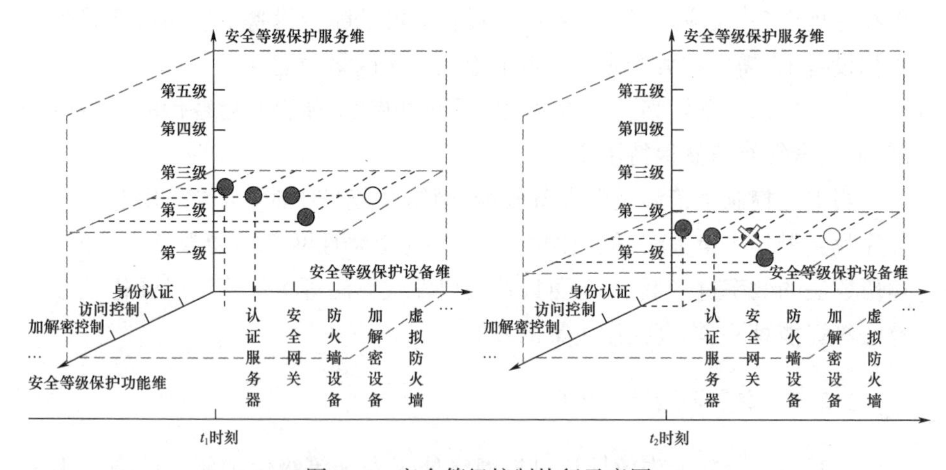

图 5-4　安全等级控制执行示意图

5.3 入侵检测接入控制分析举例

5.3.1 状态空间的构建

1. 状态空间坐标的选取

当网络服务维按照外网接入控制服务维递阶展开时，可构建出研究入侵检测问题专用的网络安全状态空间，该状态空间的3个坐标轴分别为网络设备维、入侵检测相关功能维以及入侵检测二级子服务维，空间中的每个点又在具体的一组状态之间跳变，如图5-5所示。

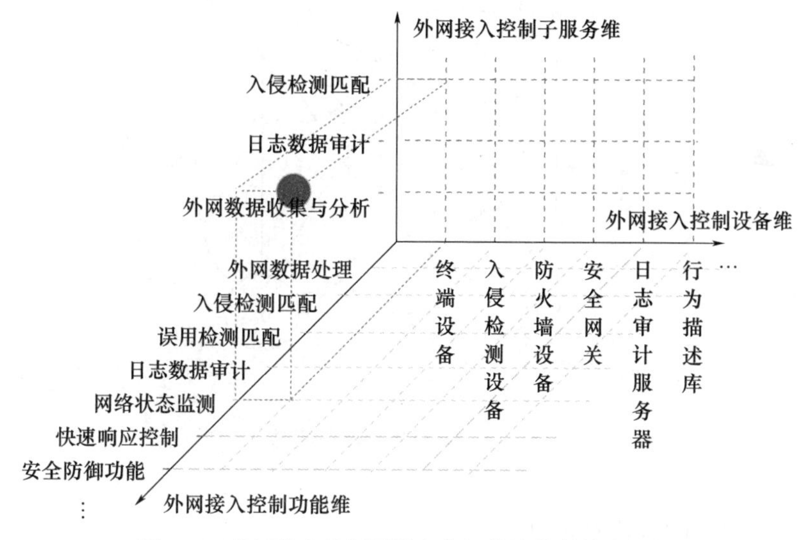

图5-5 外网接入控制子服务空间终端设备状态监测

2. 状态变化的描述

对于外网接入控制来说，网络的反控制方试图入侵网络节点，而网络控制方试图防止或阻断入侵行为的发生。网络整体的安全状态由每个网络节点的安全状态构成，每个网络节点的安全状态可划分为4种状态，包括安全状态S_g、刺探状态S_r、攻击状态S_a和攻陷状态S_c，即$S=\{S_g,S_r,S_a,S_c\}$。

安全状态S_g是指网络节点没有面临网络攻击威胁，处于安全状态，此时网络节点的安全风险为零。

刺探状态S_r是指网络节点受到攻击方的侦听类威胁，可能被攻击方收集网络节点的脆弱性信息，攻击方处于信息采集阶段。

攻击状态 S_a 是指网络节点受到网络攻击威胁,网络节点的服务和权限可能遭受破坏,攻击方处于入侵阶段。

攻陷状态 S_c 是指网络节点已经被攻陷,攻击方获得网络节点的管理权限。

对于每个节点,网络状态以一定概率在 4 种状态之间转换,定义 $\boldsymbol{P}=[p_{ij}]$ 为安全状态转移矩阵,其中,$p_{ij}=P(X_{t+1}=S_j \mid X_t=S_i)$,$1\leqslant i,j\leqslant m$,表示节点在 t 时刻的安全状态为 S_i,在 $t+1$ 时刻转化为 S_j 的概率,安全状态的转移情况如图 5-6 所示。

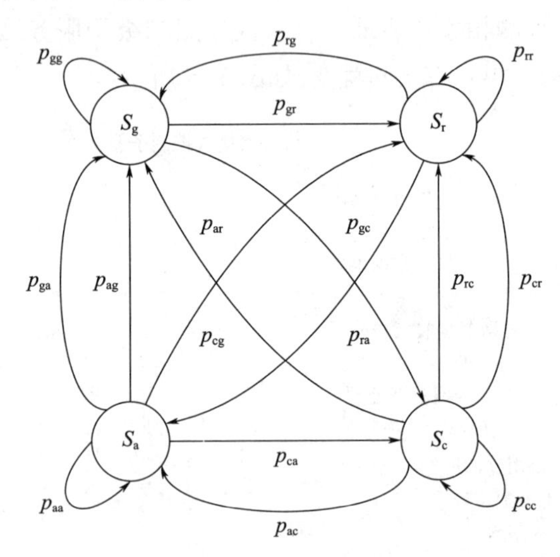

图 5-6　安全状态转移情况

5.3.2　网络状态获取

由于网络节点的安全状态难以直接获取,因此需要根据可观测的网络报警信息间接获取网络状态。$Y=\{Y_1,Y_2,\cdots,Y_n\}$ 为观测向量的集合,表示根据检测到的网络中不同种类的攻击而产生的报警信息。网络中的攻击行为会随着时间的变化而不断变化。因此,采用马尔可夫过程 $\{Z_t \mid Z_t\in Y\}$ 来表示 t 时刻检测到的报警信息。为了降低观测矩阵的规模,也可以对报警信息进行合理分类。根据报警信息的严重程度,将原始报警信息分为 4 类,即 $Y=\{Y_g,Y_r,Y_a,Y_c\}$。

Y_g 表示在检测周期内,不存在报警信息。

Y_r 表示侦听类的报警信息,如 ICMP ping、Network scanning 等。

Y_a 表示攻击类报警信息,如 web-rhost attack、bad traffic unreachable 等。

Y_p 表示获取管理权限的报警信息,如 services rsh root 等。

$\boldsymbol{Q}=[q_{jk}]$为安全状态观测矩阵。其中,$q_{kj}=P(Y_k \mid S_j)$,$1\leqslant k\leqslant n$,$1\leqslant j\leqslant m$,表示节点在 t 时刻的安全状态为 S_j 时,观测到报警信息为 Y_k 的概率。

$\lambda=(\lambda_1,\lambda_2,\cdots,\lambda_m)$为初始安全状态分布向量。其中,$\lambda_i=P(X_0=S_i)$,$1\leqslant i\leqslant m$,表示节点在时刻 0 处于安全状态 S_i 的概率。

$T=\{T_1,T_2,\cdots,T_n\}$为节点的安全风险。其中,$T_i=\{T_i^{\mathrm{D}},T_i^{\mathrm{I}}\}$表示节点的安全风险包括直接安全风险和间接风险两部分。T_i^{D} 为节点的直接安全风险;T_i^{I} 为由节点相关性引起的间接安全风险。

$R=\{R_1,R_2,\cdots,R_n\}$为网络整体的安全风险。其中,R_t 表示在时刻 t 网络的安全风险状况,可以通过节点的安全风险和节点权重进行量化。

5.3.3 网络状态评估

节点的状态可以清晰地划定为 $S=\{S_{\mathrm{g}},S_{\mathrm{r}},S_{\mathrm{a}},S_{\mathrm{c}}\}$这 4 种状态,但网络整体的安全状态与节点间安全状态的关联关系难以表示。为了根据节点的安全状态获得全网的安全状态,我们定义并计算网络的直接安全风险和间接安全风险值,再根据安全风险值的大小表征整个网络所处的安全状态。

1. 直接安全风险的计算

节点的直接安全风险是指由其自身脆弱性所导致的风险,换句话说,也就是其自身所处的安全状态所带来的安全风险。对于网络中的任一节点 k,在时刻 t 的直接安全风险记为 $T_k^{\mathrm{D}}(t)$。直接安全风险 $T_k^{\mathrm{D}}(t)$的计算不考虑节点的相关性,可以通过时刻 t 节点 k 所在某种安全状态下的概率和该安全状态下的风险值进行量化。

节点 k 在时刻 t 的安全状态概率分布为 $\lambda_{k,t}=\{\lambda_{k,t}(i),1\leqslant i\leqslant m\}$,其中,$\lambda_{k,t}(i)$表示节点 k 的在时刻 t 处于安全状态 S_i 的概率,则 $\lambda_{k,t}(i)$可以通过

$$\begin{aligned}\lambda_{k,t}(i)&=P(X_i=S_i \mid Z_t=Y_j)\\&=\frac{P(X_i=S_i,Z_t=Y_j)}{P(Z_t=Y_j)}\\&=\frac{P(Z_t=Y_j \mid X_t=S_i)P(X_t=S_i)}{\sum_{k=1}^{n}[P(Z_t=Y_j \mid X_t=S_k)P(X_t=S_k)]}\end{aligned}\tag{5-1}$$

进行计算。其中

$$
\begin{aligned}
P(X_t = S_i) &= \sum_{j=1}^{n} P(X_t = S_i, X_0 = S_j) \\
&= \sum_{j=1}^{n} P(X_t = S_i \mid X_0 = S_j) P(X_0 = S_j) \\
&= \sum_{j=1}^{n} p_{ji}{}^{(t)} \boldsymbol{\lambda}_j
\end{aligned}
\tag{5-2}
$$

$$
P(Z_t = Y_j \mid X_t = S_i) = P(Y_j \mid S_i) = q_{ij} \tag{5-3}
$$

$p_{ji}{}^{(t)}$ 表示节点 k 的第 t 步的安全状态转移概率；q_{ij} 表示节点 k 的安全状态为 S_i 时，观测的报警信息为 Y_j 的概率；$\boldsymbol{\lambda}_j$ 为节点 k 初始时刻的安全状态为 S_j 的概率。

状态转移矩阵 $\boldsymbol{P}=[p_{ij}]$ 和观测矩阵 $\boldsymbol{Q}=[q_{jk}]$ 的确立是基于隐马尔可夫模型进行网络安全风险评估的基础。状态转移矩阵可以根据实施攻防策略后，通过统计由该状态转移到特定安全状态的数目和从该安全状态转出的所有可能安全状态数目的比值进行量化。观测矩阵可以通过选取高质量的报警信息确定观测序列获得，而报警信息的质量可以通过分析报警信息出现的频次、关键程度和严重性程度得到。

针对节点所处的安全状态，引入节点安全状态风险向量 $\boldsymbol{\Theta}=(\theta_1, \theta_2, \cdots, \theta_m)$ 来表示节点所处安全状态的风险值。θ_i 表示节点在安全状态 S_i 时的风险值，可以在节点脆弱性评估的基础上，结合攻击成功的概率进行量化。

在确定节点 k 在时刻 t 处于安全状态 S_i 的概率 $\boldsymbol{\lambda}_{k,t}(i)$ 和该安全状态的风险值 θ_i 后，对节点所有可能的安全状态的风险进行求和可以得到节点的直接安全风险。节点 k 的直接安全风险 $T_k^{\mathrm{D}}(t)$ 的计算公式为

$$
T_k^{\mathrm{D}}(t) = \sum_{i=1}^{m} \boldsymbol{\lambda}_{k,t}(i) \theta_i \tag{5-4}
$$

2. 间接安全风险的计算

在网络中，为了高效地开展保障业务，需要各个节点相互配合为保障业务提供服务，孤立的节点无法满足为保障业务提供服务的需求。同时，从网络的角度来看，为了实现节点之间的互联互通，各个节点之间需要存在特定的访问关系。因此，网络中各个节点之间存在较强的相关性，也就是说，由节点相关性引起的节点间接安全风险是客观存在的。

由节点相关性的定义可知，节点的相关性是基于物理连接关系上的一种特殊访问关系。为了更好地体现节点相关性对节点安全风险的影响程度，引入了节点相关度的概念，用来表示利用节点相关性进行攻击成功

的概率,可以根据具体的网络环境、实践经验等确定不同的取值。节点相关度的取值范围为[0,1],取值越大代表节点的安全风险受相关节点的影响程度越大。节点相关性对节点安全风险的影响主要体现在由于节点之间存在的特殊访问关系,使得攻击方可能利用已经攻陷节点对现有节点的访问权限实施攻击。因此,节点相关性的研究基础上,根据节点之间的权限关系对节点的相关性进行合理分类并赋值,以节点 k 为例进行说明,如表 5-3 所列。

表 5-3 GNC 的分类与描述

类型	权值	描述
W_1	1	相关节点能以管理员的身份访问节点 k,具有所有资源的访问权限
W_2	0.7	相关节点能以普通用户的身份访问节点 k,具有部分资源的访问权限
W_3	0.5	相关节点能以注册用户的身份访问节点 k,能够获取和发布公共和个人信息,但不能执行系统命令
W_4	0.3	相关节点能以匿名用户的身份访问节点 k,可以获取或发布公共信息,具有传输层的连通性
W_5	0.2	相关节点能在网络层访问节点 k,具有网络层的连通性
W_6	0.1	相关节点能在数据链路层访问节点 k,具有数据链路层的连通性
W_7	0	节点之间不具有相关性

节点的相关性类型为 W_1 时,相关节点具有节点 k 上所有资源的访问权限,此时相关节点的安全风险同样完全存在于节点 k 上,故节点的相关度为 1。其他类型的相关性与此类似,在此不再赘述。

节点的间接安全风险是指由节点之间的相关性而引起的安全风险,可以通过节点相关度和相关节点的安全风险进行量化,记为 $T_k^1(t)$。假设与节点 k 具有相关性关系的节点共有 m 个,记为 $k_1,k_2,\cdots,k_m$,节点相关性度的量化值记为 $\sigma(W_{k_l,k})$。与节点 k 具有相关性关系的节点在 t 时刻的风险值,记为 $r_{k_l}(t,j)$,$1\leqslant l\leqslant m$,$1\leqslant j\leqslant n$。具有相关性关系的节点对节点 k 的风险影响值记为 $\Delta r_{k_l}(t,j)$,$1\leqslant l\leqslant m$,$1\leqslant j\leqslant n$。在根据节点 k_l 和 k 相关性类型确定节点相关性度后,对于节点 k 而言,由节点 k_l 带来的间接安全风险的量化公式为

$$\Delta r_{k_l}(t)=\sigma(W_{k_l,k})\times r_{k_l}(t) \tag{5-5}$$

通过式(5-5)能够对所有与节点 k 具有相关性的节点带来的安全风险进行量化。节点 k 的间接安全风险由所有与之相关的节点安全风险决定。因此,节点的间接安全风险通过对所有相关节点带来的安全风险进行算术平均进行量化,即

$$T_k^{\mathrm{I}}(t)=\sum_{l=1}^{m}\frac{1}{m}\Delta r_{k_l}(t)=\sum_{l=1}^{m}\frac{1}{m}\{\sigma(W_{k_l,k})\times r_{k_l}(t)\} \tag{5-6}$$

3. 网络的安全风险

节点 k 的安全风险的计算公式为

$$T_k(t)=f(x)T_k^{\mathrm{D}}(t)+[1-f(x)]T_k^{\mathrm{I}}(t) \tag{5-7}$$

式中:$f(x)$ 为直接安全风险的权重函数,代表 $T_k^{\mathrm{D}}(t)$ 在节点安全风险中所占的比重;x 对应 $T_k^{\mathrm{D}}(t)$ 所对应的节点相关度的量化平均值。

节点 k 的权重 V_k 的计算公式为

$$V_k=\sum_{j=1}^{n}N_j \tag{5-8}$$

其中:n 为节点 k 所提供的服务的种类数,N_j 为该服务在整个网络服务中所占的权重。为了确保节点的权重之和为 1,当几个节点提供同一种服务时,将给服务的权重平均分配给所有提供服务的节点。

当网络中有 m 个节点时,通过节点安全风险的计算方法对节点的安全风险进行量化,记为 $T_k(t)$。为了能够更加真实地反映网络整体的安全风险情况,不采用传统的单个节点安全风险直接相加的方式来计算网络风险值。结合节点在网络中权重和节点的风险值来评估网络风险值 $R(t)$,具体计算公式为

$$R(t)=\sum_{k=1}^{m}V_kT_k(t) \tag{5-9}$$

5.3.4 网络控制决策

网络中的攻防策略是由一系列的攻防行动组成的。根据国家信息安全漏洞数据库对实验网络中的漏洞进行分析,结合 Snort 对网络攻击行为的定义,构建攻防行动的结合,如表 5-4 和表 5-5 所列。参照美国麻省理工学院(Massachusetts Institute of Technology,MIT)林肯实验室对网络攻防的分类,构建了攻防双方的策略集合,如表 5-6 和表 5-7 所列。参考折扣因子的设定准则,将折扣因子 ε 假设为 0.5。在网络安全风险预测结果的基础上,结合历史攻防数据,对攻击检测率和防御成功率进行设定。在上述分析的基础上,对攻防双方的收益进行量化。在攻防场景中,攻防双方

均具有不同的类型，因此需要通过两次海萨尼转换来体现网络攻防过程。通过网络攻防博弈树能够直观体现攻防策略的对抗情况，各个安全状态下的攻防博弈树原理是类似，下面仅以安全状态 Ω_0 下的网络攻防博弈树为例进行说明，如图 5-7 所示。

表 5-4　攻击行动集合

序号	攻击行动
a_1	Network scanning
a_2	Code injection
a_3	Send abnormal data
a_4	Remote buffer overflow
a_5	Steal or tamper with data
a_6	Steal account and crack it
a_7	Oracle TNS listener
a_8	Web-rhost attack
a_9	Local buffer overflow
a_{10}	SMTP sniffer
a_{11}	Homepage attack
a_{12}	Install Trojan

表 5-5　防御行动集合

序号	防御行动
d_1	Limit packets from port
d_2	Reinstall listener program
d_3	Uninstall delete Trojan
d_4	Filtrate malicious packets
d_5	Reset Oracle access authority

续表

序号	防御行动
d_6	Limit SYN/ICMP packets
d_7	Delete suspicious account
d_8	Repair database
d_9	Correct homepage
d_{10}	Address blacklist
d_{11}	Install SGD on web server
d_{12}	Alter data read-write rule

表 5-6 不同安全状态下攻击策略集合

攻击方类型	Ω_0	Ω_1	Ω_2	Ω_3	Ω_4	Ω_5
T_1^A	S_1^A $\{a_1, a_8, a_{11}\}$	S_7^A $\{a_1, a_2, a_5\}$	S_{13}^A $\{a_1, a_3, a_4\}$	S_{19}^A $\{a_2, a_7, a_9\}$	S_{25}^A $\{a_6, a_7, a_9\}$	S_{31}^A $\{a_3, a_4, a_7\}$
	S_2^A $\{a_1, a_2, a_6\}$	S_8^A $\{a_2, a_3, a_4\}$	S_{14}^A $\{a_1, a_5, a_6\}$	S_{20}^A $\{a_1, a_3, a_9\}$	S_{26}^A $\{a_2, a_5, a_7\}$	S_{32}^A $\{a_2, a_7, a_{12}\}$
T_2^A	S_3^A $\{a_1, a_3\}$	S_9^A $\{a_1, a_5\}$	S_{15}^A $\{a_2, a_6\}$	S_{21}^A $\{a_1, a_6\}$	S_{27}^A $\{a_3, a_4\}$	S_{33}^A $\{a_3, a_7\}$
	S_4^A $\{a_2, a_8\}$	S_{10}^A $\{a_1, a_2\}$	S_{16}^A $\{a_1, a_{12}\}$	S_{22}^A $\{a_2, a_9\}$	S_{28}^A $\{a_4, a_7\}$	S_{34}^A $\{a_4, a_{12}\}$
T_3^A	S_5^A $\{a_3, a_{11}\}$	S_{11}^A $\{a_3, a_9\}$	S_{17}^A $\{a_2, a_9\}$	S_{23}^A $\{a_2, a_3\}$	S_{29}^A $\{a_2, a_3\}$	S_{35}^A $\{a_2, a_{10}\}$
	S_6^A $\{a_{10}, a_{11}\}$	S_{12}^A $\{a_1, a_4\}$	S_{18}^A $\{a_3, a_6\}$	S_{24}^A $\{a_2, a_7\}$	S_{30}^A $\{a_3, a_9\}$	S_{36}^A $\{a_4, a_9\}$

表 5-7 不同安全状态下防御策略集合

防守方类型	Ω_0	Ω_1	Ω_2	Ω_3	Ω_4	Ω_5
T_1^D	S_1^D $\{d_1,d_2,d_{10}\}$	S_7^D $\{d_1,d_4,d_7\}$	S_{13}^D $\{d_2,d_3,d_4\}$	S_{19}^D $\{d_4,d_5,d_6\}$	S_{25}^D $\{d_1,d_4,d_5\}$	S_{31}^D $\{d_1,d_5,d_8\}$
	S_2^D $\{d_3,d_4,d_{11}\}$	S_8^D $\{d_3,d_7,d_{10}\}$	S_{14}^D $\{d_1,d_6,d_7\}$	S_{20}^D $\{d_2,d_5,d_8\}$	S_{26}^D $\{d_2,d_5,d_6\}$	S_{32}^D $\{d_2,d_6,d_9\}$
	S_3^D $\{d_2,d_3,d_6\}$	S_9^D $\{d_1,d_2,d_4\}$	S_{15}^D $\{d_2,d_4,d_9\}$	S_{21}^D $\{d_2,d_3,d_4\}$	S_{27}^D $\{d_4,d_5,d_8\}$	S_{33}^D $\{d_4,d_6,d_8\}$
T_2^D	S_4^D $\{d_3,d_7\}$	S_{10}^D $\{d_1,d_3\}$	S_{16}^D $\{d_3,d_{12}\}$	S_{22}^D $\{d_5,d_6\}$	S_{28}^D $\{d_6,d_{12}\}$	S_{34}^D $\{d_5,d_{12}\}$
	S_5^D $\{d_1,d_9\}$	S_{11}^D $\{d_2,d_7\}$	S_{17}^D $\{d_1,d_3\}$	S_{23}^D $\{d_4,d_{12}\}$	S_{29}^D $\{d_8,d_{10}\}$	S_{35}^D $\{d_2,d_5\}$
	S_6^D $\{d_4,d_{10}\}$	S_{12}^D $\{d_3,d_4\}$	S_{18}^D $\{d_3,d_{10}\}$	S_{24}^D $\{d_5,d_{10}\}$	S_{30}^D $\{d_5,d_8\}$	S_{36}^D $\{d_8,d_{12}\}$

5.3.5 网络控制执行

通过攻防双方的博弈,可以获得网络最佳防御策略,此时及时准确地执行该控制策略将有助于网络安全状态的维持。控制策略的执行区分下列两种情况。

(1) 传统网络时,手工修改入侵检测设备的配置参数。

(2) SDN/NFV 网络时,用服务功能链加速部署。

第一种方法网络控制的执行难以灵活高效,因此借助 SDN/NFV 技术构建安全服务功能链,借助安全服务链的优化部署来高效地执行网络控制将成为未来主流的网络控制方式。

安全服务链的具体执行过程参考 14.3.2 节安全服务链构建流程。

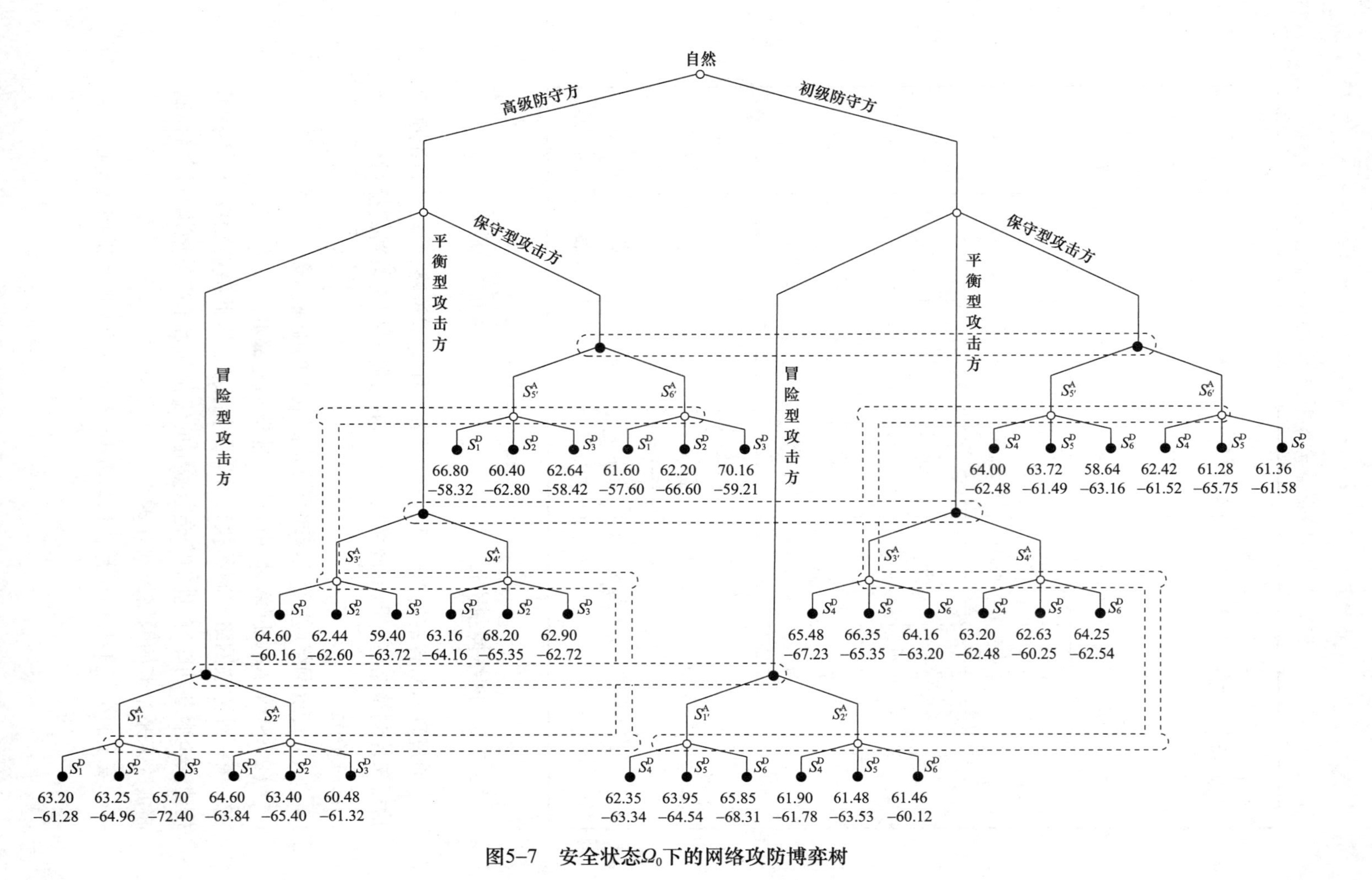

图5-7　安全状态Ω_0下的网络攻防博弈树

第6章　可控网络结构控制

拓扑结构作为信息网络的基础表征，是网络控制理论研究的基础对象[38]。随着网络科学的不断发展，人们逐渐开始关注如何对网络中的某些节点施加控制以达到安全、高效等所期望的目标。而结构作为网络的基础，其可控与否直接影响着整个网络是否可控，结构可控是实现可控网络的基础。因此，如何对网络的结构可控性进行科学、合理的分析也成为了可控网络理论研究的第一步。本章首先从结构可控性、结构控制体系、结构控制模型等方面对结构控制的基本概念进行阐述；其次，从模型限定条件、网络结构模型和控制输入模型等方面设计了结构控制模型；最后，从定性和定量两个方面对网络结构可控性进行分析。

6.1　基本概念

结构控制是网络控制的一部分，其实施依据是网络的结构可控性。因此，首先介绍结构可控性的基本概念，在此基础上，通过描述结构控制体系和模型的基本概念，介绍结构控制与网络控制的具体关系。

6.1.1　结构可控性

网络控制与网络可控性是针对网络系统而言，而结构控制与结构可控性则是针对网络结构而言。网络结构作为网络系统的内部属性之一，对应的结构控制也是属于网络控制的一部分，结构可控性也是网络可控性描述的一部分。

网络控制对象包括结构、接入、传输、运行，而结构控制对象为比较明确的网络结构。因此，按照网络控制的描述框架，信息网络的结构控制是将网络看作是一个网络系统，从系统、整体的角度对网络结构进行有目的的调整。而其中的目的性则主要是根据信息网络的结构可控性。结构可控性的概念分为两种：从定性的角度看，结构可控性是指网络结构在外部控制输入下，网络是否可以达到期望的运行状态；从定量的角度看，结构可控性是指网络结构的受控能力。结构可控性的定性描述如图6-1所示。

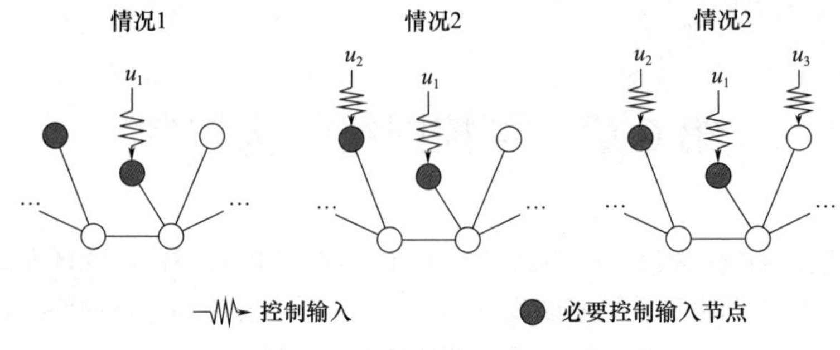

图 6-1　结构可控性的定性描述

在图 6-1 中的 3 种情况中，情况 1 由于缺少必要的外部控制，因此结构不可控；情况 2 和情况 3 则均满足必要的外部控制，因此结构可控。其中情况 2 的外部控制输入为实现结构可控的最小控制输入。

结构可控性的定量描述如图 6-2 所示。

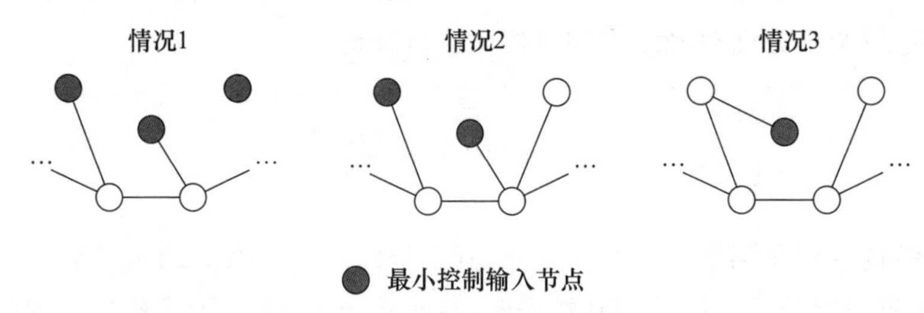

图 6-2　结构可控性的定量描述

图 6-2 中的最小控制输入节点，表示存在外部控制输入的情况下，必须有控制输入的最少节点集。在图 6-2 中的 3 种情况之间的转换，则可通过结构控制来实现，网络结构发生改变时，对应的最小控制输入节点也发生改变。最小控制输入节点越少，表示存在外部控制输入时，结构可控所需的控制输入就越少，说明对应结构更容易实现结构可控，即结构可控性越强。

通过对结构可控性相关概念的描述和界定可知，结构控制是网络控制的基础，结构可控是实现可控网络的基础。信息网络的结构控制即是将信息网络看作是一个网络系统，以提高结构可控性为目的，对网络结构进行调整。显然，结构控制研究的首要工作是实现信息网络的结构可控性分析，结构控制的实质是实现结构可控性优化[39]。

6.1.2　结构控制体系

结构控制是可控网络安全控制的一部分，根据可控网络的安全控制体系，结构控制体系如图 6-3 所示。

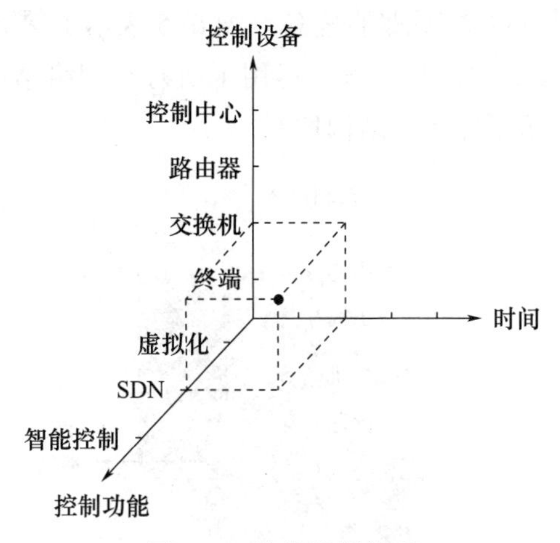

图 6-3 结构控制体系

结构控制体系是在可控网络安全控制体系的基础上，将控制服务类型中的结构控制抽离出来，考虑时间因素，形成的三维体系结构。其中，安全控制的设备维和功能维同可控网络的安全控制体系一致，但仅考虑与结构控制相关的因素，因此形成图 6-3 所示的结构控制体系。

在结构控制体系中，3 个维度均为离散的，因此整个体系坐标中对应着离散的点。如图 6-3 所示，坐标体系中的点表示某一时刻实施的结构控制，该控制是将 SDN 的结构控制功能作用于交换机上。

诸多离散点能够形成相对应的面，如图 6-4 所示，图中 3 个示例依次表示：①在路由器上实施了所有与网络结构相关的控制功能；②SDN 运用于所有与网络结构相关的控制设备上；③某一时刻实施了完备的结构控制。

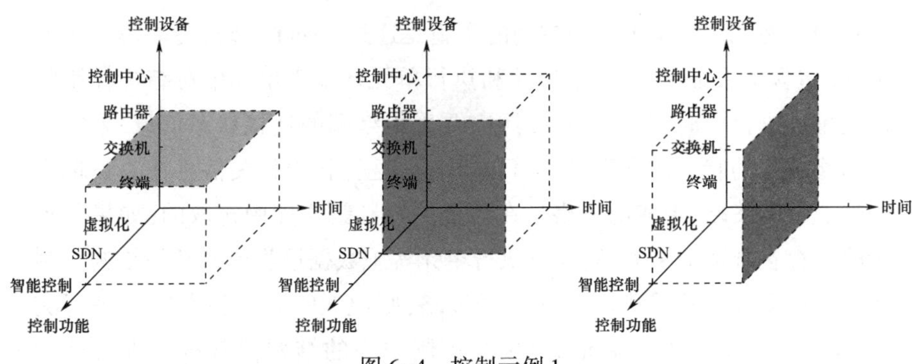

图 6-4 控制示例 1

诸多离散点也能够形成相对应的体,如图 6-5 所示。显然,体的大小直接说明了结构控制的实施是否完备。图 6-5 表示了网络在全时刻下,在所有与网络结构相关的控制设备上运用了所有与网络结构相关的控制功能,即在网络中实施了完备的结构控制。

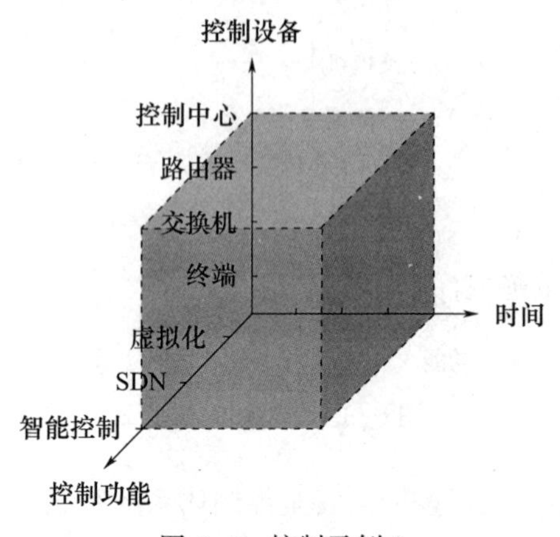

图 6-5　控制示例 2

6.1.3　结构控制模型

根据安全控制系统的整体模型,以安全控制中心、交换设备和终端为主要研究对象,进行结构控制模型的构建,具体模型如图 6-6 所示。

从上述模型中可以看出,终端和交换设备作为网络数据传输的基础设施,与安全控制中心进行结构控制的交互。通过结构控制相关信息的交互,在终端、交换设备、安全控制中心中分别根据各个设备接收到的相关信息,进行分析决策,进行接受或实施控制。根据设备的不同,结构控制模型的具体描述如下。

(1) 终端。终端模型中控制的实施是通过 Agent 实现,终端模型中的 Agent 包含了采集单元、决策单元和执行单元。采集单元中对结构控制的出发事件进行实时监控,并且按照需要采集终端的连接状态信息;采集单元与终端中的状态数据库、运行日志进行交互,利用相关信息在决策单元中形成控制策略,形成的策略是在预置的控制策略库中选取的;如果预置策略中存在合适的策略,则通过执行单元实施数据接收或通断的结构控制操作。如果预置策略中不存在合适策略,则说明需要与控制中心进行交互,接收控制中心的控制信息,按照控制中心的结构控制策略进行结构控制。

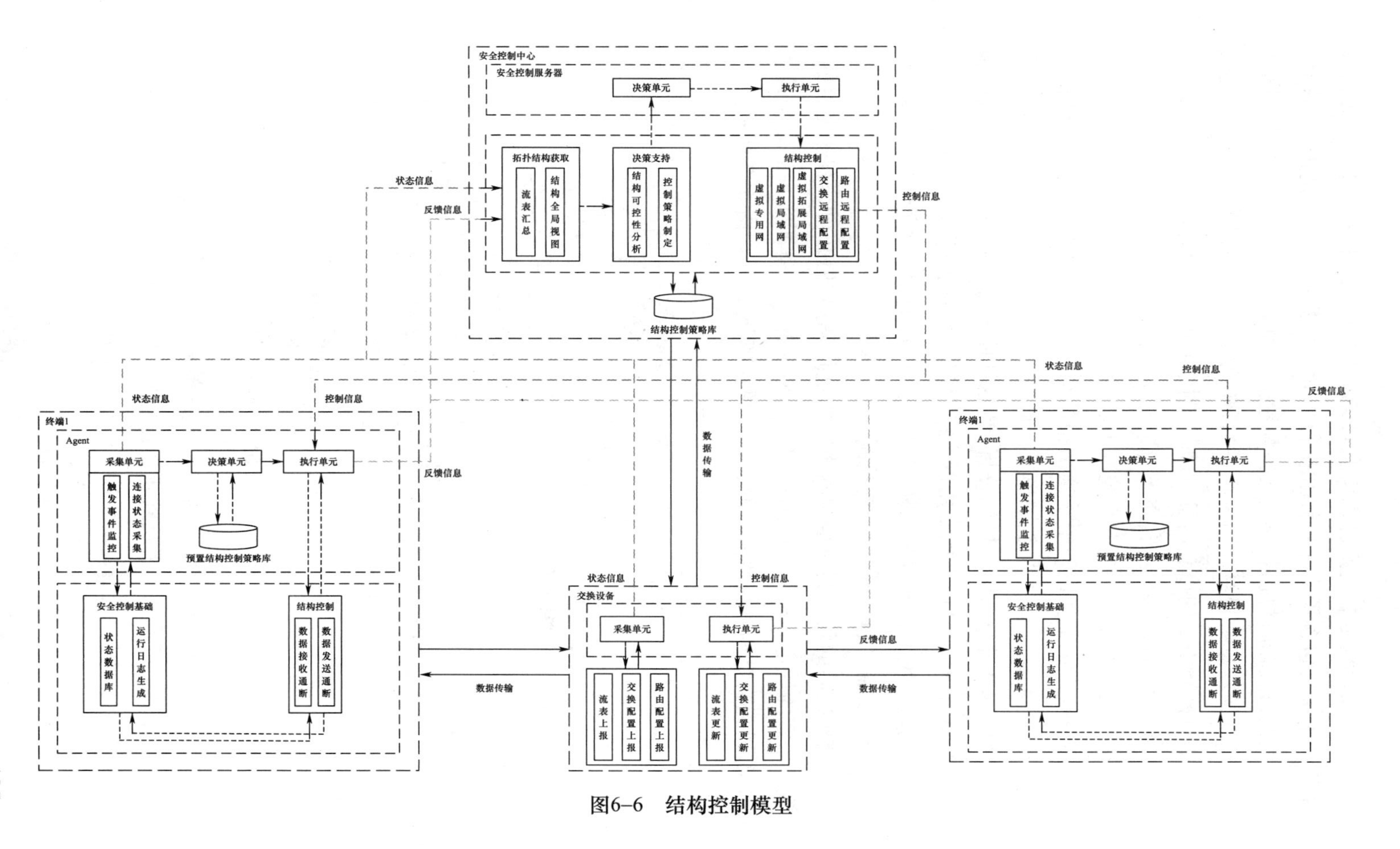
安全控制中心
安全控制服务器
决策单元
执行单元
拓扑结构获取
流表汇总
结构全局视图
决策支持
结构可控性分析
控制策略制定
结构控制
虚拟专用网
虚拟局域网
虚拟拓展局域网
交换远程配置
路由远程配置
结构控制策略库
状态信息
反馈信息
控制信息
终端1
Agent
采集单元
触发事件监控
连接状态采集
决策单元
执行单元
预置结构控制策略库
安全控制基础
状态数据库
运行日志生成
结构控制
数据接收通断
数据发送通断
数据传输
交换设备
采集单元
执行单元
流表上报
交换配置上报
路由配置上报
流表更新
交换配置更新
路由配置更新

图6-6 结构控制模型

（2）交换设备。交换设备模型的实施来自控制中的控制信息，交换设备模型中主要包含了采集单元和执行单元。采集单元主要是进行结构信息的上报，具体通过流表上报、交换配置上报和路由配置上报，将整个网络的拓扑结构信息上报给控制中心；执行单元主要是与控制中心进行交互，接收来自控制中心的控制信息，按照控制中心的结构控制策略进行结构控制，具体措施包含流表更新、交换配置更新、路由配置更新。

（3）安全控制中心。安全控制中心模型是结构控制模型的核心部分，主要接收终端和交换设备中采集上报的结构状态信息与控制实施的反馈信息，通过流表汇总、全局视图形成网络拓扑结构的全局信息；根据网络的拓扑结构信息进行结构可控性分析，制定具体的结构控制策略；通过决策单元与执行单元，利用虚拟专用网、虚拟局域网、虚拟拓展局域网络、交换远程配置、路由远程配置等结构控制措施，以控制信息的形式下发各个终端与交换设备，实现全网的结构控制。

结构控制的具体实施是对网络结构进行调整，但必须具有一定目的、遵从一定的规定。根据上述结构控制模型中各个设备所实现的结构控制功能，以提高结构可控性为目的，结构控制的实施流程如图 6-7 所示。

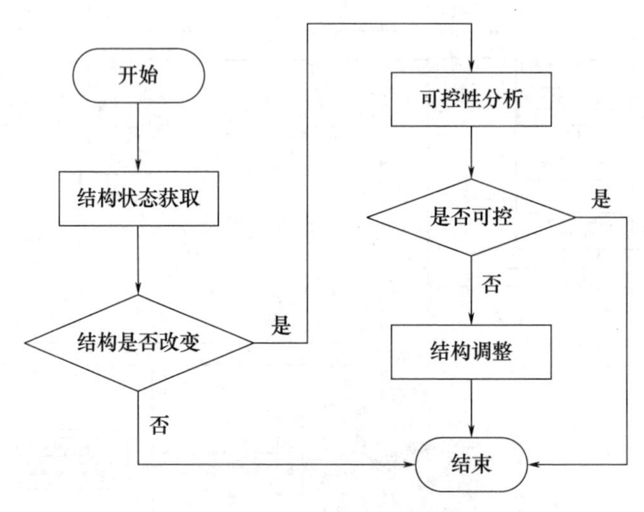

图 6-7　结构控制实施流程

上述流程中，结构状态获取是通过终端和交换设备中的采集单元实现的，结构改变、可控性分析及判断是通过安全控制中心的决策单元实现的，最后的结构调整则是通过安全控制中心、终端和交换设备中的执行单元实现的。

6.1.4 结构控制安全状态空间

如图 6-8 所示,结构控制的安全状态空间由结构控制服务维、结构控制设备维和结构控制功能维 3 个维度组成。结构控制服务维中,包括物理结构控制服务和逻辑结构控制服务;结构控制功能维中,结构控制功能包括主动结构控制功能、被动结构控制功能、节点物理状态控制、节点逻辑状态控制、链路物理状态控制和链路逻辑状态控制 6 个结构控制功能;结构控制设备维中,包括终端设备、结构控制设备、通用控制设备和虚拟控制设备。下面分别进行介绍。

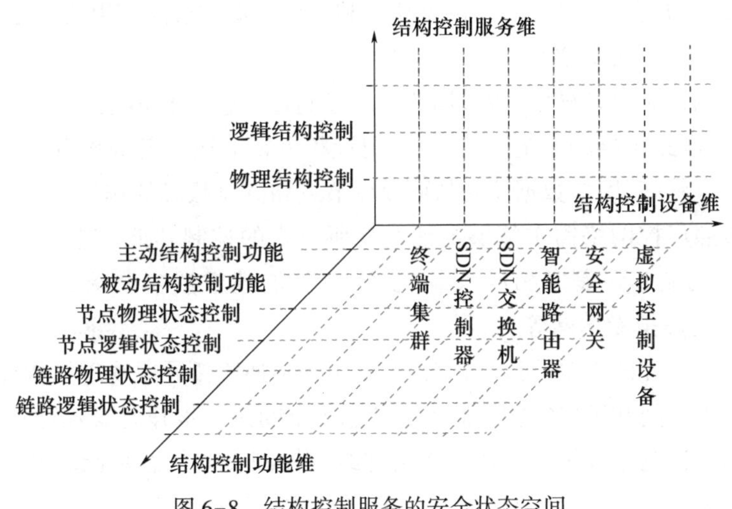

图 6-8 结构控制服务的安全状态空间

1. 结构控制服务维

结构控制服务维中,结构控制服务拓展为物理结构控制服务和逻辑结构控制两个子服务。物理结构控制服务是通过网络隔离、增加、移除、改变节点与链路的连接方式和开启状态等手段,来改变网络节点和链路的物理状态所进行的控制服务。逻辑结构控制服务则是利用 SDN/NFV、虚拟化和远程控制等网络技术来改变可控网络的逻辑结构,改变数据流流经的节点和链路的逻辑状态,或以提供独立的虚拟网络切片等方式来提升可控网络的安全性。

2. 结构控制功能维

结构控制功能维中,结构控制功能拓展为 6 个子功能。其中,主动结构控制功能是根据可控网络安全控制目标和策略的变化而主动进行的结构控制,是由可控网络安全控制中心自主制定和实施的,是已知且可预测的,目的是为了更好地提升可控网络的安全控制能力。与之相对的,被动结构控制功能是根据网络状态变化而被动进行的控制行为,针对可控网络可能遭受攻击或发生故障导致网络中的节点或链路失效,进而导致可控网络系统的安全控制能力下降的情况,通过被动结构控制能够恢复和提升网络的安全性。节点物理状态控制和链路物理状态控制功能主要通过改变节点、链路所对应的物理终端或服务器的配置来实现。节点逻辑状态控制和链路逻辑状态控制功能是在不改变网络物理拓扑的基础上,通过SDN/NFV和虚拟化技术等来改变网络逻辑结构,从而更好地提高网络的安全性,如利用SDN控制器下发流表至SDN交换机,利用智能路由器、SDN交换机等构建独立虚拟网络切片和虚拟节点与链路等手段。

3. 结构控制设备维

结构控制设备维中,所采用的通用控制设备包括SDN控制器、SDN交换机、智能路由器和安全网关,通过配置和更新上述设备的设置起到变更终端节点状态、引导数据流向从而改变节点和链路状态的作用。虚拟控制设备按照可控网络需求能够灵活改变所负责的控制功能和服务,如加载vSwitch功能起到虚拟SDN交换机的作用,加载虚拟安全网关建立安全VPN构建虚拟专用网等。

根据研究的需要,可以将结构控制服务维递阶拓展成物理结构控制安全状态子空间和逻辑结构控制安全状态子空间进一步开展深入研究;也可以将结构控制服务维递阶拓展成物理结构控制安全状态平面和逻辑结构控制安全状态平面,在时间维拓展开展结构控制过程和控制规律方面的研究。

6.2 结构可控性模型

结构可控性模型是信息网络在进行结构可控性分析、结构可控性优化中的通用模型,大体上可以按照一般的信息网络进行研究,但同时需要考虑研究对象的实际情况。因此,结合研究中的一些规避,由信息网络的实际情况给出模型的一些限定条件,根据限定条件构建网络结构模型和控制输入模型,为后续的研究提供模型基础。

6.2.1 模型限定条件

考虑信息网络的一些特殊属性以及研究的一些规避[40],可控性模型主要有以下5个限定条件。

(1) 节点数量有限。当前信息网络的管理控制越来越受到重视,为了方便管理与维护,提高信息网络的可控性,每一个信息节点都会按照一定的管理规定进行搭设构建,因此实际中的信息网络或者说有管理需求的局部信息网络不可能包含成千上万的节点,信息网络节点数量都是有限的。

(2) 具有复杂网络特征。随着信息化建设的不断推进,信息网络的任务复杂程度越来越高,使得其拓扑结构也越来越复杂。即便是网络节点数量有限,网络结构也越来越复杂,网络中的边也越来越多。随着边的复杂程度越来越高,信息网络会具有复杂网络的特征,因此,为了不失一般性,将以 ER、NW、BA 三种典型的复杂网络为基础,构建信息网络。

(3) 网络为无向网络。信息网络是一种实现功能信息交互的实体网络,是一种可以实现信息双向传递的网络。因此,为了更具一般性,区别于特殊情况下单向信息传递的有向网络,限定信息网络为无向网络。

(4) 网络为无权、无自环网络。在信息网络的结构可控性、结构控制研究中,为了更具通用性,方便后续研究,仅考虑信息网络的连接情况,不考虑节点之间由于距离、传输介质等不同对网络传输性能的影响,因此,不考虑网络中边的权值,即认为是无权网络。同时,根据信息网络的实际情况,认为网络是无自环的,即不存在图 6-9 中的网络自环。

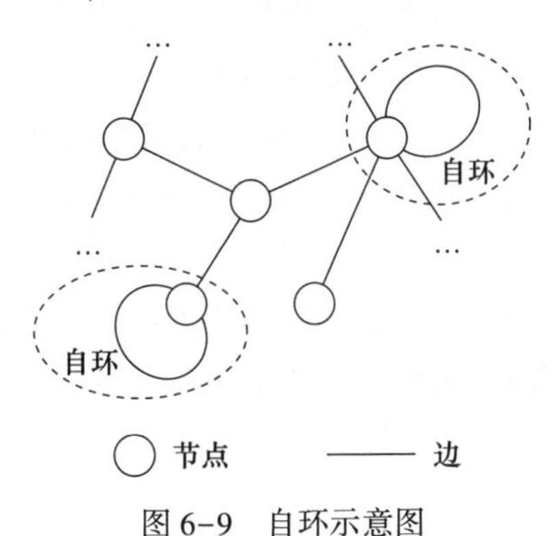

图 6-9　自环示意图

(5) 控制输入为单输入。对于目前的信息网络而言,网络中的控制管理资源是有限的,每一个控制输入都需要保障它的有效性。因此,限定每一个控制输入都规定为单控制输入,即每一个控制仅能对某一个节点进行输入(图 6-10(a)),而不能对多个节点进行输入(图 6-10(b)),若对多个节点进行控制,则必须使用多个控制输入(图 6-10(c))。

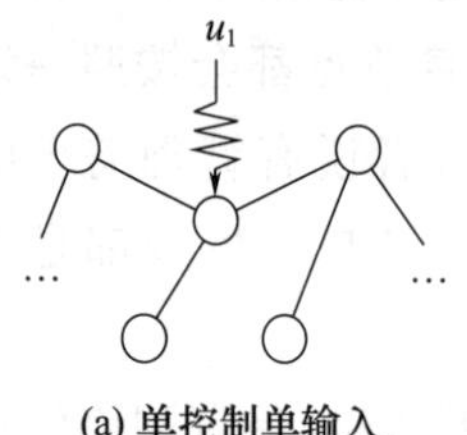

(a) 单控制单输入

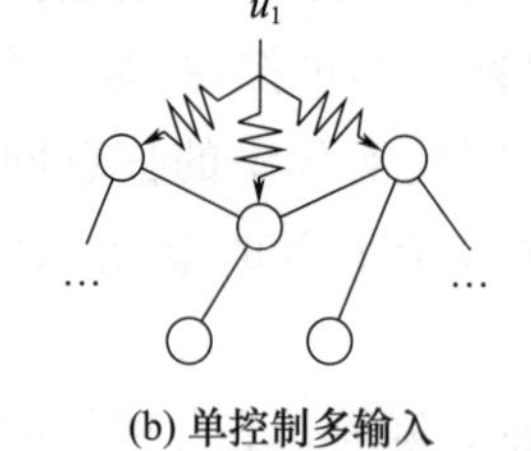

(b) 单控制多输入

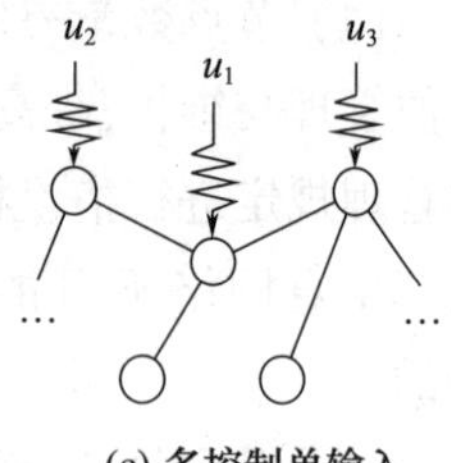

(c) 多控制单输入

图 6-10　控制输入示意图

6.2.2　网络结构模型

在 6.2.1 节的限定条件下,构建信息网络的网络结构模型。网络结构模型以图论为基础,将信息网络看作为集合 $\boldsymbol{G}=(\boldsymbol{V},\boldsymbol{E})$,其中 $\boldsymbol{V}$ 表示网络的节点,$\boldsymbol{E}$ 表示网络的边。在信息网络中,节点和边具体描述如下。

(1) 网络的节点。网络的节点即信息网络中的信息单元,主要分为静态节点和动态节点。静态节点包括固定布置的网络通信设备,如路由器、交换机等;动态节点包括移动的业务平台和信息转发平台中的网络通信设备,如移动通信设备、移动终端等。

(2) 网络的边。网络的边主要发挥了连接节点的作用,对于信息网络而言,边主要是指信息通路,即连接的两个点之间通信链路。具体而言,通信链路的物理介质分为如双绞线的有线介质,如 Wi-Fi 的无线介质。在信息网络的结构变动过程,主要考虑由边引起的结构变动,这是由于将某节点所有连边断开则可表示该节点变动,因此节点引起的结构变动可以转换为边的变动。

网络结构模型关心的重点是网络中节点连边情况,因此根据信息网络的节点和边,则可抽象成网络拓扑结构,网络各个节点的连接情况则通过网络的邻接矩阵 $\boldsymbol{A}$ 表示。设网络节点个数为 N,邻接矩阵 $\boldsymbol{A}$ 可表示为

$$\boldsymbol{A}=\begin{bmatrix} a_{11} & a_{12} & \cdots & a_{1N} \\ a_{21} & a_{22} & \cdots & a_{2N} \\ \vdots & \vdots & \ddots & \vdots \\ a_{N1} & a_{N2} & \cdots & a_{NN} \end{bmatrix} \tag{6-1}$$

邻接矩阵 $\boldsymbol{A}$ 为一个 N 阶方阵,对网络中 N 个节点由 1 到 N 进行编号,则 $\boldsymbol{A}$ 中的元素 $a_{ij}(i,j\in(1,N))$ 表示编号为 i 节点与编号为 j 节点之间的连边情况。由 6.2.1 节的限定条件可知,可控网络为无权网络,因此不考虑连边加权情况,即 $\boldsymbol{A}$ 中的元素 a_{ij} 表示网络中两个节点之间是否有连

边：i 节点与 j 节点之间没有连边时，$a_{ij}=0$，i 节点与 j 节点之间有连边时，$a_{ij}=1$；由于信息网络为无向网络，因此 $\boldsymbol{A}$ 为无向网络的邻接矩阵，即矩阵 $\boldsymbol{A}$ 为对称矩阵；由于信息网络为无自环网络，因此 $\boldsymbol{A}$ 中的对角线元素均为0。综上所述，对于 $\boldsymbol{A}$ 中元素 a_{ij}，有

$$\begin{cases} a_{ij}=1 \text{ 或 } 0 \\ a_{ij}=a_{ji} \\ a_{ii}=0 \end{cases} \quad ,i,j \in (1,N) \text{ 且 } i \neq j \tag{6-2}$$

邻接矩阵 $\boldsymbol{A}$ 可以表示出信息网络的拓扑结构，即各个节点之间连边情况。然而网络中的各个节点之间该如何连接，所有节点和连边构成什么样的拓扑结构，则需要根据信息网络的具体特征对邻接矩阵 $\boldsymbol{A}$ 中的每一个元素进行设置。根据模型的限定条件，当前的信息网络具有明显的复杂网络特征，并且当前在诸多网络化模型的研究中，往往把复杂网络作为网络研究中的拓扑结构模型。为了对信息网络的结构进行全面、通用的研究，将以3种典型的复杂网络来描述信息网络的拓扑结构，具体说明如下。

（1）ER随机网络。ER随机网络虽然不能反映出实际网络应该有的拓扑结构，但一直以来都是复杂网络研究的基础，往往能够说明一些通用的、一般性问题。ER网络的构造方法为：以相同的概率连接网络中的每一对节点。某个ER网络的邻接矩阵如图6-11所示，可以看出网络中的元素分布较为随机，没有规律性。

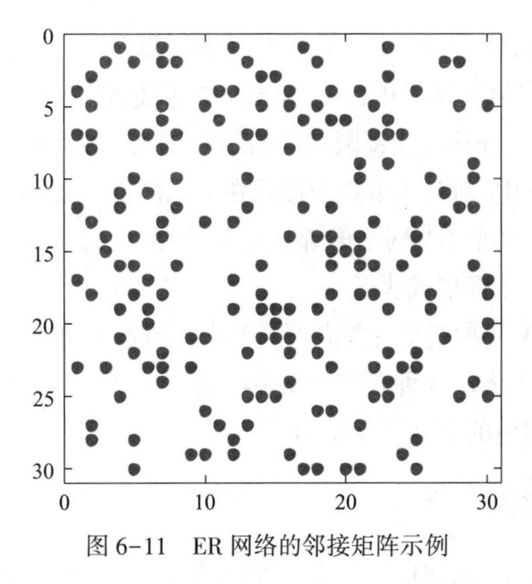

图6-11　ER网络的邻接矩阵示例

（2）NW小世界网络。NW小世界网络可以反映出现实网络中的“小世界”特性，在信息网络中，对于某个信息节点互连的集群而言，如果有集

群外的一个信息节点与集群内的某个节点相连,则集群中的其他节点大概率与这个集群外的节点相连。NW 网络的构造方法为:在一个规则的最近邻耦合网络基础,以相同概率连接网络中的每一对节点,其中任意两不同节点之间至多只能有一条边,且网络无自环。某个 NW 网络的邻接矩阵如图 6-12 所示,可以看出矩阵中对角线附近的元素具有明显规律性,这是由于 NW 网络是在最近邻耦合网络的基础上生成的,其他元素与 ER 网络类似,分布较为随机,规律性较小。

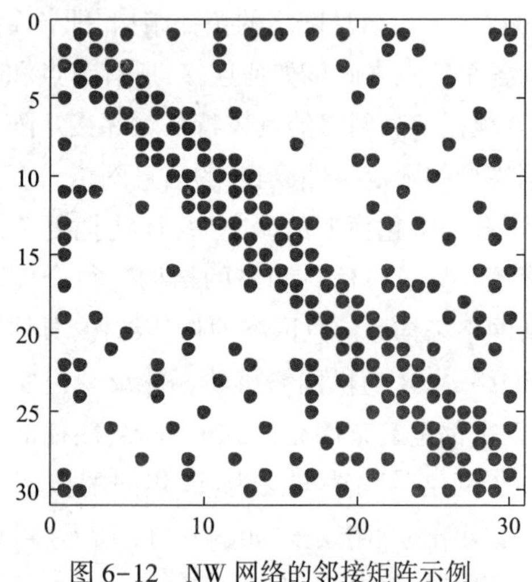

图 6-12　NW 网络的邻接矩阵示例

(3) BA 无标度网络。BA 无标度网络可以反映出现实网络中的"优先相连"特性,在信息网络中,一个新加入的信息节点,往往更容易与连接点较多的信息节点相连。BA 网络的构造方法为:在新加入节点与已存在节点的连接过程中,新加入节点与已存在节点的连接概率随已存在节点度的增加而增加。某个 BA 网络的邻接矩阵如图 6-13 所示,可以看出矩阵中的元素分布明显聚集成块。

ER、NW、BA 三种典型的复杂网络基本可以涵盖当前信息网络的结构特征,后续研究也将以 3 种典型的复杂网络或在复杂网络的基础上进行微调来表示信息网络的复杂拓扑结构。

6.2.3　控制输入模型

在限定条件下,构建信息网络的控制输入模型。控制输入模型是将控制输入看作为集合 $\boldsymbol{U}=(\boldsymbol{Vc},\boldsymbol{C})$,其中 $\boldsymbol{Vc}$ 表示控制输入节点,$\boldsymbol{C}$ 表示网络中的控制实施。在控制输入中,控制输入节点和控制实施具体描述如下。

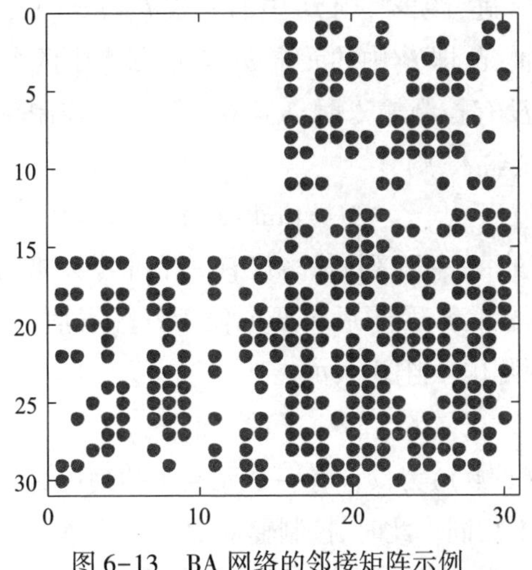

图 6-13　BA 网络的邻接矩阵示例

(1) 控制输入节点。信息网络的受控需求使得每一个网络节点都应该具有受控功能,在运行过程中可以接受独立的控制输入。例如网络中的路由器、交换机、通信转发设备等,都具有独立于信息传输的控制接口,这些接口可以对节点进行配置、重置、扩充等,决定着节点的运行状态。因此,控制输入节点可以是信息网络中的任意节点,即 $\boldsymbol{Vc} \subseteq \boldsymbol{V}$。

(2) 控制实施。信息网络的控制实施可以分为很多种:为了使网络运行更安全而对节点实施的安全性控制,如认证密钥更新、入侵检测加装、病毒库升级、防火墙扩展等;为了使网络运行更稳定而对节点实施的稳定性控制,如故障检测、运维管理、日志采集等;为了使网络运行更可靠而对节点实施的可靠性控制,如设备更替、配置重载、信息备份等。为了便于后续研究和计算,将网络中的控制实施均认为是有效实施,即 $\boldsymbol{C}=1$。

控制输入模型是在网络结构模型的基础上,将网络中的控制输入抽象化,关心的重点是网络中控制输入的位置,即网络中哪些节点是控制输入节点。控制输入节点可以由控制输入矩阵 $\boldsymbol{B}'$表示,有

$$\boldsymbol{B}' = \begin{bmatrix} b_{11} & & & \\ & b_{22} & & \\ & & \ddots & \\ & & & b_{NN} \end{bmatrix} \tag{6-3}$$

控制输入矩阵 $\boldsymbol{B}'$为一个 N 阶方阵,由 6.2.1 节的限定条件可知,信息网络中的控制输入为单输入,因此 $\boldsymbol{B}'$的每一行(列)最多仅有一个非零元素,且规定非零元素仅可能处于对角线上。与邻接矩阵 $\boldsymbol{A}$ 相同,对网络中

N 个节点由 1 到 N 进行编号，则 $\boldsymbol{B}'$ 中的元素 $b_{ii}(i \in (1,N))$ 表示编号为 i 节点的控制输入情况，即 $\boldsymbol{B}'$ 中的元素 b_{ii} 表示网络中两个节点之间是否有控制输入：i 节点没有控制输入时，$b_{ii}=0$，i 节点有控制输入时，$b_{ii}=1$。显然，设有 M 个控制输入，则有

$$M = \text{rank}(\boldsymbol{B}') \tag{6-4}$$

由于矩阵 $\boldsymbol{B}'$ 的每一行（列）最多仅有一个非零元素，当 $b_{ii}=0$ 时，对应所在行（列）均为零元素，为了后续研究便于计算表示，将 $b_{ii}=0$ 的列直接删除，控制输入矩阵由矩阵 $\boldsymbol{B}$ 表示

$$\boldsymbol{B} = [\boldsymbol{b}_1 \quad \boldsymbol{b}_2 \quad \cdots \quad \boldsymbol{b}_M] \tag{6-5}$$

其中，$\boldsymbol{b}_j(j \in (1,M))$ 为仅含有一个元素 1 的列向量，且所有 $\boldsymbol{b}_j$ 中的元素 1 所在的行均不相同。此时，控制输入 $\boldsymbol{B}$ 为一个 $N \times M$ 矩阵，1 到 N 行中哪一行有元素 1 则表示对应行编号的节点有控制输入。

6.3 结构可控性分析

信息网络的结构可控性是评估网络结构可控性的重要指标，结合结构可控性的描述与可控性模型，对信息网络结构可控性的定性分析和定量分析进行详细介绍。其中，定量分析可以得到具体的数值指标，包含信息更加丰富，也是目前诸多结构可控性研究的热点[41-42]，但不容忽视的是定量分析是在定性分析的基础上进行的。

6.3.1 定性分析

信息网络的结构可控性定性分析其实是对网络可控与否的判定，它借鉴了控制理论中可控性的思想，将整个信息网络看作是一个系统，以邻接矩阵作为系统矩阵，控制输入矩阵作为输入矩阵，根据经典的可控性判定条件对网络系统进行可控性判定。

对于有 N 个节点、M 个控制输入（$M \leqslant N$）的网络系统，其运行状态方程可表述为

$$\dot{\boldsymbol{x}} = \boldsymbol{A}\boldsymbol{x} + \boldsymbol{B}\boldsymbol{u} \tag{6-6}$$

式中：$\boldsymbol{x}=(x_1,x_2,\cdots,x_N)^{\mathrm{T}}$ 为 N 维网络的运行状态变量；$\boldsymbol{u}=(u_1,u_2,\cdots,u_M)^{\mathrm{T}}$ 为 M 维输入变量；系统矩阵 $\boldsymbol{A}$ 为 6.2.2 节中的邻接矩阵；输入矩阵 $\boldsymbol{B}$ 为 6.2.3 节中的控制输入矩阵。

根据系统的可控性判据，系统的可控与否是由系统矩阵和输入矩阵决

定的,与系统外部输入无关。因此,针对式(6-6)的网络系统,常用的网络结构可控性判定方法有两种:基本秩判据和 PBH 秩判据。

(1) 基本秩判据是通过对可控性判定矩阵 $\boldsymbol{Q}$ 进行秩判定,从而进行结构可控性的定性评估,可控性判定矩阵 $\boldsymbol{Q}$ 为

$$\boldsymbol{Q}=[\boldsymbol{B}\quad \boldsymbol{AB}\quad \boldsymbol{A}^2\boldsymbol{B}\quad \cdots\quad \boldsymbol{A}^{N-1}\boldsymbol{B}]=[\boldsymbol{I}\quad \boldsymbol{A}\quad \boldsymbol{A}^2\quad \cdots\quad \boldsymbol{A}^{N-1}]\cdot \boldsymbol{B} \tag{6-7}$$

式中:$\boldsymbol{I}$ 为 N 阶单位矩阵。

若 $\mathrm{rank}(\boldsymbol{Q})=N$ 则网络是结构可控的,若 $\mathrm{rank}(\boldsymbol{Q})<N$ 则网络是结构不可控的。

(2) PBH 秩判据是通过对 PBH 判定矩阵 $\boldsymbol{P}_k$ 进行秩判定,从而进行结构可控性的定性评估,PBH 判定矩阵 $\boldsymbol{P}_k$ 为

$$\boldsymbol{P}_k=[\lambda_k\boldsymbol{I}-\boldsymbol{A}\quad \boldsymbol{B}]\quad k=1,2,\cdots,N \tag{6-8}$$

式中:λ_k 为邻接矩阵 $\boldsymbol{A}$ 所对应的所有特征值。

若所有 k 对应的 $\boldsymbol{P}_k$ 均满足 $\mathrm{rank}(\boldsymbol{P}_k)=N$ 则网络是结构可控的,若任一 k 对应的 $\boldsymbol{P}_k$ 满足 $\mathrm{rank}(\boldsymbol{P}_k)<N$ 则网络是结构不可控的。

从上述两种判定方法不难看出,信息网络的结构可控性定性分析取决于邻接矩阵 $\boldsymbol{A}$ 和控制输入矩阵 $\boldsymbol{B}$,即结构可控与否是由网络的拓扑结构和控制输入共同决定的。

6.3.2 定量分析

从信息网络的结构可控性定性分析不难看出,对于任何网络拓扑结构而言,若对网络所有节点实施控制($M=N$),则网络必定结构可控。然而,此时所实施的控制输入不一定是最优的,因为对于任何一种网络拓扑而言,最优的控制输入应该是通过对网络中最少的节点实施控制,使得网络实现结构可控。这种针对网络拓扑结构的最优控制即最小控制输入(也称为最小驱动)。最小控制输入节点直接反映了在某种拓扑结构下网络达到结构可控性的难易程度,即可用于结构可控性的定量分析。因此,对网络结构可控性进行定量分析的关键是求解出最小控制输入节点。

根据式(6-3)或式(6-8)的判据矩阵,可以为最小控制输入的求解提供基本思路:针对邻接矩阵 $\boldsymbol{A}$,求出满足 $\mathrm{rank}(\boldsymbol{Q})=N$ 或 $\mathrm{rank}(\boldsymbol{P}_k)=N$ 的最简矩阵 $\boldsymbol{B}$,则此时的 $\boldsymbol{B}$ 所对应的控制输入即为最小控制输入。最直接的方法是代入法,即针对网络中的所有节点,将可能的控制输入由少至多进行遍历组合,生成所有可能情况下的输入矩阵 $\boldsymbol{B}$,由简至繁逐一代入

式(6-3)或式(6-8)进行秩判定,一旦出现判定为可控,则可将此时的矩阵 $\boldsymbol{B}$ 确定为最小控制输入。然而,对于 N 个节点的网络而言,求出所有矩阵 $\boldsymbol{B}$ 的计算复杂程度为 $C_N^1+C_N^2+\cdots+C_N^N=2^N-1$,显然代入法随着 N 的增大,其计算复杂度呈指数增长,在 N 较大、最小控制输入节点较多的情况下是不适用的。如果不通过代入法求最小控制输入节点,则需要通过 $\text{rank}(\boldsymbol{Q})=N$ 或 $\text{rank}(\boldsymbol{P}_k)=N$ 来反推求解满足的矩阵 $\boldsymbol{B}$,而通过式(6-3)涉及矩阵相乘,求解矩阵 $\boldsymbol{B}$ 是十分困难的。因此,较为可行的求解方法是基于式(6-8)的 PBH 秩判据。

式(6-8)中的 PBH 判定矩阵 $\boldsymbol{P}_k$ 可以写成以下模式。

$$\left[\begin{array}{ccccc:cccc}
\lambda_k & -a_{12} & \cdots & -a_{1(N-1)} & -a_{1N} & & & & \\
-a_{21} & \lambda_k & \cdots & \cdots & \vdots & & & & \\
\vdots & & \ddots & & \vdots & \boldsymbol{b}_1 & \cdots & \boldsymbol{b}_j & \cdots \\
-a_{(N-1)1} & \cdots & \cdots & \lambda_k & -a_{(N-1)N} & & & & \\
-a_{N1} & \cdots & \cdots & -a_{N(N-1)} & \lambda_k & & & &
\end{array}\right] \tag{6-9}$$

不难看出,PBH 判定矩阵 $\boldsymbol{P}_k$ 在满足 $\text{rank}(\boldsymbol{P}_k)=N$(矩阵 $\boldsymbol{P}_k$ 满秩)的情况下,矩阵 $\boldsymbol{P}_k$ 应该满足所有行向量线性不相关,而对于式(6-9)中虚线右边的矩阵 $\boldsymbol{B}$,可以通过特定形式的设置消除虚线左边 $\lambda_k\boldsymbol{I}-\boldsymbol{A}$ 中行向量的相关性,从而实现矩阵 $\boldsymbol{P}_k$ 满秩,这就为求解矩阵 $\boldsymbol{B}$ 提供了实现方法:首先计算出 $\lambda_k\boldsymbol{I}-\boldsymbol{A}$,再将其进行初等列变换,不改变行相关特性;若 $\text{rank}(\lambda_k\boldsymbol{I}-\boldsymbol{A})<N$,则根据矩阵 $\lambda_k\boldsymbol{I}-\boldsymbol{A}$ 的行相关情况,通过设置最少的 b_j 消除 $\lambda_k\boldsymbol{I}-\boldsymbol{A}$ 的行相关性,使得 PBH 判定矩阵中的所有行向量均不相关,此时最少的 b_j 组成对应 λ_k 下的最小控制输入矩阵 $\boldsymbol{B}_k$,若 $\text{rank}(\lambda_k\boldsymbol{I}-\boldsymbol{A})=N$,则说明任何设置下的 $\boldsymbol{B}_k$ 均可以满足 $\text{rank}(\boldsymbol{P}_k)=N$,可以不对 $\boldsymbol{B}_k$ 进行设置;最后将所有 λ_k 对应的 $\boldsymbol{B}_k$ 进行整合,使得 $\boldsymbol{B}_k$ 中的 b_j 可以消除所有 λ_k 对应的 PBH 判定矩阵的行向量相关性,即满足所有矩阵 $\boldsymbol{P}_k$ 满秩。此时,所对应的 b_j 即组成最小控制输入对应的矩阵 $\boldsymbol{B}_{\min}$。如果对于任何 λ_k 而言,均满足 $\text{rank}(\lambda_k\boldsymbol{I}-\boldsymbol{A})=N$,则任何设置下的 $\boldsymbol{B}_{\min}$ 均可以满足 $\text{rank}(\boldsymbol{P}_k)=N$,此时为了获得最小控制输入,可以设置任意一个 b_j。

在求出最小控制输入对应的矩阵 $\boldsymbol{B}_{\min}$ 后,即可得到最小控制输入的节点个数 N_{d},即

$$N_{\text{d}}=\text{rank}(\boldsymbol{B}_{\min}) \tag{6-10}$$

在目前的研究中,结合网络节点总数 N,根据下式求得到网络结构可

控性的度量指标 n_d，有

$$n_d = N_d/N \tag{6-11}$$

度量指标 n_d 反映了网络结构实现结构可控的难易程度，n_d 越大则网络实现结构可控所需要的最小控制输入节点就越多，说明网络较难实现结构可控，即所对应的结构可控性较低；反之，n_d 越小则网络实现结构可控所需要的最小控制输入节点就越少，说明网络较易实现结构可控，即所对应的结构可控性较高。

第 7 章　结构可控性度量

结构可控性度量是对网络结构可控性程度进行定量分析。在目前的研究中[43-45]，网络结构可控性的定量分析基本上都是以 n_d 为评估度量指标，该指标仅考虑了网络中最小输入控制节点个数对结构可控性的影响，而没有考虑最小控制输入节点组数对结构可控性的影响。为了更加全面地对信息网络的结构可控性进行定量分析，提高结构可控性度量指标的细粒度，本章首先给出最小控制输入求解的基本思路、求解方法和求解示例；其次，通过控制输入裕度，阐明最小控制输入节点的个数、组数与结构可控性的关系，通过确定充裕稳定输入节点的个数；最后，提出新的结构可控性度量指标——结构可控度，为信息网络实施结构控制提供基本指标依据。

7.1　最小控制输入的求解

大部分信息网络的最小控制输入不只一组，而最小控制输入节点的组数对结构可控性的定量分析而言却是不可忽略的影响因素。对于若干拓扑结构不同的网络而言，在节点总数 N 和最小控制输入节点个数 N_d 相同的情况下，最小控制输入节点的组数越多，网络达到结构可控的控制输入选择就越多，就越容易受到控制，即结构可控性越高。不难看出，此种情况下最小控制输入节点组数的多少同样也可以反映出网络结构可控性的强弱。而目前的结构可控性度量指标 n_d 并未考虑最小控制输入节点的组数，不能反映出最小控制输入组数对网络结构可控性的影响。对于具有复杂特性的信息网络，最小控制输入节点大概率不只一组，因此要想更加科学地对信息网络进行结构可控性度量，最小控制输入节点的组数是必须考虑的重要参数。因此，在最小控制输入的求解过程中，不仅要求出最小控制输入节点的个数 N_d，还要求出小控制输入节点的个数 N_c，如何根据网络拓扑结构求解对应的 N_d 和 N_c 是本节研究的主要内容。

7.1.1　基本思路

在当前的结构可控性研究中，对于结构可控性的定量分析，其实并不关心矩阵最小控制输入矩阵的具体表现形式，主要依据是最小控制输入节点的量化参数,即最小控制输入节点的个数 N_{d}。文中的结构可控性分析同样并不需要最小控制输入矩阵的具体表现形式,主要根据 PBH 判定矩阵 $\boldsymbol{\lambda}_k\boldsymbol{I}-\boldsymbol{A}$ 的行相关情况,对所有特征值 $\boldsymbol{\lambda}_k$ 对应矩阵 $\boldsymbol{\lambda}_k\boldsymbol{I}-\boldsymbol{A}$ 的行编号进行分组,从而计算最小控制输入节点的个数 N_{d} 和组数 N_{c}。

按照结构可控性定量分析中最小控制输入节点个数的求解方法,若对于所有 $\boldsymbol{\lambda}_k$ 而言,均满足 $\mathrm{rank}(\boldsymbol{\lambda}_k\boldsymbol{I}-\boldsymbol{A})=N$,则对网络任意一点有输入即可以实现结构可控,即此种情况下最小控制输入的节点个数 $N_{\mathrm{d}}=1$,组数 $N_{\mathrm{c}}=N$。

若对于任一 $\boldsymbol{\lambda}_k$ 而言,有 $\mathrm{rank}(\boldsymbol{\lambda}_k\boldsymbol{I}-\boldsymbol{A})<N$,则其行向量可能出现的相关情况可以分为 3 种,根据 3 种不同的相关情况,$\boldsymbol{\lambda}_k$ 对应的最少 b_j 设置也不相同,具体情况和对应设置如下。

(1) 零相关向量,即存在全 0 行的行向量。以 h_x 表示矩阵 $\boldsymbol{\lambda}_k\boldsymbol{I}-\boldsymbol{A}$ 的第 x 行,则零相关表现为

$$\boldsymbol{h}_{i_1}=\boldsymbol{h}_{i_2}=\cdots=\boldsymbol{h}_{i_m}=\boldsymbol{0},i_1,i_2,\cdots,i_m\in\mathbf{R}$$

若存在 r_0 行零向量,则需要设置最少 r_0 个 $\boldsymbol{b}_j$,分别在对应的 r_0 行中设置 1 元素。例如当某网络对应的 $\boldsymbol{\lambda}_k\boldsymbol{I}-\boldsymbol{A}$ 经过初等列变换后,前 3 行为零向量,有

$$\boldsymbol{h}_1=\boldsymbol{h}_2=\boldsymbol{h}_3=\boldsymbol{0}$$

则最少 $\boldsymbol{b}_j$ 设置如下所示。

$$\left[\begin{array}{cccc:cccc} 0 & 0 & \cdots & 0 & 1 & 0 & 0 & \cdots \\ 0 & 0 & \cdots & 0 & 0 & 1 & 0 & \cdots \\ 0 & 0 & \cdots & 0 & 0 & 0 & 1 & \cdots \\ \vdots & \ddots & \vdots & \vdots & \vdots & \vdots & \vdots & \cdots \\ \cdots & \cdots & \cdots & \cdots & 0 & 0 & 0 & \cdots \end{array}\right]$$

(2) 重复相关向量,即存在完全相同的非零相关行向量。以 $\boldsymbol{h}_x$ 表示矩阵 $\boldsymbol{\lambda}_k\boldsymbol{I}-\boldsymbol{A}$ 的第 x 行,则重复相关表现为

$$\boldsymbol{h}_{i_1}=\boldsymbol{h}_{i_2}=\cdots=\boldsymbol{h}_{i_m}\neq\boldsymbol{0},i_1,i_2,\cdots,i_m\in\mathbf{R}$$

若存在 r_1 行重复向量,则需要设置最少(r_1-1)个 $\boldsymbol{b}_j$,分别在对应的 r_1 行中,任取(r_1-1)行设置 1 元素。例如当某网络对应的 $\boldsymbol{\lambda}_k\boldsymbol{I}-\boldsymbol{A}$ 经过初等列变换后,前 3 行为重复向量,有

$$\boldsymbol{h}_1=\boldsymbol{h}_2=\boldsymbol{h}_3$$

则少 $\boldsymbol{b}_j$ 设置的所有可能如下所示。

$$\left[\begin{array}{cccc:ccc} 0 & 1 & \cdots & 0 & 1 & 0 & \cdots \\ 0 & 1 & \cdots & 0 & 0 & 1 & \cdots \\ 0 & 1 & \cdots & 0 & 0 & 0 & \cdots \\ \vdots & \ddots & \vdots & \vdots & \vdots & \vdots & \cdots \\ \cdots & \cdots & \cdots & \cdots & 0 & 0 & \cdots \end{array}\right] \text{或} \left[\begin{array}{cccc:ccc} 0 & 1 & \cdots & 0 & 0 & 0 & \cdots \\ 0 & 1 & \cdots & 0 & 1 & 0 & \cdots \\ 0 & 1 & \cdots & 0 & 0 & 1 & \cdots \\ \vdots & \ddots & \vdots & \vdots & \vdots & \vdots & \cdots \\ \cdots & \cdots & \cdots & \cdots & 0 & 0 & \cdots \end{array}\right] \text{或}$$

$$\left[\begin{array}{cccc:ccc} 0 & 1 & \cdots & 0 & 1 & 0 & \cdots \\ 0 & 1 & \cdots & 0 & 0 & 0 & \cdots \\ 0 & 1 & \cdots & 0 & 0 & 1 & \cdots \\ \vdots & \ddots & \vdots & \vdots & \vdots & \vdots & \cdots \\ \cdots & \cdots & \cdots & \cdots & 0 & 0 & \cdots \end{array}\right]$$

(3) 非重复相关向量,即存在不同的行向量,它们之间存在相关性。以 $\boldsymbol{h}_x$ 表示矩阵 $\boldsymbol{\lambda}_k\boldsymbol{I}-\boldsymbol{A}$ 的第 x 行,则非重复相关表现为

$$\boldsymbol{h}_{i_0} = k_1\boldsymbol{h}_{i_1} + k_2\boldsymbol{h}_{i_2} + \cdots + k_m\boldsymbol{h}_{i_m}, \begin{array}{l} i_0, i_1, \cdots, i_m \in \mathbf{R} \\ k_1, k_2, \cdots, k_m \in \mathbf{R} \end{array}$$

若存在 r_2 行非重复相关向量,则需要设置最少 1 个 $\boldsymbol{b}_j$,分别在对应的 r_2 行中,任取一行设置 1 元素。例如当某网络对应的 $\boldsymbol{\lambda}_k\boldsymbol{I}-\boldsymbol{A}$ 经过初等列变换后,前 3 行为相关向量,有

$$\boldsymbol{h}_3 = \boldsymbol{h}_1 + \boldsymbol{h}_2$$

则最少 $\boldsymbol{b}_j$ 设置的所有可能如下所示。

$$\left[\begin{array}{cccc:cc} 1 & 0 & \cdots & 0 & 1 & \cdots \\ 0 & 1 & \cdots & 0 & 0 & \cdots \\ 1 & 1 & \cdots & 0 & 0 & \cdots \\ \vdots & \ddots & \vdots & \vdots & \vdots & \cdots \\ \cdots & \cdots & \cdots & \cdots & 0 & \cdots \end{array}\right] \text{或} \left[\begin{array}{cccc:cc} 1 & 0 & \cdots & 0 & 0 & \cdots \\ 0 & 1 & \cdots & 0 & 1 & \cdots \\ 1 & 1 & \cdots & 0 & 0 & \cdots \\ \vdots & \ddots & \vdots & \vdots & \vdots & \cdots \\ \cdots & \cdots & \cdots & \cdots & 0 & \cdots \end{array}\right] \text{或}$$

$$\left[\begin{array}{cccc:cc} 1 & 0 & \cdots & 0 & 0 & \cdots \\ 0 & 1 & \cdots & 0 & 0 & \cdots \\ 1 & 1 & \cdots & 0 & 1 & \cdots \\ \vdots & \ddots & \vdots & \vdots & \vdots & \cdots \\ \cdots & \cdots & \cdots & \cdots & 0 & \cdots \end{array}\right]$$

对于某一个特征值 $\boldsymbol{\lambda}_k$ 对应的矩阵 $\boldsymbol{\lambda}_k\boldsymbol{I}-\boldsymbol{A}$,上述 3 种情况和对应设置中,如果矩阵 $\boldsymbol{\lambda}_k\boldsymbol{I}-\boldsymbol{A}$ 的行中存在零向量,则必定是 $\boldsymbol{\lambda}_k=0$,且对于所有 $\boldsymbol{\lambda}_k$ 对应的零相关向量至多只有一组,而重复相关向量和非重复相关向量都可能存在多组,因此还需要对每一组分别设置最少的 $\boldsymbol{b}_j$ 进行相关性消除。在

获取上述所有情况所对应的 $\boldsymbol{b}_j$ 后进行组合，最终可以确定一个特征值 $\boldsymbol{\lambda}_k$ 对应的最小控制输入矩阵 $\boldsymbol{B}_k$。显而，要求出一个特征值 $\boldsymbol{\lambda}_k$ 对应所有可能的 $\boldsymbol{B}_k$ 是非常复杂的，更不用说求出所有特征值 $\boldsymbol{\lambda}_k$ 对应的所有 $\boldsymbol{B}_{\min}$。因此，在求解过程中，不考虑 $\boldsymbol{B}_k$、$\boldsymbol{B}_{\min}$ 的具体形式，主要将矩阵 $\boldsymbol{\lambda}_k\boldsymbol{I}-\boldsymbol{A}$ 对应的行编号按照相关性的不同进行分组计算。

由于相同特征值中，重复相关、非重复相关分组中的行编号可能会交叉重复出现，而不同特征值之间，零相关、重复相关、非重复相关分组中的行编号也可能会交叉重复出现，为了方便后续计算，需要对出现重复的行编号进行处理。根据可能重复出现的情况，具体分为以下 5 种。

（1）零相关组与重复相关组有交叉重复的行编号。由于零相关组中的行编号必须选取才能消除相关性，对应的重复相关组中交叉重复的行编号会随之必须选取，因此可以不用考虑重复相关组中交叉重复的行编号对计算的影响，即将重复相关组中交叉重复的行编号删除。

（2）零相关组与非重复相关组有交叉重复的行编号。由于零相关组中的行编号必须选取才能消除相关性，对应的非重复相关组中交叉重复的行编号会随之必须选取，满足了消除非重复相关的条件，因此可以不用考虑非重复相关组对计算的影响，即将出现交叉重复行编号的非重复相关组删除。

（3）重复相关组与重复相关组有交叉重复的行编号。为了实现最小控制输入的设置，当重复相关组与重复相关组有交叉重复的行编号时，该行编号必须选取，并且可以不用考虑重复相关组中交叉重复的行编号对计算的影响，即将重复相关组中交叉重复的行编号删除。

（4）非重复相关组与非重复相关组有交叉重复的行编号。为了实现最小控制输入的设置，当非重复相关组与非重复相关组有交叉重复的行编号时，该行编号必须选取，并且可以不用考虑非重复相关组对计算的影响，即将出现交叉重复行编号的非重复相关组删除。

（5）重复相关组与非重复相关组有交叉重复的行编号。此种情况与上述 4 种情况不同，当重复相关组与非重复相关组有交叉重复的行编号时，其实并不影响最小控制输入节点的个数，这是由于即便交叉重复的行编号必选，由于在重复相关中的其他行与交叉重复行相同，并不能消除非重复相关的行相关性。这同时也说明了对于存在交叉重复行的重复相关组和非重复相关组，在消除其相关性时不能同时选择交叉重复行。因此，当重复相关组与非重复相关组有交叉重复的行编号时，会影响最小控制输入节点的组数，必须对组数进行修正。

7.1.2 求解方法

如果存在上述情况的交叉重复,前 4 种可能经过对应处理后,会出现必选的行编号,将其组成新的必选组,重复相关组会有对应变化,非重复相关组会减少,可以按照下述方法计算出最小控制输入节点的个数和组数。

(1) 零相关组和必选组的计算。零相关组和必选组均至多只有一组,因此,若在零相关组和必选组的统计中,设共有 r_0 个行编号,若零相关组或必选组存在,则至少有 1 个行编号,因此 $r_0>0$。此种情况对应的最小控制输入节点个数为

$$\underbrace{1+1+\cdots+1}_{r_0个}=r_0$$

最小控制输入节点的组数为 $C_{r_0}^{r_0}=1$。

(2) 重复相关组的计算。若最终统计的重复相关组有 y 组,设每组分别有 $r_{11},r_{12},\cdots,r_{1y}$ 个行编号,由于任一组的重复相关中至少有 2 个行编号才能形成重复相关,因此 $r_{1i}>1,i\in(1,y)$。此种情况下根据重复相关向量的对应设置,对应的最小控制输入节点个数为

$$(r_{11}-1)+(r_{12}-1)+\cdots+(r_{1y}-1)=\sum_{i=1}^{y}(r_{1i}-1)$$

最小控制输入节点的组数为

$$C_{r_{11}}^{r_{11}-1}C_{r_{12}}^{r_{12}-1}\cdots C_{r_{1y}}^{r_{1y}-1}=\prod_{i=1}^{y}C_{r_{1i}}^{r_{1i}-1}=\prod_{i=1}^{y}r_{1i}$$

(3) 非重复相关组的计算。若最终统计的非重复相关组有 z 组,设每组分别有 $r_{21},r_{22},\cdots,r_{2z}$ 个行编号,由于任一组的非重复相关中至少有 3 个行编号才能形成非重复相关,因此 $r_{2i}>2,i\in(1,z)$。此种情况下根据非重复相关向量的对应设置,对应的最小控制输入节点个数为

$$\underbrace{1+1+\cdots+1}_{z个}=z$$

最小控制输入节点的组数为

$$C_{r_{21}}^{1}C_{r_{22}}^{1}\cdots C_{r_{2z}}^{1}=\prod_{i=1}^{z}C_{r_{2i}}^{1}=\prod_{i=1}^{z}r_{2i}$$

结合上述 3 种情况,计算出最小控制输入节点的个数 N_d 为

$$N_d=r_0+\sum_{i=1}^{y}(r_{1i}-1)+z \tag{7-1}$$

最小控制输入节点的组数 N_c 为

$$N_c=\prod_{i=1}^{y}r_{1i}\cdot\prod_{i=1}^{z}r_{2i} \tag{7-2}$$

考虑重复相关组和非重复相关组会出现交叉重复行编号,对最小控制输入节点的组数进行修正。若重复相关组中包含交叉重复行编号的组构成集合 $\boldsymbol{L}_1$,非重复相关组中包含交叉重复行编号的组构成集合 $\boldsymbol{L}_2$,对于每一对出现交叉重复行编号的重复相关组和非重复相关组,其组合情况的计算方法为所有组合情况减去同时取到交叉重复行的情况,即

$$C_{r_{1i}}^{r_{1i}-1} C_{r_{2j}}^{1} - (C_1^1 C_{r_{1i}-1}^{r_{1i}-2}) C_1^1 = C_{r_{1i}}^1 C_{r_{2j}}^1 - C_{r_{1i}-1}^1 = r_{1i} r_{2i} - r_{1i} + 1$$

式中:$i \in \boldsymbol{L}_1$, $j \in \boldsymbol{L}_2$。

因此,最小控制输入节点的组数 N_c 修正为

$$N_c = \prod_{\substack{i=1 \\ i \notin L_1}}^{y} r_{1i} \cdot \prod_{\substack{i=1 \\ i \notin L_2}}^{z} r_{2i} \cdot \prod_{\substack{i \in L_1 \\ j \in L_2}} (r_{1i} r_{2i} - r_{1i} + 1) \tag{7-3}$$

综上所述,已知某网络的拓扑结构,即 N 维邻接矩阵 $\boldsymbol{A}$,最小控制输入节点的个数 N_d 和组数 N_c 求解过程如下。

输入:N 维邻接矩阵 $\boldsymbol{A}$

输出:最小控制输入节点的个数 N_d 和组数 N_c

1:求 $\boldsymbol{A}$ 的所有特征值集合 $\boldsymbol{D}$,其中包含元素个数 k

2:**for** $i=1$ **to** k **do**

3:    $\boldsymbol{A}1=\boldsymbol{D}(k)\boldsymbol{I}-\boldsymbol{A}$

4:    **if** rank($\boldsymbol{A}1$)<N **then**

5:        flag=1

6:            对 $\boldsymbol{A}1$ 进行初等列变换得到 $\boldsymbol{A}2$

7:            找出 $\boldsymbol{A}2$ 中全零行,以行编号为元素,组成零相关组 $\boldsymbol{R}_0$;

            找出 $\boldsymbol{A}2$ 中重复行,分别以行编号为元素,组成重复相关组 $\boldsymbol{R}_{11}$,$\boldsymbol{R}_{12}$,⋯;

            找出 $\boldsymbol{A}2$ 中相关行,分别以行编号为元素,组成非重复相关组 $\boldsymbol{R}_{21}$,$\boldsymbol{R}_{21}$,⋯;

8:            将零相关组、重复相关组、非重复相关组存入 temp{i}

9:    **end if**

10:**end for**

11:**if** flag=1**then**

12:    **for** $i=1$ **to** $k-1$ **do**

```
13:        for j=i to k do
14:            if  temp{i} 和 temp{j} 中存在交叉重复行编号 then
15:                消除 temp{i} 和 temp{j} 中的交叉重复行编号,
                   将必选行编号增加存入 R_0;
                   将存在交叉重复行的重复相关组和非重复相关组存在 temp1
16:            end if
17:        end for
18:    end for
19:    根据 temp 和 temp1 中的存储分组计算 N_d 和 N_c
20:else
21:    N_d = 1, N_c = N
22:end if
```

7.1.3 求解示例

为了进一步阐明求解最小控制输入节点的方法过程,下面将以一个轻量级的网络拓扑举例说明。示例网络的拓扑结构图和对应的邻接矩阵如图 7-1 所示。

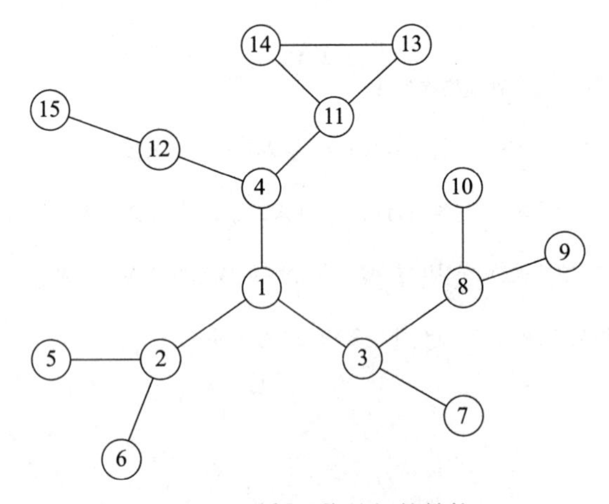

图 7-1　示例网络的拓扑结构

其邻接矩阵 $\boldsymbol{A}$ 为

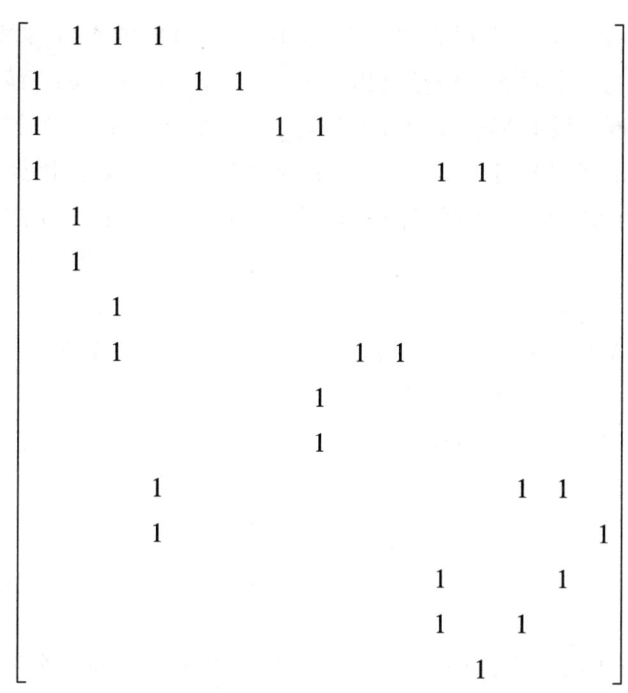

计算邻接矩阵 $\boldsymbol{A}$ 的特征值为 −2.32、−1.82、−1.57、−1(二重)、−0.92、−0.28、0(二重)、0.44、0.92、1.37、1.68、2.07、2.42；分别根据以上特征值获得所有特征值对应的 PBH 判定矩阵 $\lambda_k\boldsymbol{I}-\boldsymbol{A}$，发现满足有 $\text{rank}(\lambda_k\boldsymbol{I}-\boldsymbol{A})<N$ 的特征值为 −1 和 0；分别对矩阵 $-1\cdot\boldsymbol{I}-\boldsymbol{A}$ 和 $0\cdot\boldsymbol{I}-\boldsymbol{A}$ 进行初等列变换，得到以下两个矩阵：

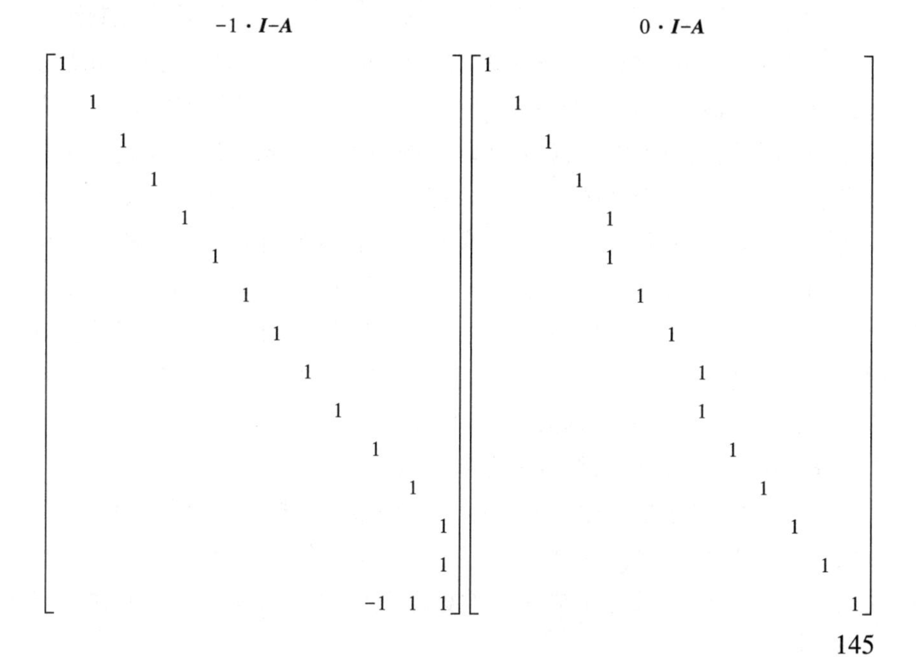

由$-1 \cdot \boldsymbol{I}-\boldsymbol{A}$可以获得13、14行重复相关,11、12、13、15行非重复相关;由$0 \cdot \boldsymbol{I}-\boldsymbol{A}$可以获得5、6行重复相关,9、10行重复相关。综合所有相关情况,该示例网络没有零相关组和必选组,有3组重复相关,1组非重复相关,且仅有重复相关和非重复相关存在交叉重复的行编号,因此按照最小控制输入的求解方法,根据式(7-1)可以计算出该网络的最小控制输入节点个数为

$$N_d = 0 + (2 - 1) + (2 - 1) + (2 - 1) + 1 = 4$$

根据式(7-3)可以计算出该网络的最小控制输入节点组数为

$$N_c = 2 \cdot 2 \cdot (2 \cdot 4 - 2 + 1) = 28$$

通过以上求解过程可知,示例网络的最小控制输入节点有4个,并且共有28组。

7.2 控制输入裕度

在求解出最小控制输入节点的个数和组数后,如何将两个参数结合起来度量网络的结构可控性是本节研究的主要内容。结构可控性的主要依据是网络的拓扑结构,主要描述对象是网络本身,它是网络的一种固有特征属性,与外界因素无关。因此,结构可控性与实际的控制输入无关,但却可以通过量化所期望的最小控制输入来评估结构可控性的强弱。对于某个网络而言,若想实现结构可控,则实际的控制输入至少是最小控制输入,或者说实际的控制输入必须涵盖最小控制输入。不难发现,最小控制输入节点的组数与结构可控性的关系可以从概率的角度来解释:在网络节点总数和最小控制输入节点个数一定的情况下,当随机对网络实施控制输入时,最小控制输入节点组数越多,实际控制输入正好涵盖最小控制输入的概率就越大,网络实现结构可控的概率就越高,从而反向印证了该结构下的网络越容易受控,即结构可控性越强。与最小控制输入节点的组数相同,最小控制输入节点的个数与结构可控性的关系也可以从概率的角度来解释:在网络节点总数和最小控制输入节点组数一定的情况下,当随机对网络实施控制输入时,最小控制输入节点个数越少,实际控制输入正好涵盖最小控制输入的概率就越大,网络实现结构可控的概率就越高,从而反向印证了该结构下的网络越容易受控,即结构可控性越强。

综上所述,最小控制输入节点的个数、组数与结构可控性的关系,均可以从概率的角度去解释。因此,引入控制输入裕度的概念,研究最小控制输入节点的个数、组数与控制输入裕度的关系,从而说明最小控制输入与

结构可控性的关系。

7.2.1 概念定义

定义 7-1 控制输入裕度 p_c。控制输入裕度 p_c 是指随机对某一网络实施一组独立控制输入，网络能够实现结构可控的充裕程度。其中，控制输入为单输入，实施对象为网络中随机、独立选取的若干节点。

对于节点总数为 N、最小控制输入节点个数为 N_d、组数为 N_c 的某一网络，设 ic 为随机施加独立控制输入的节点个数，由定义 7-1 可知控制输入为随机的单输入，因此，ic 的取值范围为 $(1,N)$。当 $0<ic<N_d$ 时，由于控制输入的个数没有达到结构可控所需的最小控制输入，因此 $p_c=0$，即此时的控制输入没有任何充裕；当 $N_d \leqslant ic \leqslant N$ 时，由于控制输入的个数已达到结构可控所需的最小控制输入个数，即此时的控制输入会出现充裕。计算 ic 个节点中恰好含有 N_d 个最小控制输入节点的概率：不妨设 ic 个节点中包含了某一组 N_d 个最小控制输入节点，则此种假设下 ic 个节点可能的组合个数为

$$C_{N_d}^{N_d} \cdot C_{N-N_d}^{ic-N_d} = C_{N-N_d}^{ic-N_d}$$

又由于存在 N_c 组最小控制输入，且实际控制输入为互相独立的，因此 ic 个节点所有可能的组合个数为

$$C_{N_c}^{1} \cdot C_{N-N_d}^{ic-N_d} = N_c \cdot C_{N-N_d}^{ic-N_d}$$

从 N 个节点中任取 ic 个节点的组合个数为

$$C_N^{ic}$$

因此，ic 个节点中恰好含有 N_d 个最小控制输入节点的概率为

$$\frac{N_c \cdot C_{N-N_d}^{ic-N_d}}{C_N^{ic}}$$

同时，随着 ic 的不断增大，控制输入会越来越充裕，可能出现情况为

$$N_c \cdot C_{N-N_d}^{ic-N_d} > C_N^{ic}$$

此时，计算出的概率数值会超过 1。为了使计算出的概率符合实际，当计算的数值大于 1 时，则将其置为 1。

综上所述，控制输入裕度 p_c 的表达式为

$$p_c = \begin{cases} 0, & 0 < ic < N_d \\ \min\left(\dfrac{N_c \cdot C_{N-N_d}^{ic-N_d}}{C_N^{ic}}, 1\right), & N_d \leqslant ic \leqslant N \end{cases} \tag{7-4}$$

7.2.2 示例验证

为了验证最小控制输入节点个数和组数对结构可控性的影响,说明控制输入裕度的合理性,进行两组对比验证实验。

实验一:对比网络的最小控制输入节点个数不相同、组数相同。两个示例网络的拓扑结构如图 7-2(a)、(b)所示。

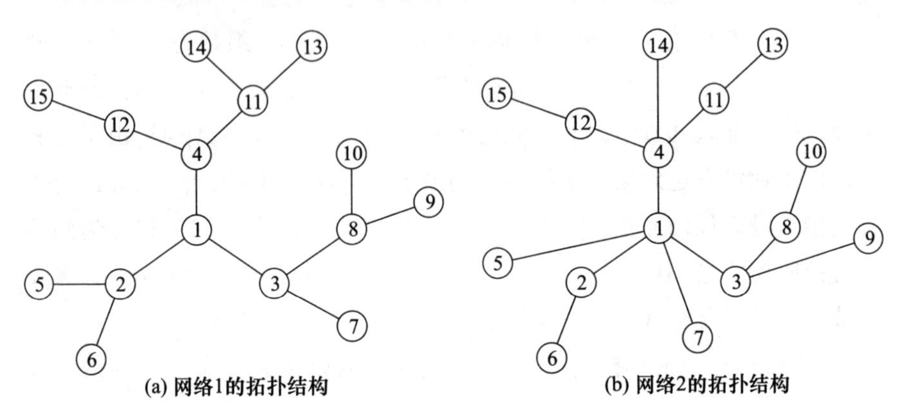

图 7-2 实验一的对比网络拓扑结构

两个网络的节点总数均为 15,分别求出上述两个网络结构可控所对应的最小控制输入:网络 1 的最小控制输入节点为 3 个,且有 8 组;网络 2 的最小控制输入节点为 2 个,且有 8 组。根据式(7-4)可以计算出两个网络的控制输入裕度,如图 7-3 所示。

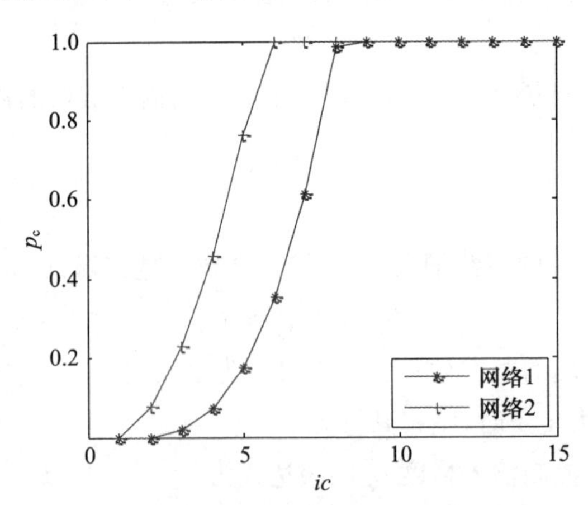

图 7-3 实验一的对比网络控制输入裕度

从图 7-3 可以看出,对于任意 $ic(ic \in (1,15))$ 对应的控制输入裕度,网络 2($N_d=2, N_c=8$)始终大于等于网络 1($N_d=3, N_c=8$),说明随机对两个网络实施同一控制输入时,网络 2 实现结构可控的概率要大于网络 1,即网络 2 的结构可控性强于网络 1。

实验二:对比网络的最小控制输入节点个数相同、组数不相同。两个示例网络的拓扑结构如图 7-4(a)、(b)所示。

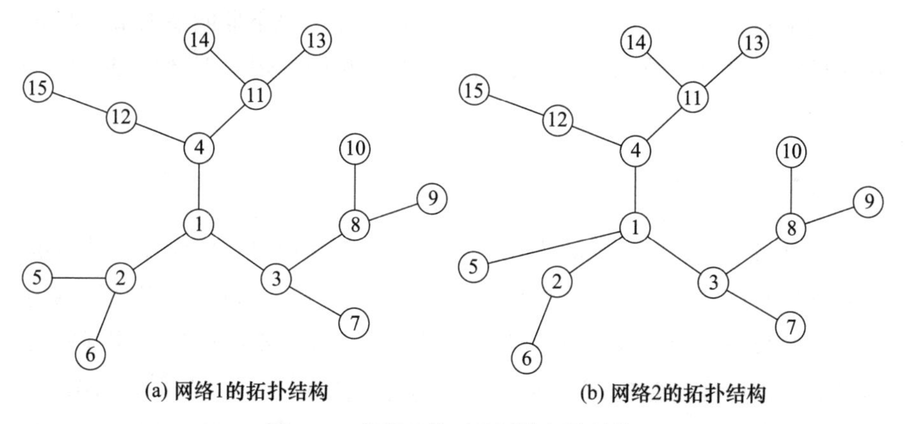

图 7-4 实验二的对比网络拓扑结构

两个网络的节点总数均为 15,分别求出上述两个网络结构可控所对应的最小控制输入:网络 1 的最小控制输入节点为 3 个,且有 8 组;网络 2 的最小控制输入节点为 3 个,且有 14 组。根据式(7-4)可以计算出两个网络的控制输入裕度,如图 7-5 所示。

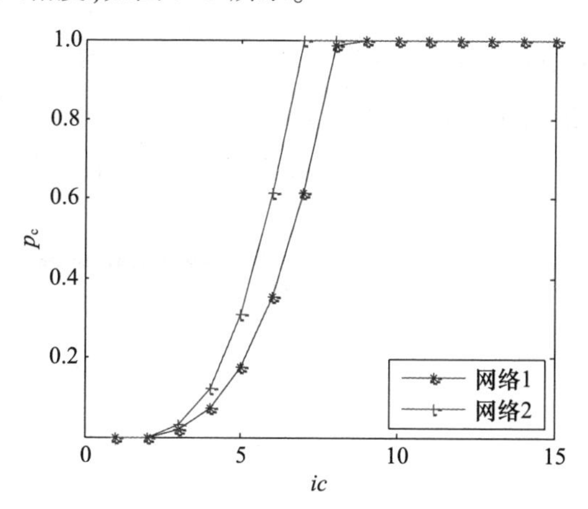

图 7-5 实验二的对比网络控制输入裕度

从图 7-5 可以看出,对于任意 $ic(ic \in (1,15))$ 对应的控制输入裕度,网络 2($N_d=3, N_c=14$)始终大于等于网络 1($N_d=3, N_c=8$),说明随机对两个网络实施同一控制输入时,网络 2 实现结构可控的概率要大于网络 1,即网络 2 的结构可控性强于网络 1。

上述两组实验验证了通过控制输入裕度对比结构可控性强弱的合理性:第一组实验中,两个对比网络的最小控制输入节点组数相同,网络 1 的最小控制输入节点个数大于网络 2,说明了在最小控制输入节点组数相同的情况下,个数越少,结构可控性越强,符合客观事实;第二组实验中,两个对比网络的最小控制输入节点个数相同,网络 1 的最小控制输入节点组数小于网络 2,说明了在最小控制输入节点个数相同的情况下,组数越多,结构可控性越强,符合客观事实。

7.2.3 关系说明

在网络节点总数一定的情况下,控制输入裕度由最小控制输入节点的个数和组数决定。通过 7.2.2 节中的两组对比实验,可以初步得到控制输入裕度与最小控制输入节点的基本关系。为了进一步探讨最小控制输入对控制输入裕度的影响,完善后续研究的理论依据,下面结合具体示例,从几何的角度,说明最小控制输入节点的个数、组数与控制输入裕度曲线之间的直接关系。

最小控制输入节点的个数和组数作为决定控制输入裕度的两大因素,对控制输入裕度曲线的影响作用有着明显不同。为了说明最小控制输入节点个数和组数与控制输入裕度曲线的直接关系,分别设定不同参数的结构示例进行说明。

(1) 设定 3 个网络拓扑,网络节点总数 N 均为 100,最小控制输入节点组数 N_c 均为 200,最小控制输入节点个数 N_d 分别为 5、7、9。3 个网络拓扑的控制输入裕度 p_c 随着控制输入节点个数 ic 的变化曲线如图 7-6 所示。

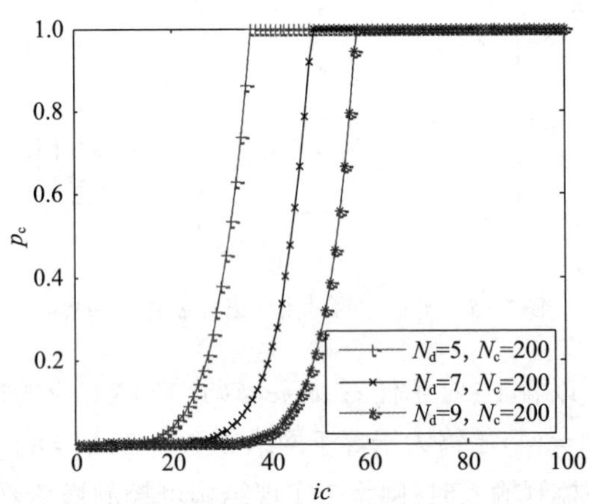

图 7-6 不同最小控制输入节点个数的控制输入裕度曲线图

从图 7-6 中的 3 条变化曲线可以看出,最小控制输入节点的个数影响着控制输入裕度曲线的位置:最小控制输入节点的个数越大,控制输入裕度曲线就越偏向 ic 轴正方向移动,使得控制输入裕度的整体数值相对变小,这也说明了最小控制输入节点的个数越少,可控性概率的数值相对越高,个数越多,可控性概率的数值相对越低,与 7.2.2 节实验一的结论相同。

(2) 设定 3 个不同的网络拓扑,网络节点总数 N 均为 100,最小控制输入节点个数 N_d 均为 5,最小控制输入节点组数 N_c 分别为 50、100、200。3 个网络拓扑的控制输入裕度 p_c 随着控制输入节点个数 ic 的变化曲线如图 7-7 所示。

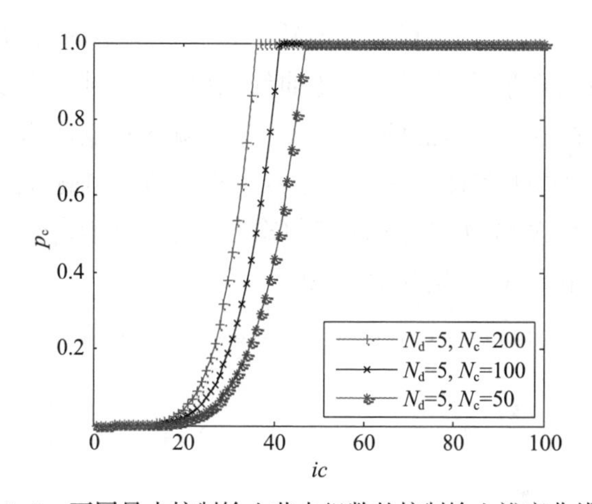

图 7-7　不同最小控制输入节点组数的控制输入裕度曲线图

从图 7-7 中的 3 条变化曲线可以看出,最小控制输入节点的组数影响着控制输入裕度曲线的斜率:最小控制输入节点的组数越大,控制输入裕度曲线的整体斜率就越大,曲线变化的增速就越快,使得控制输入裕度的整体数值相对变大,这也说明了最小控制输入节点的组数越多,控制输入裕度的整体数值相对越高,组数越少,控制输入裕度的整体数值相对越低,与 7.2.2 节实验二的结论相同。

综合以上两种情况,从几何意义的角度来看,最小控制输入节点的个数决定了控制输入裕度曲线的位置,组数决定了控制输入裕度曲线的形状(斜率)。通过比较两个因素对控制输入裕度曲线的影响来看,最小控制输入节点的个数直接决定了坐标系中曲线的所在位置,而最小控制输入节点的组数则仅仅决定了曲线的形状(斜率),从曲线所在坐标系对应的数值大小考虑,决定曲线位置的因素显然比决定曲线斜率的因素影响力要大,即最小控制输入节点的个数对于控制输入裕度的影响起着主导作用。因此,从控制输入裕度映射到结构可控性来看,虽然两个影响因素均不能单方面决定网络的结构可控性,但相比较而言,最小控制输入节点个数对结构可控性的影响力要大于最小控制输入节点的组数。

7.3 结构可控度

虽然通过度量指标 n_d 能够实现信息网络中的结构可控性定量分析,但 n_d 的主要参考变量仅为最小控制输入节点的个数,依据参数较为单一,指标内涵稍显薄弱。在7.2节中,控制输入裕度虽然结合了最小控制输入节点的个数和组数,从一定程度上能够定量反映网络的结构可控性,但控制输入裕度的表现形式是一条变化曲线,并非一个明确的数值“指标”。并且虽然最小控制输入节点的个数对于控制输入裕度的影响起着主导作用,但并不是绝对的,如图7-8中两个网络拓扑的控制输入裕度,两个网络拓扑的节点总数 N 均为100,最小控制输入节点个数 N_d 分别为5、10,最小控制输入节点组数 N_c 分别为10、300。

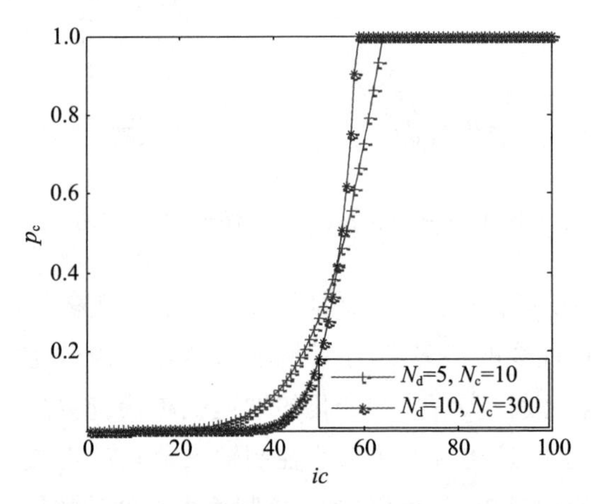

图7-8 不同最小控制输入节点个数、组数的控制输入裕度曲线图

从图7-8可以看出,由于两个网络拓扑的最小控制输入节点个数和组数均存在差异,两条曲线的数值相对大小并不是始终不变的,无法通过结构控制概率对两个网络拓扑的结构可控性进行直观的定量对比。因此,为了获得更加科学合理并且较为直观的结构可控性度量指标,结合最小控制输入节点的个数和组数两个参数,根据7.2节中的控制输入裕度,提出结构可控度的概念,以此作为信息网络中新的结构可控性度量指标。

7.3.1 概念定义

控制输入裕度曲线是一条离散曲线，在网络节点总数 N、最小控制输入节点个数 N_d 和组数 N_c 固定的情况下，控制输入裕度 p_c 的取值随着控制输入节点个数 ic 取值的改变而改变，每一个不同的 ic 取值对应着一个 p_c 取值。因此，若想使控制输入裕度 p_c 达到某个期望值，则控制输入 ic 必须达到一个临界的数值。设控制输入裕度的期望值为 $s\%$，对应的临界控制输入节点个数记为 N_{dc}_s，则当 $ic \geqslant N_{dc}\_s$ 时，有 $p_c \geqslant s\%$。以控制输入裕度 20%、60%、100%对应的临界控制输入节点个数 N_{dc}_20、N_{dc}_60、N_{dc}_100 为例，N_{dc}_s 与控制输入裕度曲线的关系如图 7-9 所示。

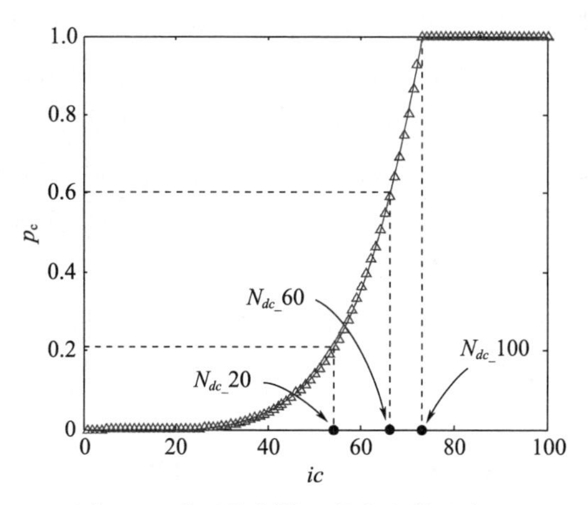

图 7-9 临界控制输入节点个数示意图

从图 7-9 可知，根据期望的控制输入裕度可以得到对应的临界控制输入节点个数，不同的期望概率对应不同的临界控制输入，对临界控制输入做下述定义。

定义 7-2 $s\%$充裕控制输入。$s\%$充裕控制输入是指，在对网络进行随机控制输入时，使得网络达到 $s\%$的控制输入裕度所需要的最少控制输入。

由于是任意对网络中的节点进行控制输入，因此 $s\%$充裕控制输入的有效信息为节点个数，即 N_{dc}_s。特别地，当期望的控制输入裕度为 100%时，$s\%$充裕控制输入的节点个数为 N_{dc}_100。将 N_{dc}_100 记为 N_{dc}，则当控制输入 $ic \geqslant N_{dc}$ 时，有 $p_c \equiv 1$，即稳定不变，根据此种情况，给出下述定义。

定义 7-3 充裕稳定输入。在对网络进行随机控制输入时，随着控制输入个数的不断增加，存在一个临界控制输入，使得控制输入裕度稳定在

100%,不再随控制输入的增加而增加,这个临界控制输入称为充裕稳定输入。

充裕稳定输入的有效信息也为其节点个数,即 N_{dc}。N_{dc} 虽然仅仅表示节点个数,但它是由控制输入裕度曲线决定的,综合了最小控制输入节点的个数信息和组数信息。在最小控制输入节点的个数 N_{d} 或组数 N_{c} 固定的理想情况,充裕稳定输入与控制输入裕度 p_{c} 的变化情况相同:在最小控制输入节点的组数 N_{c} 不变时,最小控制输入节点的个数 N_{d} 越小,充裕稳定输入节点的个数 N_{dc} 就越小;在最小控制输入节点的个数 N_{d} 不变时,最小控制输入节点的组数 N_{c} 越大,充裕稳定输入节点的个数 N_{dc} 就越小。对于大多数非人为设置的情况下,最小控制输入节点的个数 N_{d} 和组数 N_{c} 均不固定,此时不同于控制输入裕度 p_{c} 出现图 7-8 中无法明确对比的情况,充裕稳定输入能够通过明确的数值进行直观的定量对比。

以充裕稳定输入作为网络结构可控性定量分析的重要因素,参考当前结构可控性指标 n_{d} 的计算公式,文中结构可控度的定义如下。

定义 7-4 结构可控度。结构可控度是指某网络实现结构可控的难易程度,是从定量的角度描述网络的结构可控性,反映了结构可控性的强弱。结构可控度的计算公式是结合网络节点总数 N 将充裕稳定输入的节点个数 N_{dc} 归一化,即

$$n_{dc} = N_{dc}/N \tag{7-5}$$

结构可控度 n_{dc} 由充裕稳定输入节点和网络节点总数决定,其中主要参考因素为充裕稳定输入节点,它结合了最小控制输入节点的个数信息和组数信息,因此,结构可控度能够更加全面、更加科学合理地对结构可控性进行定量描述。显然,n_{dc} 的大小可以反映网络结构可控性的强弱:n_{dc} 越大表示实现结构可控所需要的充裕稳定输入节点越多,即网络结构可控性越弱;反之,n_{dc} 越小表示网络结构可控性越强。

7.3.2 验证分析

为了验证结构可控度的合理性,将其作为信息网络的结构可控性度量指标,进行结构可控性的定量分析实验。由第 6 章中的模型限定条件可知,由于当前信息网络的复杂程度越来越高,由节点和边连接形成的网络拓扑结构具有了复杂网络特征。为了不失一般性,分别以 ER、NW、BA 三种典型的复杂网络[46]来体现信息网络的复杂拓扑结构,通过计算 3 种复杂网络的结构可控度,并且与当前的可控性指标 n_{d} 进行对比,验证分析结构可控度的有效性和合理性。验证实验中生成的复杂网络均为无向、无

权、无自环网络，并且实验的重点是通过比较 n_{dc} 与 n_{d} 的不同来说明文中结构可控度的有效性和合理性，暂不考虑网络节点总数 N 的影响，因此为方便计算，减少计算量，实验中网络节点个数 N 均设置为 100。

分别生成参数变化的 3 种复杂网络，其中 ER 网络、NW 网络的变化参数为连接概率 p，BA 网络的变化参数为平均度的半值 $\langle k\rangle/2$，每个变化参数均独立生成了 20 个网络，计算结果均为 20 个网络的平均值。ER、NW、BA 网络的结构可控度 n_{dc} 及 n_{d} 分别如图 7-10 中的(a)、(b)、(c)所示。

从图 7-10 可以看出，结构可控度 n_{dc} 与 n_{d} 相比，不同参数对应的 n_{dc} 大于等于 n_{d}，这是由于充裕稳定输入节点个数受到了最小控制输入节点个数和组数的共同影响，要实现网络的结构可控，充裕稳定输入节点的个数 N_{dc} 一般会大于最小控制输入节点的个数 N_{d}；特殊情况下，当最小控制输入节点的组数 $N_{\mathrm{c}}=\mathrm{C}_N^{N_{\mathrm{d}}}$ 时，任意一组最小控制输入都可以使网络达到结构可控，此时充裕稳定输入和最小控制输入的节点个数相同，即 $N_{dc}=N_{\mathrm{d}}$，因此某些参数对应的 n_{dc} 和 n_{d} 会出现相等的情况。从图 7-10 中 n_{dc} 和 n_{d} 随参数不同而发生的整体变化来看，3 种网络中 n_{dc} 和 n_{d} 的变化趋势大体上是一致的，说明了最小控制输入的节点个数 N_{d} 是影响结构可控性的主导因素；同时，结构可控度 n_{dc} 的变化趋势并不完全与 n_{d} 相同，部分区间存在明显的波动，说明最小控制输入的节点组数 N_{c} 也会影响网络的结构可控性。

为了进一步说明最小控制输入节点的组数 N_{c} 对结构可控度 n_{dc} 的影响，对最小控制输入节点的个数 N_{d} 相等的网络进行对比分析。首先生成大量 ER、NW、BA 网络，其中 ER 网络的连接概率 $p=0.970$，NW 网络的连接概率 $p=0.835$，BA 网络的平均度半值 $\langle k\rangle/2=15$。分别从 3 种复杂网络中各取 50 个最小控制输入节点个数 $N_{\mathrm{d}}=10$ 的网络作为 3 组样本网络，以 $N_{\mathrm{s}}(N_{\mathrm{s}}\in(1,50))$ 表示样本网络编号，计算每个网络的结构可控度 n_{dc} 和传统的可控性指标 n_{d}，以及最小控制输入节点的组数 N_{c}，计算结果如图 7-11 所示。

在图 7-11 的计算结果中，图 7-11(a)、(c)、(e)分别为 3 组样本网络的结构可控度 n_{dc} 和可控性指标 n_{d} 的计算结果，图 7-11(b)、(d)、(f)分别为 3 组样本网络的最小控制输入节点组数 N_{c} 的计算结果。由于各个网络的 N_{c} 差值可能较大，且 N_{c} 与结构可控度 n_{dc} 为反向增长的关系，因此为了方便观察验证，图 7-11(b)、(d)、(f) 中的显示结果为 $1/\lg(N_{\mathrm{c}})$ 的变化曲线。

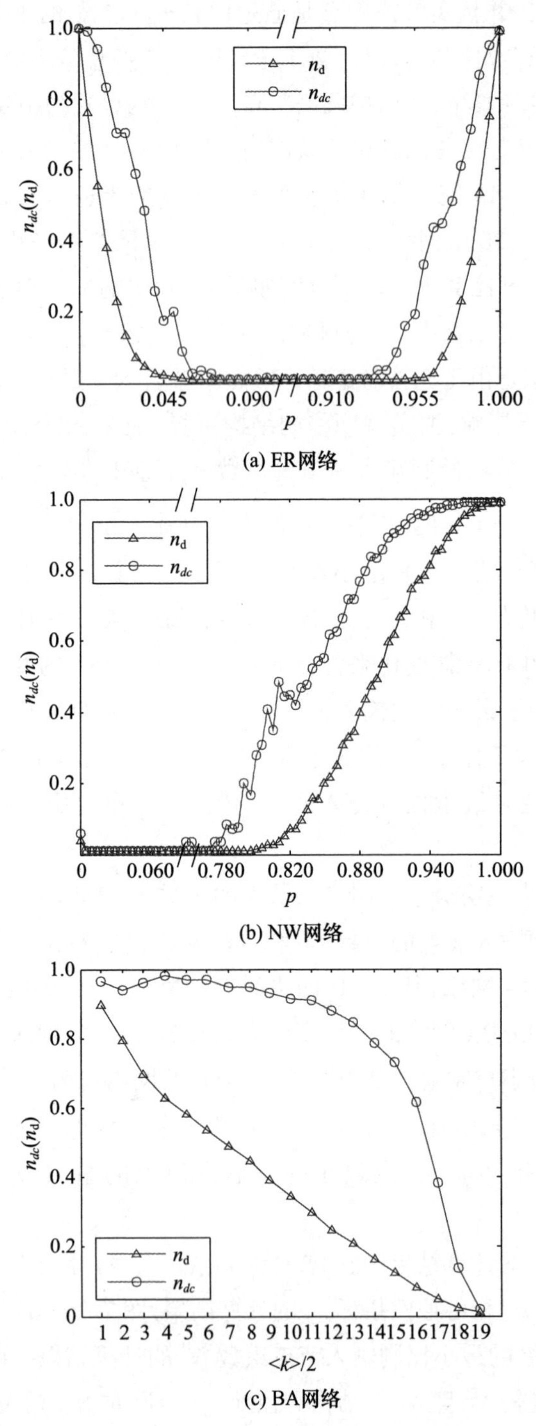

图 7-10　3 种典型复杂网络的 n_{dc} 和 n_d

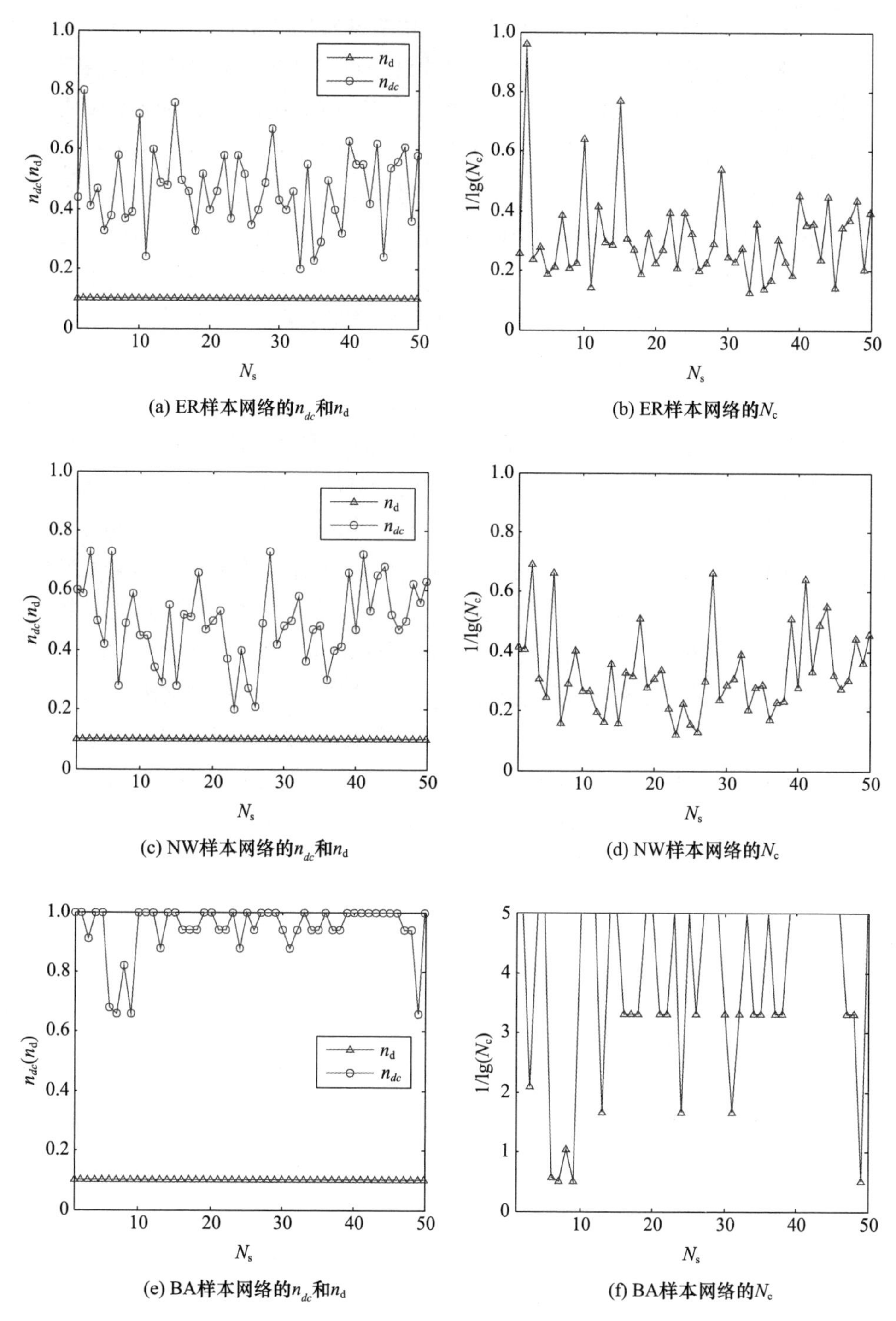

图 7-11　3 组样本网络的计算结果

从图 7-11(a)、(c)、(e)可以看出，由于样本网络的最小控制输入节点个数 N_d 均相同，因此各个网络对应的结构可控性指标 n_d 均相同；由于样本网络的最小控制输入节点组数 N_c 不一定相同，因此各个网络对应的结构可控度 n_{dc} 基本上均不相同。从图 7-11(a)和(b)、(c)和(d)、(e)和(f)可以看出，由于各个网络对应的结构可控度 n_{dc} 基本上均不相同，形成了不规则的变化曲线；由于各个网络对应的最小控制输入节点组数 N_c 基本上均不相同，$1/\lg(N_c)$ 也形成了不规则的变化曲线。对比 n_{dc} 和 $1/\lg(N_c)$ 的变化曲线不难发现，二者的变化趋势是完全相同的，即各个网络对应 n_{dc} 的相对大小关系与 $1/\lg(N_c)$ 是相同的。

上述验证实验说明了结构可控度的合理性与科学性。根据传统的 n_d，仅通过最小控制输入的节点个数 N_d 对网络的结构可控性进行分析，因此样本网络的结构可控性强弱程度是相同的，但根据结构可控度 n_{dc}，综合最小控制输入节点的个数 N_d 和组数 N_c 后对网络的结构可控性进行分析，可以看出样本网络的结构可控性强弱程度是不同的，说明了最小控制输入节点个数 N_d 相同的情况下，结构可控性的强弱与最小控制输入节点的组数 N_c 息息相关；从 n_{dc} 与 $1/\lg(N_c)$ 的相同变化趋势不难发现，最小控制输入节点的个数 N_d 一定的情况下，网络的结构可控性随最小控制输入节点的组数 N_c 变化而变化：最小控制输入节点的组数 N_c 越多，结构可控度 n_{dc} 越小，即网络的结构可控性越强，最小控制输入节点的组数 N_c 越少，结构可控度 n_{dc} 越大，即网络的结构可控性越弱。

第 8 章　结构可控性优化

网络的结构可控性优化,即如何提高网络的结构可控性一直以来都是当前结构可控性研究中的热点问题[47-49]。本章将以矩阵 $\lambda_k \boldsymbol{I}-\boldsymbol{A}$ 的行相关性为出发点,以结构可控度、输入节点的个数、组数等为基本指标依据,对信息网络的结构可控性优化进行相关研究。首先,以消除矩阵 $\lambda_k \boldsymbol{I}-\boldsymbol{A}$ 的行相关性为基本思路,以提高网络结构可控性为目标,研究基于行相关性的结构可控性优化方法;其次,探究信息网络中具有明显规律性的特征结构,研究 0/−1 特征值对最小控制输入的影响作用;最后,依据信息网络中的规律性特征结构,对网络结构进行调整控制,实现网络的结构可控性优化,为后续信息网络的结构控制提供基本方法。

8.1　基于行相关性的优化方法

由第 7 章可知,在网络节点总数 N 不变的前提下,影响结构可控度 n_{dc} 的两个因素是最小控制输入节点的个数 N_{d} 和组数 N_{c},并且节点的个数 N_{d} 起着主导作用。从结构可控度 n_{dc} 与最小控制输入节点的个数 N_{d}、组数 N_{c} 之间的数值大小关系不难得出,要想提高网络的结构可控性,即降低结构可控度 n_{dc},较为可行的方法是减小个数 N_{d} 或增大组数 N_{c}。而进一步追根溯源可知,决定最小控制输入节点个数 N_{d} 或组数 N_{c} 的是矩阵 $\lambda_k \boldsymbol{I}-\boldsymbol{A}$ 行相关性,显然,通过消除矩阵 $\lambda_k \boldsymbol{I}-\boldsymbol{A}$ 的行相关性,是实现结构可控性优化的根本途径。

8.1.1　基本思路

本章研究的网络模型均为无权、无自环、无向网络,网络的拓扑结构通过邻接矩阵 $\boldsymbol{A}$ 来表示,矩阵 $\boldsymbol{A}$ 中的元素 a_{ij} 或 a_{ji} 表示了网络中节点 i 和节点 j 之间是否有连边,$a_{ij}=1$、$a_{ji}=1$ 表示有连边,$a_{ij}=0$、$a_{ji}=0$ 表示无连边。矩阵 $\lambda_k \boldsymbol{I}-\boldsymbol{A}$ 的行相关性是由矩阵 $\boldsymbol{A}$ 和特征值 λ_k 共同决定,而所有特征值则是根据矩阵 $\boldsymbol{A}$ 求得的,不难得出:改变矩阵 $\boldsymbol{A}$ 中的某些元素,一定可以影响到矩阵 $\lambda_k \boldsymbol{I}-\boldsymbol{A}$ 中的某些对应元素,从而改变矩阵 $\lambda_k \boldsymbol{I}-\boldsymbol{A}$ 的行相关性。

因此,在不考虑网络节点总数的前提下,结构可控性优化的基本思路是通过调整网络中的连边,即改变矩阵 $\boldsymbol{A}$ 中的某些元素值来消除矩阵 $\lambda_k\boldsymbol{I}-\boldsymbol{A}$ 的行相关性。当然,网络连边的调整并不是随意进行的,为了提高结构可控性的优化效率和效果,本节的可控性优化中,连边调整主要有以下 3 点考虑。

(1) 由第 7 章可知,矩阵 $\lambda_k\boldsymbol{I}-\boldsymbol{A}$ 的行相关向量分为 3 种,即零相关向量、重复相关向量和非重复相关向量,因此将按照 3 种相关情况的分组来消除矩阵 $\lambda_k\boldsymbol{I}-\boldsymbol{A}$ 的行相关性。

(2) 由第 7 章可知,最小控制输入节点的个数 N_{d} 较组数 N_{c} 而言,在决定结构可控性的强弱中起着主导作用,并且对于个数 N_{d} 的调控要比组数 N_{c} 更为容易,因此将按照以个数 N_{d} 为主、组数 N_{c} 为辅来消除矩阵 $\lambda_k\boldsymbol{I}-\boldsymbol{A}$ 的行相关性。

(3) 从可实施性的角度出发,连边的调整通常情况下会涉及多个节点、多条边,在实际的优化过程中,不可能在较短的步长内完成过多的连边调整,因此将规定一个步长内仅可对一条边进行调整。

综合以上 3 点,网络结构可控性优化的实质是:在一个施控步长内仅可改变一条边的规定下,以减小 N_{d} 为优先实现目标,按照合理的优化顺序来消除零相关、重复相关和非重复相关。

8.1.2 优化顺序

结构可控性优化的关键是在一些规定前提下,找到消除 3 种相关性的合理顺序,从而提高优化效率,实现最优化效果。在消除相关性的过程中,虽然可以通过改变对应行中的某个元素来消除当前行的相关性,但不排除由于当前行的改变而产生新的相关情况。因此,针对 3 种不同的相关性,对相关性消除后产生的不同情况以及对应的优化顺序进行分类讨论。

1. 相关性消除后没有产生新的相关组

由于每个运行步长仅改变一条边,因此零相关、重复相关和非重复相关均取一组进行说明。根据 7.1 节中最小控制输入的求解方法,暂不考虑 3 种相关性出现重复交叉的情况,设消除前零相关组有 r_0 行、重复相关组有 r_1 行、非重复相关组有 r_2 行,其中 r_0、r_1、r_2 均为整数且 $r_0>0$、$r_1>1$、$r_2>2$,则消除前最小控制输入节点的个数 N_{d} 为

$$N_{\mathrm{d}} = r_0 + (r_1 - 1) + 1 = r_0 + r_1 \tag{8-1}$$

消除前最小控制输入节点的组数 N_{c} 为

$$N_c = C_{r_0}^{r_0} C_{r_1}^{r_1-1} C_{r_2}^{1} = r_1 r_2 \tag{8-2}$$

经过一个运行步长,不论消除的是3种相关性中的哪一种,均能消除相关组中对应的某一行相关性,因此对于3种相关性而言,消除后的最小控制输入节点个数相比于消除前均会少1个,即最小控制输入节点的个数会减小。而对于最小控制输入节点组数的变化需要分为以下3种情况讨论。

(1) 消除零相关。此时,重复相关组和非重复相关组不变,零相关组为(r_0-1)行,则消除后的最小控制输入节点组数N_{c0}'为

$$N_{c0}' = C_{r_0-1}^{r_0-1} C_{r_1}^{r_1-1} C_{r_2}^{1} = r_1 r_2 \tag{8-3}$$

通过比较N_c与N_{c0}'可以看出,消除零相关时,最小控制输入节点的组数不变。

(2) 消除重复相关。此时,零相关组和非重复相关组不变,重复相关组为(r_1-1)行,则消除后最小控制输入节点的组数N_{c1}'为

$$N_{c1}' = C_{r_0}^{r_0} C_{r_1-1}^{r_1-2} C_{r_2}^{1} = (r_1 - 1) r_2 = r_1 r_2 - r_2 \tag{8-4}$$

通过比较N_c与N_{c1}'可以看出,消除重复相关时,最小控制输入节点的组数减小。

(3) 消除非重复相关。此时,零相关组和重复相关组不变,非重复相关组完全消除,则消除后最小控制输入节点的组数N_{c2}'为

$$N_{c2}' = C_{r_0}^{r_0} C_{r_1}^{r_1-1} = r_1 \tag{8-5}$$

通过比较N_c与N_{c2}'可以看出,消除非重复相关时,最小控制输入节点的组数减小。

总结上述3种相关性消除对结构可控性的影响,统计结果如表8-1所列。

表8-1　情况1中的结构可控性影响统计

情况分类	最小控制输入节点个数	最小控制输入节点组数	结构可控性
消除零相关	减小	不变	提高
消除重复相关	减小	减小	不一定
消除非重复相关	减小	减小	不一定

从表 8-1 可以看出，在消除零相关时，由于最小控制输入节点的组数不变，结构可控性会随着最小控制输入节点个数的减小而提高。而在消除重复相关和非重复相关时，由于最小控制输入节点个数、组数均减小，结构可控性变化不一定，但由于最小控制输入节点个数对结构可控性的影响起主导作用。因此，在组数变化不是相当大的情况下，结构可控性会由于最小控制输入节点个数的减小而提高。同时，比较重复相关和非重复相关消除后的最小控制输入节点组数 N_{c1}' 和 N_{c2}' 的大小关系：

$$N_{c1}' - N_{c2}' = r_1r_2 - r_2 - r_1 = (r_1r_2 - r_2 - r_1 + 1) - 1 = (r_1 - 1)(r_2 - 1) - 1 \tag{8-6}$$

由 r_1、r_2 均为整数且 $r_1>1$、$r_2>2$ 可得 $(r_1-1)(r_2-1)-1>0$，即 $N_{c1}'>N_{c2}'$。

因此，对比消除重复相关和消除非重复相关，消除重复相关获得的最小控制输入节点组数要大于消除非重复相关，即消除重复相关所对应的结构可控性要强于消除非重复相关。

综上所述，在相关性消除后没有产生新相关性的情况中，为了尽量提高结构可控性的优化效率，应当优先消除零相关，然后是消除重复相关，最后消除非重复相关。

2. 相关性消除后产生新的相关组

此种情况可能出现的结果比较复杂，因此仅针对经过一个运行步长的消除前和消除后所涉及相关组进行讨论。由于对某一行进行相关性消除后，当前行会产生新的相关组，在最小控制输入的求解中，该行仍属于某一相关组中的一行，因此，在相关性消除后产生新相关组的情况中，最小控制输入节点的个数是不变的。对于最小控制输入节点组数的变化分为以下几种情况讨论。

（1）消除零相关且产生重复相关。设零相关组在消除前有 r_0 行、经过相关性消除产生的重复相关组有 r_1 行，其中 r_0、r_1 均为整数且 $r_0>0$、$r_1>1$，则消除前的最小控制输入节点组数 N_{c01} 为

$$N_{c01} = C_{r_0}^{r_0}C_{r_1-1}^{r_1-2} = r_1 - 1 \tag{8-7}$$

消除后的最小控制输入节点组数 N_{c01}' 为

$$N_{c01}' = C_{r_0-1}^{r_0-1}C_{r_1}^{r_1-1} = r_1 \tag{8-8}$$

通过比较 N_{c01} 与 N_{c01}' 可以看出，消除零相关且产生重复相关时，最小控制输入节点的组数增大。

（2）消除零相关且产生非重复相关。设零相关组在消除前有 r_0 行、经过相关性消除产生的非重复相关组有 r_2 行，其中 r_0、r_2 均为整数且

$r_0>0$、$r_2>2$,则消除前的最小控制输入节点组数 N_{c02} 为

$$N_{c02} = C_{r_0}^{r_0} = 1 \tag{8-9}$$

消除后的最小控制输入节点组数 N_{c02}'为

$$N_{c02}' = C_{r_0-1}^{r_0-1} C_{r_2}^{1} = r_2 \tag{8-10}$$

通过比较 N_{c02} 与 N_{c02}'可以看出,消除零相关且产生非重复相关时,最小控制输入节点的组数增大。

(3) 消除重复相关且产生零相关。设重复相关组在消除前有 r_1 行、经过相关性消除产生的零相关组有 r_0 行,其中 r_1、r_0 均为整数且 $r_1>1$、$r_0>0$,则消除前的最小控制输入节点组数 N_{c10} 为

$$N_{c10} = C_{r_1}^{r_1-1} C_{r_0-1}^{r_0-1} = r_1 \tag{8-11}$$

消除后的最小控制输入节点组数 N_{c10}'为

$$N_{c10}' = C_{r_1-1}^{r_1-2} C_{r_0}^{r_0} = r_1 - 1 \tag{8-12}$$

通过比较 N_{c10} 与 N_{c10}'可以看出,消除重复相关且产生零相关时,最小控制输入节点的组数减小。

(4) 消除重复相关且产生重复相关。设重复相关组在消除前有 r_{11} 行、经过相关性消除产生的重复相关组有 r_{12} 行,其中 r_{11}、r_{12} 均为整数且 $r_{11}>1$、$r_{12}>1$,则消除前的最小控制输入节点组数 N_{c11} 为

$$N_{c11} = C_{r_{11}}^{r_{11}-1} C_{r_{12}-1}^{r_{12}-2} = r_{11}(r_{12} - 1) \tag{8-13}$$

消除后的最小控制输入节点组数 N_{c11}'为

$$N_{c11}' = C_{r_{11}-1}^{r_{11}-2} C_{r_{12}}^{r_{12}-1} = (r_{11} - 1) r_{12} \tag{8-14}$$

比较消除前和消除后的最小控制输入节点组数 N_{c11} 和 N_{c11}'的大小关系:

$$N_{c11} - N_{c11}' = r_{11}(r_{12} - 1) - (r_{11} - 1) r_{12} = r_{12} - r_{11} \tag{8-15}$$

不难得出,消除重复相关且产生重复相关时,若 $r_{12}-r_{11}>0$,则 $N_{c11}>N_{c11}'$,即最小控制输入节点的组数减小;若 $r_{12}-r_{11}=0$,则 $N_{c11}=N_{c11}'$,即最小控制输入节点的组数不变;若 $r_{12}-r_{11}<0$,则 $N_{c11}<N_{c11}'$,即最小控制输入节点的组数增大。

(5) 消除重复相关且产生非重复相关。设重复相关组在消除前有 r_1 行、经过相关性消除产生的非重复相关组有 r_2 行,其中 r_1、r_2 均为整数且 $r_1>1$、$r_2>2$,则消除前的最小控制输入节点组数 N_{c12} 为

$$N_{c12} = C_{r_1}^{r_1-1} = r_1 \tag{8-16}$$

消除后的最小控制输入节点组数 N_{c12}'为

$$N_{c12}' = C_{r_1-1}^{r_1-2} C_{r_2}^{1} = (r_1 - 1) r_2 \quad (8-17)$$

比较消除前和消除后的最小控制输入节点组数 N_{c12} 和 N_{c12}'的大小关系：

$$N_{c12} - N_{c12}' = r_1 - (r_1 - 1) r_2 = r_1 - r_1 r_2 + r_2 = 1 - (r_1 - 1)(r_2 - 1) \quad (8-18)$$

由 r_1、r_2 均为整数且 $r_1>1$、$r_2>2$ 不难得出 $1-(r_1-1)(r_2-1)<0$，即 $N_{c12}<N_{c12}'$，因此，消除重复相关且产生非重复相关时，最小控制输入节点的组数增大。

(6) 消除非重复相关且产生零相关。设非重复相关组在消除前有 r_2 行、经过相关性消除产生的零相关组有 r_0 行，其中 r_2、r_0 均为整数且 $r_2>2$、$r_0>0$，则消除前的最小控制输入节点组数 N_{c20} 为

$$N_{c20} = C_{r_2}^{1} C_{r_0-1}^{r_0-1} = r_2 \quad (8-19)$$

消除后的最小控制输入节点组数 N_{c20}'为

$$N_{c20}' = C_{r_0}^{r_0} = 1 \quad (8-20)$$

通过比较 N_{c20} 与 N_{c20}'可以看出，消除非重复相关且产生零相关时，最小控制输入节点的组数减小。

(7) 消除非重复相关且产生重复相关。设非重复相关组在消除前有 r_2 行、经过相关性消除产生的重复相关组有 r_1 行，其中 r_2、r_1 均为整数且 $r_2>2$、$r_1>1$，则消除前的最小控制输入节点组数 N_{c21} 为

$$N_{c21} = C_{r_2}^{1} C_{r_1-1}^{r_1-2} = r_2(r_1 - 1) \quad (8-21)$$

消除后的最小控制输入节点组数 N_{c21}'为

$$N_{c21}' = C_{r_1}^{r_1-1} = r_1 \quad (8-22)$$

比较消除前和消除后的最小控制输入节点组数 N_{c21} 和 N_{c21}'的大小关系：

$$N_{c21} - N_{c21}' = r_2(r_1 - 1) - r_1 = r_2 r_1 - r_1 - r_2 = (r_1 - 1)(r_2 - 1) - 1 \quad (8-23)$$

由 r_2、r_1 均为整数且 $r_2>2$、$r_1>1$ 不难得出 $(r_1-1)(r_2-1)-1>0$，即 $N_{c21}>N_{c21}'$。因此，消除非重复相关且产生重复相关时，最小控制输入节点的组数减小。

(8) 消除非重复相关且产生非重复相关。设非重复相关组在消除前有 r_{21} 行、经过相关性消除产生的非重复相关组有 r_{22} 行，则消除前的最小控制输入节点组数 N_{c22} 为

$$N_{c22} = C_{r_{21}}^{1} = r_{21} \quad (8-24)$$

消除后的最小控制输入节点组数 N_{c22}'为

$$N_{c22}' = C_{r_{22}}^{1} = r_{22} \tag{8-25}$$

不难得出,消除非重复相关且产生非重复相关时,若 $r_{21}-r_{22}>0$,则 $N_{c22}>N_{c22}'$,即最小控制输入节点的组数减小;若 $r_{12}-r_{11}=0$,则 $N_{c22}=N_{c22}'$,即最小控制输入节点的组数不变;若 $r_{21}-r_{22}<0$,则 $N_{c22}<N_{c22}'$,即最小控制输入节点的组数增大。

总结上述 8 种相关性消除对结构可控性的影响,最小控制输入节点个数、最小控制节点组数及结构可控性的统计结果如表 8-2 所列。

表 8-2　情况 2 中的结构可控性影响统计

情况分类	最小控制输入节点个数	最小控制输入节点组数	结构可控性
消除零相关且产生重复相关	不变	增大	提高
消除零相关且产生非重复相关	不变	增大	提高
消除重复相关且产生零相关	不变	减小	降低
消除重复相关且产生重复相关	不变	不一定	不一定
消除重复相关且产生非重复相关	不变	增大	提高
消除非重复相关且产生零相关	不变	减小	降低
消除非重复相关且产生重复相关	不变	减小	降低
消除非重复相关且产生非重复相关	不变	不一定	不一定

从表 8-2 可以看出,消除零相关一定能够提高结构可控性;无论是消除重复相关还是非重复相关,一旦产生零相关将会降低结构可控度;在不产生零相关的前提下,消除重复相关将会提高或不影响结构可控度,消除非重复相关将会降低或不影响结构可控性。

综上所述,在相关性消除后产生新相关性的情况中,为了尽量提高结构可控性的优化效率,应当优先消除零相关,然后是消除重复相关,最后消除非重复相关。

综合相关性消除后没有产生新的相关组和产生新的相关组这两种情况来看,两种情况所对应的优化顺序是一致的,即零相关优先消除,重复相关次之,最后是非重复相关。虽然在两种情况的讨论中包含了一些不确定情况,并且未考虑 3 种相关性出现重复交叉的情况,但按照当前优化顺序,基本保证了以最小控制输入节点个数为主要消减对象,并且充分考虑了最小控制输入节点组数的影响,能够从整体上实现结构可控性的提高,完成对结构可控性的优化。

8.1.3 验证分析

为了验证结构可控性的优化顺序及优化效果,说明按照 8.1.2 节中的优化顺序进行的相关性消除能够有效实现结构可控性的优化,从上一章节生成的大量 ER、NW、BA 网络中各选取一个充裕稳定输入节点个数 $N_{dc}=90$ 的网络为示例网络,分别对 3 个网络进行基于行相关性的结构可控性优化。

在优化过程中,每一个施控步长内仅可调整网络的一条连边,按照零相关组、重复相关组、非重复相关组的优化顺序进行相关性消除。并且为不失一般性,在重复相关或非重复相关类型的分组中如果存在多组,则随机选取一组;在待消除的相关组中,随机选取一行;在矩阵 $\boldsymbol{A}$ 对应的选定行中,随机选取一条连边进行增边(元素值 0 变更为 1)或减边(元素值 1 变更为 0)操作。在网络结构可控性的优化过程中,计算每一个运行步长后示例网络的可控性指标 n_{d} 和结构可控度 n_{dc},3 个网络的计算结果分别如图 8-1(a)、(b)、(c)所示。

从图中的优化过程来看,n_{d} 会出现减小或不变的情况,符合表 8-1 和表 8-2 中的统计规律,n_{d} 整体均呈减小趋势说明了本节的结构可控性优化是以消减 N_{d} 为主。而 n_{dc} 会出现不变、减小或增大的不确定情况,这是由于存在表 8-1 和表 8-2 中的不确定情况和相关性之间重复交叉的情况,但 n_{dc} 整体均呈减小趋势,说明了本节的结构可控性优化具有一定的效率和效果。从图中的最终结果可以看出,3 个示例网络均达到了 $n_{dc}=0.01$,即对于经过结构可控性优化的 3 个示例网络而言,对任意一个网络节点进行控制输入,均可实现结构可控,说明按照本节中的优化步骤,有效消除了矩阵 $\lambda_k\boldsymbol{I}-\boldsymbol{A}$ 的行相关性,实现了结构可控性的最优化。

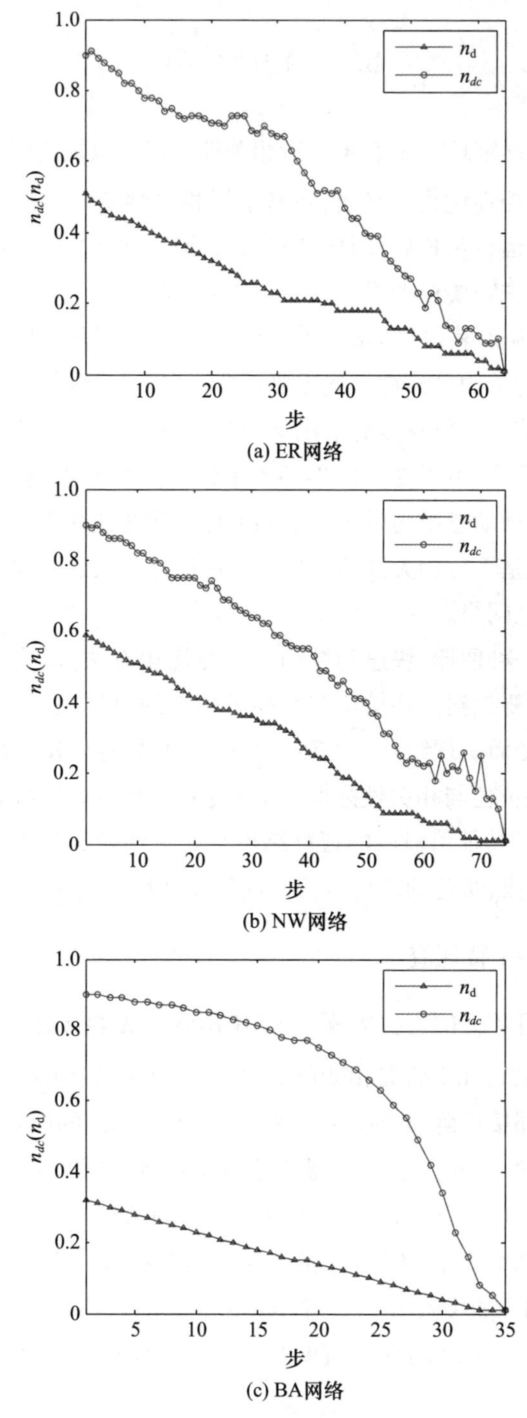

图 8-1　优化过程中的 n_{dc} 和 n_d

8.2 特征结构

消除 PBH 判定矩阵 $\lambda_k \boldsymbol{I}-\boldsymbol{A}$ 的行相关性可以有效提高网络的结构可控性,实现结构可控性优化。然而,在基于行相关性的结构可控性优化过程中,经过每一个运行步长后,网络结构都会受到轻微的改变,因此在下一个运行步长中,首先需要根据当前网络的邻接矩阵 $\boldsymbol{A}$ 来计算所有特征值对应的矩阵 $\lambda_k \boldsymbol{I}-\boldsymbol{A}$,从而获得当前准确的行相关情况。显然,从计算量上来看,基于行相关性的结构可控性优化需要花费一定的计算时间,尤其是在特征值较多或网络节点总数较多的情况下,需要花费大量的计算时间。对于大多数信息网络而言,由于受到外界环境中各种因素的影响,其网络结构是瞬息万变的,这种动态结构带来的结构可控性问题往往都需要及时地应对和处理。因此,基于行相关性的结构可控性优化不太适合用于大多数实时需求较强的信息网络。

为了寻找一种便捷、快速的结构可控性优化方法,以适用于大多数信息网络,首先需要找到拓扑结构与结构可控性的直接关系,这样才能直接通过结构的改变而实现结构可控性的优化。本节将从相关性的角度探究 0 特征值、-1 特征值与相关性之间的联系;从具有规律性特点的拓扑结构入手,探究 0/-1 特征值对应的特征结构与相关性乃至结构可控性之间的关系,为实现便捷、快速的结构可控性优化提供基础支撑。

8.2.1 0/-1 特征值

影响网络可控性的直接因素是 PBH 矩阵中 $\lambda_k \boldsymbol{I}-\boldsymbol{A}$ 矩阵的行相关性,而矩阵 $\lambda_k \boldsymbol{I}-\boldsymbol{A}$ 的行相关性是由矩阵 $\boldsymbol{A}$ 和特征值 λ_k 共同决定。显然,行相关性不仅受到邻接矩阵 $\boldsymbol{A}$ 的影响,还受到特征值 λ_k 的影响,不同特征值 λ_k 表现出不同的行相关性。虽然对于大部分特征值而言,它们与矩阵 $\lambda_k \boldsymbol{I}-\boldsymbol{A}$ 的行相关性之间的联系并没有明显的规律性,但对于 0 和-1 这两个特征值却比较特殊,它们与行相关性之间存在着一定的联系。在零相关、重复相关和非重复相关这 3 种相关情况中,零相关与 0 特征值、重复相关与 0/-1 特征值之间存在着明显关系,具体关系可由下述两个定理描述。

定理 8-1 如果矩阵 $\lambda_k \boldsymbol{I}-\boldsymbol{A}$ 中存在着零相关,则对应特征值一定为 0,即 $\lambda_k=0$。

证明:设 N 维矩阵 $\lambda_k \boldsymbol{I}-\boldsymbol{A}$ 中存在零向量行,且为第 i 行,矩阵 $\lambda_k \boldsymbol{I}-\boldsymbol{A}$ 中第 i 行的具体元素如下述矩阵所示,即

$$\begin{bmatrix} \cdots & \cdots & \cdots & \cdots & \cdots & \cdots \\ -a_{i1} & -a_{i2} & \cdots & \lambda_k & \cdots & -a_{iN} \\ \vdots & \vdots & \vdots & \vdots & \ddots & \vdots \\ \cdots & \cdots & \cdots & \cdots & \cdots & \cdots \end{bmatrix} \tag{8-26}$$

由于第 i 行为零向量行,则该行每一个元素均为 0,因此有

$$\lambda_k = -a_{ix} = 0, x = 1,2,\cdots,N \text{ 且 } x \neq i \tag{8-27}$$

证毕。

定理 8-2 如果矩阵 $\lambda_k \boldsymbol{I}-\boldsymbol{A}$ 中存在着重复相关行,则对应特征值一定为 0 或-1,即 $\lambda_k=0$ 或 $\lambda_k=-1$。

证明:设 N 维矩阵 $\lambda_k \boldsymbol{I}-\boldsymbol{A}$ 中存在相同行,且为第 i 行和第 j 行,矩阵 $\lambda_k \boldsymbol{I}-\boldsymbol{A}$ 中第 i 行和第 j 行的具体元素如下述矩阵所示,

$$\begin{bmatrix} \cdots & \cdots & \cdots & \cdots & \cdots & \cdots & \cdots & \cdots \\ -a_{i1} & -a_{i2} & \cdots & \lambda_k & \cdots & -a_{ij} & \cdots & -a_{iN} \\ \vdots & \vdots & \vdots & \vdots & \ddots & \vdots & \vdots & \vdots \\ -a_{j1} & -a_{j2} & \cdots & -a_{ji} & \cdots & \lambda_k & \cdots & -a_{jN} \\ \cdots & \cdots & \cdots & \cdots & \cdots & \cdots & \cdots & \cdots \end{bmatrix} \tag{8-28}$$

由于第 i 行和第 j 行为相同行,则两行元素中的每一个同列元素均相同,因此有

$$\begin{cases} a_{ix} = a_{jx}, x = 1,2,\cdots,N \text{ 且 } x \neq i, j \\ \lambda_k = -a_{ij} = -a_{ji} \end{cases} \tag{8-29}$$

由于文中网络均为无权网络,邻接矩阵 $\boldsymbol{A}$ 中的元素仅可能为 0 或 1,即 $a_{ij}=0$ 或 $a_{ij}=1$,因此 $\lambda_k=0$ 或 $\lambda_k=-1$。**证毕**。

显然,由定理 8-1 和定理 8-2 可知 0/-1 特征值与零相关和重复相关之间存在着一定的关系:在矩阵 $\lambda_k \boldsymbol{I}-\boldsymbol{A}$ 所有的行相关中,如果存在零相关,那么一定是 0 特征值所决定的;如果存在重复相关,那么一定是 0/-1 特征值所决定的。

8.2.2 0/-1 特征结构

所有特征值 λ_k 都是由邻接矩阵 $\boldsymbol{A}$ 求得的,即任何一个特征值都是由网络的拓扑结构所决定的,也就是说什么样的网络结构就对应了什么样的

特征值,某个特征值对应的规律性网路结构,可以称之为这个特征值的特征结构。从 8.2.1 节可知,0/-1 特征值所对应的矩阵 $\lambda_k \boldsymbol{I}-\boldsymbol{A}$ 行相关中,包含了所有存在的零相关和重复相关,其他非 0/-1 特征值所对应的 $\lambda_k \boldsymbol{I}-\boldsymbol{A}$ 矩阵中是不可能出现零相关和重复相关的。因此,如果能够找到 0/-1 对应的特征结构,建立信息网络的结构与零相关和重复相关之间的某些联系,则可为后续信息网络的结构可控性优化提供新的思路。

1. 0 特征结构

由定理 8-1 可知,矩阵 $\lambda_k \boldsymbol{I}-\boldsymbol{A}$ 存在零相关时,对应的特征值 $\lambda_k=0$。不妨设矩阵 $\lambda_k \boldsymbol{I}-\boldsymbol{A}$ 的第 1 行为全零行,即

$$\begin{bmatrix} 0 & 0 & 0 & \cdots & 0 \\ -a_{21} & 0 & -a_{23} & \cdots & -a_{2N} \\ \vdots & & \ddots & & \vdots \\ \vdots & & & \ddots & \vdots \\ -a_{N1} & \cdots & \cdots & \cdots & 0 \end{bmatrix} \tag{8-30}$$

此时,$\lambda_k \boldsymbol{I}-\boldsymbol{A}=0 \cdot \boldsymbol{I}-\boldsymbol{A}=-\boldsymbol{A}$,即 $-\boldsymbol{A}$(或 $\boldsymbol{A}$)中存在全零行,说明了网络中存在孤立节点。

由定理 8-2 可知,矩阵 $\lambda_k \boldsymbol{I}-\boldsymbol{A}$ 存在重复相关时,对应的特征值 $\lambda_k=0$ 或 $\lambda_k=-1$。不妨设 $\lambda_k=0$ 的情况下,矩阵 $\lambda_k \boldsymbol{I}-\boldsymbol{A}$ 的第 1 行到第 i 行($i \geqslant 2$)均相同,则矩阵 $\lambda_k \boldsymbol{I}-\boldsymbol{A}$ 必须满足以下形式:

$$\begin{bmatrix} 0 & 0 & \cdots & 0 & -a_{1,i+1} & \cdots & -a_{1N} \\ 0 & 0 & \cdots & 0 & -a_{1,i+1} & \cdots & -a_{1N} \\ \vdots & \vdots & \vdots & \vdots & \vdots & \vdots & \vdots \\ 0 & 0 & \cdots & 0 & -a_{1,i+1} & \cdots & -a_{1N} \\ -a_{i+1,1} & -a_{i+1,2} & \cdots & \cdots & 0 & -a_{i+1,i+2} & -a_{i+1,N} \\ \vdots & \vdots & \vdots & \vdots & \vdots & \ddots & \vdots \\ -a_{N1} & \cdots & \cdots & \cdots & \cdots & \cdots & 0 \end{bmatrix} \tag{8-31}$$

此时,$\lambda_k \boldsymbol{I}-\boldsymbol{A}=0 \cdot \boldsymbol{I}-\boldsymbol{A}=-\boldsymbol{A}$,即 $-\boldsymbol{A}$(或 $\boldsymbol{A}$)的第 1 行到第 i 行均相同,根据矩阵 $-\boldsymbol{A}$ 必须满足的基本形式,易得矩阵 $\boldsymbol{A}$ 必须满足以下形式:

$$
\begin{bmatrix}
0 & 0 & \cdots & 0 & a_{1,i+1} & \cdots & a_{1N} \\
0 & 0 & \cdots & 0 & a_{1,i+1} & \cdots & a_{1N} \\
\vdots & \vdots & \vdots & \vdots & \vdots & \vdots & \vdots \\
0 & 0 & \cdots & 0 & a_{1,i+1} & \cdots & a_{1N} \\
a_{i+1,1} & a_{i+1,2} & \cdots & \cdots & 0 & a_{i+1,i+2} & a_{i+1,N} \\
\vdots & \vdots & \vdots & \vdots & \vdots & \ddots & \vdots \\
a_{N1} & \cdots & \cdots & \cdots & \cdots & \cdots & 0
\end{bmatrix} \tag{8-32}
$$

说明了网络中存在连接情况相同的节点,且这些节点互不相连。

从上述两方面分析不难看出,特征值 0 对应着具有明显规律性的特征结构,将这种特征结构定义如下。

定义 8-1 独立共连结构。独立共连结构是指网络中存在若干节点(称为对象节点),这些节点之间是独立不相连的,但它们与网络中其他节点的连接状况是完全相同的。如图 8-2 所示,图中虚线内的对象节点独立互不相连,但这些节点共同连接了其他网络中的节点,构成了独立共连结构。特别地,当对象节点与网络中其他节点均为不相连时,独立共连结构中的对象节点即为孤立节点。

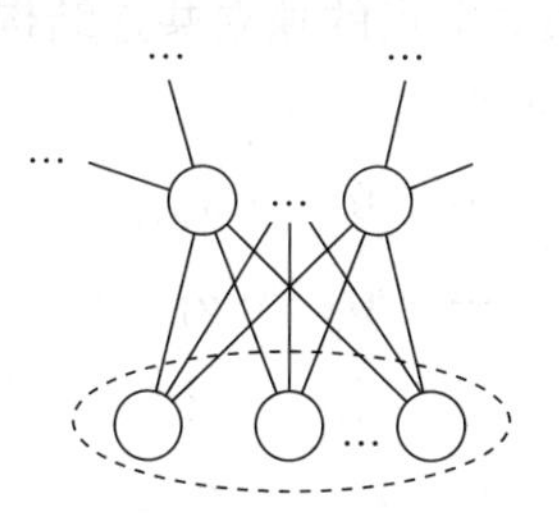

图 8-2 独立共连结构

在当前的信息网络中,局部网络特征经常体现出独立共连结构。如遭受攻击形成孤立节点(图 8-3(a))、3 点链状结构(图 8-3(b)),根据任务需求形成的星状结构(图 8-3(c))。

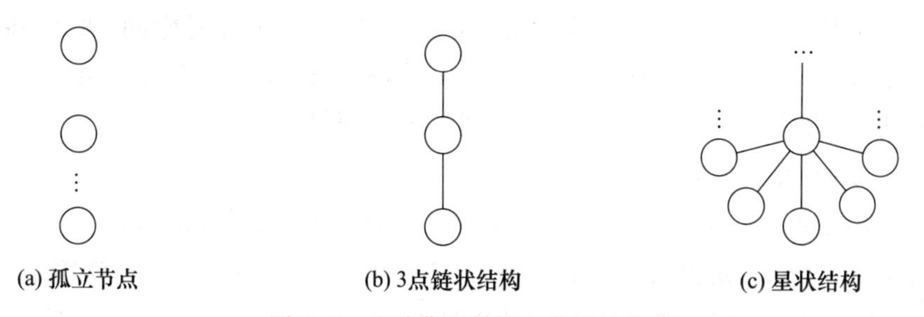

图 8-3 几种典型的独立共连结构

综合以上分析与定义,针对特征值0的规律性特征结构——独立共连结构具有以下定理。

定理8-3 网络中存在独立共连结构的充要条件是,该网络的邻接矩阵$\boldsymbol{A}$具有特征值0且矩阵$\boldsymbol{A}$中存在全零行或相同行。

证明:充分性已在本小节开头进行了分析说明,下面主要证明必要性。

邻接矩阵$\boldsymbol{A}$的特征值λ_k满足

$$\varphi(\lambda_k)=\det(\lambda_k\boldsymbol{I}-\boldsymbol{A})=0 \tag{8-33}$$

当网络中存在孤立节点时,不妨设节点1为孤立节点,则矩阵$\lambda_k\boldsymbol{I}-\boldsymbol{A}$为

$$\begin{bmatrix} \lambda_k & 0 & 0 & \cdots & 0 \\ -a_{21} & \lambda_k & -a_{23} & \cdots & -a_{2N} \\ \vdots & & \ddots & & \vdots \\ \vdots & & & \ddots & \vdots \\ -a_{N1} & \cdots & \cdots & \cdots & \lambda_k \end{bmatrix} \tag{8-34}$$

显然,当$\lambda_k=0$时,矩阵$\lambda_k\boldsymbol{I}-\boldsymbol{A}$中的第1行全部为0,此时$\det(\lambda_k\boldsymbol{I}-\boldsymbol{A})=0$。因此$\varphi(0)=0$,即0为$\boldsymbol{A}$的特征值。由$0\cdot\boldsymbol{I}-\boldsymbol{A}=-\boldsymbol{A}$可知,矩阵$-\boldsymbol{A}$存在全零行,即矩阵$\boldsymbol{A}$存在全零行。

当网络中存在不含孤立节点的独立共连结构时,不妨设1到i点为独立共连结构,则矩阵$\lambda_k\boldsymbol{I}-\boldsymbol{A}$为

$$\begin{bmatrix} \lambda_k & 0 & \cdots & 0 & -a_{1,i+1} & \cdots & -a_{1N} \\ 0 & \lambda_k & \cdots & 0 & -a_{1,i+1} & \cdots & -a_{1N} \\ \vdots & \vdots & \vdots & \vdots & \vdots & \vdots & \vdots \\ 0 & 0 & \cdots & \lambda_k & -a_{1,i+1} & \cdots & -a_{1N} \\ -a_{i+1,1} & -a_{i+1,2} & \cdots & \cdots & \lambda_k & -a_{i+1,i+2} & -a_{i+1,N} \\ \vdots & \vdots & \vdots & \vdots & \vdots & \ddots & \vdots \\ -a_{N1} & \cdots & \cdots & \cdots & \cdots & \cdots & \lambda_k \end{bmatrix} \tag{8-35}$$

显然,当$\lambda_k=0$时,矩阵$\lambda_k\boldsymbol{I}-\boldsymbol{A}$中的1到$i$行完全相同,此时$\det(\lambda_k\boldsymbol{I}-\boldsymbol{A})=0$。因此$\varphi(0)=0$,即0为$\boldsymbol{A}$的特征值。由$0\cdot\boldsymbol{I}-\boldsymbol{A}=-\boldsymbol{A}$可知,矩阵$-\boldsymbol{A}$存在相同行,即矩阵$\boldsymbol{A}$存在相同行。**证毕**。

2. −1特征结构

由定理8-2可知,矩阵$\lambda_k\boldsymbol{I}-\boldsymbol{A}$存在重复相关时,对应的特征值$\lambda_k=0$或$\lambda_k=-1$。不妨设$\lambda_k=-1$的情况下,矩阵$\lambda_k\boldsymbol{I}-\boldsymbol{A}$的第1行到第$i$行($i\geqslant 2$)均相同,则矩阵$\lambda_k\boldsymbol{I}-\boldsymbol{A}$必须满足以下形式:

$$
\begin{bmatrix}
-1 & -1 & \cdots & -1 & -a_{1,i+1} & \cdots & -a_{1N} \\
-1 & -1 & \cdots & -1 & -a_{1,i+1} & \cdots & -a_{1N} \\
\vdots & \vdots & \vdots & \vdots & \vdots & \vdots & \vdots \\
-1 & -1 & \cdots & -1 & -a_{1,i+1} & \cdots & -a_{1N} \\
-a_{i+1,1} & -a_{i+1,2} & \cdots & \cdots & -1 & -a_{i+1,i+2} & -a_{i+1,N} \\
\vdots & \vdots & \vdots & \vdots & \vdots & \ddots & \vdots \\
-a_{N1} & \cdots & \cdots & \cdots & \cdots & \cdots & -1
\end{bmatrix}
\tag{8-36}
$$

此时，$\lambda_k \boldsymbol{I}-\boldsymbol{A}=-1\cdot\boldsymbol{I}-\boldsymbol{A}=-\boldsymbol{I}-\boldsymbol{A}$，即$-\boldsymbol{I}-\boldsymbol{A}$（或$\boldsymbol{A}+\boldsymbol{I}$）的第1行到第$i$行均相同，根据矩阵$-\boldsymbol{I}-\boldsymbol{A}$必须满足的基本形式，易得矩阵$\boldsymbol{A}$必须满足以下形式：

$$
\begin{bmatrix}
0 & 1 & \cdots & 1 & a_{1,i+1} & \cdots & a_{1N} \\
1 & 0 & \cdots & 1 & a_{1,i+1} & \cdots & a_{1N} \\
\vdots & \vdots & \vdots & \vdots & \vdots & \vdots & \vdots \\
1 & 1 & \cdots & 0 & a_{1,i+1} & \cdots & a_{1N} \\
a_{i+1,1} & a_{i+1,2} & \cdots & \cdots & 0 & a_{i+1,i+2} & a_{i+1,N} \\
\vdots & \vdots & \vdots & \vdots & \vdots & \ddots & \vdots \\
a_{N1} & \cdots & \cdots & \cdots & \cdots & \cdots & 0
\end{bmatrix}
\tag{8-37}
$$

说明了网络中存在连接情况相同的节点，且这些节点互相连接。

从上述分析不难看出，特征值-1对应着具有明显规律性的特征结构，将这种特征结构定义如下。

定义 8-2 互连共连结构。互连共连结构是指网络中存在若干节点（称为对象节点），这些节点之间是互相连接的，且它们与网络中其他节点的连接状况是完全相同的。如图8-4所示，图中虚线内的对象节点互相连通，且这些节点共同连接了其他网络中的节点，构成了互连共连结构。

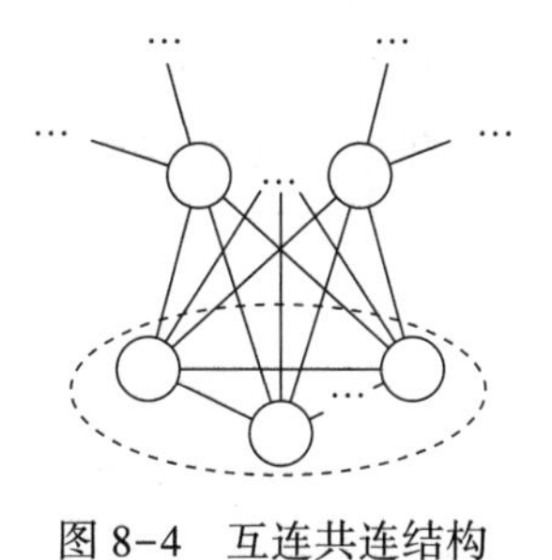

图 8-4　互连共连结构

与独立共连结构相同，在当前的信息网络中，局部网络特征经常体现出互连共连结构。如遭受攻击形成的两点链状结构（图 8-5(a)），根据任务需求形成的最小环状结构（图 8-5(b)）、全连通结构（图 8-5(c)）。

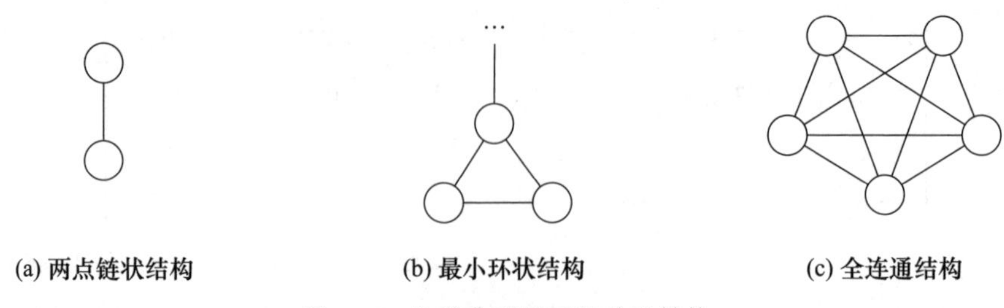

图 8-5　几种典型的互连共连结构

综合以上分析与定义，针对特征值-1 的规律性特征结构——互连共连结构具有以下定理。

定理 8-4　网络中存在互连共连结构的充要条件是，该网络的邻接矩阵 $\boldsymbol{A}$ 具有特征值-1 且矩阵 $\boldsymbol{A}+\boldsymbol{I}$ 中存在相同行。

证明：充分性已在本小节开头进行了分析说明，下面主要证明必要性。

邻接矩阵 $\boldsymbol{A}$ 的特征值 λ_k 满足式(8-1)，不妨设 1 到 i 点为互连共连结构，则矩阵 $\lambda_k\boldsymbol{I}-\boldsymbol{A}$ 为

$$\begin{bmatrix} \lambda_k & -1 & \cdots & -1 & -a_{1,i+1} & \cdots & -a_{1N} \\ -1 & \lambda_k & \cdots & -1 & -a_{1,i+1} & \cdots & -a_{1N} \\ \vdots & \vdots & \vdots & \vdots & \vdots & \vdots & \vdots \\ -1 & \cdots & \cdots & \lambda_k & -a_{1,i+1} & \cdots & -a_{1N} \\ -a_{i+1,1} & -a_{i+1,2} & \cdots & \cdots & \lambda_k & -a_{i+1,i+2} & -a_{i+1,N} \\ \vdots & \vdots & \vdots & \vdots & \vdots & \ddots & \vdots \\ -a_{N1} & \cdots & \cdots & \cdots & \cdots & \cdots & \lambda_k \end{bmatrix} \tag{8-38}$$

显然，当 $\lambda_k=-1$ 时，矩阵 $\lambda_k\boldsymbol{I}-\boldsymbol{A}$ 中的 1 到 i 行完全相同，此时 $\det(\lambda_k\boldsymbol{I}-\boldsymbol{A})=0$。因此 $\varphi(-1)=0$，即-1 为 $\boldsymbol{A}$ 的特征值。由 $-1\cdot\boldsymbol{I}-\boldsymbol{A}=-\boldsymbol{I}-\boldsymbol{A}$ 可知，矩阵 $-\boldsymbol{I}-\boldsymbol{A}$ 存在相同行，即矩阵 $\boldsymbol{A}+\boldsymbol{I}$ 存在相同行。**证毕**。

8.2.3　关系说明

由定理 8-3 和定理 8-4 可知，独立共连结构对应了特征值 0 决定的零相关和重复相关，互连共连结构对应了特征值-1 决定的重复相关，因此，网络中所有的独立共连结构和互连共连结构，即 0/-1 特征结构，对应了特

征值 0 决定的零相关和特征值 0/-1 决定的重复相关。又由定理 8-1 和定理 8-2 可知,所有存在的零相关均由特征值 0 决定,所有存在的重复相关均由特征值 0/-1 决定,因此,网络中所有的 0/-1 特征结构对应了矩阵 $\lambda_k \boldsymbol{I}-\boldsymbol{A}$ 中所有的零相关和重复相关。

对于零向量相关、重复相关和非重复相关这 3 种矩阵 $\lambda_k \boldsymbol{I}-\boldsymbol{A}$ 的行相关性而言,形成零向量相关仅需要有一行为全零行即可,形成重复相关仅需要有两行完全相同行即可,而形成非重复相关则至少需要有三行并且通过合适的系数组成相关组。而且由于矩阵 $\lambda_k \boldsymbol{I}-\boldsymbol{A}$ 为对角线均为 λ_k 的实对称矩阵,且其中的元素仅有 0 和-1 两种,因此从形成的难易程度上来看,在矩阵 $\lambda_k \boldsymbol{I}-\boldsymbol{A}$ 中形成零向量相关、重复相关比非重复相关要容易很多,也就是说所有矩阵 $\lambda_k \boldsymbol{I}-\boldsymbol{A}$ 的行相关中绝大部分都是零向量相关和重复相关。

综合上述分析,不难得出矩阵 $\lambda_k \boldsymbol{I}-\boldsymbol{A}$ 的行相关性基本是由 0/-1 特征结构所决定的,换句话说,0/-1 特征结构极大地影响着网络的结构可控性。

为了简便直观的验证 0/-1 特征结构与结构可控性的关系,以最小控制输入的节点个数为对比变量来进行分析说明。0 特征结构即独立共连结构所决定的最小控制输入节点个数可由特征值 0 的几何重数 $c(0)$ 求得:

$$c(0) = N - \operatorname{rank}(\boldsymbol{A}) \tag{8-39}$$

-1 特征结构即共连互连结构所决定的最小控制输入节点个数可由特征值-1 的几何重数 $c(-1)$ 求得:

$$c(-1) = N - \operatorname{rank}(\boldsymbol{A} + \boldsymbol{I}) \tag{8-40}$$

与 7.3 节的验证实验相同,分别以 ER、NW、BA 三种典型的复杂网络来体现信息网络的复杂拓扑结构。网络节点总数 N 均为 100,分别生成参数变化的 3 种复杂网络,其中 ER 网络、NW 网络的变化参数为连接概率 p,BA 网络的变化参数为平均度的半值 $\langle k\rangle/2$,每个变化参数均独立生成了 20 个网络,计算结果均为 20 个网络的平均值。ER、NW、BA 网络的 $c(0)$、$c(-1)$、$c(0)+c(-1)$、最小控制输入节点个数 N_d 分别如图 8-6(a)、(c)、(e)所示,N_d 与 $c(0)+c(-1)$ 的差值 Dv 分别如图 8-6(b)、(d)、(f)所示。

从图 8-6(a)、(c)、(e)可以看出,3 种网络的 $c(0)$、$c(-1)$ 具有一定的变化规律。

(1) 在 ER 网络中,当连接概率 p 较小时,网络较为稀疏,此时网络中主要存在孤立节点,因此 $c(0)$ 较大,$c(-1)$ 较小;当连接概率 p 较大时,网络较为稠密,网络中存在诸多互连共连结构,因此 $c(0)$ 较小,$c(-1)$ 较大。

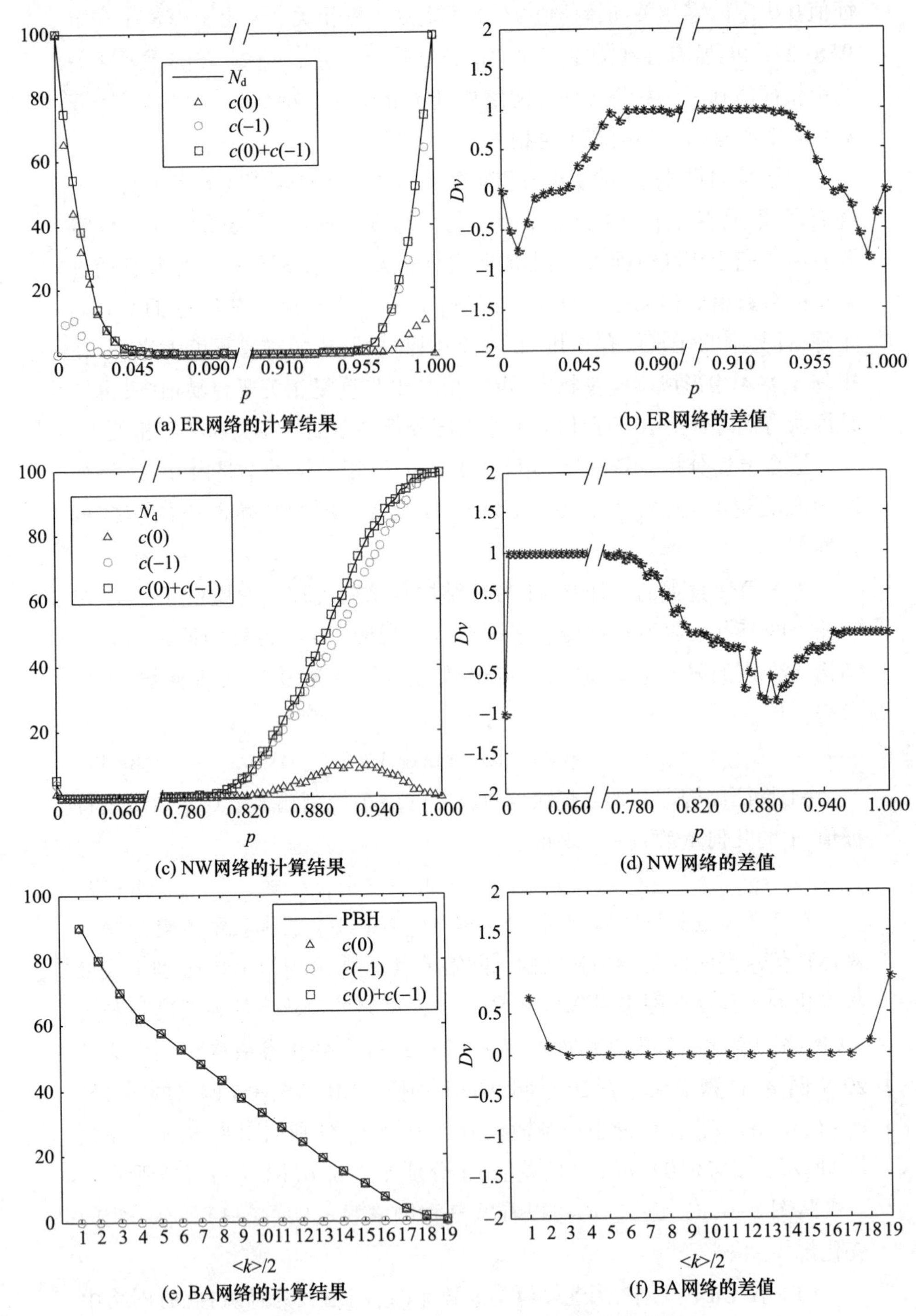

(a) ER网络的计算结果　(b) ER网络的差值

(c) NW网络的计算结果　(d) NW网络的差值

(e) BA网络的计算结果　(f) BA网络的差值

图 8-6　3 种复杂网络的几何重数和最小控制输入

在连接概率 p 增大的过程中，孤立节点逐渐减少，互连共连结构逐渐增多，因此 $c(0)$ 逐渐减小，$c(-1)$ 逐渐增大。

(2) 在 NW 网络中，随着连接概率 p 的增大，网络逐渐由稀疏变为稠密。起初随着网络边的增加形成独立共连、互连共连结构均增多，因此 $c(0)$、$c(-1)$ 均逐渐增大；但随着边越来越多，独立共连结构会逐渐减少，而互连共连结构则继续增多，因此 $c(0)$ 逐渐减小、$c(-1)$ 继续逐渐增大。

(3) 在 BA 网络中，由于 BA 网络构造算法中的优先连接规则是一个孤立节点与若干个度较大的节点相连，因此在 $\langle k\rangle/2$ 增大的过程中，不可能产生互连共连结构，因此 $c(-1)$ 一直为 0；而随着 $\langle k\rangle/2$ 增大，孤立节点逐渐减少，因此 $c(0)$ 逐渐增大。

从图 8-6(a)、(c)、(e) 中 N_d 与 $c(0)+c(-1)$ 的比对，以及图 8-6(b)、(d)、(f) 差值 Dv 可以看出，N_d 与 $c(0)+c(-1)$ 的数值几乎是一致的。说明了在所有矩阵 $\lambda_k \boldsymbol{I}-\boldsymbol{A}$ 的行相关情况中，零向量相关和重复相关占大多数，非重复相关占极少数，0/-1 特征结构基本决定了最小控制输入的节点个数。考虑到最小控制输入的节点个数是影响结构可控性的主导因素，因此可以说，0/-1 特征结构极大地影响着网络的结构可控性。

8.3 基于特征结构的优化方法

由 8.2 节可知 0/-1 特征结构极大地影响着结构可控性，而 0/-1 特征结构对应着矩阵 $\lambda_k \boldsymbol{I}-\boldsymbol{A}$ 的零相关和重复相关，因此，网络中的 0/-1 特征结构越多，零相关组和重复相关组就越多。从 8.1 节可知，消除矩阵 $\lambda_k \boldsymbol{I}-\boldsymbol{A}$ 的行相关性可以有效提高网络结构可控性，而根据 0/-1 特征结构与行相关情况之间的明确关系，则可以为当前信息网络的结构可控性优化提供新的思路和方法：通过消除网络中具有明显特征规律的独立共连结构和互连共连结构，减小矩阵 $\lambda_k \boldsymbol{I}-\boldsymbol{A}$ 中的行相关性，最终达到提高结构可控性的目的。

8.3.1 方法步骤

与 8.1 节相同，本节中结构可控性优化的基本方法也是通过调整网络中的连边，即改变邻接矩阵 $\boldsymbol{A}$ 中的某些元素值，实现节点之间的增边或减边，从而破坏即消除 0/-1 特征结构，实现结构可控性的提高。信息网络中的 0/-1 特征结构可根据定理 8-3 和定理 8-4 由邻接矩阵 $\boldsymbol{A}$ 获得，消除特征结构的具体方法为:根据定理 8-3 独立共连结构对应矩阵 $\boldsymbol{A}$ 中的全零行和相同行,因此,消除独立共连结构的处理对象为矩阵 $\boldsymbol{A}$,消除 $\boldsymbol{A}$ 中的全零行则可消除孤立节点,消除相同行则可消除不含孤立节点的独立共连结构;由定理 8-4 可知,互连共连结构对应矩阵 $\boldsymbol{A}+\boldsymbol{I}$ 中的相同行,消除互连共连结构的处理对象为矩阵 $\boldsymbol{A}+\boldsymbol{I}$,消除 $\boldsymbol{A}+\boldsymbol{I}$ 中的相同行则可消除互连共连结构。

根据上述基本方法,对信息网络中的 0/-1 特征结构进行消除。同 8.1 节中消除相关性的结构可控性优化相同,在优化过程中,设置每个运行步长只允许对一条边进行一次增边或减边操作,具体优化步骤如下。

步骤 1:逐行判断矩阵 $\boldsymbol{A}$ 是否存在全零行。如果矩阵 $\boldsymbol{A}$ 中不存在全零行,则跳转步骤 2。如果存在全零行,则根据行编号获取对象点集 SP_0,随机生成两个整数 i 和 j,有 $i\in \mathrm{SP}_0, j\in(1,N)$ 且 $j\neq i$,令 $a_{ij}=1, a_{ji}=1$,继续运行步骤 1。

步骤 2:逐行对比矩阵 $\boldsymbol{A}$ 中是否存在相同行。如果矩阵 $\boldsymbol{A}$ 中不存在相同行,则跳转步骤 3。如果存在相同行,则根据行编号获取对象点集 SP_1,随机生成两个整数 i 和 j,有 $i\in \mathrm{SP}_1, j\in(1,N)$ 且 $j\neq i$,若 $a_{ij}=1$,则令 $a_{ij}=0$,$a_{ji}=0$,跳转步骤 1;若 $a_{ij}=0$,则令 $a_{ij}=1, a_{ji}=1$,继续运行步骤 2。

步骤 3:逐行对比矩阵 $\boldsymbol{A}+\boldsymbol{I}$ 中的其他行是否存在相同行。如果矩阵 $\boldsymbol{A}+\boldsymbol{I}$ 中不存在相同行,则完成结构可控性的优化。如果存在相同行,则根据行编号获取对象点集 SP_2,随机生成两个整数 i 和 j,有 $i\in \mathrm{SP}_2, j\in(1,N)$ 且 $j\neq i$,若 $a_{ij}=1$,则令 $a_{ij}=0, a_{ji}=0$,跳转步骤 1;若 $a_{ij}=0$,则令 $a_{ij}=1$,$a_{ji}=1$,继续运行步骤 3。

上述优化步骤中,由于步骤 2 和步骤 3 中随机进行减边操作,可能出现孤立节点,因此步骤 2 和步骤 3 中进行减边操作后均跳转步骤 1,以消除可能产生的孤立节点。当经过步骤 3 完成优化时,则说明此时的网络中不存在独立共连结构和互连共连结构这两种特征结构,矩阵 $\lambda_k\boldsymbol{I}-\boldsymbol{A}$ 的行相关性极大地减小,网络的结构可控性得到提高。

8.3.2 验证分析

为了验证本节结构可控性优化的有效性,从第 7 章生成的网络中,分别挑选 ER、NW、BA 三个不同类型的网络来表示信息网络,挑选网络的结构可控度 n_{dc} 均为 0.9。对 3 个网络分别实施基于 0/-1 特征结构的结构可控性优化,每一个运行步长后网络的结构可控度 n_{dc},实验结果如图 8-7 所示。

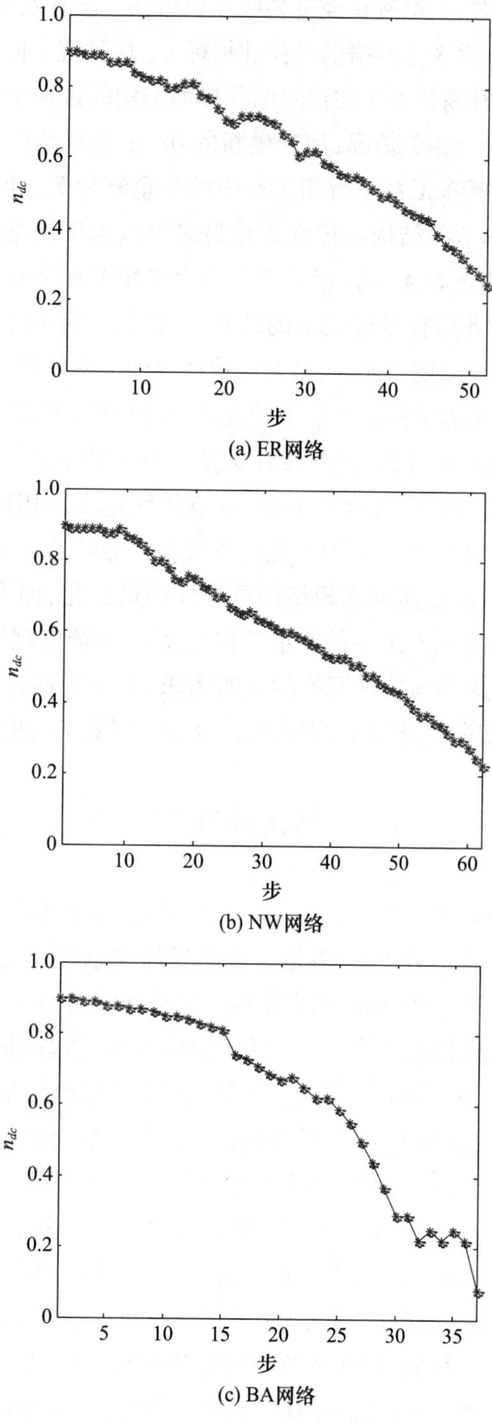

图 8-7　3 个网络的网络可控度

从图中可以看出，虽然在经过某些步长后，n_{dc} 没有发生变化或者甚至升高，但从整体来看 3 个网络的可控性指标 n_{dc} 均呈现了降低趋势。n_{dc} 没有发生变化或者升高是由于在消除两种典型结构的过程中，可能会产生新的结构，出现新的行相关情况，如产生新的 0/-1 特征结构，或是产生的非特征结构增加了矩阵 $\boldsymbol{\lambda}_k\boldsymbol{I}-\boldsymbol{A}$ 行相关性中的非重复相关。但无论产生何种新的网络结构，本节的结构可控性优化最终可以保证网络中不存在 0/-1 特征结构，即矩阵 $\boldsymbol{\lambda}_k\boldsymbol{I}-\boldsymbol{A}$ 的行相关性中不含零相关和重复相关，从而使得优化后的信息网络具有尽可能小的结构可控度，即尽可能强的结构可控性。相对于优化前的网络而言，结构可控性得到了有效提高。

本节中的优化方法同 8.1 节中的优化方法相比，不需要每一步优化后去计算矩阵 $\boldsymbol{\lambda}_k\boldsymbol{I}-\boldsymbol{A}$ 的行相关性，仅需要对矩阵 $\boldsymbol{A}$ 或矩阵 $\boldsymbol{A}+\boldsymbol{I}$ 的行进行相关判断，从计算量及复杂程度上来讲，本节的优化方法相比于 8.1 节更加快捷简单。与此同时，8.1 节中的优化方法由于能够消除矩阵 $\boldsymbol{\lambda}_k\boldsymbol{I}-\boldsymbol{A}$ 中的所有行相关情况，因此能够实现结构可控性的最优化，而本节的优化方法由于不能消除矩阵 $\boldsymbol{\lambda}_k\boldsymbol{I}-\boldsymbol{A}$ 中的非重复相关，因此不能实现结构可控性的最优化。但综合考虑当前信息网络的实时需求，本节中的优化方法简便、快捷，并且具有一定的优化效果，因此更适合于实时需求高的信息网络。

8.4 结构控制的实现

在当前的信息网络中，由于存在动态的信息节点和外界的影响因素，网络结构并不是静止不变的，而是具有明显的动态性，如何应用 8.3 节中的结构可控性优化方法，提高动态结构下信息网络的结构可控性是本章的研究重点。从引起信息网络动态结构的原因来看，动态网络结构的变换方式可以分为主动变换和被动变换。主动变换是信息网络根据任务需求，进行自主的、正常的结构变换；被动变换是信息网络遭受突发破坏，进行非自主的、异常的结构变换。无论是主动变换还是被动变换，均会引起信息网络的结构改变，使得网络的结构可控性也随之改变。由于主动变换和被动变换在发生场景和触发机制等方面具有明显的不同，因此在动态的信息网络中，结构可控性优化的应用方式也不同。本章以提高动态结构下信息网络的结构可控性为目的，以 8.3 节中的结构可控性优化为基础，分别从主动和被动两个角度，研究动态结构下信息网络的结构控制实施。

8.4.1 主动结构控制

根据当前网络运行的任务需求，信息网络中存在诸多自主移动的信息节点，使得网络结构随着保障任务的实施而主动变换。由于保障任务是我方自主制定和实施的，因此，信息网络结构的主动变换是已知或可预测的。在信息网络结构的主动变换过程中，结构的改变势必会影响网络的结构可控性，主动结构控制则是针对结构的主动变换而实施的结构可控性优化。

1. 主动结构变换

随着信息化建设的不断推进，信息系统中出现了移动节点，并且配置了各种网络通信设备、信息终端等，成为了信息网络中的动态节点。另一方面，在当前的信息网络中，还存在便携通信平台、通信卫星等移动通信节点，以及具有移动特性的子信息系统，这些均构成了当前信息网络中的动态节点。信息网络中的动态节点如图 8-8 所示。

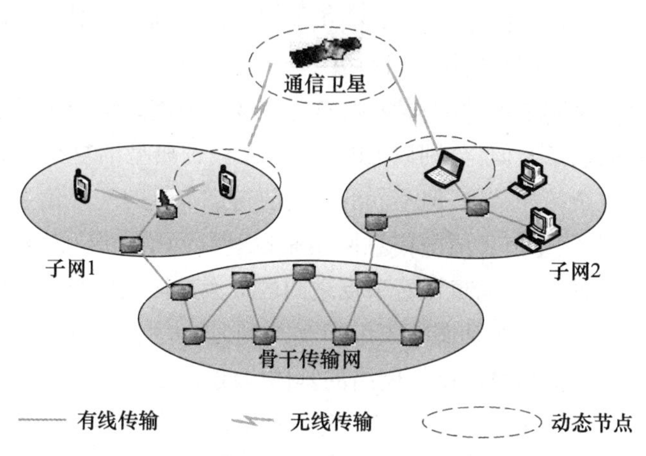

图 8-8 信息网络中的动态节点示意图

从图中可以看出，信息网络中的各个节点通过有线或无线介质进行信息传输，构成了网络中的通信链路，形成了网络的边，其中动态节点与其他节点的信息传输一般是通过无线通信的方式实现的，固定节点之间的信息传输一般是通过有线通信的方式实现的。无论是有线传输还是无线传输，考虑到信息传输设备和战场环境的影响，动态节点与其他节点的信息传输距离不可能是无限大的，即动态节点与其他节点的信息传输会受到距离限制。因此在动态节点自主移动的过程中，由于与其他信息节点之间的距离会发生改变，网络中的对应边也会发生改变：若动态节点与其他信息节点的距离超过信息传输的最大距离，则对应的边就会断开；反之，当动态节点与其他信息节点的距离小于信息传输的最大距离,则根据任务需求可能产生新的边。动态节点引起了网络中的边改变,使得信息网络的拓扑结构发生了改变,而这些动态节点是根据网络运行自主移动的,因此,此种情况下信息网络的结构是主动变换的。

信息网络结构的主动变换,实际上是我方人员根据网络运行任务进行的主动调控,使得网络拓扑结构在预定时刻发生改变。因此,在主动变换的过程中,无论拓扑结构怎样动态变化,其实都是已知的,并且整个过程是可预测的。

2. 主动控制的实施与验证

主动结构控制是针对信息网络结构的主动变换而进行的结构可控性优化。与第 7 章中的结构可控性优化不同,主动结构控制的优化对象并不是一个固定结构的静态网络,而是一个结构变化的动态网络。根据网络结构主动变换的特点,虽然网络结构是动态变化的,但每个变化时刻所对应的瞬时网络结构都是已知的。因此,主动结构控制则可以对已知的每一个瞬时网络进行充分的结构可控性优化。

对信息网络实施主动结构控制,首先需要生成网络结构主动变换的信息网络。与前两章类似,分别以 ER、NW、BA 三种典型的复杂网络来体现信息网络的复杂拓扑结构,但不同的是需要考虑节点的地理信息对主动变换的影响。因此,本节生成的信息网络是以复杂网络为基础,赋予每个信息节点地理位置信息,通过设置节点之间的最大连接距离对网络的拓扑结构进行修正。然后按照动态节点的运动规则,逐步生成一系列瞬时网络,构成主动变换下的信息网络。网络的具体生成步骤如下。

步骤 1:设置网络节点总数为 N,生成 N 个节点的 ER/NW/BA 复杂网络。

步骤 2:设置节点位置范围参数为 D_r,生成两组 N 个服从 0 到 D_r 均匀分布的随机数,分别作为 N 个节点的横、纵坐标。

步骤 3:设置网络中任意两个节点之间的最大连接距离为 d_{max},根据节点坐标计算网络中所有边的实际距离,去除超过 d_{max} 的边,形成初始网络。

步骤 4:设置网络中动态节点个数为 N_{move},动态节点运动范围参数为 d_{move},每个动态节点的运动规则为:随机生成与该节点距离在 d_{move} 以内的坐标,作为下一运行步长的该节点坐标。

步骤 5:设置主动变换的运行步长为 N_{step},从初始网络开始,按照动态节点运动规则,生成 N_{step} 个瞬时网络作为主动变换下的信息网络。每一个运行步长都对 N_{move} 个动态节点进行最大连接距离的判断:超过 d_{max}

则去网络中对应的边，在 d_{max} 范围内出现新的节点则随机增加邻接矩阵中对应的边。

在上述过程中，步骤 1 中复杂网络的拓扑结构、步骤 2 中各个节点坐标、步骤 4 中动态节点的运动规则以及步骤 5 中范围内新节点边的增加都具有随机性，这是为了使主动结构控制更具一般性。主动结构控制则是针对 N_{step} 个瞬时网络进行结构可控性优化，优化过程中的增边操作遵循最大连接距离 d_{max} 的限制。

通过设定具体实验参数验证主动结构控制的实施效果，其中网络节点总数 $N=100$，节点位置范围参数 $Dr=500$，最大连接距离 $d_{max}=100$，动态节点个数 $N_{move}=10/30/50$，动态节点运动范围参数 $d_{move}=100$，主动变换的运行步长 $N_{step}=30$。其中为了揭示主动变换中的更多规律，动态节点个数 N_{move} 取 3 组不同数值，因此，针对 3 种复杂网络，分别生成 3 组动态节点个数不同的主动变换网络。对每个运行步长对应的瞬时网络进行基于特征结构的结构可控性优化，并且分别计算主动结构控制前后网络的结构可控度 n_{dc}。

以 ER 网络、$N_{move}=30$ 为例，生成的部分瞬时网络如图 8-9 所示，其中浅灰色节点为动态节点，其他为静态节点。

主动结构控制前后网络的结构可控度 n_{dc} 计算结果如图 8-10～图 8-12 所示。

在图 8-10～图 8-12 中，10-original、30-original、50-original 分别表示动态节点个数为 10 个、30 个、50 个的原网络结构可控度；10-control、30-control、50-control 分别为上述网络经过主动结构控制后的结构可控度。通过对比主动控制前后网络的结构可控度可以看出，经过主动控制后，网络的结构可控度明显小于原网络，说明网络的结构可控性得到了提高。同时，对主动结构控制前后结构可控度的方差 σ^2 进行数值统计，统计结果如表 8-3、表 8-4 所列。

表 8-3　原网络结构可控度的方差 σ^2

网络	10-original	30-original	50-original
ER	19.6276	33.5644	49.0448
NW	27.7195	39.3609	49.0126
BA	1.9465	15.1118	34.8147

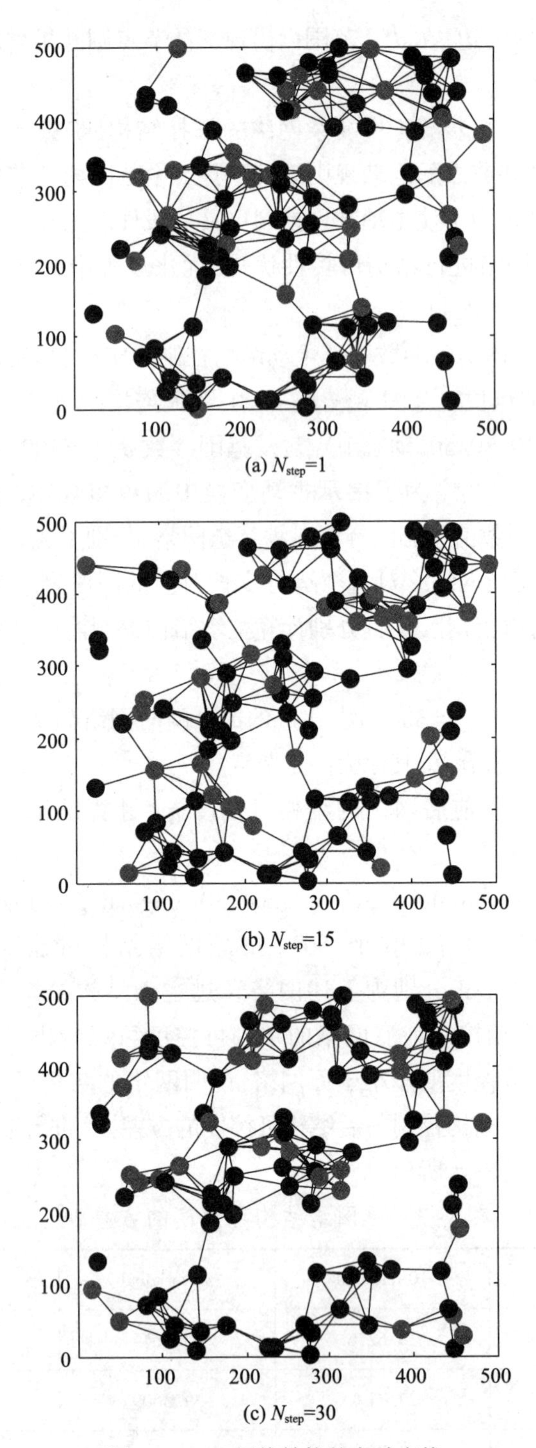

(a) N_{step}=1

(b) N_{step}=15

(c) N_{step}=30

图 8-9　ER 网络结构的主动变换

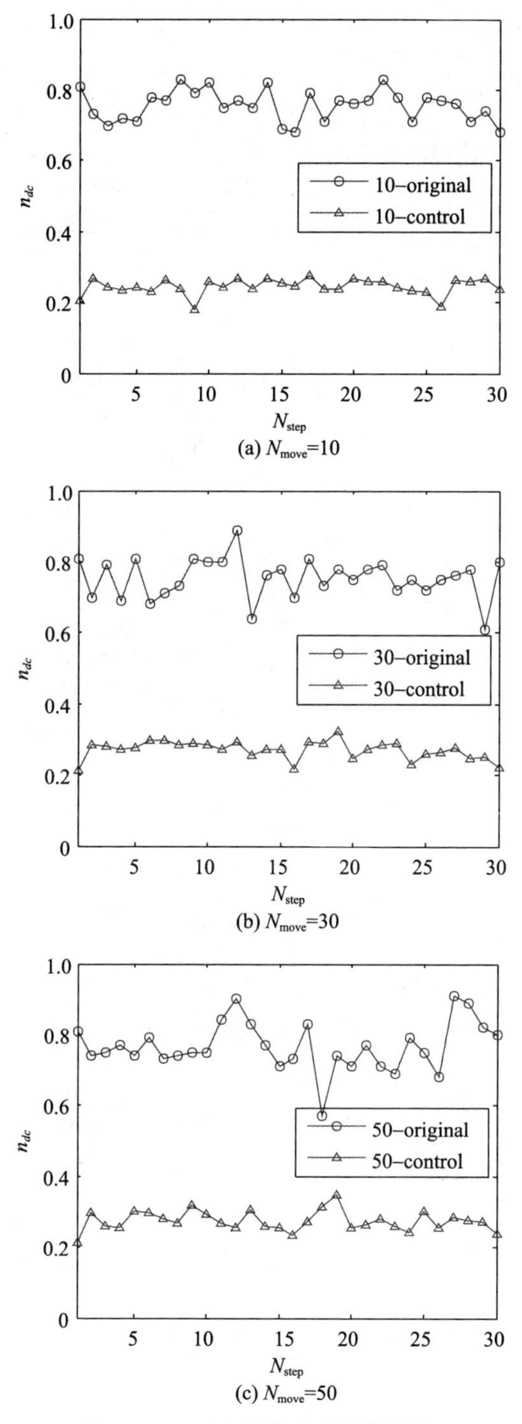

图 8-10　ER 网络的主动结构控制

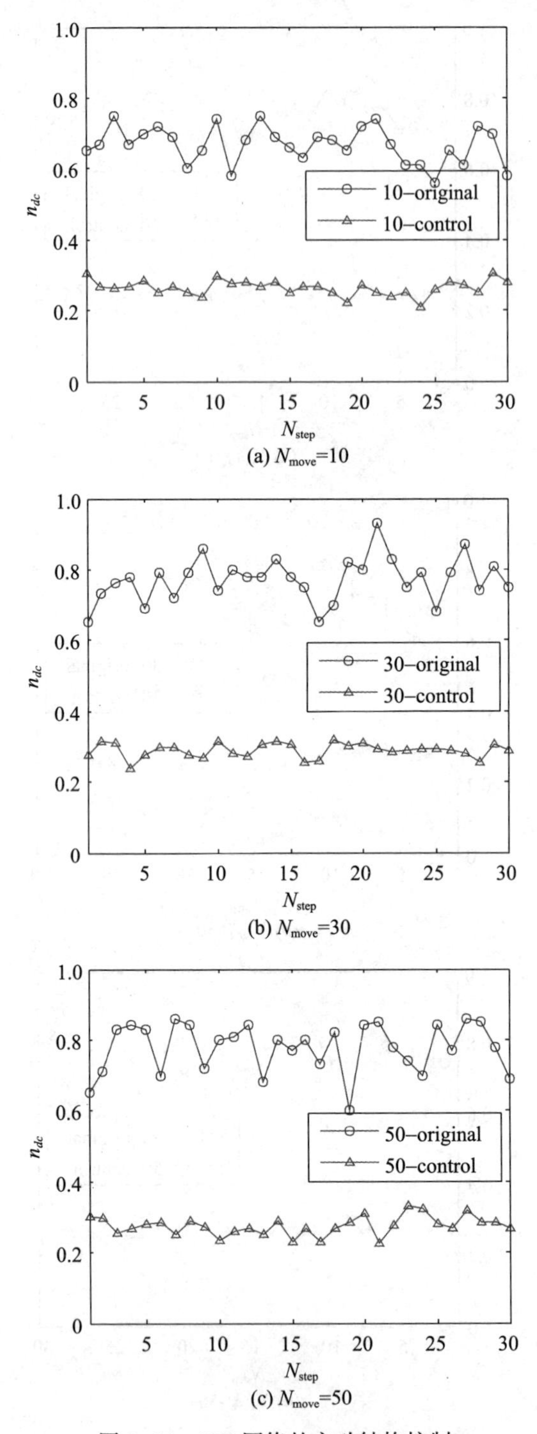

图 8-11　NW 网络的主动结构控制

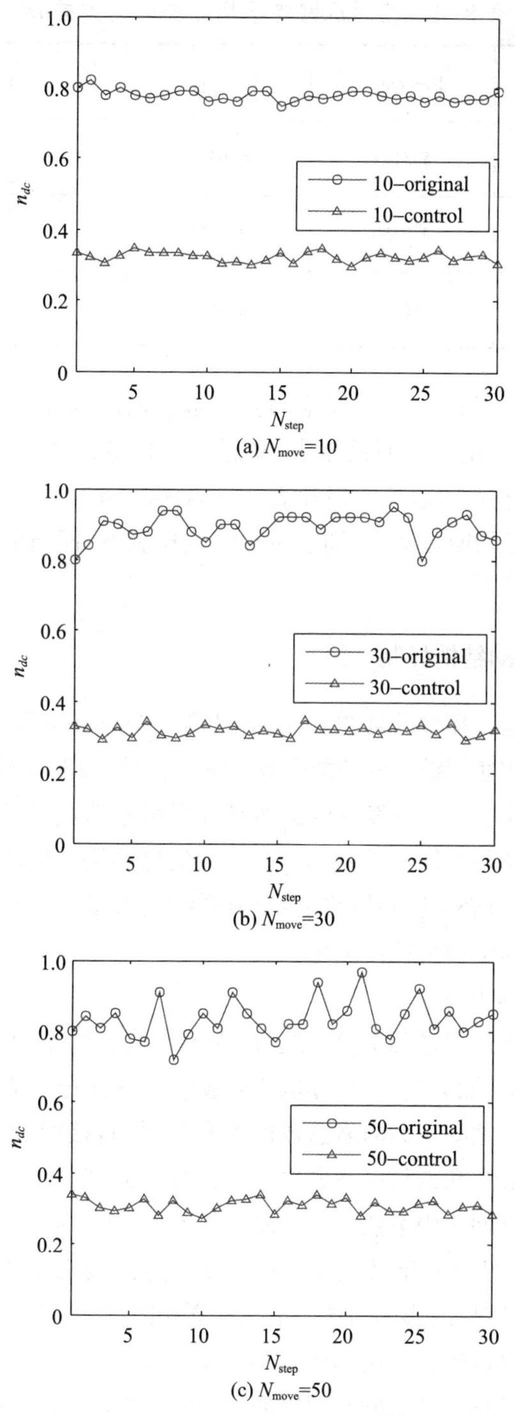

(a) N_{move}=10

(b) N_{move}=30

(c) N_{move}=50

图 8-12 BA 网络的主动结构控制

表 8-4　控制后网络结构可控度的方差 σ^2

网络	10-control	30-control	50-control
ER	5.3172	6.6343	8.2823
NW	4.9350	4.2251	7.1717
BA	2.6073	2.4053	4.9359

从表 8-3 可以看出,随着动态节点个数的增加,原网络结构可控度的方差也随之增大,说明在原网络中,动态节点越多,结构可控性的波动越大,即结构可控性越不稳定。对比表 8-3 和表 8-4 可以看出,3 个网络结构可控度的方差均明显减小,即在主动结构控制下,网络的结构可控性趋于稳定。

8.4.2　被动结构控制

由于当前运行环境的复杂多变,信息网络会遭到突发性的破坏,造成某些信息节点或通信链路的功能失效,使得网络结构随着节点和边的受损而发生被动变换。由于突发性的破坏是外界因素造成的,因此,信息网络结构的被动变换是未知且不可预测的。在信息网络结构的被动变换过程中,结构的改变势必会影响网络的结构可控性,被动结构控制则是针对被动变换而实施的结构可控性优化。

1. 被动结构变换

在信息网络运行过程中,往往会出现不可抗拒的不利因素,影响网络业务的正常实施,如天气、地理环境造成通信链路的失效,敌方攻击造成信息单元的损毁。这些不利因素造成的不利后果,直接影响着信息网络,使网络中的信息节点和通信链路失去了原有的功能,即造成了网络中节点和边的缺失。信息网络中节点和边的缺失如图 8-13 所示。

从图 8-13 可以看出,信息网络中节点的缺失会使得所有与之相连的边断开,对拓扑结构的影响与产生节点孤立相同,实质效果均为边的缺失,因此这种情况可以转换为网络中边的改变。节点和边的缺失引起了网络中边的改变,使得信息网络的拓扑结构发生了改变,而这些边的改变是由于外界不可抗拒的因素造成的,并不是我方的主观意愿,因此相对于主动变换,此种情况下信息网络的结构是被动变换的。

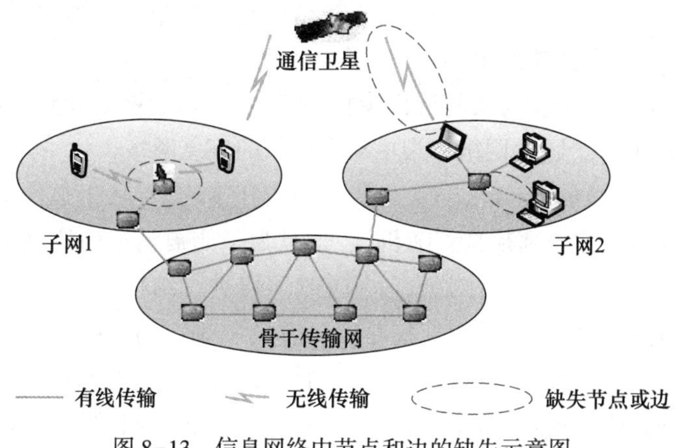

图 8-13　信息网络中节点和边的缺失示意图

信息网络的被动变换并不是我方人员所期望的,由于没有改变结构的主动权,网络拓扑结构发生改变的时刻是未知的。因此,在被动变换的过程中,拓扑结构的变化情况均是未知的,并且整个过程是不可预测的。

2. 被动控制的实施与验证

被动结构控制是针对信息网络结构的被动变换而进行的结构可控性优化。与主动结构控制相同,被动结构控制的优化对象并不是一个固定结构的静态网络,而是一个结构变化的动态网络。根据网络结构被动变换的特点,每个变化时刻所对应的瞬时网络结构都是未知的。被动结构控制的触发时刻是网络结构发生被动变换的时刻,这使得被动结构控制的实施需要具有一定的时效性,从而限制了结构可控性优化中增边或减边的总次数。因此,被动结构控制不能保证对每一个瞬时网络进行充分的结构可控性优化。

为了对信息网络实施被动结构控制,首先生成被动变换过程的信息网络。与上一节相同,以复杂网络为基础,结合节点的地理信息对网络拓扑结构进行修正。然后按照减边规则,逐步生成一系列瞬时网络,构成被动变换下的信息网络。网络的具体生成步骤如下。

步骤 1:设置网络节点总数为 N,生成 N 个节点的 ER/NW/BA 复杂网络。

步骤 2:设置节点位置范围参数为 Dr,生成两组 N 个服从 0 到 Dr 均匀分布的随机数,分别作为 N 个节点的横、纵坐标。

步骤 3:设置网络中任意两个节点之间的最大连接距离为 $d_{\max}$,根据节点坐标计算网络中所有边的实际距离,去除超过 $d_{\max}$ 的边,形成初始网络。

步骤 4：设置网络中每次减边的个数为 N_{dec}，减边的规则为：随机选取网络中 N_{dec} 个边直接去除。

步骤 5：设置被动变换的运行步长为 N_{step}，从初始网络开始，按照减边规则，生成 N_{step} 个瞬时网络作为主动变换下的信息网络。

在上述过程中，步骤 1 中复杂网络的拓扑结构、步骤 2 中各个节点坐标、步骤 4 中减边规则都具有随机性，这是为了使被动结构控制更具一般性。被动结构控制则是针对 N_{step} 个瞬时网络进行结构可控性优化，优化过程中的增边操作遵循最大连接距离 d_{max} 的限制。同时由于被动控制的实施需要具有一定的时效性，因此对每个步长生成的瞬时网络进行结构可控性优化时，限制增边或减边次数总和最大为 N_{limit}，并且限定结构可控性优化中的增边不能是步骤 4 中去除的边。

通过设定具体实验参数验证被动结构控制的实施效果，其中网络节点总数 $N=100$，节点位置范围参数 $Dr=500$，最大连接距离 $d_{max}=100$，每次减边个数 $N_{dec}=5/8/10$，动态节点运动范围参数 $d_{move}=100$，被动变换的运行步长 $N_{step}=30$，最大增边或减边次数总和 $N_{limit}=10$。为了揭示主动变换的更多规律，每次减边个数 N_{dec} 取 3 组不同数值，因此，针对 3 种复杂网络，分别生成 3 组动态节点个数不同的主动变换网络。对每个运行步长对应的瞬时网络进行基于特征结构的结构可控性优化，并且分别计算主动结构控制前后网络的结构可控度 n_{dc}。

以 ER 网络、$N_{dec}=10$ 为例，生成的部分瞬时网络如图 8-14 所示。

被动结构控制前后网络的结构可控度 n_{dc} 计算结果如图 8-15～图 8-17 所示。

在图 8-15～图 8-17 中，10-original、20-original、30-original 分别表示每次减边个数为 10 个、20 个、30 个的原网络结构可控度；10-control、20-control、30-control 分别为上述网络经过主动结构控制后的结构可控度。通过对比被动控制前后网络的结构可控度可以看出，经过被动控制后，网络的结构可控度明显小于原网络，说明网络的结构可控性得到了提高。从结构可控度的变化趋势来看，网络的结构可控性逐步降低，这是由于网络结构的被动变换使网络中的边逐渐减少，影响着网络的结构可控性。同时，由于结构可控性优化中的增减边次数受限，只能在被动变换初期将结构可控性恢复到网络初始状态，随着网络中边的逐渐减少，结构可控性优化效果逐渐降低，这也说明了被动结构控制具有时效性。

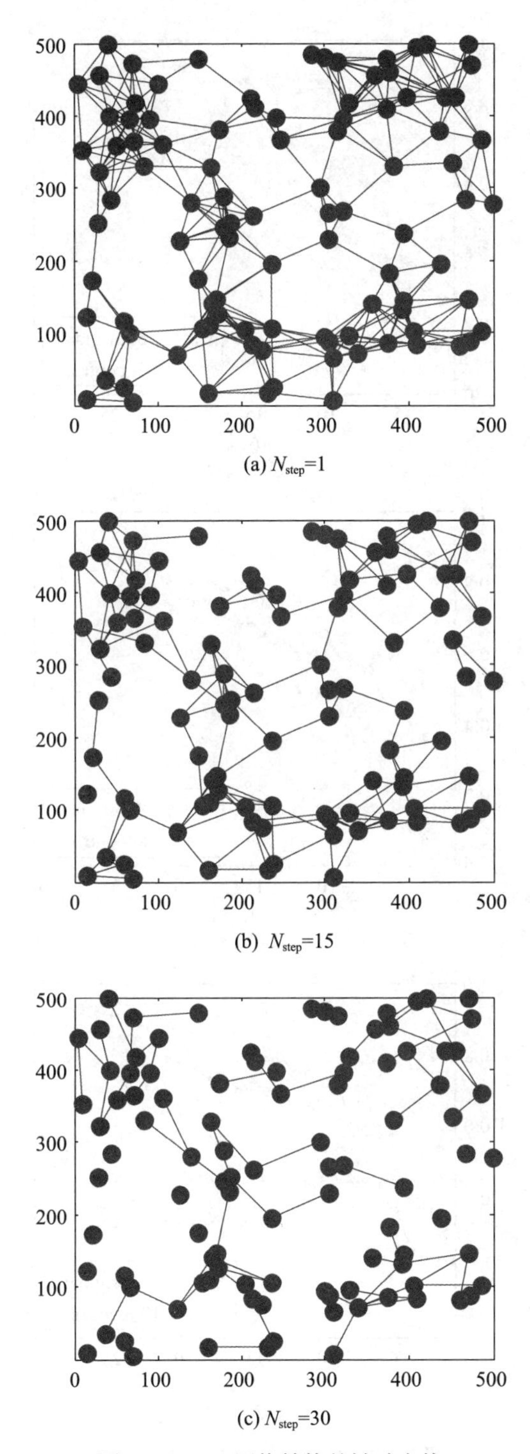

(a) $N_{\text{step}}=1$

(b) $N_{\text{step}}=15$

(c) $N_{\text{step}}=30$

图 8-14　ER 网络结构的被动变换

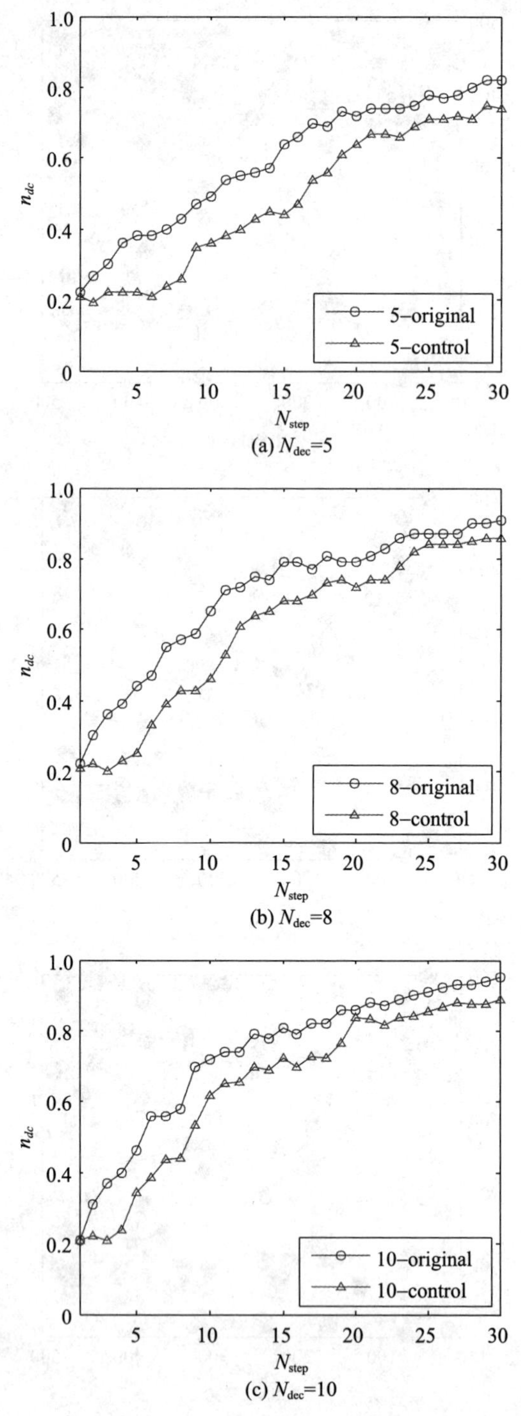

图 8-15　ER 网络的被动结构控制

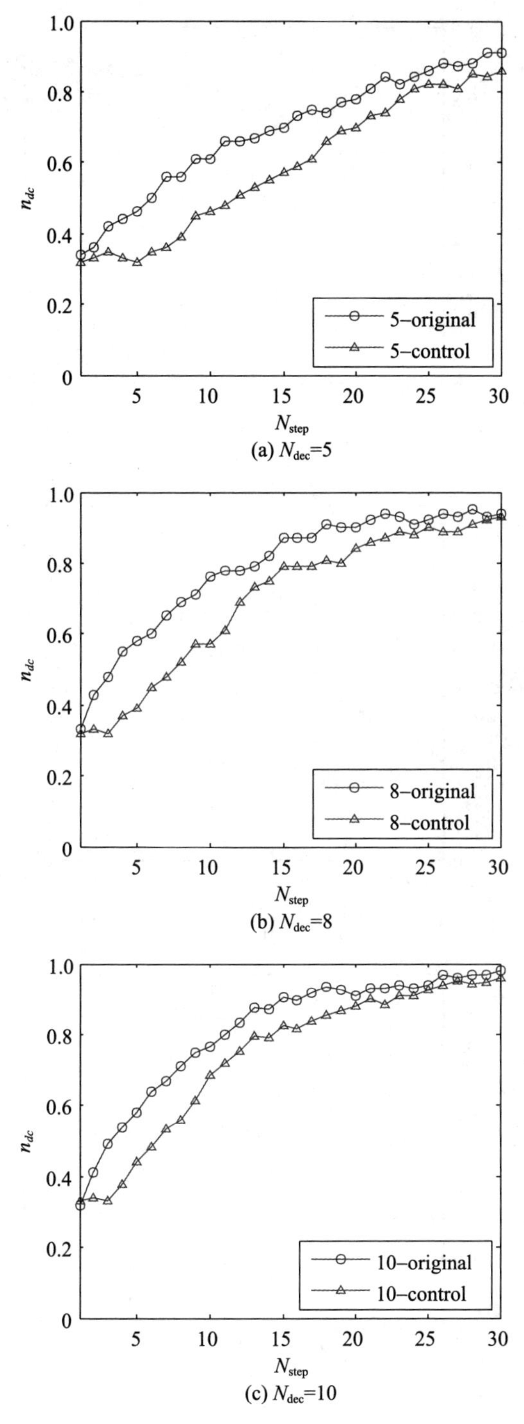

(a) N_{dec}=5

(b) N_{dec}=8

(c) N_{dec}=10

图 8-16　NW 网络的被动结构控制

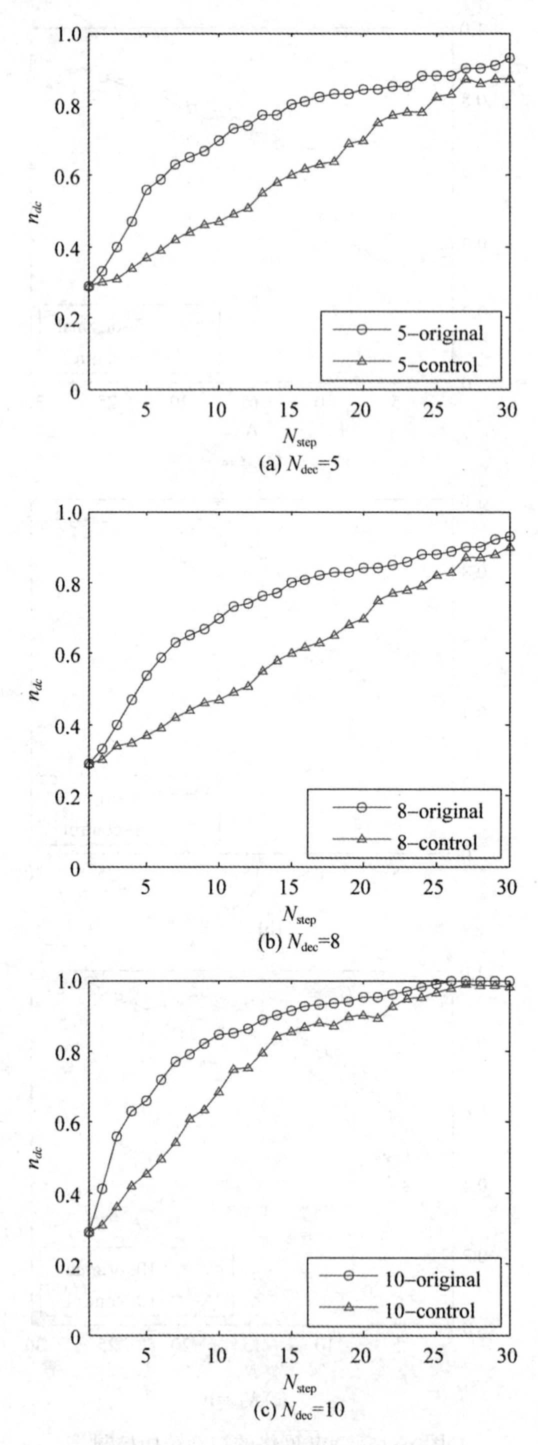

(a) N_{dec}=5

(b) N_{dec}=8

(c) N_{dec}=10

图 8-17　BA 网络的被动结构控制

第9章　可控网络用户接入控制

接入控制是可控网络中行为控制的重要组成部分,也是信息网络安全的第一道防线。通过接入控制能够对信息网络中接入请求的合法性进行确认,杜绝非法主体的违规操作,确保所有访问内网资源的接入请求能够得到有效的安全控制,从而确保网络的安全性。接入控制的本质是接入的申请方提供能够证明自身合法性的信息,由系统根据预设规则对所提供的信息进行验证,判断接入的申请方所声称的信息是否与其所具备的信息一致,从而判断其是否有接入网络的权利。根据网络中接入申请提出的主体不同,接入控制可以分为3类,即用户接入控制、设备接入控制和外网接入控制。

用户接入控制主要对网络中用户提出接入申请的合法性进行判断,决定是否允许该用户操作网络终端进而访问网络资源。本章基于身份认证技术对用户接入控制展开研究:首先,对基于认证的接入控制进行概述,阐述了身份认证的基本概念和分类;其次,根据可控网络安全控制体系的构建原理,设计了用户接入控制体系、控制模型和状态空间分析法举例;最后,在身份认证协议设计原则的指导下,选取Wi-Fi和云环境两种典型的应用场景,设计了用户接入控制方案。

9.1　用户接入控制概述

身份认证是实现用户接入控制的关键。本节在对身份认证技术进行概述的基础上,对现有身份认证进行合理分类,总结其原理和优缺点,为基于认证的用户接入控制研究奠定基础。

9.1.1　身份认证的基本概念

认证技术(authentication)[50]是信息安全领域的一项重要技术,主要用于证实信息属性名副其实或者合法有效。身份认证是最常见的一种认证技术,在信息系统中广泛使用。身份认证可以确保只有合法用户才能进入系统。此外,在网络通信过程中,可能有黑客进行各式各样的攻击。例如:黑客常常伪造身份发送信息,也可能对网络上传输的信息进行修改,或者实施重放,将截获的信息重新发送。数字签名、报文认证等技术有助于解决这些通信中的安全问题。

对信息系统进行安全防护,常常需要正确识别与检查用户的身份,即身份认证。身份认证可以将非授权用户屏蔽在系统之外,它是信息系统的第一道安全防线,其防护意义主要体现在两方面:一方面,防止攻击者轻易进入系统,在系统中收集信息或者进行各类攻击尝试;另一方面,有利于确保系统的可用性不受破坏。信息系统的资源都有限,非授权的用户进入系统将消耗系统资源。如果系统资源被耗尽,正常的系统用户将无法获得服务。一些信息系统,如 Web 网站,由于完全开放,没有任何身份认证,很容易成为分布式拒绝服务攻击的攻击对象。攻击者只要控制足够数量的傀儡主机访问目标网站耗尽其资源,网站就无法为正常用户提供服务。

身份认证的本质是由被验证方提供自己的身份信息,信息系统对所提供的信息进行验证,从而判断被认证方是否是其声称的用户。具体看来,身份认证涉及识别和验证两方面的内容。识别,指系统需要确定被认证方是谁,即被认证方对应于系统中的哪个用户。为了达到此目的,系统必须能够有效区分各个用户。一般而言,被用于识别用户身份的参数在系统中唯一,不同的用户使用相同的识别参数将使系统无法区分。最典型的识别参数是用户名,像电子邮件系统、BBS 系统这类常见的网络应用系统都是以用户名标识用户身份。而网上银行、即时通信软件系统常常以数字组成的账号作为用户身份的标识。验证则是被验证方提供自己的身份标识识别参数后,系统进行判断,确定被验证方是否对应于所声称的用户,防止身份假冒。验证过程一般需要用户输入验证参数,同身份标识一起由系统进行校验。

9.1.2 身份认证的分类

身份认证是网络系统确定节点身份的过程,解决的核心问题是数字身份和物理身份的对应。根据提出接入申请的对象不同,所需要的身份认证技术是不同的。目前,常用的身份认证技术主要包括:基于口令的身份认证技术、基于智能卡的身份认证技术、基于生物特征的身份认证技术。

1. 基于口令的身份认证

口令[51]是最为常用的身份认证方式。根据所采用口令的组成方式不同,基于口令的身份认证可以分为基于静态口令的身份认证和基于动态口令的身份认证。

基于静态口令(也称为通行字)的身份认证是计算机(或网络)管理系

统中使用最为广泛的身份认证协议，协议涉及若干示证者（用户）和唯一的验证者（管理系统）。为了能够得到访问资源的权利，每一个用户都应持有ID（用户身份）和PW（用户口令）。ID和PW都以某种形式由远程服务器维护。当有用户需要登录远程服务器时，该用户应向远程服务器出示他的ID和PW。当远程服务器收到登录信息，它将会核对这些信息的真实性，如果通过了这些认证过程，远程服务器就会接受用户的登录请求。在各种身份认证方案中基于静态口令的认证是最简单、最方便的。正是由于这个原因，这种方案在计算机（或网络）管理系统的应用实践中得到了广泛的应用，比如数据库管理、远程登录等。由于基于静态口令的方案实施方便，在信息技术发展的初始阶段，该方法无疑是各种信息系统的主要身份认证方式。如今，虽然各种新的认证技术不断出现和发展，但基于静态口令的认证技术仍然占据各种认证场合的主流地位，尤其是在远程访问计算机系统的"用户-主机"模式中，基于静态口令的认证被广泛应用。

基于动态口令的身份认证也称为一次性口令认证，即用户每次登陆系统时所使用的口令是不同的，且一次性有效。动态口令的生成方法很多，主要采用数学手段实现，有简单的数学变换形式，也有复杂数学方法处理，既有随机函数也有伪随机发生器。根据动态口令的生成方式不同，有不同的动态口令认证方案，其安全性也有所不同。相对于静态口令而言，动态口令具有动态性、随机性、一次性、方便性等优点，具有较高的安全性；但其实施的复杂性程度也相应的有所增加。

2. 基于智能卡的身份认证

现代身份认证协议大都需要客户端具有计算和存储能力，能够代替示证者完成协议客户端部分的计算，并存储相关的秘密信息（如私钥）。如果示证者依赖传统的计算机系统，则存在系统不易携带、易受木马和病毒等攻击的危险。智能卡是内部带有微处理器（CPU）和存储单元的集成电路卡（IC卡），其外形和普通磁卡相似，具有独立的计算和存储能力，可以存储示证者的私钥及数字证书等信息，并能作为计算设备代理示证者参与认证协议客户端部分的计算。由于其使用和携带方便、计算环境安全、和示证者口令一起能构成双因素认证，因此在现代认证系统中得到了广泛的应用。

智能卡应用于认证领域的典型代表就是USB Key。USB Key是一种USB接口的硬件设备，它的外形跟普通的U盘差不多，是USB接口和智能卡技术相结合的新一代数据安全产品，其数据处理和安全性的核心是内置的智能卡芯片（CPU卡）。因此，它与U盘不同的是它里面设置了单片机或 CPU 卡,并具有一定的存储空间,可以存储用户的私钥以及数字证书等信息,利用 USB Key 内置的公钥算法可以实现对用户身份的认证。从安全性角度看,USB Key 具有如下特点。

(1) 基于硬件 PIN 码保护的双因素认证。USB Key 都带有 PIN 码保护,这样 USB Key 的硬件和 PIN 码构成了可以使用 USB Key 的两个必要因素。攻击者需要同时取得用户的 USB Key 硬件以及用户的 PIN 码,才可以冒充用户使用 USB Key 进行认证。即使用户的 PIN 码被泄露,只要用户持有的 USB Key 不被盗取,合法用户的身份就不会被仿冒;如果用户的 USB Key 遗失,攻击者由于不知道用户 PIN 码,也无法仿冒合法用户的身份。

(2) 安全的存储介质。用户私钥等敏感信息存储在 USB Key 的安全介质之中,外部用户无法直接读取,对密钥文件的读写和修改都必须由 USB Key 内的程序进行调用。从 USB Key 接口的外面,没有任何一条命令能够对密钥区的内容进行读出、修改、更新和删除。

(3) 硬件实现加密算法。USB Key 内置 CPU 或智能卡芯片,可以实现常规加密算法(如 DES、Triple DES)、公钥加密算法(如 RSA)、数字签名算法(如 DSA)、HASH 函数(如 SHA-1)和各种密码协议的客户端部分。各类密码算法在运算时仅在 USB Key 内部进行,保证了算法密钥和中间结果不会出现在普通计算机的内存中。

(4) 加密数据传输。USB Key 和主机之间通过 USB 接口进行的数据传输可以被加密,有效防止了攻击者对敏感数据的截获。

(5) 与 PKI 体系结合。USB Key 常常和 PKI 体系(public key infrastructure,PKI)相结合,用来保存用户的数字证书和私钥,其开发接口为符合 PKI 标准的编程接口,如 RSA 公司的公钥密码系统标准(public key cryptography standards,PKCS)中的 PKCS#11 或微软的加密应用程序接口(Microsoft Crypto API)。与 PKI 体系的结合使 USB Key 的应用领域不仅局限于身份认证,还可以扩展到使用数字证书的所有领域。

3. 基于生物特征的身份认证

基于生物特征的身份认证主要是以人体唯一的、可靠的、稳定的生物特征为依据,采用计算机的强大功能和网络技术进行图像的处理和模式识别。生物特征识别简单来讲,就是利用人体的生物特征进行人的身份识别的过程。生物特征识别的对象是人,生物特征识别的主体是机器系统或者计算机系统。可用做身份识别的生物特征应具备以下这些特点。

(1) 普遍性(universality):每个人都拥有该生物特征。

(2) 唯一性(uniqueness):该生物特征对任两个人都是不相同的。

(3) 恒久性(permanence):该生物特征不随时间的变化而变化。

(4) 可采集性(collectability):该生物特征可被外化,并表示为机器系统可读的形式。

(5) 性能(performance):该生物特征能够被正确识别。

(6) 可接受性(user acceptance):用户愿意接受这种身份认证方式。

(7) 防欺骗性(resistance to circumvention):该生物特征有较好地防止环境欺骗的能力。

在实际应用中,往往很难找到能够同时满足以上所有要求的生物特征,一种合适的生物特征通常包括以下特点:采集速度快、可被精确测量、可被公众接受、有较高可信度、不易被伪造、比对速度快和对存储设备要求不高。

生物特征识别是建立在对人的生物特征辨别基础上的,人的生物特征包括生理特征和行为特征。生理特征是指与生俱来的特征,多为先天性的,主要的生理特征包括指纹、人脸、掌形、虹膜和语音等。行为特征则是习惯使然,多为后天性的,包括笔迹、足迹和步态等特征。目前从全球来讲,在指纹识别、人脸识别、虹膜识别和语音识别 4 个方面的研究成果较多,产品化程度也较高。下面主要对基于人脸识别的身份认证进行介绍。

基于人脸的身份认证是通过摄像头获取人脸的图像,使用某些方法检测到人脸的位置,进而提取出有效的人脸信息特征,最后根据人脸特征实现身份认证。基于人脸的认证过程一般分为 3 步。

(1) 人脸检测。人脸检测的目的是检测一幅图像中是否存在人脸,如果存在则框出人脸在图像中的位置和大小,并将人脸区域图像提取出来进行下一步处理,是人脸认证与识别系统中不可缺少的组成部分。人脸检测算法发展至今,已经相当成熟,检测效果也十分令人满意。目前,人脸检测算法主要可以分为积分通道特征、基于 DPM(deformable parts model)和基于神经网络 3 种方法。

(2) 人脸关键点对准。在完成人脸检测确定人脸的位置之后,需要对人脸的关键点进行检测。关键点即人脸的关键性特征,如眼睛、鼻子和嘴巴等。借助这些被检测出来的人脸关键特征的位置,可以将不同姿态、表情的人脸位置对齐,消除因人脸之间位置错位引起的人脸识别错误,进一步有效地提高人脸认证与识别算法的性能。

(3) 人脸认证。人脸认证一般包括两个步骤,首先是提取特征,然后建立分类器对提取后的特征进行分类。描述人脸的特征可以分为局部特征和全局特征:局部特征关注的是人脸的局部区域的特征,侧重于人脸细节特征的描述;全局特征反映的是人脸整体的属性,一般通过某种方式将人脸映射到低维子空间进行特征提取。分类器一般通过已知的人脸信息建立合适的分类模型,然后对未知的人脸进行分类,判断人脸是否属于同一个人或者属于哪一个人。

9.2 用户接入控制体系及模型

9.2.1 控制体系

接入控制是可控网络安全控制的一部分,而基于认证的用户接入控制是接入控制的重要组成部分。根据可控网络的安全控制体系的构建原理,基于认证的用户接入控制体系如图 9-1 所示。基于认证的用户接入控制体系是在可控网络控制体系的基础上,将控制服务类型中的用户接入控制抽离出来,考虑时间因素,形成的三维体系结构。其中,安全控制的设备维和功能维同可控网络的安全控制体系一致,但仅考虑与接入控制相关的因素。在接入控制体系中,3 个维度均离散的,因此整个体系坐标中对应着离散的点。如图 9-1 所示,坐标系中的点表示在某一时刻在终端上实施用户接入控制的加密过程。

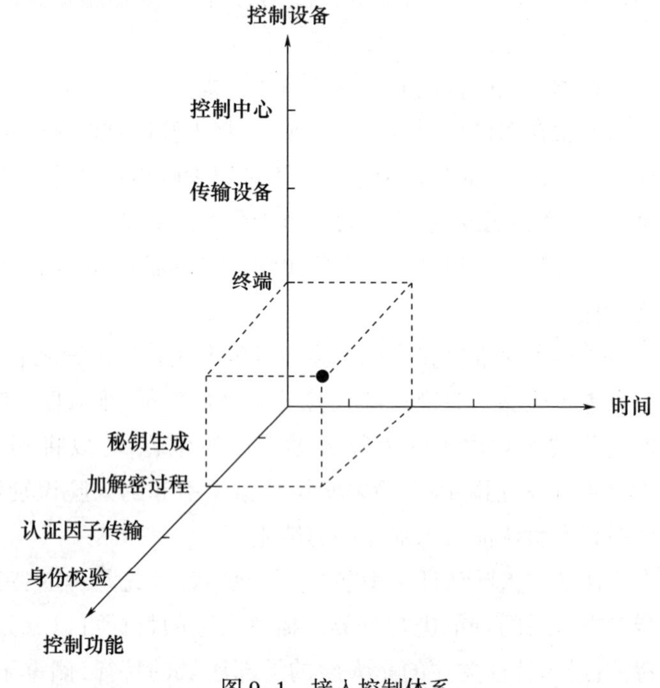

图 9-1　接入控制体系

诸多离散点能够形成相对应的面,如图 9-2 所示,图中的 3 个示例依次表示:①在控制中心上实施了所有与用户接入控制相关的控制功能;②身份认证运用于所有与接入控制相关的设备上;③某一时刻实施了完备的用户接入控制。

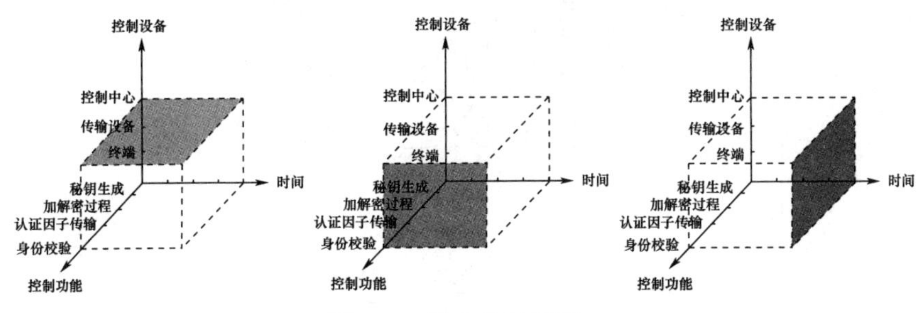

图 9-2　接入控制示例 1

诸多离散点也能够形成相对应的体,如图 9-3 所示。显示,体的大小直接说明了用户接入控制的实施是否完备。图 9-3 表示了网络在全时刻下,在所有与用户接入控制相关的控制设备上运用了所有与用户接入控制的控制功能,即网络中实施了完备的用户接入控制。

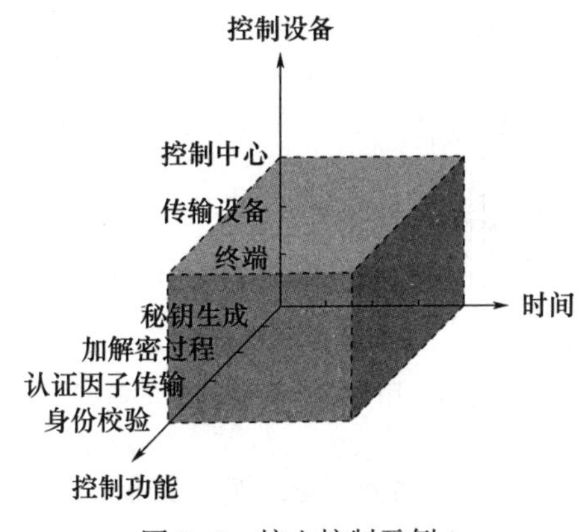

图 9-3　接入控制示例 2

9.2.2　控制模型

用户接入控制所涉及的组件主要包括终端、传输设备和安全控制中心。用户接入控制主要是对提出接入网络申请的用户身份进行鉴别。因此,用户接入控制模型中的终端、传输设备和安全控制中心在考虑终端普遍功能和结构的基础上,主要突出其身份认证过程中所涉及的内容。用户接入控制的基本模型如图 9-4 所示。

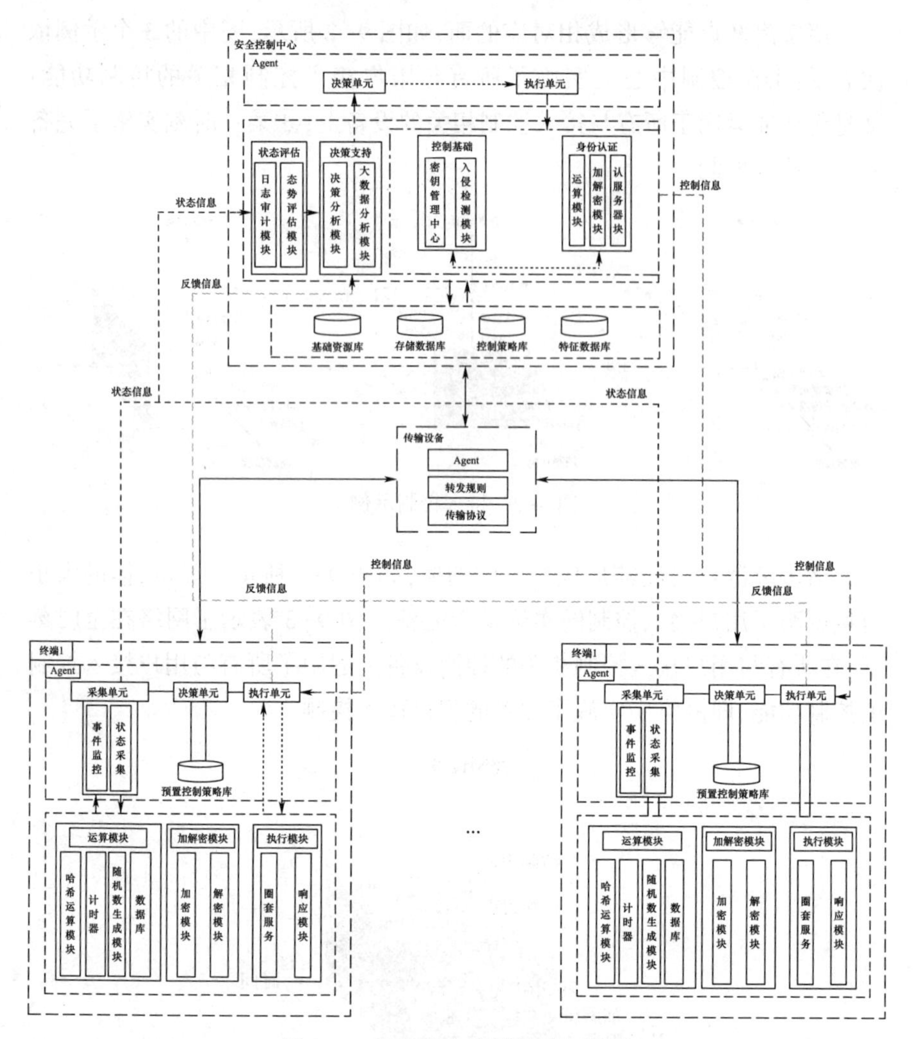

图 9-4　用户接入控制的基本模型

终端模型主要由 Agent、运算模块、加解密模块和执行模块组成。其中,Agent 由采集单元、预置控制策略库、决策单元和执行单元组成。

采集单元对用户通过终端提出的接入事件进行监控并采集接入状态上传到安全控制中心中;决策单元根据采集单元采集到用户接入状态信息和预置控制策略库中的规则生成的决策结果提交给执行单元;执行单元根据决策单元提供的决策结果和安全控制中心的控制输入生成执行指令下发给执行模块。运算模块主要由哈希运算模块、计时器、随机数生成模块和数据库组成,主要用来存储用户的数据信息,为用户和网络中的其他组件之间的交互过程中涉及的运算提供支撑。加解密模块主要由加密模块和解密模块组成,保障了终端与网络中其他组件之间交互的安全性。执行模块主要由圈套服务和响应模块组成，其主要功能是执行 Agent 中执行模块下发的执行指令。

传输设备主要是为用户接入控制提供数据转发功能，主要由 Agent、转发规则和传输协议组成。Agent 对流经传输设备的数据包进行处理；转发规则和传输协议为数据包的下一步转发路径提供依据。

安全控制中心是能够实现用户接入控制的关键部分，通过集成较为全面的安全服务和应用，为用户接入控制制定安全策略和实施安全控制部署。安全控制中心由 Agent、状态评估模块、决策支持模块、控制基础模块、身份认证模块和底层数据库组成。

状态评估模块由日志审计模块和态势评估模块组成，其主要功能是对终端状态采集模块上传的用户状态信息进行态势评估并生成日志用于之后的审计，将评估结果传递给决策支持模块。决策支持模块由决策分析模块和大数据分析模块组成，根据终端中的执行模块上传的反馈信息和状态评估的结果通过大数据分析进行决策运算。Agent 由决策单元和执行单元组成，决策单元根据决策支持模块的运算结果对用户接入事件进行决策，并将决策指令下发给执行单元；执行单元根据决策单元的决策指令对接入控制模块下发执行指令。控制基础模块由密钥管理中心和入侵检测模块组成，密钥管理中心为接入控制中的数据交互过程中所使用的密钥提供管理和分发功能；入侵检测模块对用户接入过程中的数据包进行检测。身份认证模块由运算模块、加解密模块和认证服务器组成，运算模块为认证过程认证服务器与终端交互过程中涉及的计算提供运算支撑；加解密模块为认证过程中的认证交互信息提供加解密服务，确保交互过程中数据的安全性；认证服务器在其他模块的支撑下为终端提供身份认证功能。

9.2.3 安全状态空间

用户接入控制子服务是接入控制服务的重要的、不可或缺的组成部分，是通过认证技术对用户的身份进行验证来实现的。用户接入控制子服务安全状态空间是由与认证技术相关的控制子服务维、控制子功能维和控制设备维组成的，坐标的选取取决于用户接入控制过程的具体步骤所采用的控制子功能和控制子服务，以及涉及的控制子设备，如图 9-5 所示。

1. 用户接入控制服务维

用户接入控制服务维包括身份注册、身份校验、认证因子加解密和认证因子匹配 4 个子服务，分别代表了用户接入控制实施的主要步骤。身份注册子服务是用户接入控制的第一个阶段，是将用户信息初始化，并选择

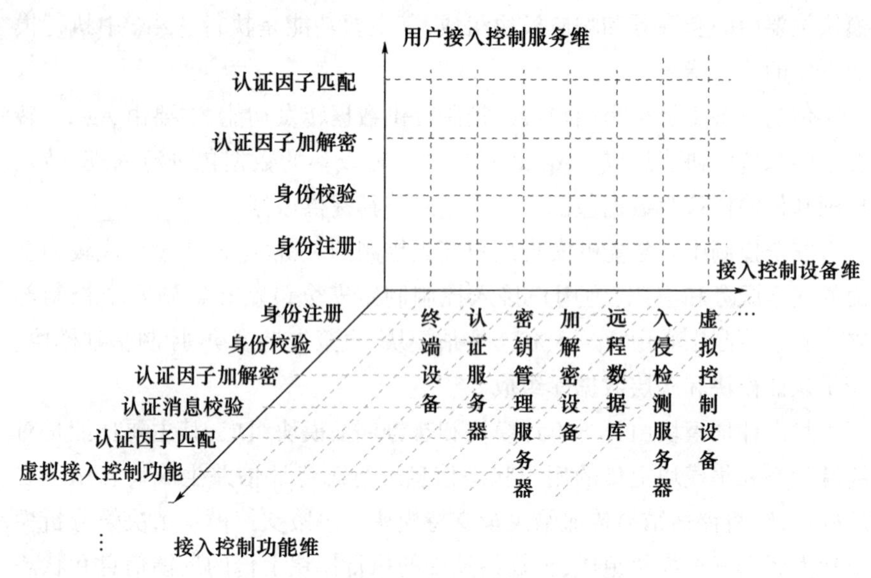

图 9-5　用户接入控制安全状态空间

和传输相应的认证因子。身份校验子服务是对已注册的身份信息和当前提出接入申请的用户及其认证因子进行比对校验的控制服务。认证因子加解密子服务是对用户初始化阶段选择的私密信息通过加解密设备或算法转化为认证因子的过程,而认证因子匹配是将解密后的认证因子与认证服务器上存储的认证因子匹配来完成身份验证的过程。

2. 用户接入控制功能维

用户接入控制功能维包含身份注册、身份校验、认证因子加解密、认证消息校验、认证因子匹配和虚拟接入控制功能。与用户接入控制服务维相似,主要是对用户身份注册、生成认证因子和身份信息校验 3 个过程所涉及的功能描述。虚拟接入控制功能是在其余接入控制功能不能满足当前接入控制需求时,所启用的安全控制功能。

3. 用户接入控制设备维

用户接入控制设备维包含终端设备、认证服务器、密钥管理服务器、加解密设备、远程数据库、入侵检测服务器和虚拟控制设备。其中身份注册、身份校验和认证消息校验、认证因子匹配功能都需要认证服务器和密钥管理服务器作支撑,远程数据库主要起到认证因子和身份注册信息备份的功能。

根据研究的需要,可以将用户接入控制服务维的 4 个坐标要素递阶拓展成相应的用户接入控制安全状态子空间,进一步开展与身份认证等相关过程的深入研究;也可以将用户接入控制服务维的 4 个坐标要素递阶拓展成相应的用户接入控制安全状态平面,在时间维拓展开展用户身份认证相关控制过程和控制规律方面的研究。

9.2.4　分析方法举例

用户的接入控制主要通过认证进行实现,通过匹配用户和认证服务器之间的私有信息来实现对用户身份的鉴别,具体来说可以分为身份注册和身份认证两个方面。注册阶段主要完成认证因子的选择和传输,包括用户参数初始化、发送注册信息和返回注册结果 3 个部分。在参数初始化阶段,用户选择随机参数并确定加密算法,同时选择私密信息作为认证因子;在发送注册信息阶段,主要是将选择的认证因子和注册请求发送给认证服务器;认证服务器收到注册请求后,存储认证因子并返回认证结果。认证阶段主要实现用户身份的鉴别,包括认证消息生成、认证消息传输和认证消息验证 3 个部分。在认证消息生成阶段,用户首先向认证服务器发送认证请求,然后选择随机参数并对随机参数和认证因子进行加密,对加密后的信息进行签名生成认证消息;在认证消息传输阶段,通过传输设备将认证消息发送给认证服务器;在认证消息验证阶段,认证服务器在收到消息后采用手段对用户签名进行校验,而后对认证消息进行解密得到认证因子,通过将解密后得到的认证因子与认证服务器上存储的认证因子进行匹配来完成对用户身份的验证。

根据状态空间分析法的原理,将用户接入控制过程的每个步骤在动作、设备和功能 3 个维度展开,状态空间分析的步骤见图 9-6 和表 9-1。

表 9-1　用户接入控制状态空间分析过程表

接入过程	接入子过程	动作							网络功能		网络设备			
		传输	随机参数生成	认证因子选择	加密	解密	哈希运算	因子匹配	身份注册	身份认证	终端	传输设备	控制中心	坐标
		1	2	3	4	5	6	7	1	2	1	2	3	
用户参数初始化	选择参数生成加密算法		√						√		√			(2,1,1)
	选择私密信息作为认证因子			√					√		√			(3,1,1)

续表

接入过程	接入子过程	动作							网络功能		网络设备			坐标
		传输	随机参数生成	认证因子选择	加密	解密	哈希运算	因子匹配	身份注册	身份认证	终端	传输设备	控制中心	
		1	2	3	4	5	6	7	1	2	1	2	3	
发送注册信息	将认证因子和注册请求发送给服务器	√							√			√		(1,1,2)
返回注册结果	存储注册因子并返回注册结果	√							√				√	(1,1,3)
认证消息生成	传输认证请求	√								√		√		(1,2,2)
	选择随机参数		√							√	√			(2,2,1)
	对随机参数和认证因子进行加密				√					√	√			(4,2,1)
	对加密后的信息进行签名生成认证消息						√			√	√			(6,2,1)
认证消息传输	发送认证消息	√								√	√			(1,2,1)
认证消息验证	对认证消息进行签名校验						√			√			√	(6,2,3)
	对认证消息进行解密				√					√			√	(4,2,3)
	认证因子进行匹配							√		√			√	(7,2,3)

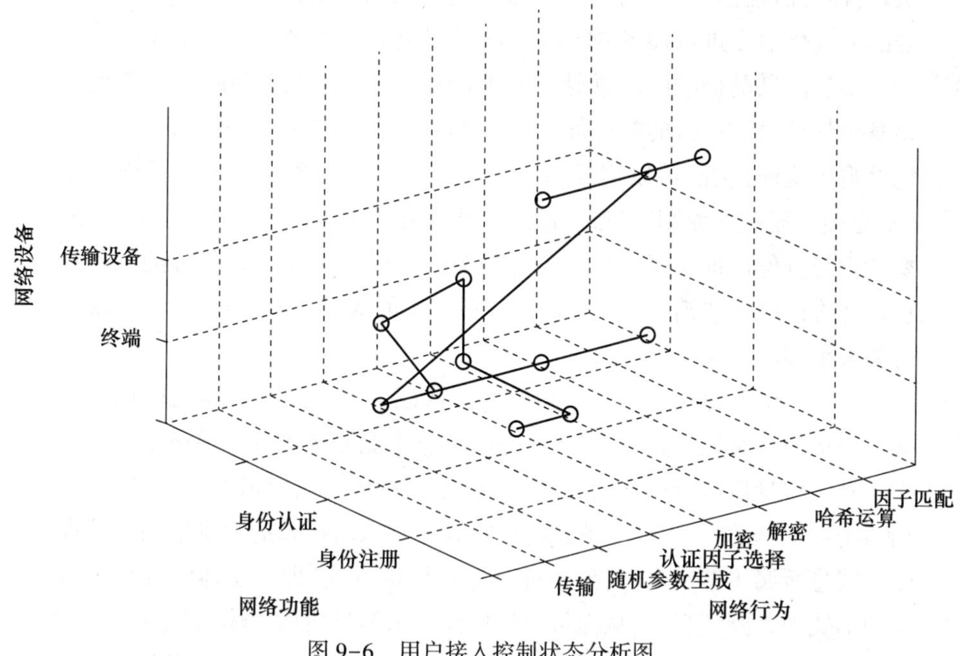

图 9-6　用户接入控制状态分析图

9.3　用户接入控制方案

实现用户接入控制的关键在于如何对用户的身份进行认证。不同场景下的用户接入控制由于自身环境的特殊性对身份认证的要求不同,需要根据用户接入控制的具体需求来设计身份认证。在总结身份认证协议设计过程中需要遵循原则的基础上,以 Wi-Fi 环境下的用户接入控制和云环境下用户的统一接入控制为例,说明如何根据具体的应用环境设计身份认证协议来实现用户的接入控制。

9.3.1　身份认证协议的设计原则

如果在设计身份认证协议时考虑一些安全性原则,就可以使所设计的身份认证协议避免一些不必要的问题,从而提高身份认证协议的安全性,也提高身份认证协议设计的效率。身份认证协议的设计过程中应该遵循的一些原则,归纳起来有如下几条。

(1) 消息独立完整性原则。身份认证协议中的每条消息都要能够准确地表达出它需要表达的含义,对于每条消息的解释应当完全根据其内容决定,而无需根据消息的上下文推断。对身份认证协议中的消息要采用标准的形式化语言进行描述,或者采用非形式化的自然语言进行描述。

(2) 消息前提准确性原则。在身份认证协议设计过程中,应当明确给出身份认证协议运行的前提条件,并且这些前提条件的正确性与合理性要能够得到验证,从而可以判断出身份认证协议的合理性。该条原则是在“消息独立完整性原则”基础上的进一步深化,即不仅要考虑消息本身,还要考虑与身份认证协议中每条消息相关的前提条件是否是合理的。若身份认证协议中某些消息所基于的前提条件不能成立,则该身份认证协议也将失去了实际意义。

(3) 主体身份标识原则。如果身份认证协议中某个主体的标识对于某条消息的含义比较重要,那么最好在消息中能够包含或体现该主体的标识。对主体身份进行标识的方式有两种:一种是隐式标识方式,即通过使用加密或签名的方式,使得消息的接收者能够从所接收的消息中明确地推断出消息所属主体的身份;另一种是显式标识方式,即将主体的标识以明文的形式加入到消息中,从而很明显地体现出消息所属主体的身份。

(4) 加密目的明确性原则。为了避免冗余的加密运算,需要明确使用加密运算的目的。通过恰当地使用加密运算,可以实现机密性、完整性、认证性等安全属性,因此,要确保所设计身份认证协议中使用的加密运算能够实现某种安全属性,否则,所使用的加密运算可能就是冗余的运算。

(5) 临时值使用原则。如果要在身份认证协议中使用临时值,那么一定要明确该临时值在身份认证协议中所具有的属性和所起的作用,并确保该临时值的新鲜性,防止敌人发起重放攻击。如果要在身份认证协议中使用一个可以预测的值作为临时值,那么一定要防止攻击者获得该临时值,从而防止攻击者模拟一个挑战而后利用该临时值做出后续的响应。

(6) 随机数使用原则。如果要在身份认证协议中使用随机数,那么也要明确该随机数在身份认证协议中所具有的属性和所起的作用。使用随机数能够确保消息的新鲜性,因此,确保随机数的随机性很重要。

(7) 时间戳使用原则。在身份认证协议中使用时间戳是为了抵抗重放攻击。如果在身份认证协议中使用时间戳,那么需要实现整个网络中时钟的精确同步,否则,会影响身份认证协议使用时间戳抵抗重放攻击的可靠性。

(8) 密钥使用原则。当在身份认证协议中使用密钥时,应当考虑该密钥是否最近被使用过。如果某个密钥最近用来加密过随机数,那么该密钥就已经过期或容易被攻击者窃取。

(9) 消息定位原则。对于某条消息,要能够根据该消息推断出它属于哪个身份认证协议以及属于该身份认证协议的哪一个步骤。

(10) 信任关系明确性原则。在设计身份认证协议时,一定要将身份认证协议所依赖的信任关系明确地表达出来,并对这些信任关系的必要性和合理性给出说明。

以上的身份认证协议设计原则具备较好的可操作性。实践证明,遵循这些身份认证协议设计原则,往往可以使所设计的身份认证协议避免许多错误或漏洞,提高身份认证协议的抗攻击能力。

9.3.2 WiFi 环境下的用户接入控制

根据 WiFi 环境下用户接入控制的特点,以身份认证协议的设计原则为指导,设计了 WiFi 环境下用户身份认证框架,并基于动态口令技术设计了身份认证协议,实现了 WiFi 环境下的用户接入控制。

1. WiFi 环境下的身份认证框架

WiFi 环境下的身份认证以装备保障信息网络应急通信为研究背景,主要为了解决在现有的装备保障信息网络通信设备发生故障时,能够发挥应急通信作用,实现短距离的信息交流和共享。为了实现应急通信功能,WiFi 环境下的身份认证框架如图 9-7 所示。

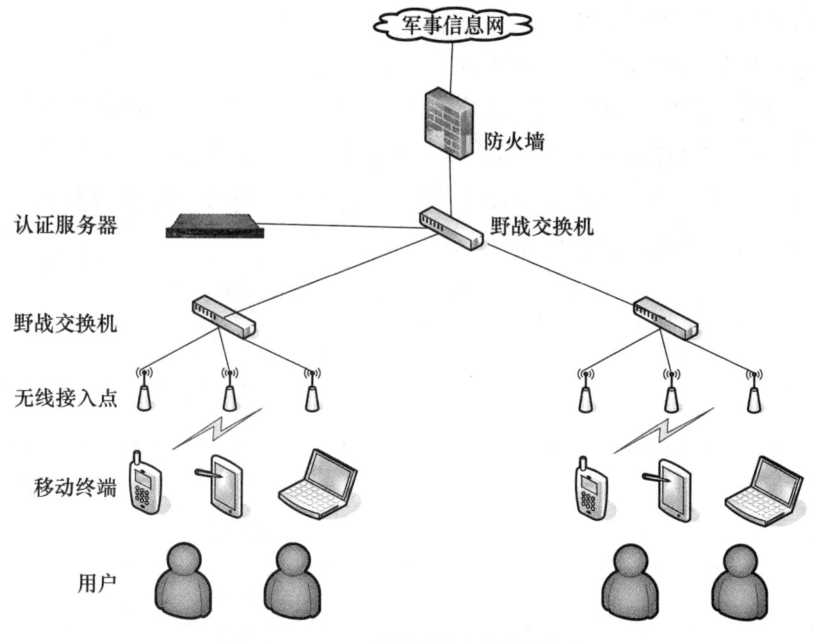

图 9-7 WiFi 环境下的身份认证框架

装备保障信息网络应急通信环境中主要包括用户、移动终端、无线接入点、野战交换机、认证服务器、防火墙和军事信息网络。传统的无线接入点覆盖范围有限,在开放的区域里,通信距离可达305m,在封闭性区域里,通信距离为76~122m,远远不能满足装备保障信息网络应急通信对信号覆盖范围的要求。为了解决这一问题,对无线接入点进行升级改造。改造后的无线接入点只具有数据转发功能不具有认证功能。用户提出认证请求后,无线接入点不再对用户身份进行认证,而是将用户的认证请求重定向到认证服务器,由认证服务器对用户身份进行统一认证。这种认证模式既能便于对用户实施管理又增强了认证过程的安全性,同时扩大了WiFi信号的覆盖范围。

客户端通过无线接入点接入网络,同一区域范围内的无线接入点通过网线连接到野战交换机,核心野战交换机将系统中的认证服务器、防火墙及不同区域的野战交换机互连。具体认证过程如下:用户首先输入正确的用户名和口令,向移动终端证明自己的合法身份,即进行第一阶段的身份认证;用户通过移动终端在无线接入点的信号覆盖范围内提出访问装备保障信息网络的请求,无线接入点在收到用户的访问请求后通过HTTP重定向将用户的认证请求重定向到认证服务器,由认证服务器和移动终端根据认证协议进行双向身份认证,即进行第二阶段的身份认证。认证成功后才能对资源进行访问和操作。

2. WiFi环境下的身份认证协议

身份认证协议分为注册阶段和认证阶段两个部分。注册阶段主要完成用户口令和密码的选择、客户端和认证服务器密钥的产生及公钥的交换;认证阶段主要完成用户和认证服务器之间的双向身份认证。本协议所涉及的符号及描述如表9-2所列。

表9-2　本协议涉及的符号及描述

符号	描述
U	客户端
AP	无线接入点
AS	认证服务器
LS	日志服务器
DS	数据库存储服务器

续表

符号	描述
Mnetwork	军事信息网络
ID_X	X 的身份标识
P_W	用户登陆口令
K_{UR}	用户公钥
K_{US}	用户私钥
K_{SR}	服务器公钥
K_{SS}	服务器私钥
PECC	安全椭圆曲线密码系统的参数集
IMEI	移动设备唯一身份标识
$E(K,m)$	用密钥 K 对明文 m 进行加密
$D(K,m)$	用密钥 K 对密文 m 进行解密
$Sign_y(x)$	用 y 对 x 进行签名
H( )	SHA-1 函数
LOGS	服务日志
$x \| y$	级联 x 和 y
result	认证结果
R	随机数据串
R_U	随机数据串

1）注册阶段

注册阶段中,客户端利用认证服务器产生的 ECC 参数集生成客户端的公钥和私钥,而后客户端和认证服务器进行身份标识和公钥的交换。整个注册阶段流程如图 9-8 所示。

注册阶段生成及交换的认证双方的基本信息是整个身份认证协议的基础,为了确保认证协议的安全性,注册阶段必须通过安全的信道完成。

图 9-8　注册阶段流程

具体注册流程如下。

(1) AS 选择合适的椭圆曲线进行初始化,选取密钥对 K_{SR} 和 K_{SS},选择的原则是在能够满足安全需求的情况下尽量选择较小的大素数因子以减少运算量。

(2) U 通过安全的信道向 AS 发起注册请求。

(3) AS 收到注册请求后将 PECC 连同 K_{SR} 发送给 U。

(4) U 存储 K_{SR} 并根据 PECC 选取自己的密钥对 K_{UR} 和 K_{US}。

(5) U 输入 ID_U 和 P_W,向 AS 发送用 K_{SR} 加密的 ID_U、P_W、K_{UR}、IMEI,即发送 $E(K_{SR}, ID_U \parallel K_{UR} \parallel IMEI \parallel P_W)$,并将 ID_U 和 P_W 保存记为 ID_U' 和 P_W'。

(6) AS 收到消息后用其私钥解密消息,即 $D(K_{SS}, E(K_{SR}, ID_U \parallel K_{UR} \parallel IMEI \parallel P_W))$,解密后得到 ID_U、K_{UR}、IMEI、P_W。AS 验证数据库存储服务器中是否存在 ID_U,如果存在,则向 U 发送用户名已存在,注册失败的信息。

(7) 如果 ID_U 注册成功,则 AS 将 ID_U 与 IMEI、K_{UR} 和 P_W 绑定,并存入数据库存储服务器,并向客户端发送注册成功信息及使用 K_{UR} 加密的 AS 身份标识 $E(K_{UR}, ID_{AS})$。

(8) U 接收消息后用私钥进行解密得到 ID_{AS},并进行存储记为 ID_{AS}',注册阶段完成。

2) 认证阶段

在身份认证协议中,用户在提出访问请求后,认证请求会被重定向到认证服务器,由认证服务器完成认证后才能访问军事信息网络。由于无线接入点只进行数据包的转发,因此在认证流程图中只体现用户与认证服务器的认证流程,身份认证阶段流程如图 9-9 所示。

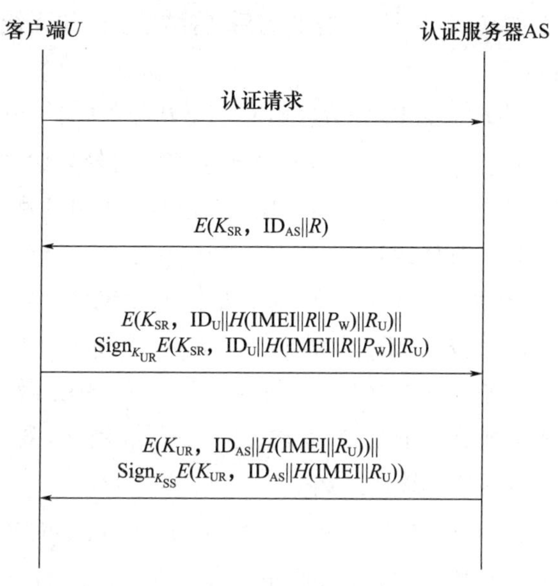

图 9-9　认证阶段流程

身份认证的具体步骤如下。

(1) U 输入 ID_U 和 P_W,通过比较 P_W 与移动终端保存的 P_W' 是否相同来判断用户身份是否合法。若不同,则第一阶段认证失败,提示重新输入;若相同,则进行第二阶段认证。

(2) $U \rightarrow AP: ID_U \parallel ID_{Mnetwork}$。$U$ 搜索相对应的无线接入点,通过浏览器提出访问军事信息网络的请求。

(3) $AP \rightarrow AS: ID_U$。无线接入点收到 U 的 http 请求后,将 U 的请求重定向到 AS,进行相关的认证。AS 根据数据库存服务器中保存的用户名,来验证 ID_U 是否合法。若数据库存服务器中没有相关用户,则拒绝认证,U 不具有资源访问权限。

(4) $AS \rightarrow AP: E(K_{UR}, ID_{AS} \parallel R)$。数据库存服务器查询到相关用户后,根据查找用户公钥 K_{UR}。AS 产生一个随机数 R,将 R 与 AS 身份标识 ID_{AS} 通过 K_{UR} 加密后发送给无线接入点,并保存随机数记为 R'。

(5) $AP \rightarrow U: E(K_{UR}, ID_{AS} \parallel R)$。$U$ 收到无线接入点转发来的消息后,通过其私钥解密信息得到 ID_{AS} 和 R。比较 ID_{AS} 与客户端保存的 ID_{AS}' 是否相同,若不同则拒绝接收消息;若相同则继续下一步。

(6) $U \to AP$:$E(K_{SR},ID_U \| H(IMEI \| R \| P_W) \| R_U) \| Sign_{K_{US}}(E(K_{SR},ID_U \| H(IMEI \| R \| P_W) \| R_U)$。$U$ 对 R、IMEI 及 P_W 做 Hasp 运算,令 $a=H(IMEI \| R \| P_W)$;同时产生一个随机数 R_U,用 AS 的公钥对 ID_U、a 及 R_U 加密,并对使用 U 的私钥对消息进行签名后,将结果发送给无线接入点,并保存随机数记为 R_U'。

(7) $AP \to AS$:$E(K_{SR},ID_U \| H(IMEI \| R \| P_W) \| R_U) \| Sign_{K_{US}}(E(K_{SR},ID_U \| H(IMEI \| R \| P_W) \| R_U)$。无线接入点将消息转发给 AS,AS 用其私钥解密消息得到 ID_U、a 及 R_U。通过 ID_U 查找对应的 IMEI 和 P_W,若不存在则拒绝认证,若存在则对 IMEI、R' 及 P_W 做 Hasp 运算,令 $b=H(IMEI \| R' \| P_W)$。验证 b 是否等于 a,若不等则为非法用户,拒绝登录。

(8) $AS \to AP$:$E(K_{UR},ID_{AS} \| H(IMEI \| R_U)) \| Sign_{K_{SS}}(E(K_{UR},ID_{AS} \| H(IMEI \| R_U)))$。若 U 为合法用户,则 AS 对 R_U 和 IMEI 做 Hasp 运算,令 $c=H(IMEI \| R_U)$;使用 U 的公钥对 ID_{AS}、c 加密,并用 AS 的私钥对消息进行签名,将结果发送给无线接入点。

(9) $AP \to U$:$E(K_{UR},ID_{AS} \| H(IMEI \| R_U)) \| Sign_{K_{SS}}(E(K_{UR},ID_{AS} \| H(IMEI \| R_U)))$。$U$ 收到消息后,使用其私钥对消息进行解密,得到 ID_{AS} 和 c,比较 ID_{AS} 与 ID_{AS}'是否相同,若不同则拒绝认证;否则,将 R_U'与 IMEI 做 Hasp 运算,令 $d=H(IMEI \| R_U')$,验证 c 与 d 是否相等,若不相等则为非法服务器,向管理员反馈问题,若相等则通过验证。

(10) $AS \to LS$:LOGS。无论认证结果是否成功,AS 都向日志服务器请求生成日志。

(11) $AP \to Mnetwork$:$ID_{Mnetwork}$。U 通过无线接入点访问军事信息网络。

3. 协议安全性分析

通过求解椭圆曲线离散对数的困难性结合 OTP 认证技术,设计了一种 WiFi 环境下的身份认证协议,以应用到装备保障信息网络应急通信中。装备保障信息网络应急通信的特殊性要求身份认证的安全性是首要的。因此,从攻击者角度对本章设计的身份认证协议进行安全性分析。通过安全性分析说明该身份认证协议能够抵抗常见攻击手段,适合应用到装备保障信息网络应急通信。

1) 抗重放攻击特性分析

在本身份认证协议中,假设攻击者 Adv 截获 AS 的应答信息 $E(K_{UR},ID_{AS} \| H(IMEI \| R_U)) \| Sign_{K_{SS}}(E(K_{UR},ID_{AS} \| H(IMEI \| R_U)))$或 U 的认

证请求信息,$E(K_{SR},ID_U \| H(IMEI \| R \| P_W) \| R_U) \| Sign_{K_{US}}(E(K_{SR},ID_U \| H(IMEI \| R \| P_W) \| R_U))$,也无法进行重放攻击。因为上述两个消息都含有随机数,即使消息重传,U 和 AS 在收到重传消息后都会验证随机数的时效性。显然,重传消息的随机数不可能通过检验,也就无法完成认证过程。因此,本身份认证协议能够有效地抵抗重放攻击。

2）抗小数攻击特性分析

在本身份认证协议中,假设攻击者 Adv 截获 AS 的应答信息 $E(K_{UR},ID_{AS} \| H(IMEI \| R_U)) \| Sign_{K_{SS}}(E(K_{UR},ID_{AS} \| H(IMEI \| R_U)))$或 U 的认证请求信息,$E(K_{SR},ID_U \| H(IMEI \| R \| P_W) \| R_U) \| Sign_{K_{US}}(E(K_{SR},ID_U \| H(IMEI \| R \| P_W) \| R_U))$,也无法进行重放攻击。因为上述两个消息都含有随机数,即使消息重传,U 和 AS 在收到重传消息后都会验证随机数的时效性。显然,重传消息的随机数不可能通过检验,也就无法完成认证过程。因此,本身份认证协议能够有效地抵抗重放攻击。

3）抗网络窃听特性分析

本身份认证协议通过加密手段和 Hasp 技术来确保传输认证信息的安全性。假设攻击者 Adv 截获了认证消息,以此来窃听 U 或 AS 的私密信息。但是由于网络中传输的认证消息都通过相应公钥进行加密,攻击者 Adv 由于不具有相应的私钥,因此不能获得加密信息的明文内容。通过分析可知,该协议能够有效地避免网络窃听攻击。

4）抗消息篡改特性分析

假设攻击者 Adv 截获了 U 和 AS 之间的认证信息,并依此进行消息篡改攻击。在本身份认证协议中,假设攻击者 Adv 截获 U 和 AS 之间的认证消息,由于所有的认证消息都通过公钥或者 Hash 进行加密,攻击者 Adv 无法获得明文内容,也就无法进行篡改。而且基于安全的 Hash 函数的特性,认证双方都能够对收到的消息的完整性进行判断。通过分析可知,该协议能够有效地避免消息篡改攻击。

5）抗冒充攻击特性分析

假设攻击者 Adv 通过伪造消息的方式来冒充合法 U,并发动冒充攻击。在本身份认证协议中,如果攻击者 Adv 想要冒充合法 U,需要伪造一条认证请求消息 $E(K_{SR},ID_U \| a' \| R_U') \| Sign_{K_{US}}(E(K_{SR},ID_U \| a' \| R_U'))$。但是 Adv 无法获取 U 的 IMEI、P_W 以及 AS 生成的随机数 R,无法精准地计算出 a。因此,AS 能够验证发现 Adv 攻击者的身份。通过分析可知,该协议能够有效地避免冒充攻击。

9.3.3 云环境下的用户统一接入控制

根据身份认证协议的设计原则,在对云环境下用户统一身份认证架构进行分析的基础上,设计了基于安全断言标记语言(security assertion markup language,SAML)的云环境下的用户统一身份认证协议,实现了对云环境下的用户接入控制,如图9-10所示。

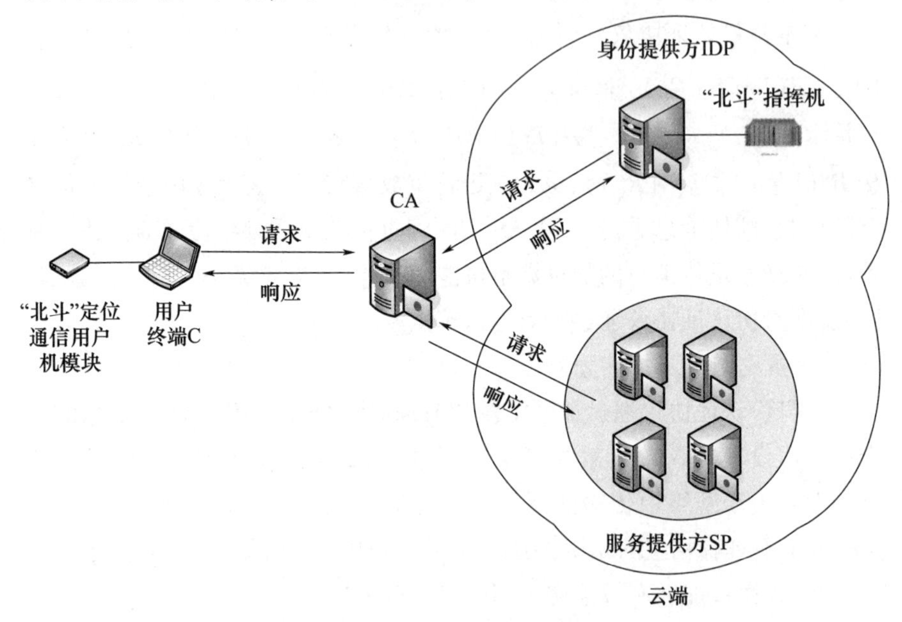

图9-10 基于SAML的云环境下的用户统一身份认证架构

1. 基于SAML的云环境下的用户统一身份认证架构

基于SAML的云环境下的用户统一身份认证架构主要包括4种实体:用户(client,C)、身份提供方(identity provider,IDP)、服务提供方(service providers,SP)和证书签发机构(certificate authority,CA)。其中,用户C所使用的终端上有连接“北斗”定位通信用户机模块(或设备),通过“北斗”卫星导航系统获得自身的地理位置信息;身份提供方IDP上连接“北斗”指挥机,用于利用“北斗”卫星导航系统监控用户的地理位置信息。统一身份认证总体方案包括注册阶段和认证阶段。在注册阶段中,用户C、身份提供方IDP、服务提供方SP分别向证书签发机构CA申请证书,证书签发机构CA分别为它们签发证书。

2. 基于SAML的云环境下的用户统一身份认证协议设计

1) 身份认证协议中使用的符号说明

所设计的基于SAML的云环境下的用户统一身份认证协议中使用的

符号及它们表示的含义如表9-3所列。

表9-3 用户统一身份认证协议中使用的符号及含义

符号	含义
C	用户
IDP	身份提供方
SP	服务提供方
$\mathrm{CERT_C}$	用户C证书
$\mathrm{CERT_{IDP}}$	身份提供方IDP证书
$\mathrm{CERT_{SP}}$	服务提供方SP证书
$\mathrm{ID_C}$	用户C身份标识
$\mathrm{pk_C}$	用户C公钥
$\mathrm{Lifetime_{CERT_C}}$	证书$\mathrm{CERT_C}$有效期
$\mathrm{sign}_{sk}(X)$	用私钥sk对消息X签名结果
$\mathrm{ID_{IDP}}$	身份提供方IDP身份标识
$\mathrm{pk_{IDP}}$	身份提供方IDP公钥
$\mathrm{Lifetime_{CERT_{IDP}}}$	证书$\mathrm{CERT_{IDP}}$有效期
$\mathrm{ID_{SP}}$	服务提供方SP身份标识
$\mathrm{pk_{SP}}$	服务提供方SP公钥
$\mathrm{Lifetime_{CERT_{SP}}}$	证书$\mathrm{CERT_{SP}}$有效期
$\mathrm{Request_{CI}}$	认证请求
N_{IDP}、N_{C2}、N_{SP1}、N_{SP2}	一次性随机数
$\mathrm{sk_C}$	用户C私钥
$\mathrm{sk_{IDP}}$	身份提供方IDP私钥
$\mathrm{sk_{SP}}$	服务提供方SP私钥
$\{\mid X\mid\}_k$	用密钥k对消息X加密结果

续表

符号	含义
k_{IDP}	仅有身份提供方 IDP 知道对称密钥 k_{IDP}
P_C	用户 C 从“北斗”系统获得自身位置信息
k_{rand}	随机一次性密钥
$Token_C$	身份提供方 IDP 为用户 C 生成凭据
k_{CI}	身份提供方 IDP 与用户 C 之间会话密钥
T_{IDP}	身份提供方 IDP 签发凭据 $Token_C$ 时间
$Lifetime_{Token_C}$	凭据 $Token_C$ 有效期
$Request_{CS}$	资源访问请求
k_{CS}	用户 C 和服务提供方 SP 之间会话密钥

2）身份认证协议初始化

身份认证协议初始化对应于统一身份认证总体方案中的注册阶段，即在初始化过程中，用户 C、身份提供方 IDP、服务提供方 SP 分别向证书签发机构 CA 申请证书，证书签发机构 CA 分别为它们签发证书 $CERT_C$、$CERT_{IDP}$、$CERT_{SP}$。证书的具体格式可以参考 X.509 证书标准。在本章中，为了后面对协议进行形式化分析时，证书的表达式比较简洁，上面 3 个证书采用如下的表达格式。

$$CERT_C = (ID_C, pk_C, Lifetime_{CERT_C}, sign_{sk_{CA}}(ID_C, pk_C, Lifetime_{CERT_C})) \tag{9-1}$$

其中，ID_C 表示用户 C 的身份标识，pk_C 表示用户 C 的公钥，$Lifetime_{CERT_C}$ 表示证书的有效期，$sign_{sk_{CA}}(ID_C, pk_C, Lifetime_{CERT_C})$ 表示证书签发机构 CA 对证书的数字签名。

$$CERT_{IDP} = (ID_{IDP}, pk_{IDP}, Lifetime_{CERT_{IDP}}, sign_{sk_{CA}}(ID_{IDP}, pk_{IDP}, Lifetime_{CERT_{IDP}})) \tag{9-2}$$

其中，ID_{IDP} 表示身份提供方 IDP 的身份标识，pk_{IDP} 表示身份提供方 IDP 的公钥，$Lifetime_{CERT_{IDP}}$ 表示证书的有效期，$sign_{sk_{CA}}(ID_{IDP}, pk_{IDP}, Lifetime_{CERT_{IDP}})$ 表示证书签发机构 CA 对证书的数字签名。

$$\mathrm{CERT_{SP}}=(\mathrm{ID_{SP}},\mathrm{pk_{SP}},\mathrm{Lifetime_{CERT_{SP}}},\mathrm{sign}_{sk_{\mathrm{CA}}}(\mathrm{ID_{SP}},\mathrm{pk_{SP}},\mathrm{Lifetime_{CERT_{SP}}}))$$
(9-3)

其中，$\mathrm{ID_{SP}}$ 表示服务提供方 SP 的身份标识，$\mathrm{pk_{SP}}$ 表示服务提供方 SP 的公钥，$\mathrm{Lifetime_{CERT_{SP}}}$ 表示证书的有效期，$\mathrm{sign}_{sk_{\mathrm{CA}}}(\mathrm{ID_{SP}},\mathrm{pk_{SP}},\mathrm{Lifetime_{CERT_{SP}}})$ 表示证书签发机构 CA 对证书的数字签名。

3）身份认证协议设计

所设计的基于 SAML 的云环境下的用户统一身份认证协议流程图如图 9-11 所示。参与协议的主体有 3 个，包括用户 C、身份提供方 IDP、服务提供方 SP。其中，用户 C 连接有“北斗”定位通信用户机模块（或设备），可以通过“北斗”卫星导航系统获得自身的地理位置信息；身份提供方 IDP 连接有“北斗”指挥机，可以通过“北斗”指挥机监控全网中用户的地理位置信息。

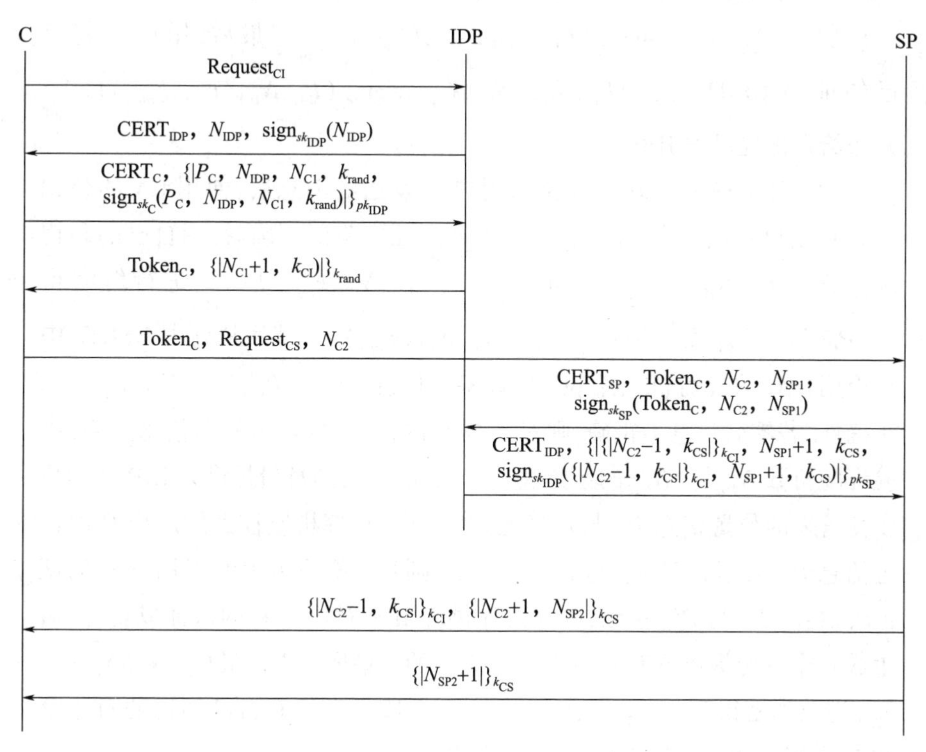

图 9-11　所设计的基于 SAML 的云环境下的用户统一身份认证协议流程图

所设计的基于 SAML 的云环境下的用户统一身份认证协议的具体过程可描述如下：

（1）用户 C 向身份提供方 IDP 发出认证请求 $\mathrm{Request_{CI}}$。

(2) 身份提供方 IDP 收到用户 C 的认证请求 Request_{CI} 后,生成一个一次性随机数 N_{IDP},用自己的私钥 sk_{IDP} 对 N_{IDP} 签名得到 $\text{sign}_{sk_{IDP}}(N_{IDP})$,然后将自己的证书 CERT_{IDP} 及 N_{IDP}、$\text{sign}_{sk_{IDP}}(N_{IDP})$ 发送给用户 C。

(3) 用户 C 接收到身份提供方 IDP 发送的消息后,验证随机数 N_{IDP} 的新鲜性,若验证通过,则使用 CA 的公钥 pk_{CA} 对身份提供方 IDP 的证书 CERT_{IDP} 进行验证。证书验证正确后,从证书中获得身份提供方 IDP 的公钥 pk_{IDP},再用 pk_{IDP} 验证签名信息 $\text{sign}_{sk_{IDP}}(N_{IDP})$ 的正确性,若签名信息不正确,则用户 C 对身份提供方 IDP 的认证失败,若签名信息正确,则从"北斗"系统获得自身的位置信息 P_C,生成一个一次性随机数 N_{C1} 和一个随机的一次性密钥 k_{rand},并用自己的私钥 sk_C 对 P_C、N_{IDP}、N_{C1} 和 k_{rand} 签名得到 $\text{sign}_{sk_C}(P_C, N_{IDP}, N_{C1}, k_{rand})$,然后使用身份提供方 IDP 的公钥 pk_{IDP} 对(P_C, N_{IDP}, N_{C1}, k_{rand}, $\text{sign}_{sk_C}(P_C, N_{IDP}, N_{C1}, k_{rand})$)进行加密得到 $\{|P_C, N_{IDP}, N_{C1}, k_{rand}, \text{sign}_{sk_C}(P_C, N_{IDP}, N_{C1}, k_{rand})|\}_{pk_{IDP}}$。最后,用户 C 将自己的证书 CERT_C 及 $\{|P_C, N_{IDP}, N_{C1}, k_{rand}, \text{sign}_{sk_C}(P_C, N_{IDP}, N_{C1}, k_{rand})|\}_{pk_{IDP}}$ 发送给身份提供方 IDP。

(4) 身份提供方 IDP 接收到用户 C 发送的消息后,使用 CA 的公钥 pk_{CA} 对用户 C 的证书 CERT_C 进行验证。证书验证正确后,用自己的私钥 sk_{IDP} 对 $\{|P_C, N_{IDP}, N_{C1}, k_{rand}, \text{sign}_{sk_C}(P_C, N_{IDP}, N_{C1}, k_{rand})|\}_{pk_{IDP}}$ 进行解密得到(P_C, N_{IDP}, N_{C1}, k_{rand}, $\text{sign}_{sk_C}(P_C, N_{IDP}, N_{C1}, k_{rand})$)。然后从证书 CERT_C 中获得用户 C 的公钥 pk_C,用 pk_C 验证签名信息 $\text{sign}_{sk_C}(P_C, N_{IDP}, N_{C1}, k_{rand})$ 的正确性,若签名信息不正确,则对用户 C 的认证失败,若签名信息正确,则验证随机数 N_{IDP} 和 N_{C1} 的新鲜性。若验证通过,则身份提供方 IDP 将用户 C 发送来的位置信息 P_C 与自身通过"北斗"指挥机监控到的用户 C 的位置信息 P'_C 比较。若 P_C 与 P'_C 不一致,则身份提供方 IDP 对用户 C 的认证失败;若 P_C 与 P'_C 一致,则身份提供方 IDP 对用户 C 的认证成功,然后生成一个身份提供方 IDP 与用户 C 之间的会话密钥 k_{CI},用 k_{rand} 对($N_{C1}+1$, k_{CI})进行加密得到 $\{|N_{C1}+1, k_{CI}|\}_{k_{rand}}$,再生成一个仅有自己知道的对称密钥 k_{IDP},用密钥 k_{IDP} 为用户 C 生成凭据

$$\text{Token}_C = \{|ID_{IDP}, ID_C, k_{CI}, T_{IDP}, \text{Lifetime}_{\text{Token}_C}|\}_{k_{IDP}} \tag{9-4}$$

式中:ID_{IDP} 表示身份提供方 IDP 的身份标识,ID_C 表示用户 C 的身份标识,k_{CI} 表示身份提供方 IDP 与用户 C 之间的会话密钥,T_{IDP} 表示凭据 Token_C 的签发时间,$\text{Lifetime}_{\text{Token}_C}$ 表示凭据 Token_C 的有效期。

最后,身份提供方 IDP 将凭据 $\mathrm{Token}_{\mathrm{C}}$ 及$\{|N_{\mathrm{C1}}+1,k_{\mathrm{CI}}|\}_{k_{rand}}$ 发送给用户 C。

(5) 用户 C 使用一次性密钥 k_{rand} 对$\{|N_{\mathrm{C1}}+1,k_{\mathrm{CI}}|\}_{k_{rand}}$ 进行解密得到 $N_{\mathrm{C1}}+1$ 和 k_{CI},然后验证随机数 $N_{\mathrm{C1}}+1$ 的新鲜性。若验证通过,用户 C 对身份提供方 IDP 的认证成功,然后生成一个一次性随机数 N_{C2},将凭据 $\mathrm{Token}_{\mathrm{C}}$、对服务提供方 SP 的资源访问请求 $Request_{\mathrm{CS}}$ 和随机数 N_{C2} 发送给服务提供方 SP。

(6) 服务提供方 SP 接收到用户 C 发送的消息后,验证随机数 N_{C2} 的新鲜性,若验证通过,则生成一个随机数 N_{SP1},使用自己的私钥 $\mathrm{sk}_{\mathrm{SP}}$ 对($\mathrm{Token}_{\mathrm{C}},N_{\mathrm{C2}},N_{\mathrm{SP1}}$)进行签名得到 $\mathrm{sign}_{sk_{\mathrm{SP}}}(\mathrm{Token}_{\mathrm{C}},N_{\mathrm{C2}},N_{\mathrm{SP1}})$,然后将自己的证书 $\mathrm{CERT}_{\mathrm{SP}}$、$\mathrm{Token}_{\mathrm{C}}$、$N_{\mathrm{C2}}$、$N_{\mathrm{SP1}}$ 及 $\mathrm{sign}_{sk_{\mathrm{SP}}}(\mathrm{Token}_{\mathrm{C}},N_{\mathrm{C2}},N_{\mathrm{SP1}})$ 发送给身份提供方 IDP。

(7) 身份提供方 IDP 收到服务提供方 SP 发送的消息后,验证随机数 N_{C2} 和 N_{SP1} 的新鲜性。若验证通过,身份提供方 IDP 使用 CA 的公钥 $\mathrm{pk}_{\mathrm{CA}}$ 对服务提供方 SP 的证书 $\mathrm{CERT}_{\mathrm{SP}}$ 进行验证。证书验证正确后,则使用仅有自己知道的对称密钥 k_{IDP} 对凭据 $\mathrm{Token}_{\mathrm{C}}$ 进行解密,然后验证凭据 $\mathrm{Token}_{\mathrm{C}}$ 内的内容是否正确。若验证正确,则从证书 $\mathrm{CERT}_{\mathrm{SP}}$ 中获得服务提供方 SP 的公钥 $\mathrm{pk}_{\mathrm{SP}}$,并用公钥 $\mathrm{pk}_{\mathrm{SP}}$ 验证签名信息 $\mathrm{sign}_{sk_{\mathrm{SP}}}(\mathrm{Token}_{\mathrm{C}},N_{\mathrm{C2}},N_{\mathrm{SP1}})$ 的正确性。若签名信息正确,则身份提供方 IDP 为用户 C 和服务提供方 SP 生成一个会话密钥 k_{CS},然后用 k_{CI} 对($N_{\mathrm{C2}}-1,k_{\mathrm{CS}}$)加密得到$\{|N_{\mathrm{C2}}-1,k_{\mathrm{CS}}|\}_{k_{\mathrm{CI}}}$,用自身的私钥 $\mathrm{sk}_{\mathrm{IDP}}$ 对($\{|N_{\mathrm{C2}}-1,k_{\mathrm{CS}}|\}_{k_{\mathrm{CI}}},N_{\mathrm{SP1}}+1,k_{\mathrm{CS}}$)进行签名得到 $\mathrm{sign}_{sk_{\mathrm{IDP}}}(\{|N_{\mathrm{C2}}-1,k_{\mathrm{CS}}|\}_{k_{\mathrm{CI}}},N_{\mathrm{SP1}}+1,k_{\mathrm{CS}})$,再用服务提供方 SP 的公钥 $\mathrm{pk}_{\mathrm{SP}}$ 对($\{|N_{\mathrm{C2}}-1,k_{\mathrm{CS}}|\}_{k_{\mathrm{CI}}},N_{\mathrm{SP1}}+1,k_{\mathrm{CS}},\mathrm{sign}_{sk_{\mathrm{IDP}}}(\{|N_{\mathrm{C2}}-1,k_{\mathrm{CS}}|\}_{k_{\mathrm{CI}}},N_{\mathrm{SP1}}+1,k_{\mathrm{CS}})$)进行加密得到$\{|\{|N_{\mathrm{C2}}-1,k_{\mathrm{CS}}|\}_{k_{\mathrm{CI}}},N_{\mathrm{SP1}}+1,k_{\mathrm{CS}},\mathrm{sign}_{sk_{\mathrm{IDP}}}(\{|N_{\mathrm{C2}}-1,k_{\mathrm{CS}}|\}_{k_{\mathrm{CI}}},N_{\mathrm{SP1}}+1,k_{\mathrm{CS}})|\}_{\mathrm{pk}_{\mathrm{SP}}}$。最后,身份提供方 IDP 将自己的证书 $\mathrm{CERT}_{\mathrm{IDP}}$ 及$\{|\{|N_{\mathrm{C2}}-1,k_{\mathrm{CS}}|\}_{k_{\mathrm{CI}}},N_{\mathrm{SP1}}+1,k_{\mathrm{CS}},\mathrm{sign}_{sk_{\mathrm{IDP}}}(\{|N_{\mathrm{C2}}-1,k_{\mathrm{CS}}|\}_{k_{\mathrm{CI}}},N_{\mathrm{SP1}}+1,k_{\mathrm{CS}})|\}_{\mathrm{pk}_{\mathrm{SP}}}$ 发送给服务提供方 SP。

(8) 服务提供方 SP 接收到身份提供方 IDP 发送的消息后,使用 CA 的公钥 $\mathrm{pk}_{\mathrm{CA}}$ 对身份提供方 IDP 的证书 $\mathrm{CERT}_{\mathrm{IDP}}$ 进行验证。证书验证正确后,从证书 $\mathrm{CERT}_{\mathrm{IDP}}$ 中获得身份提供方 IDP 的公钥 $\mathrm{pk}_{\mathrm{IDP}}$。然后,服务提供方 SP 使用自己的私钥 $\mathrm{sk}_{\mathrm{SP}}$ 对$\{|\{|N_{\mathrm{C2}}-1,k_{\mathrm{CS}}|\}_{k_{\mathrm{CI}}},N_{\mathrm{SP1}}+1,k_{\mathrm{CS}},\mathrm{sign}_{sk_{\mathrm{IDP}}}(\{|N_{\mathrm{C2}}-1,k_{\mathrm{CS}}|\}_{k_{\mathrm{CI}}},N_{\mathrm{SP1}}+1,k_{\mathrm{CS}})|\}_{\mathrm{pk}_{\mathrm{SP}}}$ 进行解密,得到$\{|N_{\mathrm{C2}}-1,k_{\mathrm{CS}}|\}_{k_{\mathrm{CI}}}$、$N_{\mathrm{SP1}}+1$、$k_{\mathrm{CS}}$ 和 $\mathrm{sign}_{sk_{\mathrm{IDP}}}(\{|N_{\mathrm{C2}}-1,k_{\mathrm{CS}}|\}_{k_{\mathrm{CI}}},N_{\mathrm{SP1}}+1,k_{\mathrm{CS}})$,并验证随机数

$N_{SP1}+1$ 的新鲜性。若验证通过,则使用获得的身份提供方 IDP 的公钥 pk_{IDP} 验证签名信息 $sign_{sk_{IDP}}(\{|N_{C2}-1,k_{CS}|\}_{k_{CI}},N_{SP1}+1,k_{CS})$ 的正确性。若签名信息正确,则服务提供方 SP 安全保存与用户 C 之间的会话密钥 k_{CS},并产生一个一次性随机数 N_{SP2},用密钥 k_{CS} 对$(N_{C2}+1,N_{SP2})$进行加密得到$\{|N_{C2}+1,N_{SP2}|\}_{k_{CS}}$,最后将$\{|N_{C2}-1,k_{CS}|\}_{k_{CI}}$ 与$\{|N_{C2}+1,N_{SP2}|\}_{k_{CS}}$ 发送给用户 C。

(9) 用户 C 用密钥 k_{CI} 解密$\{|N_{C2}-1,k_{CS}|\}_{k_{CI}}$ 得到 $N_{C2}-1$ 与 k_{CS},然后验证随机数 $N_{C2}-1$ 的新鲜性。若验证通过,则用户 C 安全保存与服务提供方 SP 之间的会话密钥 k_{CS},并用密钥 k_{CS} 解密$\{|N_{C2}+1,N_{SP2}|\}_{k_{CS}}$ 得到 $N_{C2}+1$ 与 N_{SP2},然后验证随机数 $N_{C2}+1$ 与 N_{SP2} 的新鲜性。若验证通过,则用户 C 相信服务提供方 SP 拥有了与自己的会话密钥 k_{CS},对服务提供方 SP 的认证成功,然后使用密钥 k_{CS} 加密 $N_{SP2}+1$ 得到$\{|N_{SP2}+1|\}_{k_{CS}}$,将$\{|N_{SP2}+1|\}_{k_{CS}}$ 发送给服务提供方 SP。服务提供方 SP 接收到用户 C 发送的消息后,用会话密钥 k_{CS} 解密$\{|N_{SP2}+1|\}_{k_{CS}}$ 得到 $N_{SP2}+1$,然后验证随机数 $N_{SP2}+1$ 的新鲜性。若验证通过,则最终服务提供方 SP 也相信用户 C 拥有了与自己的会话密钥 k_{CS},就可以使用 k_{CS} 对用户 C 请求的服务资源进行加密后再返回给用户 C。

3. 身份认证协议的安全性分析

1) 终端可信性增强分析

通过对基于 SAML 的云环境下的用户统一身份认证协议具体过程的描述可知,在第 4 步中,不仅需要用户 C 向身份提供方 IDP 证明自己拥有合法证书及对应的私钥,还需要用户 C 提交的位置信息与身份提供方 IDP 监控到的用户 C 的位置信息一致,也就是说,还需要用户 C 连接有“北斗”定位通信用户机模块(或设备),身份提供方 IDP 对用户 C 的认证才能成功。这样就确保了合法的用户必须连接有“北斗”定位通信用户机模块(或设备),才能访问服务提供方 SP,这在我军尚未装备大量可信用户的情况下,从一定程度上增强了现有终端的可信性,从而有效防止了攻击者可能会利用盗用的用户信息在任意的终端上进行身份认证并访问服务资源。

2) 认证双向性分析

通过对基于 SAML 的云环境下的用户统一身份认证协议具体过程的描述可知,在第 4 步中实现了身份提供方 IDP 对用户 C 的身份认证,在第 5 步中实现了用户 C 对身份提供方 IDP 的身份认证,在第 7 步中服务提供方 SP 通过身份提供方 IDP 实现了对用户 C 的身份认证,在第 9 步中实现了用户 C 对服务提供方 SP 的身份认证。因此,该协议既实现了身份提供方 IDP 与用户 C 之间的双向认证,又实现了服务提供方 SP 与用户 C 之间的双向认证。

3) 服务资源传输保密性分析

通过对基于 SAML 的云环境下的用户统一身份认证协议具体过程的描述可知,在第 7 步中实现了身份提供方 IDP 为服务提供方 SP 分发其与用户 C 之间的会话密钥 k_{CS},且包含会话密钥 k_{CS} 的信息被服务提供方 SP 的公钥 pk_{SP} 加密,只有服务提供方 SP 使用自己的私钥 sk_{SP} 解密该信息才能够获得会话密钥 k_{CS}。在第 8 步中,服务提供方 SP 将包含其与用户 C 之间的会话密钥 k_{CS} 的信息转发给用户 C,且该信息被用户 C 与身份提供方 IDP 之间的共享密钥 k_{CI} 加密,只有用户 C 和身份提供方 IDP 使用密钥 k_{CI} 解密该信息才能够获得会话密钥 k_{CS}。因此,该协议实现了身份提供方 IDP 为用户 C 和服务提供方 SP 分发一个会话密钥 k_{CS},该密钥用于服务提供方 SP 将用户 C 请求的服务资源加密后再传输给用户 C,且该密钥仅由身份提供方 IDP、服务提供方 SP 和用户 C 三者拥有,保证了会话密钥的机密性,从而确保了服务资源传输保密性。

4) 凭据 $Token_C$ 的安全性分析

凭据 $Token_C$ 内的信息由仅有身份提供方 IDP 知道的对称密钥 k_{IDP} 进行加密,该密钥对于身份提供方 IDP 以外的其他成员是保密的。因此,其他成员不能伪造身份提供方 IDP 为用户 C 签发的凭据,这确保了凭据 $Token_C$ 内信息的防篡改性与不可伪造性。

5) 抗重放攻击特性分析

由于将一次性随机数加入到了身份认证协议中各个实体之间相互交换的信息中,即使攻击者截获了协议中的信息并进行重放,协议中的实体很容易就能判断出该消息是否为重放的消息。因此,该协议可以有效地抵抗重放攻击。

6) 双因素认证特性分析

在所设计的身份认证协议中,要实现身份提供方 IDP 对用户 C 的身份认证,既需要用户 C 向身份提供方 IDP 证明自己拥有合法证书及对应的私钥,还需要用户 C 提供自身通过“北斗”系统获得的地理位置信息。只有当身份提供方 IDP 根据用户 C 提供的信息判断出用户 C 拥有合法证书及对应的私钥,且用户 C 提供的地理位置信息与身份提供方 IDP 监控到的用户 C 的地理位置信息一致时,才能实现身份提供方 IDP 对用户 C 的成功认证。这在常规的仅依靠证书的单因素身份认证协议的基础上,利用“北斗”卫星导航系统的精确定位功能实现了对用户 C 的双因素身份认证,比常规的单因素身份认证协议的安全性会更高。

7) 用户位置信息安全性分析

在所设计的身份认证协议中,用户 C 的位置信息是通过身份提供方 IDP 的公钥 pk_{IDP} 进行加密后传输的,只有身份提供方 IDP 使用自己的私钥 sk_{IDP} 可以解密该信息。因此,用户 C 和身份提供方 IDP 之外的其他成员无法获得用户 C 的位置信息,这确保了用户 C 的位置信息不会泄露,确保了其安全性。

第10章 可控网络设备接入控制

设备接入控制是保障网络安全的重要门槛,也是接入控制的重要组成部分。设备接入控制主要对网络设备是否可信可控进行判断,从而决定是否允许设备接入网络。本章基于可信计算对设备接入控制进行研究:首先,对基于可信计算的设备接入控制进行概述,阐述可信计算的基本概念和信任与信任传递的关系;其次,根据可控网络安全控制体系的构建原理,设计了设备接入控制体系、控制模型和控制方法;最后,从可信终端设备、可信网关和可信设备管理中心3个方面设计了设备接入控制方案。

10.1 设备接入控制概述

10.1.1 可信计算的基本概念

可信计算(trusted computing)[52-53]起源于1983年,美国国防部颁发了可信计算机系统评价准则(trusted computer system evaluation criteria,TCSEC),第一次提出可信计算机(truested computer)、可信计算基(trusted computing base,TCB)的概念。发展至今,可信计算已是网络安全的主流技术之一,2003年国际可信计算组织(trusted computing group,TCG)正式成立,该组织制定了可信网络连接(trusted network connect,TNC)、可信软件栈(trusted software stack,TSS)、可信平台(trusted platform module,TPM)的相关标准等。可信计算主要思路是在计算和通信系统中广泛使用基于硬件安全模块支持下的可信计算平台,通过提供的安全特性来提高终端系统的安全性。可信计算平台基于可信平台模块,以密码技术为支持、安全操作系统为核心,如图10-1所示。

可信计算平台中,TPM通过提供密钥管理和配置管理等特性,与配套的应用软件一起,完成计算平台的可靠性认证、防止未经授权的软件修改、用户身份认证、数字签名以及全面加密硬盘和可擦写等功能。TPM安全芯片首先验证当前底层固件的完整性,如正确则完成正常的系统初始化,然后由底层固件依次验证BIOS和操作系统完整性,如正确则正常运行操作系统,否则停止运行。之后,利用TPM安全芯片内置的加密模块生成系

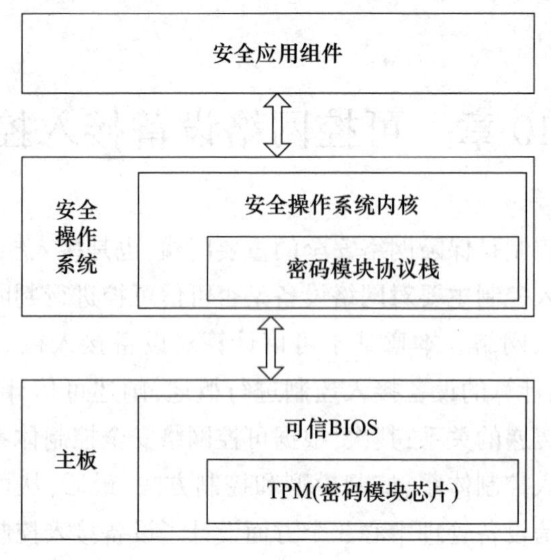

图 10-1　可信计算平台组成

统中的各种密钥,对应用模块进行加密和解密,向上提供安全通信接口,以保证上层应用模块的安全,工作方式如图 10-2 所示。

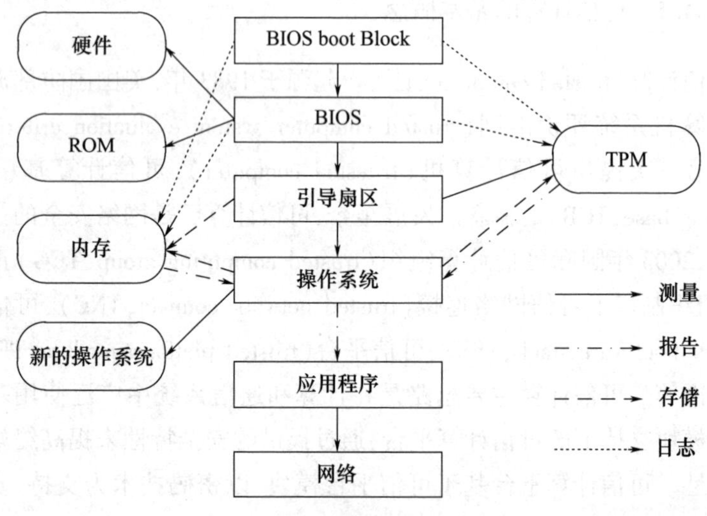

图 10-2　TPM 的工作方式

云计算、物联网、移动互联网、大数据、智慧城市等新型信息化环境需要安全可信作为基础和发展的前提,必须进行可信度量、识别和控制。采用安全可信系统架构可以确保体系结构可信、资源配置可信、操作行为可信、数据存储可信和策略管理可信,从而达到积极主动防御的目的。

10.1.2 信任与信任关系传递

按照百度百科的定义:“信任被认为是一种依赖关系”;维基百科给出的定义是:“信任是为了简化人与人之间的合作关系”。信任具有二重性,即主观信任与客观信任;信任也具有非对称的特性,A 信任 B,但是 B 不一定就信任 A;信任也是可度量、可传递的,A 信任 B,B 又信任 C,那么 A 可通过 B 间接信任 C,当然信任的程度可能会有所降低。此外,信任是有条件的,与信任及被信任的对象,以及所处的时间、空间等环境因素紧密相关,没有一成不变的、永久的信任。

1. 信任传递方法

信任关系的概念最初来源于网络,为应对互联网服务中安全威胁而产生。随着 P2P 网络、Ad Hoc 网络的发展,信任机制的建立逐渐成为解决网络安全问题的有效手段。网络中任意两个实体交互时,可能存在身份或行为欺骗,信任机制的研究旨在提供一种方式,确保交互双方实体的可信性。可信计算技术的提出正是立足于这一点,在计算机启动和运行过程中建立和维护信任关系,使计算机内部实体能够按照预期完成工作。信任传递方法主要分为以下 4 种形式。

(1) 完整性度量的信任模式(A 模式)。实体信任实体的唯一条件是,实体能够确定实体的完整性。这种模式的实现方式是,当实体需要与实体交互,或在单个计算机系统中实体执行完毕,需要将系统控制权交给实体时,首先由实体度量实体的完整性。通过校验后,表示实体信任实体。这种模式在可信计算领域中已得到较好的运用。

(2) 行为判定的信任模式(B 模式)。在一段时期内,由实体或可信第三方对实体的行为进行监测,根据监测结果生成可信行为库。当实体实施某行为时,由检验此行为是否符合可信行为库中的规则。只有行为符合预置的安全策略时,认为此次行为可信。

(3) 针对安全凭证的信任模式(C 模式)。若携带了所认可的安全凭证,则信任。其认证过程就是对携带的凭证的认证。这种凭证可以是经认证的身份信息或完整性信息。

(4) 主观信任模式(D 模式)。实体对实体主观完全信任。这种信任关系建立在认为的完整性不会发生变化,或即使发生变化产生的安全威胁较小,因此主观上信任,可以忽略对其的验证工作。但是主观信任模式不可避免地存在安全隐患,在实际操作过程中,需要与其他模式相结合,提高完整性保护方法的灵活性。

2. 保密信息来源

可信是建立在信任基础上的,可信以信任为起点。以网络身份认证为例,认证就是采用安全可靠的鉴别协议证明用户或者通信的双方确实拥有所声明的保密信息。保密信息一般由以下 3 种唯一的信息源提供。

(1) 用户知道的某类信息,如密钥、口令等。

(2) 用户拥有的某类信息:如磁卡、令牌、身份证明等。

(3) 用户本身具有的某类信息,如指纹、语音、面容、视网膜、DNA 等。

在这里潜在隐含了通信双方对对方保密信息能够代表用户身份的信任!

10.2 设备接入控制体系及模型

10.2.1 控制体系

通过运用可信计算技术,可以对接入的设备进行可信状态度量,根据接入控制策略从而决定设备是否准入、以何种方式接入,能够较好地实现可控网络的安全控制。根据可控网络的安全控制体系的构建原理,基于可信计算的设备接入控制体系如图 10-3 所示。

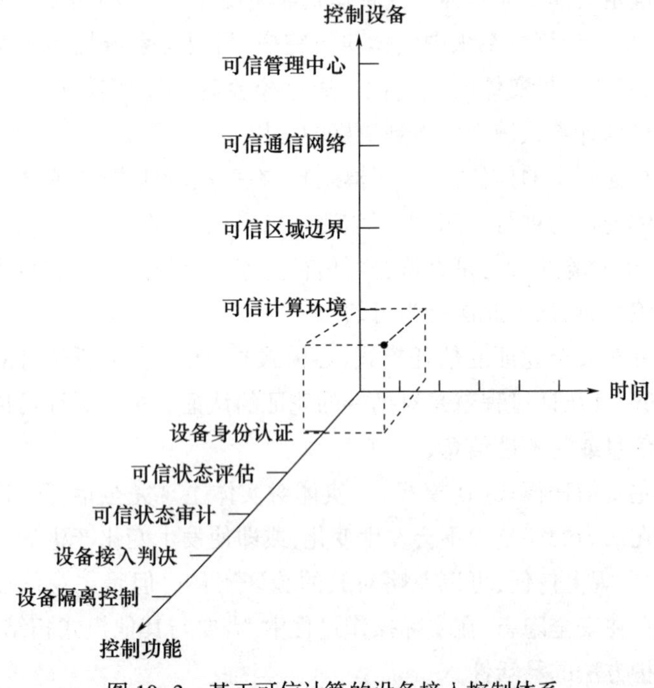

图 10-3 基于可信计算的设备接入控制体系

基于可信计算的设备接入控制体系是在可控网络控制体系的基础上,将控制服务类型中的设备接入控制抽离出来,考虑时间因素,形成的三维体系结构。其中,接入控制的设备维和功能维同可控网络的安全控制体系一致,但仅考虑与接入控制相关的因素。在接入控制体系中,3 个维度均离散的,因此整个体系坐标中对应着离散的点。如图 10-3 所示,坐标系中的点表示在某一时刻在可信计算环境中实施设备身份认证的过程。

诸多离散点能够形成相对应的面,如图 10-4 所示,图中的 3 个示例依次表示:①在可信管理中心上实施了所有与设备接入控制相关的控制功能;②可信计算运用于所有与接入控制相关的设备上;③某一时刻实施了完备的设备接入控制。

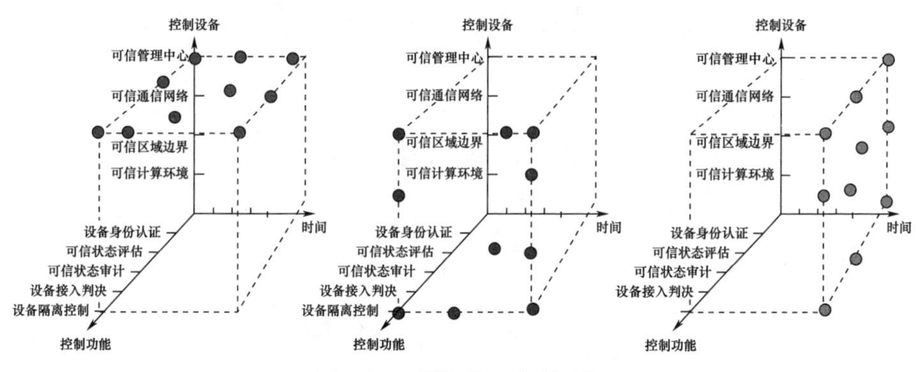

图 10-4　设备接入控制示例

诸多离散点也能够形成相对应的体,如图 10-5 所示,体的大小直接说明了设备接入控制的实施是否完备。图 10-5 表示了网络在全时刻下,在所有与设备接入控制相关的控制设备上运用了所有与设备接入控制的控制功能,即网络中实施了完备的设备接入控制。

10. 2. 2　控制模型

基于可信计算的设备接入控制采用“一个中心下的三层防御”模型,即在可信安全管理中心管理下构建可信计算环境、可信区域边界和可信通信网络的主动三层防御体系,如图 10-6 所示。

该模型由四部分组成,即可信管理中心、可信计算环境、可信接入边界、可信通信网络。

1. 可信管理中心

基于可信管理中心,实现对接入设备统一的系统管理、安全管理、可信软件库管理和密码管理。可信管理中心与传统的信息系统有所区别,系统

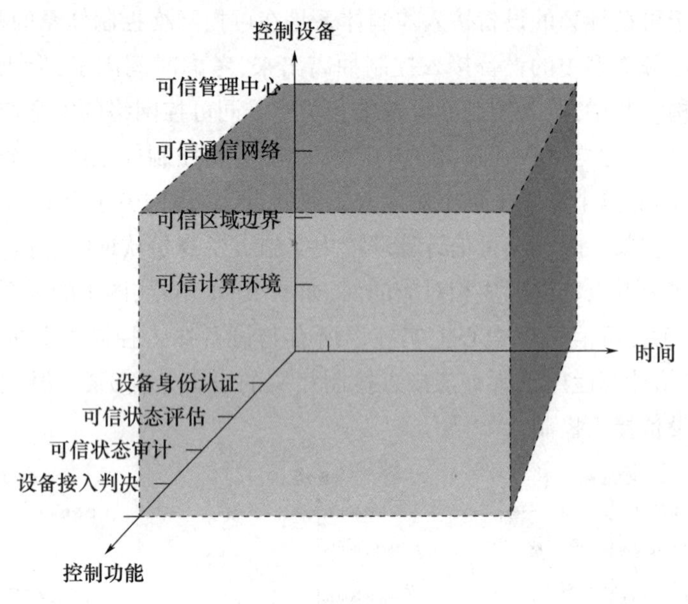

图 10-5　接入控制示例 2

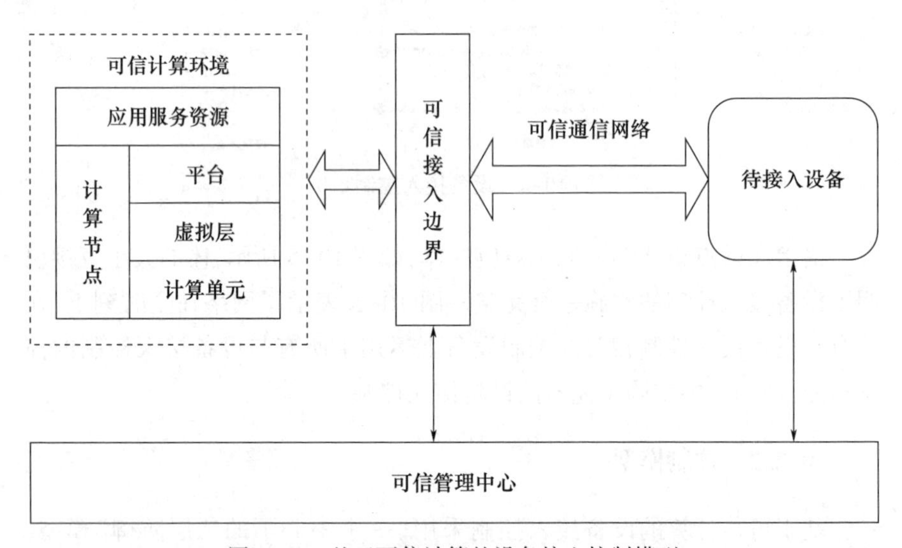

图 10-6　基于可信计算的设备接入控制模型

管理由云中心为主,保证资源可信;安全(策略)管理由用户为主,负责安全可信策略制订和授权,其中:

(1) 系统管理负责设备的身份管理、资源管理、可信软硬件库和应急处理等。

(2) 安全管理负责设备的可信基准值管理、标记管理、策略管理、授权管理和可信连接管理等。

（3）密码管理负责统一的密码管理、密钥管理和证书服务等。

2. 可信计算环境

可信链传递从基础设施可信根出发，度量基础设施、计算平台，验证虚拟计算资源可信，支持应用服务的可信，确保计算环境可信。基于可信计算技术，可信计算环境对设备进行可信增强，防止病毒、木马等恶意代码的入侵，将基于漏洞的攻击行为控制在有限范围内，为终端提供主动免疫的可信计算环境。

3. 可信接入边界

可信接入边界，验证设备接入请求和连接的计算资源可信，拒绝非法设备接入和伪造请求。在可信接入边界上，实现设备在建立连接时要进行设备身份认证、平台可信状态评估的验证，仅在合规后才允许入网并连接，否则拒绝接入。

4. 可信通信网络

为适应数据安全传输保障需要，可信通信网络确保用户服务通信过程的安全可信，提供机密性、完整性数据传输服务。

此外，可信管理中心根据从可信设备采集的用户身份信息、平台身份信息、平台状态信息，以及建立在网络可信标记之上的网络数据包抽检结果信息，按照预先制定的合规终端模型和合规通信模型，可有效检测与感知网络的安全状态及面临的安全威胁，并通过访问控制策略实施反馈控制，提高整个网络的安全可视、可控能力，如图 10-7 所示。

10.2.3 安全状态空间

设备接入控制是基于可信计算技术实现的，通过可信技术对每个接入网络的硬件设备或软件程序进行完整性和安全性认证，设备接入控制子服务安全状态空间的子服务维、子功能维和设备维的坐标要素的选取均与可信计算相关的服务、功能和设备有关。如图 10-8 所示。

1. 设备接入控制子服务

在设备接入控制过程中，主要关注网络设备是否可信可控，从而决定是否允许该设备接入网络，因此主要步骤包括可信设备认证、可信状态评估、可信状态审计和设备接入判别 4 个子服务。可信设备认证子服务是对可信终端设备的授权认证，是对可信设备可信度量、识别和控制的前提。可信状态评估和可信状态审计子服务是对可信终端设备当前可信度状态进行评估和审计的过程。设备接入判别是对申请接入的新设备可信度量并判别是否属于已认证设备的过程。

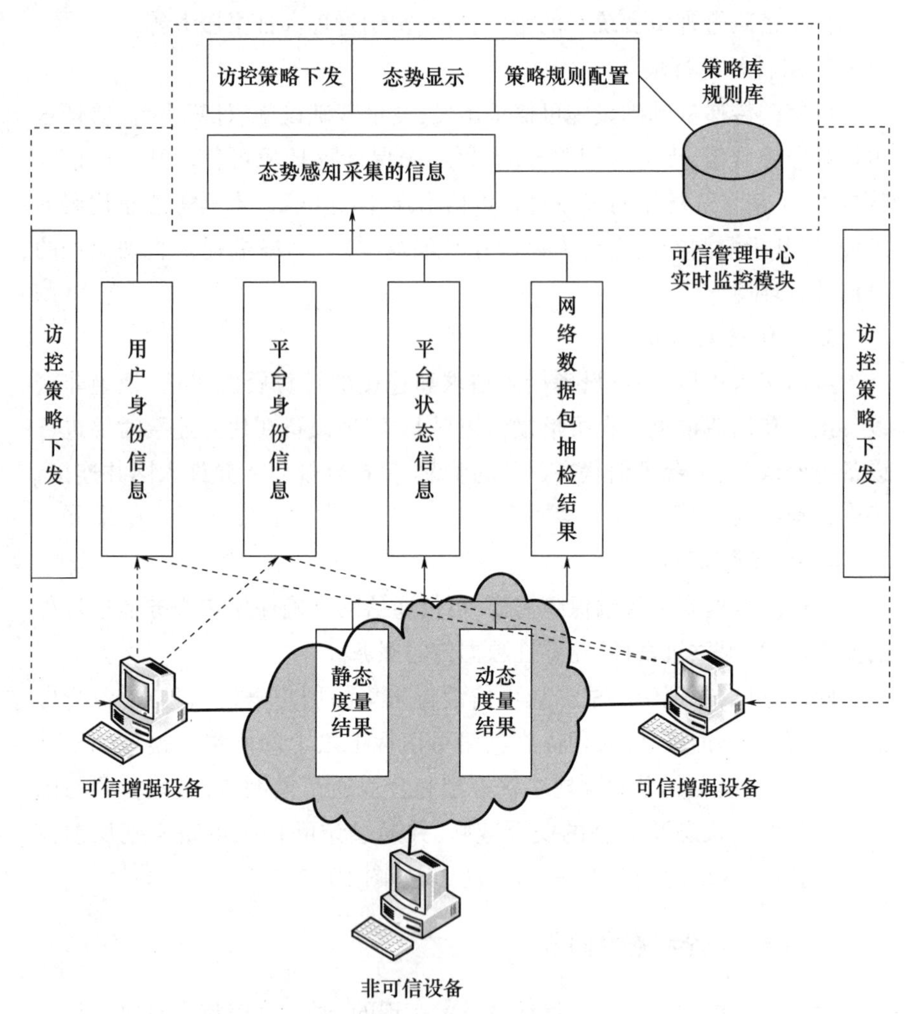

图 10-7　基于可信计算的设备接入控制

2. 设备接入控制子功能

设备接入控制子功能是对设备接入控制过程中所采用的控制功能的描述,包括可信设备认证、可信设备接入校验、可信设备授权、可信日志审计、可信设备评估和虚拟设备接入控制。上述可信接入控制子功能运用可信计算技术对申请接入的可信设备进行可信状态度量,并根据当前接入控制策略来决定设备是否满足接入权限,以达到对设备接入进行安全控制的目的。

3. 设备接入控制子设备

设备接入控制子设备是可信接入控制过程所涉及的控制子设备,主要包括可信终端设备、可信网关、可信设备管理服务器、可信认证服务器、可

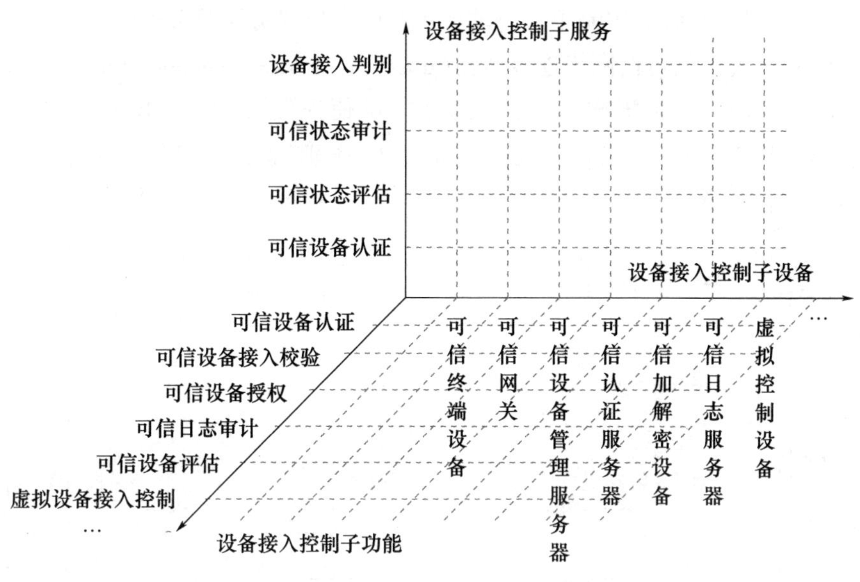

图 10-8　设备接入控制安全状态空间

信加解密设备和可信日志服务器。利用上述设备所提供的可信设备认证、接入校验、设备授权、日志审计等功能，来为用户设备提供可信可控的评估与认证服务。

根据研究的需要，我们可以将设备接入控制服务维的 4 个坐标要素递阶拓展成相应的设备接入控制安全状态子空间，进一步开展与设备可信认证等相关过程的深入研究；也可以将设备接入控制服务维的 4 个坐标要素递阶拓展成相应的设备接入控制安全状态平面，在时间维拓展开展设备可信认证相关控制过程和控制规律方面的研究。

10.2.4　控制方法

在网络设备接入控制方面，目前采用的接入控制方法主要有以下 3 种。

思科发布的网络准入控制（network admission control，NAC）：用于确保终端在接入网络前完全遵循本地组织定义的安全策略，确保不符合策略的设备无法接入该受保护的网络，并设置一个被隔离的区域，用以修正其配置的安全策略，或者限制该设备访问的资源。

微软公司的网络接入保护（network access protection，NAP）：它是一套由微软公司设计的操作系统组件，作用是在客户端访问保护的网络时提供系统平台健康校验，即通过提供的完整性校验方法来判断将要接入网络的客户端的健康状态,限制不符合健康策略的客户端访问网络的权限。

我国提出的可信网络连接架构(trusted network connection architecture,TNCA):2013年我国推出了国家标准《可信连接架构》(GB/T 29828—2013),提出了基于“三元、三层、对等、集中管理”思路的可信网络连接架构,如图10-9所示。

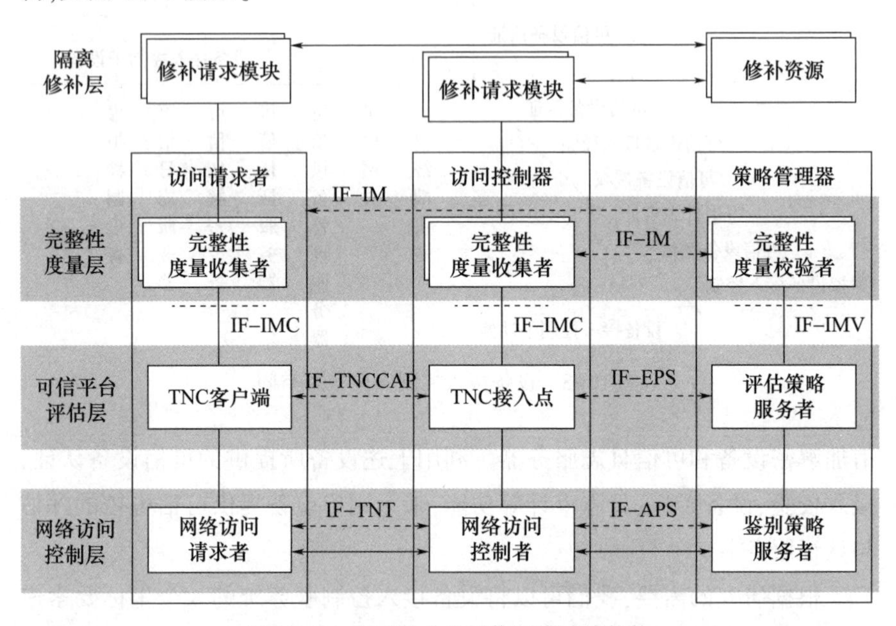

图10-9 我国提出的可信网络连接架构

该架构在传统网络接入层面之上,额外增加了完整性评估层和完整性度量层,形成了完整性度量、评估和网络访问控制三层结构。访问请求者若想要接入网络,必须首先建立终端内部信任链,并将自身收集到的完整性数据交由访问控制器进行判定。访问控制器负责实施访问控制策略,该策略由策略管理器负责制订和更新,进行访问请求者、访问控制者和策略仲裁者之间的三重控制和鉴别。

上述3种接入控制方法都是为了确保网络设备的安全接入,在实现技术上都是制定各自的隔离策略,利用接入设备,强制性地将不符合要求的终端隔离到指定的区域,在验证终端的安全后,才允许其接入,在实现思路上都分为客户端、策略服务和接入控制3个主要层次。但是,NAP和NAC缺乏可信计算技术的保护,都只验证了用户和平台的身份,平台及其终端软件代理的可信状态无法得到有效保障,进而无法保障接入设备的完全可信。而TNCA有效确保了接入设备的用户身份、平台身份、平台状态的可信,并且实现了访问请求者、访问控制器双向对等的身份鉴别和可信度量,是目前为止最安全可靠的网络接入控制方法。

除了上述技术方法外,在终端接入控制方面,还存在一类以终端安全护理或主机安全管控为代表的技术,通过在终端上安装代理软件,检测主机的软硬件配置情况,包括操作系统的版本、补丁更新情况,防火墙的配置策略,防病毒系统的特征库更新情况,I/O 端口的管控情况等,根据检测结果进行修复,实现对终端健康状态环境的维护与控制,典型的代表软件如 360 安全卫士。

归纳起来,这些提高网络可信性的技术与方法具有如表 10-1 所列的特点,都从一个或多个方面增强了网络的可信。可信计算技术和可信网络连接技术成为构建可信网络的核心技术。

表 10-1　各种网络可信技术的比较

<table>
<tr><th>方法比较项</th><th>AAA</th><th>可信计算</th><th>接入控制</th><th>主机管控</th></tr>
<tr><td>人员可信</td><td>支持</td><td>支持</td><td>—</td><td>—</td></tr>
<tr><td>设备可信</td><td>—</td><td>支持</td><td rowspan="3">NAC/NAP 部分支持,TNCA 支持</td><td>部分支持</td></tr>
<tr><td>软件可信</td><td>—</td><td>支持</td><td>部分支持</td></tr>
<tr><td>连接可信</td><td>—</td><td>支持</td><td>部分支持</td></tr>
<tr><td>数据可信</td><td>—</td><td>部分支持</td><td>部分支持</td><td></td></tr>
<tr><td>状态可视</td><td colspan="4">均支持状态可视,但是未形成整体的安全态势感知能力</td></tr>
<tr><td>状态可控</td><td colspan="4">均支持状态可控,但是未形成集中管控、分散执行的局面</td></tr>
</table>

综上所述,在安全基础设施的支撑下,按照“实体可信、行为可控、运行可靠、事件可查”的原则,建立可信的网络,可从用户、设备、软件和数据 4 个方面考虑,如图 10-10 所示。

在设备实体可信方面,通过统一身份认证,可确保用户身份和设备身份的可信;通过软硬件设备的安全检测与分析,可建立对软硬件设备的初始信任;通过可信计算技术,可实现对软硬件设备的可信度量,确保软硬件运行过程可信;通过数据加密及其完整性保护,可确保网络数据来源可信。

在行为可控方面,通过统一的访问授权管理,可实现针对用户操作的访问控制;通过可信网络连接,可实现对设备接入或连接的控制;通过软件白名单机制和动态度量机制,可实现对软件运行的控制;通过建立网络通信合规模型并基于合规模型进行检测,可实现对数据通信的控制。

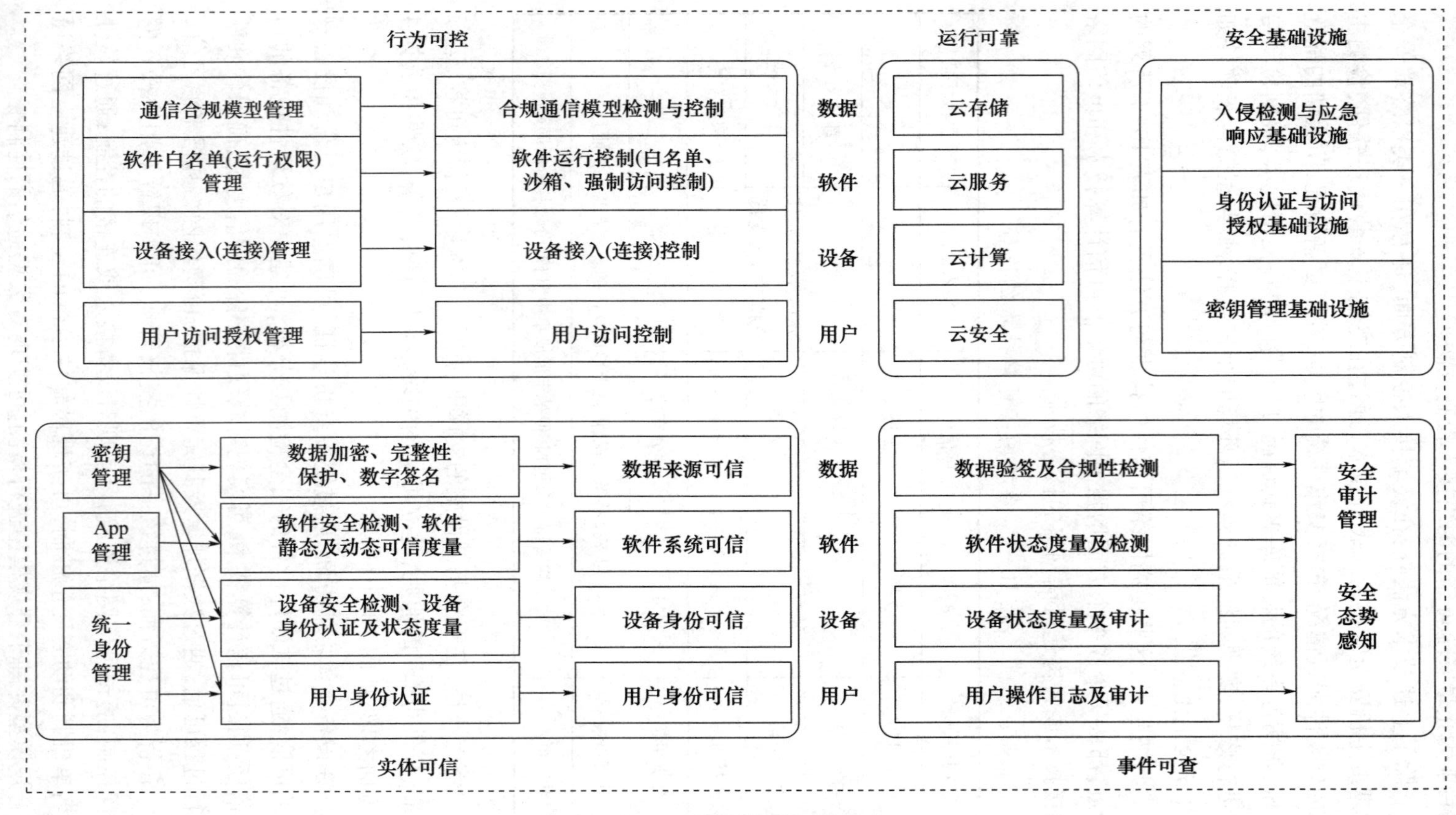

图10–10　可信网络的逻辑组成

在运行可靠方面,通过建立云计算、云存储、云服务和云安全平台,实现分布式存储与可迁移的虚拟服务支持,可增强孤立信息系统的抗毁生存能力。在事件可查方面,通过建立大数据分析系统,采集终端或服务器的操作日志、设备运行状态、可信度量结果、网络流量数据等并进行综合分析,可增强对网络攻击事件的检测预警能力。

10.3 设备接入控制方案

10.3.1 可信终端设备

1. 基于虚拟机的信任传递模型

信任传递的建立是为保证各个终端操作系统启动时,整个平台是可信、可靠的,在系统引导过程中,避免恶意代码植入并执行。依据终端虚拟机的结构,分析出需要度量的实体对象如表 10-2 所列。

表 10-2 需要度量的实体对象

名称	功能描述
虚拟机监视器(VMM)	是虚拟机系统结构的重要基础,它由 CPU 管理、内存管理、硬盘管理、外设管理、通信模块等几个部分组成
核心 IO 虚拟机(CIOVM)	主要包括系统最核心的外部设备驱动程序
用户虚拟机(UVM)	是整个系统中直接与用户交互的部分。它处理用户请求,执行用户程序
管理虚拟机(MVM)	是系统管理的实施者,主要负责管理虚拟机系统的运行,内容包括策略管理、虚拟硬件设备管理等,但是它只提供基本管理功能
OSLoader	操作系统引导程序,不同的操作系统其引导程序略有差别
OSKernel	操作系统内核程序

实体的特征信息可以是各类属性参数值、驱动信息、存储信息或执行代码。选取执行代码更具代表性,能够反映出实体当前状态。所以这里也以执行代码作为实体的特征信息。对每个实体的度量时机为若干个控制权转移点。由上面分析可知目前信任传递方案在虚拟机中并不能发挥很好的作用,因此下面提出一种树型虚拟机引导信任传递模型(trust transfer tree model, TTTM),对上述实体进行完整性度量。其结构如图 10-11 所示。

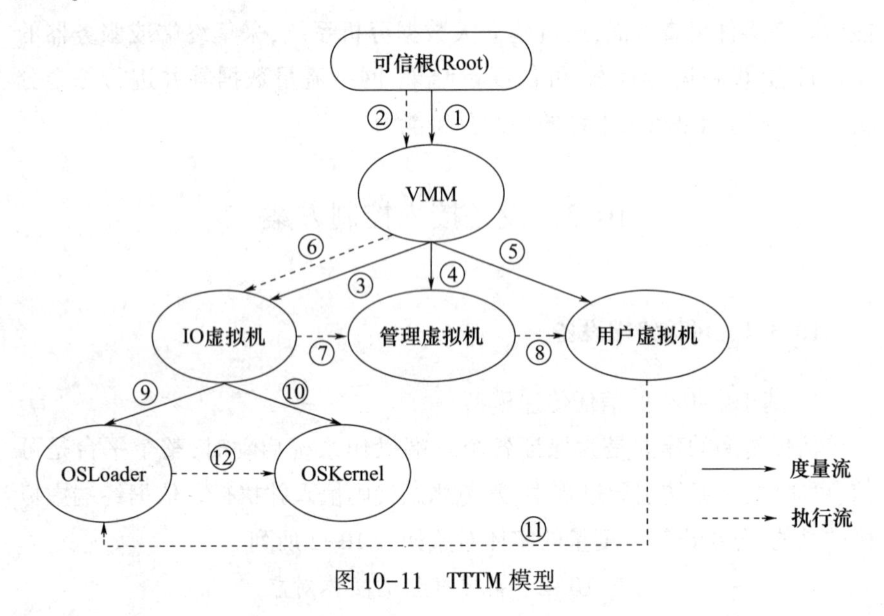

图 10-11 TTTM 模型

在 TTTM 模型中,虚拟机可信度量按照平台各实体启动顺序,对结构中的每个节点依次进行完整性度量。

(1) 可信根度量 VMM 完整性,验证通过表明 VMM 处于可信状态,并且启动执行。

(2) VMM 启动后,依次度量 IO 虚拟机、管理虚拟机、用户虚拟机完整性,验证通过后 IO 虚拟机、管理虚拟机、用户虚拟机启动执行。

(3) IO 虚拟机启动后,依次度量 OSLoader、OSKernel 完整性,验证通过后,OSLoader、OSKernel 启动执行。这里的 OSKernel 即上面中提到的母操作系统。用户虚拟机加载母操作系统和各自的增量部分,引导过程完成。

不同的操作系统有不同的 OSLoader,以 Linux 为例,早期版本中用到的主要有 LILO(Linux Loader),现在使用较广泛的是 GNU GRUB(Grand Unified Bootloader)引导程序。OSKernel 主要是指内核的映像文件,结合实际情况可进行扩展。对于 Linux 操作系统,可将其扩展到 init 进程及开机启动文件。在此之后,由应用程序白名单机制保证系统的可信。TTTM 模型按照裸机型虚拟机的启动过程,将待度量数据合理地划分到树型结构的各个分支,在保证平台正常启动的情况下,对度量结构进行了优化,降低了信任损失。

2. 基于虚拟机的可信终端增强方案

在虚拟机信任传递模型研究的基础上,本节对基于虚拟机的终端可信增强方案进行设计,如图 10-12 所示。

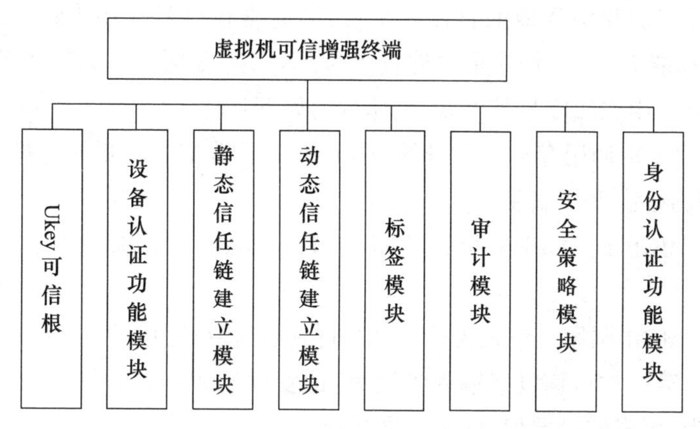

图 10-12　可信增强终端系统功能结构图

1）Ukey 可信根

设计 Ukey 中存储的数据结构以及 Ukey 驱动程序,为可信增强功能的各个阶段提供可信度量值存储支持。

（1）Ukey 数据结构。

选型 Ukey 时内置算法包括:SM3 摘要值计算算法、SM2 非对称密码算法、SM4 对称密码算法。

依据系统运行过程中所需的数据结构和算法,终端 Ukey 中存储内容如图 10-13 所示。所占用的 Ukey 存储空间大小约为 2KB。

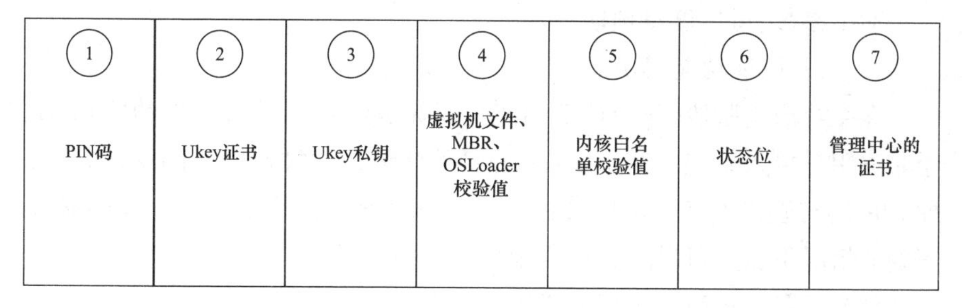

图 10-13　终端 Ukey 存储的数据结构

（2）Ukey 驱动。

实模式驱动的应用场景主要是:开机认证模块与可信引导模块。实模式驱动存放于 MGR 所在的磁盘中。实模式驱动主要使用了可信计算提供的可信度量、可信存储、可信报告服务。虚模式驱动的应用场景主要是:在操作系统层对 Ukey 中的数据进行读写。

① 可信度量过程。

主要完成调用 Hash 算法,对待度量组件进行 Hash 值计算。可信度量应当保证算法和摘要值的存储安全性,因此度量过程应由 Ukey 完成,而 Ukey 运算能力有限,尤其是文件较大时,运算速度更慢。为解决此问题,可信度量采用二次度量的方式,具体分为如下步骤。

(a) MGR 调用存放于自身的 Hash 算法,预先对待度量文件进行 Hash 运算,得出首次度量摘要值。

(b) MGR 调用 Ukey 可信度量接口,由 Ukey 完成摘要值二次 Hash 运算。

(c) MGR 调用可信报告接口,由可信报告接口完成后续工作。

(d) 第一次可信度量输入参数为:待度量的数据、度量数据标识。输出参数为:生成的摘要值、度量数据标识。

(e) 第二次可信度量输入参数为:待度量的摘要值、度量数据标识。输出参数为:二次的摘要值、度量数据标识。

② 可信存储过程。

可信存储主要完成对待度量组件的 Hash 值的安全存储。虚拟机安装过程使用了可信存储服务,将 VMM、IO 虚拟机、用户虚拟机、OSLoader、OS-Kernel 的完整性度量预期值存入 Ukey。

③ 可信报告过程。

可信报告主要实现 Ukey 向终端提供其存储的完整性度量预期值。

输入参数:需要获取的可信度量预期值标识。

输出参数:可信度量预期值。

2) 设备认证功能模块

在系统启动阶段,身份认证功能主要完成终端使用者身份的鉴别,防止非法用户接入系统。基于 UKey 的身份认证是一种双因子的认证方式,即 PIN 码与硬件设备。用户只有在插入可识别的硬件设备且 PIN 码输入正确的情况下,才可使用系统,否则系统无法运行。

(1) 设备认证阶段主要使用用户身份信息。

(2) 在系统启动阶段,为保证非授权用户使用终端,需要实施一定的访问控制。因此在系统启动前,需要进行设备认证,该过程流程图如图 10-14 所示。

该功能在实模式的环境下实现,因此需要调用实模式下的 Ukey 驱动。该模块由经修改的主引导记录 MGR(度量代码部分)加载。

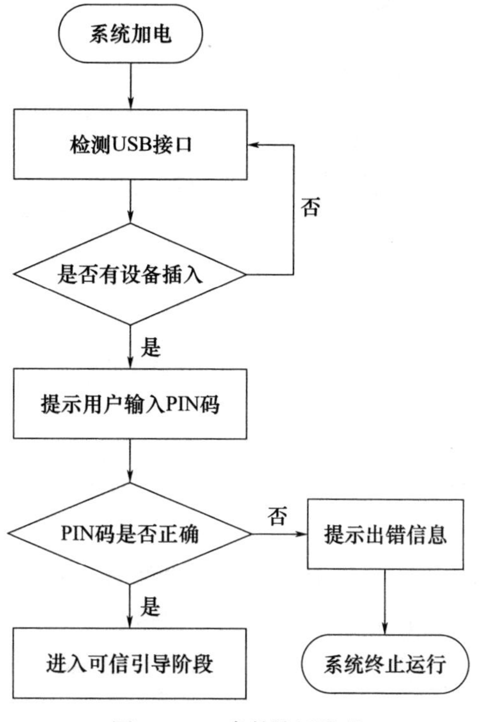

图 10-14　身份认证流程

BIOS 启动后,首先由 Ukey 的驱动完成两个功能:一是针对 USB 接口进行监测,判断是否有合法的设备插入。二是设备通过认证后,在底层操作 Ukey 设备,直接与 Ukey 通信。认证过程可分为:

(1) MGR 暂存用户输入的 PIN 码。

(2) MGR 调用 Ukey 相关命令读取 PIN 码标准值,与用户输入值做比较。

(3) MGR 判断是否进行下一步操作。通过认证后,执行静态信任链和动态信任链的校验过程,否则提示用户重新输入,并计数已输入次数。为防止针对 PIN 码的恶意攻击,当达到 3 次时,系统终止运行。

3) 静态信任链建立模块

用户身份得到确认后,系统进入可信引导阶段。该阶段实现静态可信链的构建过程。由 Ukey 协助完成虚拟机系统组件的完整性检测,每个组件只有在确保不被篡改的前提下才能正常加载。由此实现信任关系的逐层传递,从而为虚拟机提供一个可信的运行环境。静态信任链的建立过程如图 10-15 所示。

(1) 开机启动后,加载 BIOS。

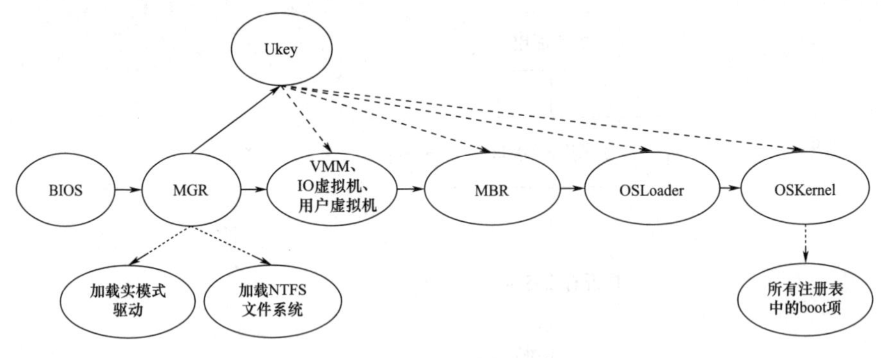

图 10-15　静态信任链建立

（2）BIOS 加载 MGR。

（3）MGR 加载 Ukey 实模式驱动、NTFS 文件系统和本地 SM3 算法，执行下列操作：

（a）MGR 调用本地 SM3 算法校验虚拟机相关文件，包括 VMM、IO 虚拟机、用户虚拟机等，生成一个 32KB 的校验值。

（b）MGR 调用本地 SM3 算法校验 MBR、OSLoader，生成一个 32KB 的校验值。

（c）MGR 利用 NTFS 文件系统查找当前启动虚拟机的注册表，找出所有 boot 项（操作系统内核文件），调用本地 SM3 算法生成各 boot 项校验值（假设为 n 项，则为 n×32KB）。

（d）调用实模式下 Ukey SM3 算法接口，对（a）和（b）生成的检验值二次检验，并与 Ukey 中存储的校验值比对，如通过则执行（e），否则停止执行并提示用户进行状态恢复。

（e）调用实模式下 Ukey SM3 算法接口，对（c）中生成的各 boot 项校验值分别二次校验，并与 Ukey 中存储的内核白名单进行校验值比对，如通过则执行（f），否则停止执行并提示用户进行状态恢复。

（f）读取 Ukey 中管理中心公钥证书，利用公钥及 Ukey SM2 算法接口对应用白名单签名进行检查，如通过则执行下步操作，否则停止执行并提示用户进行状态恢复。

（4）所有校验通过后，MGR 将执行权顺序交给 MBR、OSLoader、OSKernal 等，系统正常启动。

注：此过程中应向终端设备输出相关的度量信息，包括当前度量的进度百分比、已度量完成的组件名称及其可信状态，当前正在度量的组件名称等。

4）动态信任链建立模块

母操作系统启动后，各虚拟机加载其操作系统增量，满足其个性化需求，此时应用程序的可信运行由白名单提供支持。只有在白名单中存在的条目才允许安装及运行，运行前首先进行完整性校验，验证通过可正常运行。

虚拟机启动加载，以及操作系统加载后，进入用户服务和业务的随机加载阶段，据"应用程序的区分可信度量模型"构建动态信任链传递，其由白名单驱动程序（DTMMA 模型中可信监控模块）完成，其流程如图 10-16 所示。

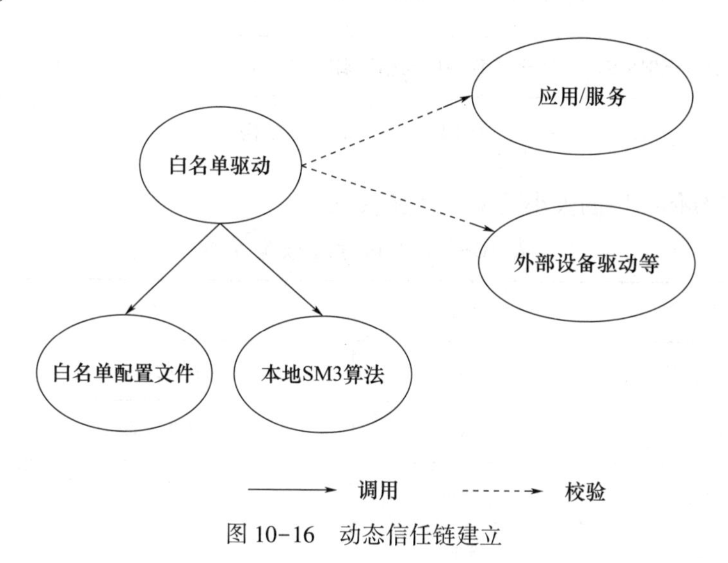

图 10-16　动态信任链建立

白名单的建立由样板机完成并将生成的白名单文件上传给管理中心，管理中心在合适的时机将文件分发给各个虚拟可信终端。白名单驱动对在用户态动态加载的应用、服务或外部设备驱动等进行拦截，调用本地 SM3 算法对拦截到的应用、服务或外部设备驱动进行检验运算，并与白名单配置文件比对，如一致则允许加载，否则拒绝加载。

5）标签模块

标签模块的主要功能是按照虚拟可信增强终端配置的安全策略，为流出虚拟机的数据流添加标签，以及为流入虚拟机的数据流进行验签操作。该模块的主要作用是通过对数据流标签的验签实现不同安全级别虚拟机之间的网络访问控制。

为保证不同安全级别虚拟可信终端的数据流能安全隔离，在虚拟可信终端中设置标签模块，即通过网络过滤驱动，利用标签限制终端数据的流入流出。若要发送数据,首先根据预置的访问控制表检查是否可以和接收方通信。通过验证后,为数据包加标签,然后正常发送数据。若要接收数据,按照预置的安全策略进行验签,保证标签的完整性。

(1) 可信标签结构。

可信标签是由虚拟可信终端产生并加载于数据包上的一种安全标识,是保证数据包完整性和安全性的基础。可信标签主要用于实现信息流控制、保证数据的真实性、防止身份被伪造和 IP 地址被篡改,在网络中不允许存在不带标签又不属于例外设备的数据包,即不允许通信中存在异常流量,从而保证网络的可控性。可信标签的设计如图 10-17 所示。

优先级别标识	安全域ID	可信终端ID	预留字段	校验值

图 10-17 可信标签结构

其具体字段的大小及说明见表 10-3。

表 10-3 可信标签数据结构

字段	大小	说明
优先级别标识	2bit	端口的优先级别
安全域 ID	1byte	安全域的标识
可信终端 ID	2byte	可信终端的标识
预留字段	6bit	预留使用
校验值	32byte	由 SM3 算法得出的标签校验值

(2) 终端的验签。

终端验签流程如图 10-18 所示。

具体流程如下。

(a) 当终端的网络过滤驱动截获到上层传输的数据包后,首先查看其是否带有标签。

(b) 若不带标签,则根据数据包的 IP 地址查看例外设备列表,判断其是否属于例外设备,若属于,则允许流入上层驱动,若不属于,则丢弃此数据包。

(c) 若带有标签,则根据数据包 IP 判断此数据包是否来自同一安全域。

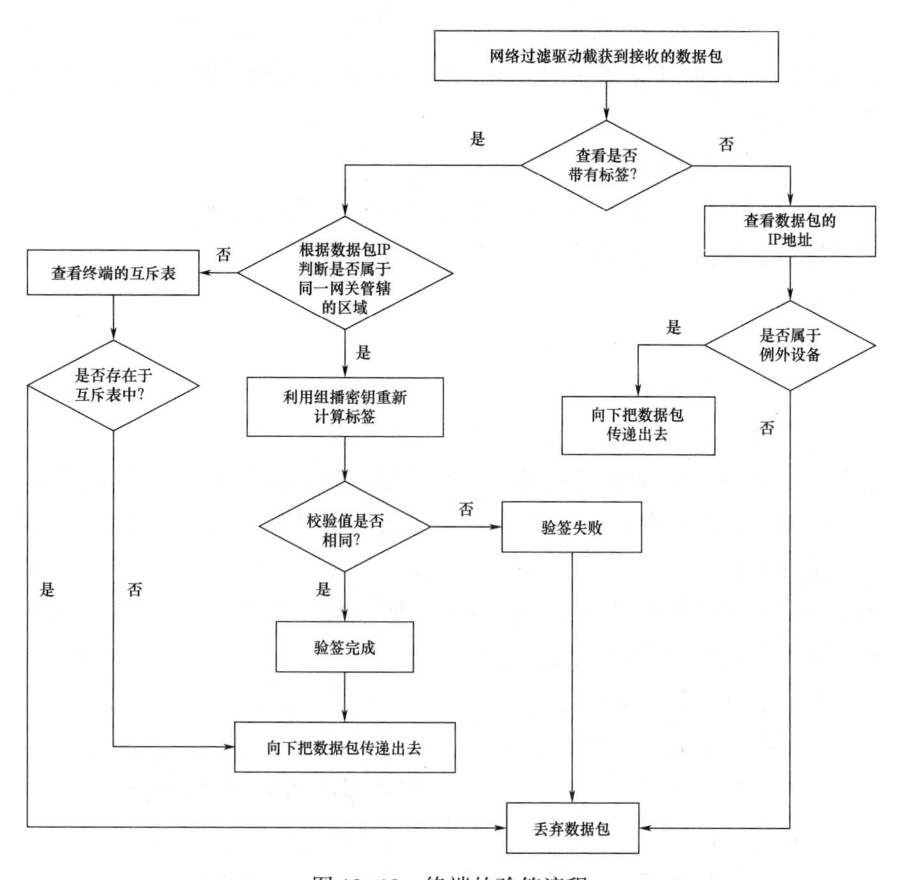

图 10-18　终端的验签流程

(d) 若该数据包与接收终端不属于同一安全域,则查看接收终端的安全域互斥表,若该安全域存在于互斥表中,则不允许此数据包流入上层,若不存在于互斥表中,则允许流入。

(e) 若该数据包与接收终端属于同一安全域,则要对该数据包进行验签。

(f) 根据终端对应的组播密钥对标签进行重新计算,将计算得出的值与标签中自带的校验值对比,相同则验签通过,允许数据包流入上层,不相同,则验签失败,丢弃该数据包。

6) 审计模块

审计模块对虚拟可信增强终端的所有用户操作进行审计,审计员通过在线或离线方式查看。审计模块负责分布在系统各个组成部分的安全审计策略和机制的集中管理,并对审计信息进行汇集和管理。由驱动程序按照预定的策略实时地采集用户操作信息,访问行为,生成安全日志。安全日志所包含的内容由管理中心统一制定。当终端连接到远程服务器后,驱动程序按固定的时间间隔向服务器发送安全日志,同时终端本地保存安全日志的副本。

7）安全策略模块

由管理中心向终端下发策略文件。终端安全策略主要包括白名单和访问控制表两种,白名单用于应用程序的校验,访问控制表控制此终端可访问的安全域列表。

安全策略下发有两种模式。

(1) 终端主动发起认证。

安全策略下发时,由可信终端发出连接请求。管理中心预先设置服务端监听线程,实时接收来自终端的连接请求。TCP 连接建立完成后,管理中心将需要推送的安全策略文件,利用管理中心私钥进行数字签名,然后发送到虚拟机终端。终端收到消息后,使用管理中心的公钥证书验证数字签名,并加入管理中心当前的时间戳,保证策略文件的安全性,若验证失败,则需要请求管理中心重新发送策略文件。

(2) 管理中心主动发起认证。

当管理中心的安全策略更新时,由管理中心向终端发送请求建立 TCP 连接。终端需要预先开放监听端口,实时查看是否有来自管理中心的请求。连接建立后,使用同样的方法将更新的策略文件发送给虚拟终端。

在硬盘上策略文件需要和它的数字签名共同存储,文件过滤驱动启动前首先用管理中心的公钥证书检查文件完整性,通过验证后可正常执行。否则,需要重新下发策略文件。

8）身份认证功能模块

终端虚拟机在入网时,完成同管理中心的身份认证,获取授权允许通信安全域的组播密钥。

当虚拟可信终端启动后,会向可信安全管理中心发起身份认证的“挑战”,可信安全管理中心完成对虚拟可信终端的身份认证后,会将虚拟可信终端所属安全域的组播密钥下发到终端。组播密钥主要用于完成标签的校验值计算与验签。

虚拟可信终端启动后,由于没有组播密钥,所发送的数据包不带标签,不能通过网关,必须与可信安全管理中心进行身份认证后,获得组播密钥,完成标签的加载才能发送可以通过网关的数据包。身份认证是由虚拟可信终端发起的,采用基于公钥体制的对等身份认证协议,虚拟可信终端获得的组播密钥存于内存,如图 10-19 所示。

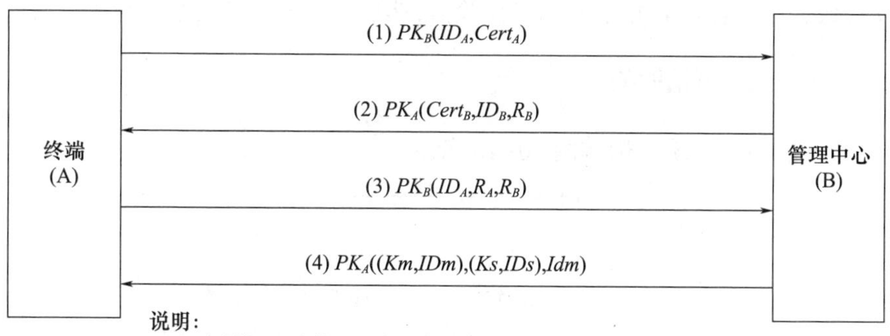

说明：
1. *ID*(虚拟机ID)为认证双方的身份标识，用于防止并行会话攻击。
2. *R*为随机数，用于防止重放攻击。
3. *Cert*为公钥数字证书。
4. *PK*为公开密钥。
5. *Km*为终端所在安全域的组播密钥。
6. *IDm*为终端所在安全域的ID。
7. *Ks*为终端能够通信的安全域的组播密钥。
8. *IDs*为终端能够通信的安全域的ID。

图 10-19　终端身份认证协议

可信安全管理中心代理主要完成：通过身份认证，根据虚拟机 *ID* 查找虚拟机所属安全域和能通信的安全域，将组播密钥发送给虚拟机或网关。组播密钥与安全域 *ID* 成对存放。

虚拟可信终端代理主要完成：通过身份认证，接收组播密钥和安全域 *ID* 对以及将自己的安全域 *ID* 保存在内存中，供网络过滤驱动调用。

（1）首先，终端 A 向管理中心 B 发起会话，利用 B 的公钥加密终端的 ID_A 和终端的公钥数字证书并发送给 B。

（2）管理中心 B 接收到终端 A 的公钥数字证书后得到 A 的公钥，B 利用 A 的公钥将 B 的公钥数据证书、身份 ID_B 和产生的随机数据加密，并将加密后的信息发送给终端 A。

（3）终端 A 接收到信息后，利用 B 的公钥数字证书得到管理中心 B 的公钥，然后利用 B 的公钥将 A 的身份标识 ID_A、产生的随机数 R_A、B 的发送给 A 的随机数 R_A 加密，发送给网关 B。

（4）B 利用自己的私钥解密后确认 A 的身份。

（5）B 根据 A 的 ID_A，查找其所属安全域的组播密钥和能通信的安全域的组播密钥，并利用 A 的公钥将 A 所属安全域的组播密钥与 *IDm* 对、A 能通信的安全域的组播密钥与 *IDs* 对、A 所属安全域 *IDm* 加密并传送给 A，双方进行对等身份认证结束。

终端得到组播密钥后，利用组播密钥和哈希算法对数据包的源 IP 地址、目的 IP 地址、优先级别标识、安全级别标识、域 *ID*、虚拟机 *ID*、预留字段、数据段进行计算并生成标签校验值,然后将标签加载到数据包上。

10.3.2 可信网关

可信网关系统结构如图 10-20 所示。

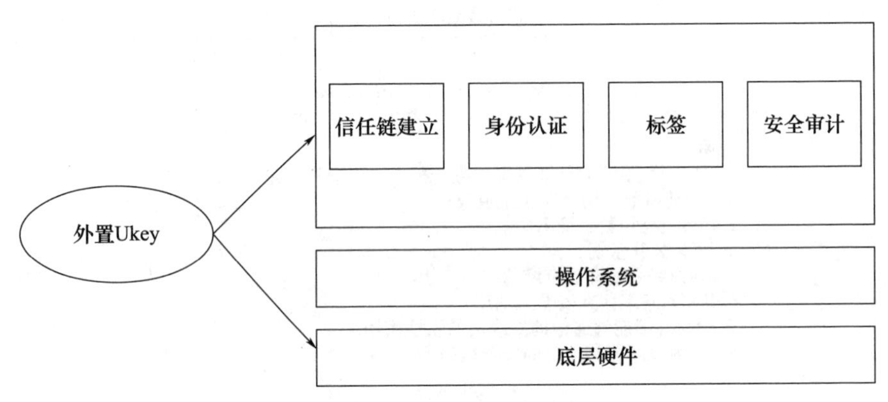

图 10-20 可信网关原型系统

1. 信任链建立

基于外置 Ukey 可信根实现对可信网关自身可信安全保障,保证自身的可信,加载的安全策略可信。

与虚拟可信终端信任链建立不同之处是,可信网关的信任链是基于物理设备而非裸机型虚拟机。其建立过程可分为静态信任链的建立与动态信任链的建立。

1) 静态信任链的建立流程

静态信任链的建立如图 10-21 所示,包括了从 GRUB 开始,直至操作系统启动后结束。

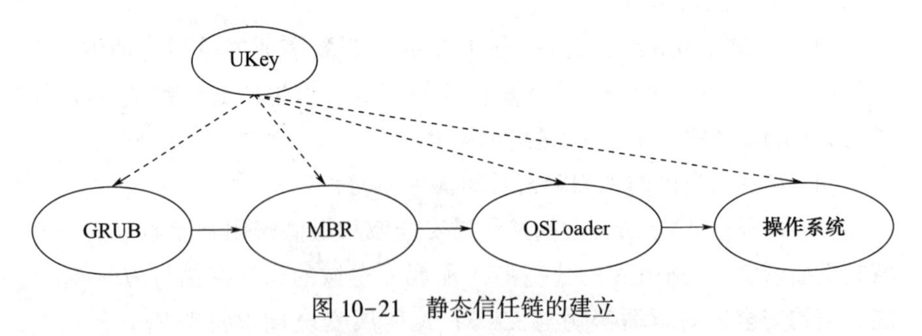

图 10-21 静态信任链的建立

该过程为 GRUB 启动后,利用 UKey 中的算法依次计算出 MBR、OS-Loader、操作系统等组件的校验值,并与 UKey 中存储的校验值比较,只有通过校验的组件才能启动,引导下一组件运行,最终完成信任关系的逐层传递,操作系统启动。

GRUB 引导过程分为多个阶段,如图 10-22 所示。

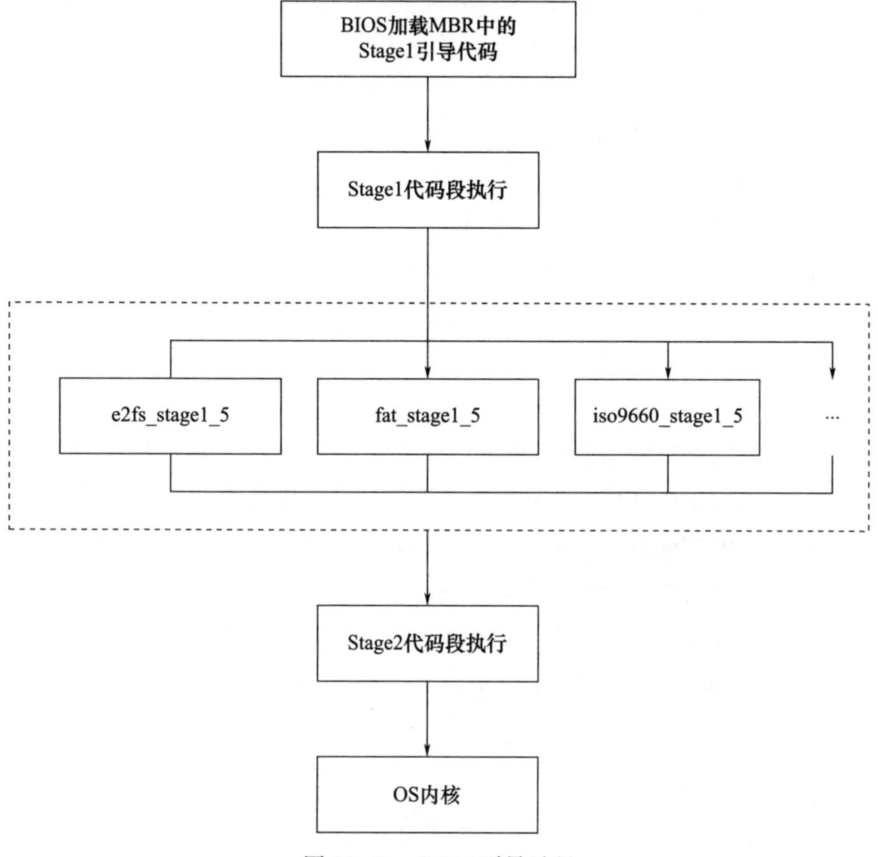

图 10-22 GRUB 引导过程

过程如下。

(1) 机器加电,处理器自检和初始化,设置寄存器的初值,并跳转到 BIOS 执行。

(2) BIOS 完成整个机器的检测,然后跳转到 GRUB 开始引导系统。

(3) Stage1 是必须执行的引导代码,可安装到主引导记录 MBR 中,由 BIOS 加载并跳转执行,即由 BIOS 加载 MBR 中的 Stage1 引导代码。Stage1 包含 446 个字节的代码、4 个 16 字节的分区信息及 2 个字节的标识信息,主要工作是从磁盘上读入 Stage1. 5 或 Stage2 的启动代码。

(4) 若系统配置了 Stage1. 5,则由 Stage1 读入 Stage1. 5 的启动代码,该启动代码负责加载 Stage1. 5 的剩余代码并执行。Stage1. 5 支持文件系统操作,可从磁盘上读入 Stage2 的文件内容。若系统没有配置 Stage1.5,则直接由 Stage2 的启动代码读入 Stage2 映像文件的剩余内容并跳转执行。

(5) Stage2 是 GRUB 中最复杂的引导部分,支持文件系统操作,负责接收用户命令,解释并执行。即打开配置文件,加载操作系统内核映像并传递控制权。

操作系统内核完成初始化。

2) 动态信任链的建立流程

操作系统启动后,静态信任链建立完成,再进入动态信任链建立阶段,此阶段主要是通过文件过滤驱动,利用 UKey 中的算法完成对应用程序的完整性校验。其中应用程序的可信运行由白名单提供支持。只有在白名单中存在的条目才允许安装及运行,运行前首先进行完整性校验,验证通过可正常运行。

2. 身份认证

当可信网关启动加载时,与可信安全管理中心进行身份认证,待认证通过后从可信安全管理中心获取所有安全域的组播密钥。

网关在第一次启动时必须与管理中心进行双向身份认证,从而获得管理中心下发的所有安全域的组播密钥。

身份认证是由网关对管理中心发起的,采用基于公钥体制的对等身份认证协议,协商产生的会话密钥 Ks 保存在双方,如图 10-23 所示。

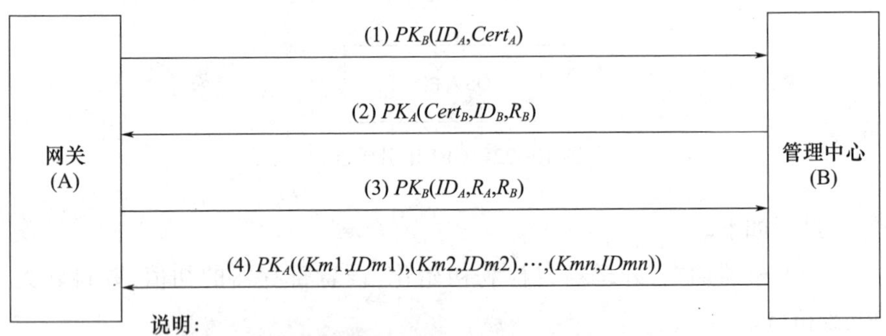

说明:
1. *ID*为认证双方的身份标识,用于防止并行会话攻击。
2. *R*为随机数,用于防止重放攻击。
3. *Cert*为公钥数字证书。
4. *PK*为公开密钥。
5. *Kmn*为网关所管辖的安全域的组播密钥,其中*n*为安全域的个数。
6. *IDmn*为网关所管辖的安全域的ID。

图 10-23 基于公钥体制的对等身份认证协议

上述身份认证采用“挑战”应答的方式。

(1) 网关 A 向管理中心 B 发起会话,利用 B 的公钥加密网关的 IDA

和网关的公钥数字证书并发送给 B,管理中心 B 接收到网关 A 的公钥数字证书后得到 A 的公钥。

（2）管理中心 B 利用 A 的公钥将 B 的公钥数据证书、身份 IDR 和产生的随机数据加密,并发送给 A。

（3）网关 A 接收到信息后,利用 B 的公钥数字证书得到管理中心 B 的公钥,然后利用 B 的公钥将 A 的身份标识 IDA、产生的随机数 RA、B 的发送给 A 的随机数 RA,发送给管理中心 B。

（4）B 利用自己的私钥解密后确认 A 的身份,最后 B 利用 A 的公钥将网关所管辖的安全域的组播密钥和安全域 ID 对加密传输给网关 A,双方进行对等身份认证结束。

3. 标签

按照可信安全策略将网络虚拟成相互隔离多个安全域,控制可信虚拟终端对不同安全级别网络的访问。通过对流入可信网关的数据流标签进行验签操作,验证并检查数据流标签完整性,以及数据流的目的地是否符合网络访问控制策略,从而放行或阻断数据流。

标签模块的功能实质上是由网络过滤驱动完成,即通过可信网关上部署的网络过滤驱动对经过其的所有数据进行截获并进行验签。

1）可信网关验签流程

当数据包流入可信网关后,流程如图 10-24 所示。

2）可信网关验签的负载均衡

当可信网关对大量数据包进行验签时会降低其自身的执行效率,因此,必须考虑验签的负载均衡问题。

网关的验签方式有 3 种。

（1）不验签:只查看数据包中是否携带可信标签,并根据可信标签和访问授权规则控制数据包的转发;网关自身存有它所管辖范围内的终端 IP 表,在网关流量较大时,网关根据这张表查看数据包的 IP,属于这张表的数据包,网关可对其不验签。

（2）抽样验签:按所设置的抽样比例,或者按照抽样比例的调整公式,随机抽取数据包验证其签名。

（3）全部验签:所有流经网关的数据包均被验签。

抽样比例与虚拟可信终端或安全域的密级要求相适应,密级越高,验签的比例越高。

抽样比例与业务的实时性要求成反比,实时性要求越高,验签的比例越低。因此,标签中的优先级标识能用于保证一些特定进程的实时性,在

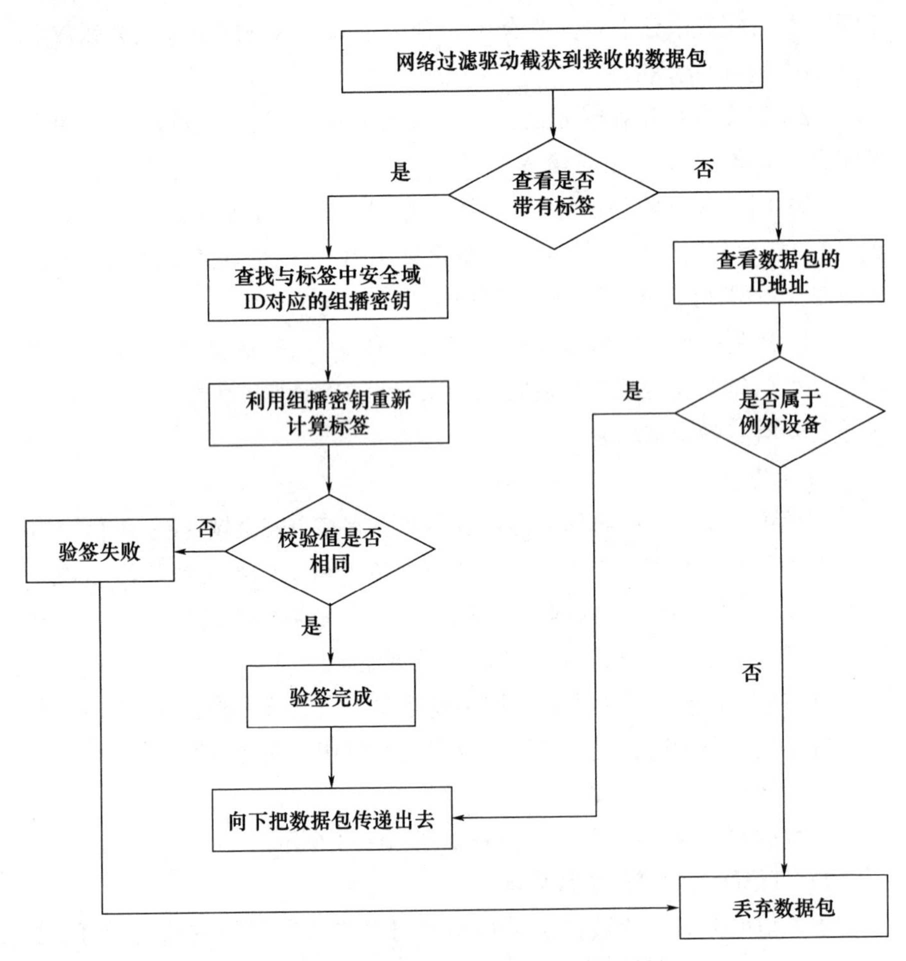

图 10-24　网关对流入数据包的验签流程

网络流量较大时,可信网关可以根据标签中的优先级别标识字段将数据包直接转发出去。

根据标签中的安全域 ID 所对应的安全级别与优先级别标识按照管理中心设置的验签二维表中抽验的比例进行验签。

结合上述验签方式和抽样验签比例,当网络过滤驱动截获到数据包后,首先,根据标签中端口的优先级与终端的安全级别查看制定的验签策略表判断,然后对数据包实施相应的验签方式,验签的实施主要是依据管理中心下发的验签二维表,并以计数据包个数的方式进行(例如以 100 个数据包为基本单位),如图 10-25 所示。

网络过滤驱动先查看数据包标签,然后根据标签中的安全域 ID 将验签策略定位到相应安全等级的虚拟终端所包含的策略,再根据标签中端口

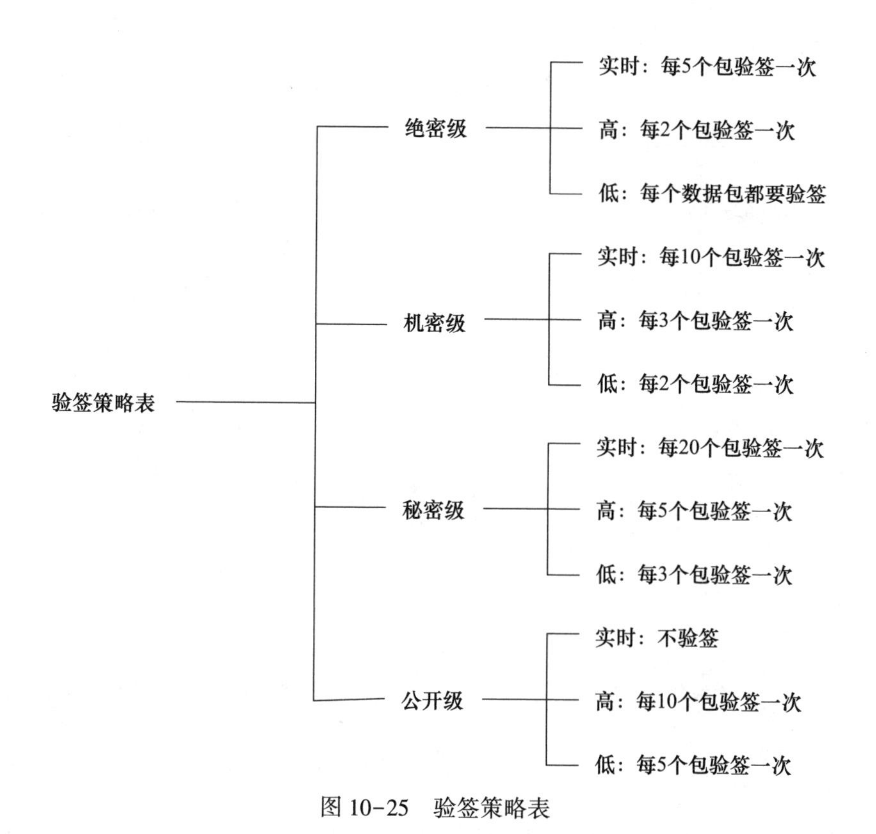

图 10-25　验签策略表

的优先级别将验签策略更加细粒度地定位，若当前所拦截的数据包个数没有到达验签策略指定的大小则将此数据包放行，若到达了指定的大小，则对数据包进行验签。

4. 安全审计

可信网关中的审计模块主要是负责对访问控制、入网认证等进行记录，即执行访问控制的过程同时也是审计的过程。审计由驱动程序按照预定的策略实时地采集用户操作信息，访问行为，并对审计信息进行汇集和管理，生成安全日志，安全日志所包含的内容由管理中心统一制定。当网关连接到远程服务器后，驱动程序按固定的时间间隔向服务器发送安全日志。同时网关本地保存安全日志的副本。

10.3.3　可信设备管理中心

可信设备管理中心（以下简称“管理中心”）按照分权管理的原则，可分 3 个功能模块，即系统管理模块、安全管理模块和审计模块，其分别对应于系统管理员、安全管理员和安全审计员的权限，如图 10-26 所示。

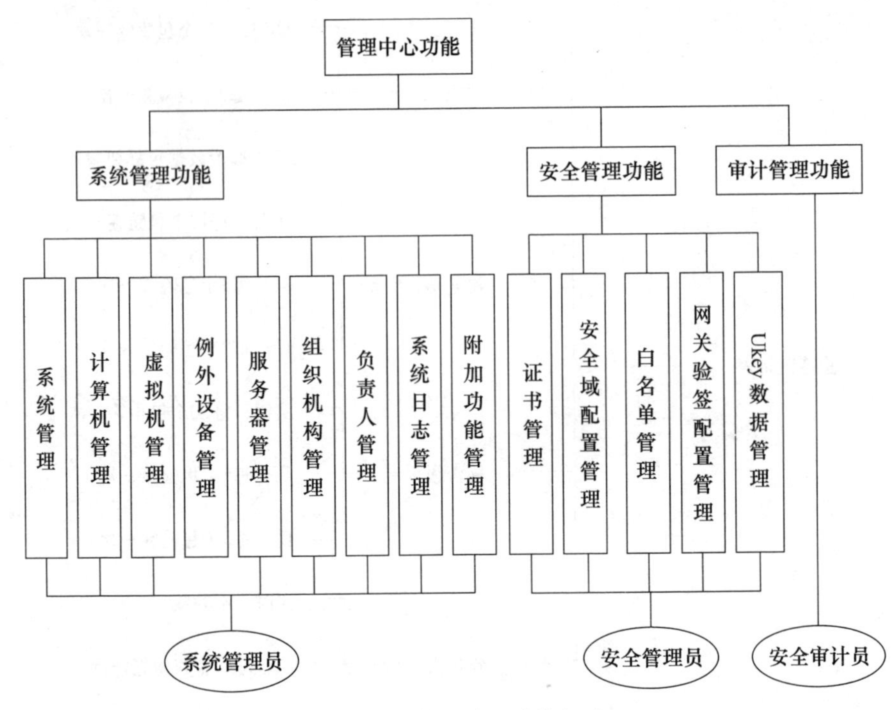

图 10-26　管理中心功能组成

(1) 系统管理:系统管理子系统负责用户身份管理、终端虚拟机的配置管理、系统配置和其他管理功能等。

(2) 安全管理:安全管理负责用户密钥、终端安全策略管理、网络安全策略等。

(3) 审计管理:审计子系统负责安全审计策略和机制的集中管理,并对审计信息进行汇集和管理。

管理中心各功能模块涉及的实体关系如图 10-27 所示。

管理中心的工作模型有 3 种:目标虚拟可信增强终端的初始化配置/发行、维护/更新和审计管理等。

(1) 目标虚拟可信增强终端的初始化配置/发行。管理中心为目标虚拟可信增强终端配置完系统管理及安全管理信息后,需要生成包含相关配置信息的用户 Ukey,并将虚拟机的安装程序通过离线方式下发给终端用户。Ukey 配置信息主要包括 Ukey 的私钥、Ukey 的公钥证书、管理中心的公钥证书,其工作流程如图 10-28 所示。

(2) 目标虚拟可信增强终端的维护/更新。当目标虚拟可信增强终端的配置信息发生变化时,需由管理中心对其进行调整。其中虚拟机自身配

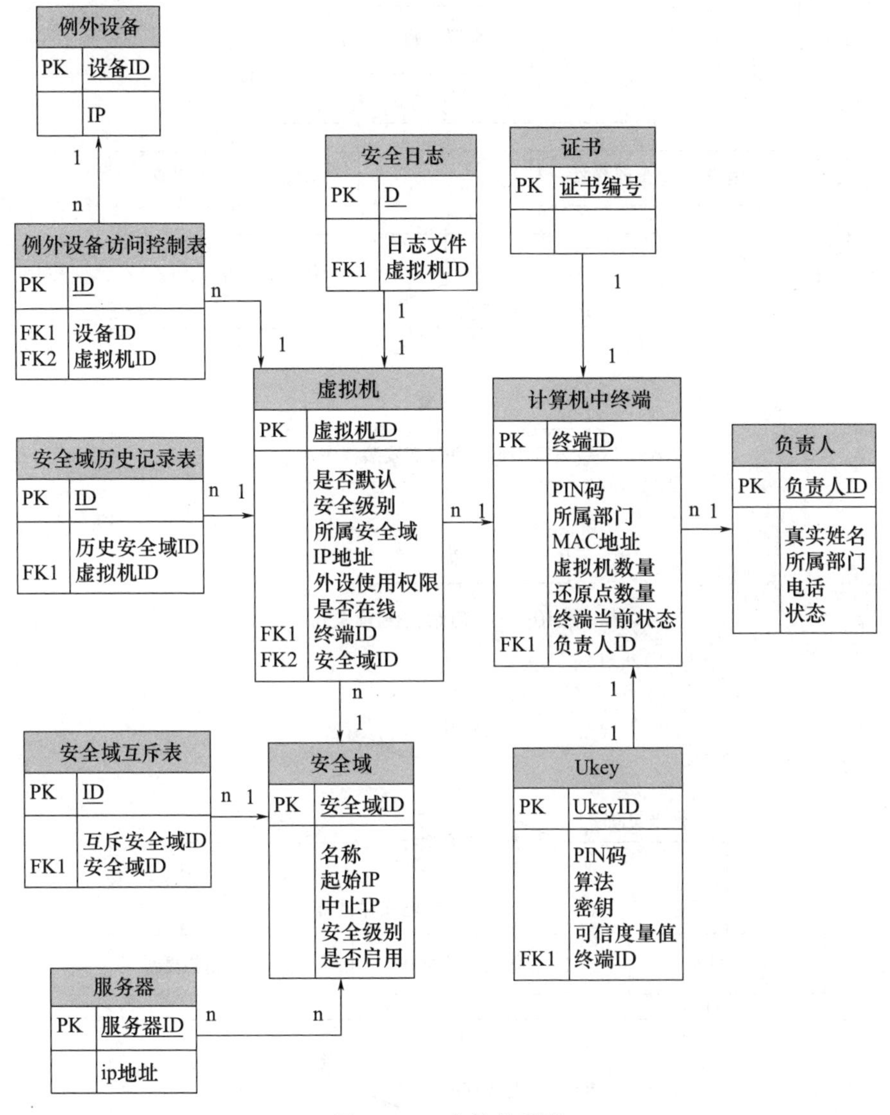

图 10-27 实体关系图

置文件不再进行更新。Ukey 的私钥、Ukey 的公钥证书、管理中心的公钥证书以重新发行用户 UKey 的方式进行离线更新。白名单、访问控制表等策略文件可通过在线或离线方式更新，其具体工作流程如图 10-29 所示。

（3）审计管理。负责对目标虚拟可信增强终端的审计信息进行处理。此过程由目标虚拟可信增强终端将审计信息通过在线或离线的方式提交管理中心并由安全管理中心安全审计员完成审计工作，或直接由安全审计员使用 Ukey 登录虚拟可信增强终端直接审计，如图 10-30 所示。

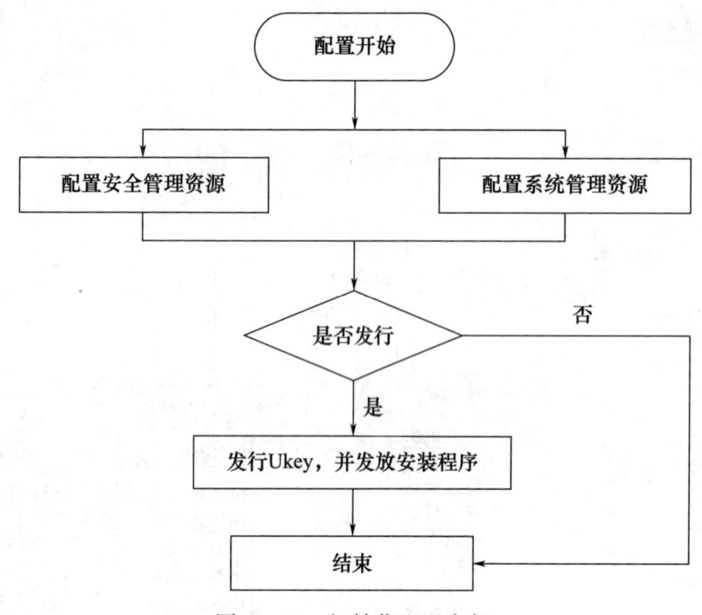

图 10-28　初始化配置发行

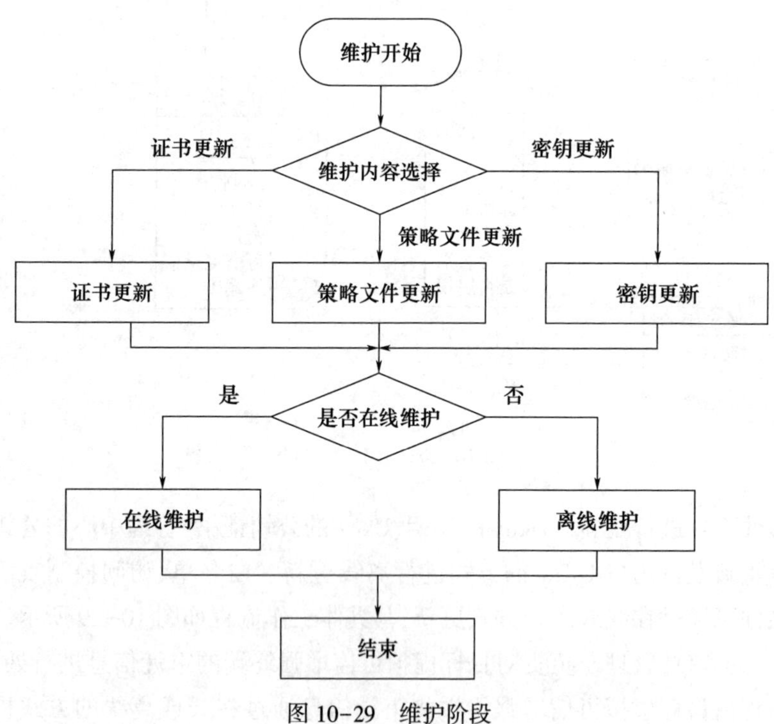

图 10-29　维护阶段

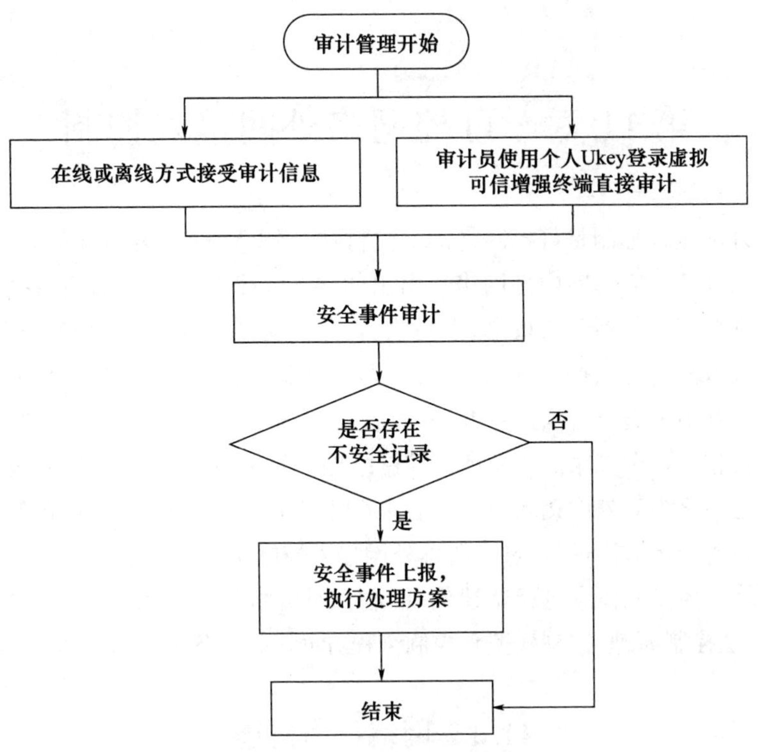

图 10-30　审计管理工作流程

第11章　可控网络外网接入控制

外网接入控制是可控网络接入控制研究中的一个重要组成部分,负责解决由外部网络访问内部网络所引出的接入安全问题。外部网络接入面临的安全问题包括病毒攻击、木马攻击、非法访问、窃听等常见攻击手段。外网接入控制是根据系统预设规则对外部网络向内部网络发起的接入和数据交互请求进行合法性判断,对预设合法请求允许入内,否则拒绝请求或执行相应防御策略。本章在可控网络理论的指导下,通过将外网接入安全问题转化为对外网接入行为的控制问题:首先,对网络行为的概念和网络行为的分析方法进行概述,明确外网接入控制研究的基本思路;其次,在对网络行为控制概念进行阐述的基础上,对网络行为控制进行合理分类;最后,从控制原理、控制模型和控制流程方面设计了外网接入控制方案。

11.1　网络行为概述

利用可控网络中网络行为控制理论来研究外网接入控制,首先需要对网络行为的概念和网络行为的分析方法有一个清晰而整体的认识。本节定义了网络行为的概念,并提出了以网络行为描述、网络行为观测、网络行为建模、网络行为仿真和网络行为预测为主体的网络行为分析方法。

11.1.1　网络行为的概念

网络行为是网络实体所执行的有目的、可辨识和可度量的某个过程的形态或特征,任何网络实体均具有执行各种各样行为的属性特征,网络行为是网络活动实体所具备的能力或功能的体现,可对网络空间中的实体状态产生直接或间接影响[54]。从整体上来看,可控网络系统的运行过程就是在某段时间内网络系统中所发生的行为序列的集合,可控网络系统的功能就是网络系统作为整体在网络行为集合的作用下对外部环境所表现出来的结果。控制论的方法论特点突出了行为研究的必要性和重要性,网络行为概念的使用在可控网络系统中具有极其重要的方法论意义,网络安全控制理论就是通过对网络行为的分析和研究去探究网络本质的,网络控制的实质就是对网络行为的控制。

对网络行为进行具体的定义和描述,科学准确地网络行为描述是开展网络行为分析与控制的基础,也便于通过对网络行为的分析和研究去探究网络的本质特征。对于复杂的网络系统来说,在网络系统的设计、管理和控制阶段,甚至整个网络系统生命全周期,网络行为的描述以及行为的建模和仿真都是一项常规性的工作。

近年来,国内外有关网络行为的研究都是通过对大量业务数据进行分析,提炼出反映网络某些真实特性的数学模型来进行的。经典的随机过程和统计分析方法在传统电信网络,尤其是电话网络领域取得了较成功的应用。比如在传统电话流量理论中,假定通信请求的到达是相互独立的,而且到达的间隔是指数分布的,可以用 Poisson 过程来描述。但对于现代网络,由于其规模巨大而且仍在不断扩大,网络协议体系庞杂,业务类型不断增多,服务质量要求越来越高,异构性特点越来越突出,节点间以及节点与数据包流之间由于协议而产生的非线性作用,用户之间合作与竞争等等原因,使网络数据流量具有高突发性和随机性等特点,传统的网络行为的数学模型已不能全面准确地反映实际的网络行为。而且,这些业务数据大多数是历史数据的汇总,无法满足实时性、智能性的要求,也远远满足不了可控网络设计、规划和预测的需求。因此,迫切需要突破传统理论的限制,对现有网络行为进行新的思考和研究,对网络行为进行科学、正确和完整的认识,探索新一代的网络行为学,为新一代网络的建设、控制和管理提供理论基础和技术支撑。

随着网络技术与应用的深入和普及,作为信息的处理工具和载体,计算机和网络系统的复杂程度攀升到了一个前所未有的高度,许多网络问题都需要对网络行为进行研究才能获得较好的分析和解决的方法。例如,在网络安全领域,由于新的病毒代码层出不穷,传统的依赖于特征代码的防病毒技术,已经越来越难以满足信息安全与控制的需求,依靠大数据和智能分析等新型网络技术对网络行为进行分析来判断攻击、入侵行为以及系统工作的异常,已经成为一种新的发展趋势。

11.1.2 网络行为的分析方法

网络行为分析方法主要以网络采集数据为基础,进行统计、处理和分析,以获得与系统有关的网络性能和重要参数,建立网络行为模型,发现网络运行时涌现出来的各种行为和相变现象,进行网络行为仿真,通过仿真结果的比较,从中寻找影响网络行为的关键因素,以便对网络行为进行控制和预测。网络行为的分析方法的具体步骤如下。

1. 网络行为描述

网络行为描述是网络行为的定性或定量描述，通过描述可以建立一套网络行为的定性或定量描述体系，在确定行为描述机制的基础上，通过实验和观测，记录行为并得到行为样本，作为进一步研究和分析的基础。描述行为是描述所有复杂过程的关键，也是描述整个网络系统的关键，因此对行为的描述必须完备准确。对行为的描述一般包括以下几个方面的内容，如表 11-1 所列。

表 11-1　行为的描述

描述项	含义
行为名称	所要描述的行为基的名称
语义描述	对行为进行准确、清晰的表达
适用范围	实施行为的各种类型和级别的拓扑基实体
适用条件	行为适用的场合和基本条件
对象集	参与行为的起点对象，终点对象，物理对象和数据流对象
行为基序列	组成行为的简单行为序列
启动条件	行为的触发条件
输入	需要输入的参数
输出	需要输出的参数
影响因素	影响行为效果的因素
行为规则	实施行为时应该遵守的原则和规则
终止条件	行为的结束条件

在网络行为描述的有关项中，有 5 个关键要素：对象集 O、行为基序列 B、启动条件 T、输入 IN 和输出 OUT。其中，O 代表一组对象，$O=\{O_B \cup O_E \cup O_P \cup O_D\}$，分别表示起点对象 O_B、终点对象 O_E、物理对象 O_P 和数据流对象 O_D，起点和终点对象表示行为的起始点和终止点；B 是行为基序列，代表一组行为基，说明行为是由简单行为的序列构成；T 是启动条件，直接触发行为执行，可以是来源于起点的事件，也可以是其他行为所产生的输出；IN 是行为的输入，一个行为可以有若干个输入，它们来源于物理对象或其

他的行为;OUT 是行为的输出,一个行为可以有若干个输出,输出到物理对象或其他的行为,作为启动条件引发其他的行为。

在行为模型库建好以后,可以根据研究的需要进行仿真过程的设计。在仿真时通过观测行为可以获取行为的理想样本,即对仿真过程中网络行为的完整记录,这是对网络运行状态在时间和空间的采样。然后,对行为观测所得到的行为样本进行计算,评价网络运行的状态,预测行为变化的趋势,从而揭示网络运行的规律。

2. 网络行为观测

网络行为观测是采集网络行为数据的主要途径之一,对网络行为研究具有重要的意义。网络行为观测基于实际的网络环境来观测网络的行为变化,能够收集网络运行数据,通过统计方法分析网络行为的规律;同时还可以监视网络行为的变化,对网络状态做出判断,发现网络中存在的问题,因此,网络行为观测分析对网络控制和网络的运行分析具有重要意义。

网络行为观测通常包括 3 个要素,即观测对象、观测环境和观测方法。

观测对象是指被观测的节点或链路,以及节点、链路的行为属性,如链路的流量、延时、带宽利用率、丢包率或者路由器的分组转发效率、处理时延以及 CPU 或内存的使用率等;观测环境是指观测点的选择和观测设备等。

观测方法是指针对不同的观测对象可能需要采用测试和度量方法。对于 Internet 来说,其流量数据有 3 种形式,即被动数据(指定链路数据)、主动数据(端到端数据)和边界网关协议 BGP 路由数据。

根据网络观测流量数据的不同,观测方法分为主动观测和被动观测,每种观测方法有其应用背景和优缺点,分别用于不同的场合。被动观测方法是从网络中的某一点收集流量信息,如从交换机、路由器或通过一个单独的设备被动地监听网络链路上的流量来收集数据。主动观测方法是为了监测两指定端点之间的性能而向网络中注入流量的方法。主动观测技术通常被网络工程师用来诊断网络问题,近几年来,主动观测技术被网络用户或网络研究人员用来分析指定网络路径的流量行为。同时,为了从不同角度研究网络行为需要定义不同的测度,根据观测的环境和应用背景的区别,国外不同的研究机构都建立了不同的观测体系结构和观测工具。

每一种网络行为都遵守一定的规则,执行网络应用中的一项任务,完成一项功能。网络行为往往不是孤立存在的,而是若干个操作过程的有序集合,可以在纵深方向上展开成若干操作的一个动态过程。网络行为的观测在于扫描正常行为的轨迹建立正常行为样本,以样本库为基础,通过特征提取与分析,建立正常行为模式知识库。为了能够在网络行为数据收集过程中,有效地根据网络行为的描述项进行行为基序列和输入输出参数等要素的记录和判定分析,网络行为的观测还需要对行为特征进行提取和对重要参数进行观测。

通过网络行为观测,可以记录相应的网络行为。可以实时或非实时地创建新的记录,将行为陆续存到记录当中。一旦某个执行结束,则相关记录项就都记录完毕,这些记录可以作为异常分析、网络建模或网络预测等方面的数据源。

3. 网络行为建模

为了客观地描述、分析各种网络行为,需要对网络行为进行建模。网络行为的发生时间一般均为随机变量,网络行为具有随机性的特点;同时,网络各个组成单元相互作用,网络行为的发生又具有很强的相关性,因此网络行为具有既随机又相关的特点,对网络行为的建模和分析要考虑行为的这些特性。目前,对网络行为进行建模主要有两个方面:一是建立网络行为的数学模型;二是建立网络行为的过程模型。按照不同的视点和层次,网络行为模型的分类如图 11-1 所示。

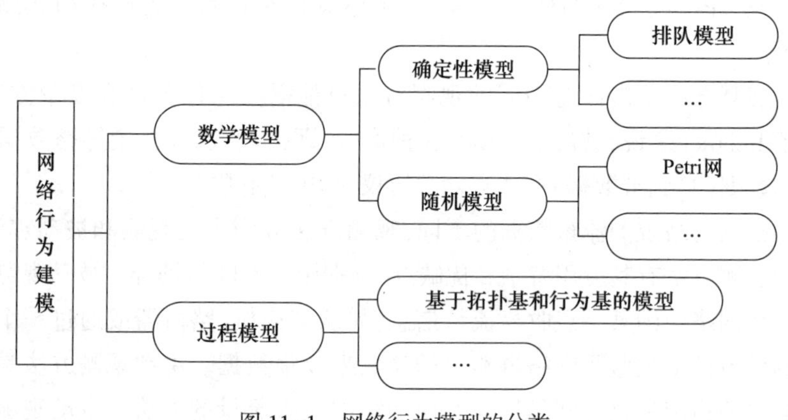

图 11-1　网络行为模型的分类

1) 网络行为的数学模型

对网络行为建立的数学模型分为两种,一是确定性模型,二是随机模型,它们的典型代表是排队模型和 Petri 网。

(1) 排队模型。排队模型是一种确定性的数学模型,它是很好的网络建模工具,其确定性表现在:队列根据到达先后确定排队先后;服务器的服务策略是预先确定的;信源分布也是事先确定的。排队系统由队列和服务器两个要素组成,通常服务器所抽象的是现实网络系统中某个独立功能部件,如终端,链路或中间节点,也可以是某层的网络协议,而队列刻画的是网络系统中待处理的对象的序列关系。因为待处理对象的发生是随机的,所以它们到达队列的时间的分布可以用概率分布来描述。如果将独立的排队系统根据现实网络系统中的互连拓扑连接起来,就构成了排队网络,排队网络是现实网络系统的一个直接映射。可见,排队模型除了可以刻画网络物理实体和逻辑实体的行为外,还可以刻画网络的拓扑结构和节点间的关系。

(2) Petri 网。排队模型具有某些确定性的特点,但网络行为是动态的,用确定性模型来描述动态的网络行为是不够的。随机模型的典型代表是 Petri 网(Petri Net,PN),它刻画网络的相关事件,描述网络的竞争、碰撞和阻塞。PN 用统一语言描述系统结构和系统行为,是对系统的组织结构和行为的抽象,特别是其中的随机 Petri 网(Stochastic Petri Network,SPN),如 GSPN(Generalized SPN)和 DSPN(Deterministic SPN)等,可以方便地刻画网络行为的随机性。

2) 网络行为的过程模型

对于网络这个复杂系统来说,只建立网络行为的数学模型是不完备的,在对网络行为进行分析时还需要建立过程模型,来动态地表现网络行为的发展和演化。对于计算机网络行为的建模,可以采用基于拓扑基和行为基的建模方法,在构造网络拓扑结构后,将各个节点看作拓扑基,再对拓扑基的动态行为使用行为分解和行为基综合的方式进行建模。在建立网络行为分析模型的过程中,如果对行为难以建立精确的数学模型,则只能求得近似解;如果可以通过近似方法建立数学模型,虽然数学模型可以求解,但由于这种数学模型本身并不能准确地刻画所要分析的网络,因此最终的结果仍然是近似的。因此,在建模过程中要综合多种建模方法,既要考虑建模的精确性,又要考虑求解的可行

4. 网络行为仿真

随着网络新技术的不断出现和网络的日趋复杂,对网络仿真技术的需求必将越来越迫切,网络仿真的应用也将越来越广泛,网络仿真技术已成为研究、规划、设计网络不可缺少的工具。从 20 世纪 80 年代开始,美国等发达国家就一直致力于开发商业和非商业用途的网络仿真产品。近年来,我国的网络仿真研究和应用得以发展。1997 年,CERNET 网络中心开始开发自己的网络仿真软件,1998 年后,我国多家单位陆续引进 OPNET、NS2 等网络仿真软件,用于网络协议开发、网络规划设计和应用的研究。

可控网络系统的系统组分类型多样,数量巨大、组分间关系种类多具

有相当规模且有许多层次,是一个典型的复杂巨系统。测度一个系统的复杂性有3个指标,即系统组分的类型和数量、系统组分间关系的类型和数量以及系统层次。研究可控网络系统的复杂性,必先研究其复杂的行为和过程规律,并且建立其抽象描述——数学和过程模型。针对网络行为的复杂多样,用网络行为仿真这样的网络动态特性研究工具,对网络行为建立一个良好的仿真、评估和分析环境是很必要的。ISO对仿真的定义是选取一个物理的或抽象的系统的某些行为特征,用另一个系统来表示它们的过程。网络行为仿真就是对网络实体的行为、过程、规律的模拟和再现,在建立大量准确、正确、精确、可验证和合理的网络行为模型的基础上,建立正确、有效和高效的网络行为仿真系统。通过建立数学模型和过程模型对网络行为进行分析,通过仿真方法搭建从理论到实践的桥梁,为网络的科学管理和有效控制以及网络的规划与建设、发展与利用提供科学的依据。与网络行为观测和网络行为建模相比,网络行为仿真方法耗费的时间比网络观测技术少,其抽象化程度比建立数学模型分析方法低,因此它的低成本和有效性是其他传统方法不可替代的。

在此还可以借鉴系统动力学的仿真分析方法,系统动力学(system dynamics,SD)由美国麻省理工学院J. W. 福雷斯特教授于1961年创立,是一门分析研究信息反馈系统的科学,是一门认识和解决系统问题的综合性的新学科,是研究系统动态行为的一种计算机仿真技术。在SD方法中,关于系统的观察、建模和分析是由人来完成的,而对于系统的动态过程的跟踪是由计算机来完成的。系统动力学是将人对事物的敏锐观察力、富于创造力和想象力的优势与计算机具有复杂运算的能力结合起来,有效发挥其各自优势的一种方法。

5. 网络行为预测

网络行为预测的目的就是了解网络资源的当前状态,推测不久以及未来的状态。网络行为预测需要研究的主要内容包括确定网络资源的全局信息来指导网络行为,合理利用网络资源以及减少资源浪费和资源访问冲突。

对网络行为的预测主要是基于对历史数据的分析。由于天文学、海洋学、气象学等自然科学在时间序列的分析方面已经积累了很多模型,对网络行为预测的研究可以根据它的特点,从其他领域中挑选一些合适的模型进行拟合。网络行为有两个主要特点:一是有比较明显的周期性规律;二是会经常发生各种意外的事件干扰网络的正常运行。这两个特点是互相对立的,一方面网络的运行是有规律可循的,另一方面各种突发事件会对这些规律造成干扰。

可见,网络受多种复杂外界因素和突发事件的影响,其行为具有复杂多变的特点,数据中既含有多种周期类波动,又呈现非线性升降趋势,还受到未知随机因素的干扰,这些特点使得网络的行为难以用历史数据和传统模型来预测。预测结果与实际值之间会存在一些差距,特别是用户的行为最难预测,具有很大的随机性。这些差距的来源有以下 3 个主要原因。

(1) 网络行为是各种因素综合作用的结果,同时受到各种突变因素影响,由于其中涉及的因素比较多,它们之间的耦合又非常紧密,只能依据统计力学来研究,不可能得到确定的解。显然,对网络行为的预测只能是不确定预测。

(2) 对网络行为进行分析和预测的数据有些是建立在对现有状态的观测上的,无论用哪种观测方法,都会产生误差,这些误差必然会影响分析结果的准确性。

(3) 用来预测的模型有可能存在问题和错误,这样会造成对误差的放大作用。

11.2 网络行为控制概念与分类

在介绍网络行为概念和分析方法的基础上,本节针对网络行为控制的概念和网络行为控制的分类展开具体阐述,明确网络行为控制的核心是保证网络正常行为的运行,防止和预防网络异常行为的发生。分别从网络行为发生区域、网络行为作用范围、网络行为作用主体、网络行为的层次性 4 个方面,阐明网络行为控制的 4 个分类。

11.2.1 网络行为控制概念

网络行为控制的本质是将网络系统保持在一个相对稳定的系统状态,即保证正常网络行为的进行,并且阻止和控制异常网络行为的发生,包括对异常行为的控制和正常行为的控制。异常行为控制是通过一系列控制作用将异常的网络行为调整控制在一个可控的范围内,与之相对的,正常行为的控制是对网络正常行为的加强和管理,也是行为控制研究的重点。

正常行为是保证网络正常运行所进行的一系列网络行为,由网络行为的分类可知,正常行为主要包括封装行为、分用行为、流量控制行为、拥塞控制行为、差错控制行为、路由控制行为、传输控制行为、接入控制行为、加密行为、鉴别行为、访问控制行为、检测行为、审计行为和告警行为等。

从行为作用的范围和包含关系来看,接入控制行为、传输控制行为和存储控制行为是较为典型的作用范围大且包含分行为较多的主要正常行为。接入控制包括身份认证、访问控制、边界控制等,传输控制包括路由控制、加密传输等,存储控制包括虚拟化存储、加密存储等。

网络行为的控制原理与一般网络安全控制理论的控制原理相同,网络行为的控制过程可概括为3个步骤:确立正常行为控制的标准(指标),依据标准衡量执行情况(效能或效果),纠正执行中偏离标准与计划的误差。

1. 确立正常行为控制标准

标准无非就是衡量控制效果的判据或指标。它们是在一个完整的网络运行程序中所选出的对控制效果进行衡量的一些关键点。确立正常行为控制标准是以控制需求或策略为依据的,同时,它又能使控制者在执行中不必去照管计划执行中的每一个步骤,就能够了解有关工作进行的情况。确立正常行为控制标准既是保持可控网络系统的行为处在一种可控、稳定的状态,这是进行有效控制的必要条件,又是实施控制的依据。标准可以是定性的和定量的,但最理想为标准应当是能够考核的,即可定量分析的。

2. 依据标准衡量执行情况

按照标准来衡量实际控制成效的最好办法应当建立在向前看的基础上,从而可使差错在其实际发生之前就被发现,并采取适当措施加以避免,即保持网络系统中正常行为的运行可控且稳定,避免异常行为的出现。因此,网络控制应该具有反馈回路。一般的反馈回路是由信息采集、效能评估、决策分析等环节组成的。如果有了恰如其分的控制标准和准确测定控制成效的手段,就很容易对实际的或预期的网络正常行为状态进行评价,并能及早发现已经出现的偏差。

3. 纠正执行中偏离标准与计划的误差

纠正偏差既可以看作是控制工作的一部分或控制过程的一个步骤,也可以理解为是控制工作与其他工作的结合点。这是因为,纠正偏差才能实现控制的目的,同时,纠正偏差又需要其他工作配合,才能采取适当措施得到纠正。纠正偏差的措施很多,如可以通过重新制订控制策略或修改控制目标,重新设置控制部件,改善或加强控制技术等。如果制订的标准反映了网络的实际情况,如果实际成效是按此标准来衡量的,那么,控制者或控制单元就能准确地知道何时、何地出现问题并采取校正措施,从而使偏差得到迅速纠正,使可控网络系统处于趋于稳定、受控的状态,避免异常行为的出现,或及时消除异常行为带来的偏差。

11.2.2 网络行为控制分类

对于不同的研究领域,其研究网络行为控制的出发点和目的不同,对网络行为分类的角度也不同。除了从网络安全和防护的角度将网络行为可以分为网络正常行为和异常行为外,可以从行为发生区域、网络行为作用范围、网络行为作用主体、网络行为的层次性等几个方面对网络行为进行分类。

1. 内部行为和外部行为

从网络行为发生区域的角度进行分类,网络行为控制可以分为网络系统的内部行为控制和网络系统的外部行为控制。内部行为控制即内网行为管理和内网安全控制,外部行为控制即重点控制外部流量和外部接入用户身份验证等。

1) 网络系统的内部行为控制

网络系统的内部行为是指系统在输入的影响下发生了怎样的内部变化以及输入的变化与内部状态变化的对应方式。可控网络系统内各组成部分之间的联系,具有一般系统内元素间相互联系的几种关系类型,可以用集合论的术语加以一般描述。

若一个可控网络系统 S 的所有元素 $e_i(i=1,2,\cdots,n)$ 的集合为:$S=\{e_1,e_2,\cdots e_n\}$。

该系统内元素间的所有联系可表示为集合 $\mathbf{R}$,则称 $\mathbf{R}$ 为该可控网络系统的内部关系,$\mathbf{R}$ 的具体表示式对应着系统的各种关系类型。

若有 e_i、e_j,且有序对(e_i,e_j),$(e_j,e_i)\in\mathbf{R}$,则可控网络系统内两个元素 e_i,e_j 之间有联系,称(e_i,e_j)为 e_i 联系 e_j,称(e_j,e_i)为 e_i 被 e_j 联系。显然,这里所定义的元素间的联系是有顺序性或方向性的,(e_i,e_j)与(e_j,e_i)并不等价,这种顺序表示了信息流的流动方向。

以信息网络为例,系统的元素之间有联系,也就是在它们之间存在网络信息流;而元素 e_i 联系 e_j 就是有网络信息流从 e_i 流向(输入)e_j,反之就是有网络信息流从 e_j 流向(输入)e_i。按照网络信息流的 3 种类型,可以把关系集合 $\mathbf{R}$ 分为 3 个子集合:

$\mathbf{R}_c$ 为涉及指令流的关系,$\mathbf{R}_g$ 为涉及状态流的关系,$\mathbf{R}_d$ 为涉及数据流的关系,有 $\mathbf{R}=\mathbf{R}_c\cup\mathbf{R}_g\cup\mathbf{R}_d$。

在分析可控网络系统 S 的某个元素 e_i 时,可以按照联系(作用)的方向性把该系统中与元素 e_i 有关的其他元素分成两类:联系 e_i 的元素 e_j 之集合 $e_i\mathbf{R}$,定义为 $e_i\mathbf{R}=\{e_j|e_j\in S,(e_j,e_i)\in\mathbf{R}\}$;$e_i$ 所联系的元素 e_j 之集合

$\mathbf{R}e_i$,定义为:$\mathbf{R}e_i = \{e_j | e_j \in S, (e_i, e_j) \in \mathbf{R}\}$。

集合 $e_i\mathbf{R}$ 反映了可控网络系统内其他元素向元素 e_i 输入各种网络信息流的情况,集合 $\mathbf{R}e_i$ 反映了元素 e_i 向系统内其他元素输出各种网络信息流的情况。如果可控网络系统的某个元素 e_i 仅向系统外部输出,而不向系统内其他元素输出,则称它为该可控网络系统的终元,其特征表示为集合:$\mathbf{R}e_i = \varnothing$;如果该系统的某个元素 e_i 仅从系统外部接受输入,而不从系统内部其他元素接受输入,则称它为该可控网络系统的初元,其特征表示为集合:$e_i\mathbf{R} = \varnothing$,其中$\varnothing$是空集。

为便于运算,往往可用联系矩阵来表示可控网络系统的内部联系,定义联系矩阵

$\boldsymbol{\alpha} = |\alpha_{ij}|_{n \times n}$($n$ 表示系统 S 共有 n 个元素)的元 α_{ij} 为

$$\boldsymbol{\alpha}_{ij} = \begin{cases} 1, & e_i \text{ 对 } e_j \text{ 有联系} \\ 0, & e_i \text{ 对 } e_j \text{ 没有联系} \end{cases}$$

一般地规定 $\boldsymbol{\alpha}_{ii} = 0$。

例如,某个可控网络系统有 4 个元素 e_1, e_2, e_3, e_4,它的联系矩阵 $\boldsymbol{\alpha}$ 为

$$\boldsymbol{\alpha} = \begin{vmatrix} 0 & 0 & 0 & 1 \\ 0 & 0 & 0 & 0 \\ 1 & 1 & 0 & 1 \\ 1 & 0 & 0 & 0 \end{vmatrix}$$

表明元素 e_1 联系元素 e_4,元素 e_3 联系元素 e_1、e_2 和 e_4,元素 e_4 联系元素 e_1。或者说,元素 e_1 和 e_4 有相互联系,元素 e_3 单向联系 e_1、e_2 和 e_4,而元素 e_2 不联系其他元素(而只被 e_3 联系)。

如同一般系统,要描述可控网络系统本身,需要用一组可以完备描述其特性的状态变量。这组状态变量构成了可控网络系统的状态向量,以 $\boldsymbol{X}(t)$ 表示,所有 $\boldsymbol{X}(t)$ 构成了可控网络系统的状态空间。在给定时刻 t,$\boldsymbol{X}(t)$ 取决于两个方面:$\boldsymbol{X}(t)$ 以前的状态 $\boldsymbol{X}(t)$($\tau \leqslant t$)和$[\tau, t]$内的输入向量 u_s。设 u_s 是系统 S 的输入向量空间,则

$$u_s \subseteq \mathbf{C} \times \mathbf{G} \times \mathbf{D}$$

式中:$\mathbf{C}$,$\mathbf{G}$,$\mathbf{D}$ 分别为指令、状态、数据等网络信息流量的集合。

2) 网络系统的外部行为控制

网络系统的外部行为,并不强调系统的内部性质及其在输入的影响下的变化,而是着重于研究系统在环境的影响下对环境的反应。研究环境的影响和系统的反应之间的对应关系。从"黑箱"的观点来看,可控网络系

统的输入、输出向量之间的函数关系刻画了系统的功能。从信息网络范畴来看,系统中存在的都是以各种方式组合的各种形态的信息量,这些量在各系统之内和系统之间流动着,形成网络-信息流。信息网络系统具有多种多样的行为,如加密解密行为、访问控制行为和网络攻击行为等,所有这些行为都力求按系统的某种目标以某种方式执行某种功能。

通常,系统的功能可以通过系统的外部行为来体现,而外部行为就是系统与其环境间的作用,它可以由系统的输入、输出向量来描述,输入、输出向量则由一定的信息流量来表示。可控网络系统从其环境(包括与该系统相关的其他可控网络系统)中所获得的信息流量的总和,构成该系统的输入向量;该系统活动的结果又体现为转向其环境的网络信息流量,这些流量的总和构成该系统的输出向量。

2. 局部行为控制和全局行为控制

网络系统中单元及子系统数量庞大,单元之间的交互作用非常复杂。网络中既存在局部范围内的交互作用,也存在网络中多个局部交互的群体行为。因此,可以从网络行为作用范围的角度进行分类,将网络行为分为网络局部行为控制和网络全局行为控制。

1) 网络局部行为控制

网络系统由许多不同的个体组成,各个个体之间存在着复杂的相互作用。系统中的个体通过自身的状态和局部环境信息来触发自己的行为,更新信息甚至行为方式,而不受外部或全局信息的明确控制。个体的行为具备很多相同的特性,如同一性,即许多个体是相似的;不确定性,即个体的行为是由概率确定的;局部性,即个体与其环境的相互作用是局部的,具有一定的作用范围;重复性,即系统的行为是由个体的相互作用多次叠加累积获得。对于网络局部行为的控制则是部件级的、区域型的小范围控制,往往采取少量的、简单的控制动作即可完成,可控网络系统中通常采取小回路反馈控制方法来实现。

2) 网络全局行为控制

网络中大量独立个体的相互作用产生了整个系统的行为模式,各种错综复杂的局部的交互作用将会导致整个网络涌现出大规模网络群体行为。复杂系统多反映的是群体行为,复杂性来自于群体中各个个体的交互作用,群体的组织行为通常是通过个体交互涌现出来的,复杂性来源于涌现性。在给出个体的行为规则和约束条件的基础上,建立交互机制,通过各个个体的行为仿真,再现群体的行为复杂性。网络全局行为控制则是系统级的、全局型的大范围控制,通常需要大量的、复杂的连续控制动作和控制策略来实现,可控网络系统中一般采取大回路反馈控制方法协调各区域协同以进行控制实现。

3. 物理实体行为控制和逻辑实体行为控制

从网络行为作用主体的角度进行分类,网络行为可以分为网络物理实体的行为和逻辑实体的行为。

1) 物理实体行为控制

物理实体包括网络终端节点、网络中间节点和传输链路,网络由这些物理实体组成,它的运行是各种信息从终端设备出发经过一系列中间节点处理和传输到达目的设备的过程。

网络终端节点是用户和网络之间的接口设备,其作用是将用户端的信息和传输链路上传送的信息进行交换,以达到传输数据和接收数据的目的,用户就是通过终端设备向网络发出各种服务请求并接受网络服务的,典型的终端设备包括终端、个人计算机和打印机等,终端节点行为主要描述节点接收和发送数据的执行操作。

中间节点的基本功能是完成交换节点链路的汇集,完成一个用户终端和它所要求的另一个或多个用户终端的路由选择和连接,是现代网络的核心,典型的交换设备包括路由器、集线器和网桥等。中间节点除了类似于终端节点要接收和发送数据外,还涉及各种对数据的处理行为,如路由选择行为、封装和分用行为等。

传输链路是信息的传输通道,是连接网络节点的媒介,包括信道和变换器等各种传输设备,用来连接各节点,根据其单、双工工作方式或者缓冲与否的不同,传输链路的行为也不同。

2) 逻辑实体行为控制

逻辑实体包括系统软件、应用软件和协议。网络的逻辑实体与物理实体协调工作,网络的行为是通过所有软件资源和协议的执行来反映的。协议是一套关于信息传输顺序、格式、内容和控制方法的约定,它控制网络的行为方式体现在路由寻址或报文拆装等方面,协议的执行是一种动态的过程,其行为过程以 FSM 或 Petri 网来描述。在可控网络系统研究中,逻辑实体的行为控制通常借助于新型网络技术和控制手段,如 SDN 和 NFV 相结合的控制方法,来实现对网络结构、网络数据流的灵活控制。

4. 单个行为控制和多个行为控制

网络具有明显的层次性特征,对网络这个复杂系统的分析可以采用还原论方法,把网络分成越来越小的局部来研究。网络的层次性包括结构的层次性和行为的层次性,结构层次性是指将系统描述成多个模块互相连接而成,每个模块又可分解成更低层次的子模块;行为的层次性是指网络行为可以根据现实应用中的需求进一步分解、细化,直至每一个网络行为只包含一项操作。从信息系统的角度看,网络行为不断细化的结果可以得到基本的网络行为。因此,从网络行为复杂性的角度出发,网络行为可以分为单个行为和多个行为。

这种分类方法有助于认识行为和分解行为,多个行为可以分解为几个单个行为,行为的可分解性能够使我们从复杂的网络现象中看到其简单行为的组成,发现网络现象更多的本质特征。

11.3 外网接入控制方案

外网接入控制的核心是针对外网接入过程中异常行为的有效检测和控制,本质上是一个外网接入数据的检测、分析和异常发现及反馈控制的过程。本节在网络行为控制原理的基础上,针对数据收集与分析、异常行为检测与控制的核心功能,设计了由数据收集与分析模块和异常检测与控制模块组成的基于行为的外网接入控制模型,并对其控制流程进行了详细描述。

11.3.1 控制原理

针对外网接入安全问题的研究,关键在于对异常网络行为(破坏网络正常运行状态的网络行为)的有效控制,主要可以分为对入侵行为和误操作行为的控制。

1. 入侵检测原理

入侵是指任何试图破坏数据和资源机密性、完整性和可用性的行为,其中还包括用户对于系统资源的误用行为[55]。从入侵策略的角度,检测的内容可分为试图闯入或成功闯入、冒充其他用户、违反安全策略、合法用户的泄露、独占资源以及恶意使用6个方面。入侵没有地域和时间的限制,通过网络的攻击往往混杂在大量正常的网络活动之间,入侵手段更加隐蔽和复杂。

传统的操作系统加固技术、漏洞扫描技术和防火墙技术等都是静态安全防御技术,对网络环境下日新月异的攻击手段缺乏主动的反应,利用最新的动态的、可适应的网络安全P2DR安全模型,已经可以深入地研究入侵事件、入侵手段以及被入侵目标的漏洞等。无论从规模与方法上入侵技术近年来都发生了变化,入侵的手段与技术也有了进步与发展。入侵技术的发展主要反映在入侵的综合化和复杂化、入侵主体对象的间接化、入侵规模的扩大化、入侵或攻击技术的分布化和攻击对象的转移化趋势，

入侵检测是指对于面向网络资源的恶意行为的识别和响应，是动态安全技术的最核心技术之一。入侵检测在不影响网络性能的情况下能对网络进行监测，从而提供对内部攻击、外部攻击和误操作的实时保护。通过对入侵行为过程和特征的研究，可以使得安全系统对入侵事件和入侵过程能做出实时响应，包括切断网络链接、记录事件和报警等。

入侵检测是防火墙的合理补充，是防火墙之后的第二道安全闸门，帮助内部网络或主机系统对付入侵攻击，从而扩展了系统管理员的安全管理能力，提高了信息安全基础结构的完整性。异常检测可以分为入侵检测和误用检测两种检测原理。

入侵检测又称为基于攻击特征的检测。它假定所有攻击行为和手段都能表达为一种模式或特征，并对已知的攻击行为和手段进行分析，提取检测特征，构建攻击模式和入侵行为模型，通过对比系统当前状态与攻击模式和模型的匹配度来判断入侵行为。入侵检测定义了异常网络活动，其余不符合攻击特征规则的活动将被认为是正常的、合法的，所以特征检测对已知入侵行为和非法行为的识别度较高，误报率较低，但对未知的入侵行为无法判别。图 11-2 所示为入侵检测的基本原理。

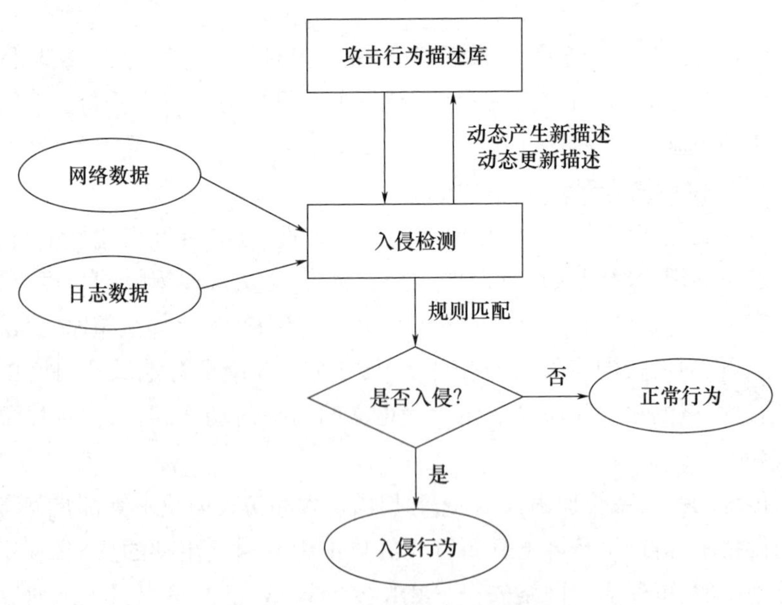

图 11-2　入侵检测的基本原理

2. 误用检测原理

误用检测又称为基于正常行为的检测,误用检测技术通常用来识别主机或网络中的异常行为,异常行为是指与正常的(合法的)活动有明显差异的主机或网络行为,包括入侵(攻击)行为和误操作行为。误用检测首先收集一段时间操作活动的历史数据,再建立代表主机、用户或者网络连接的正常行为描述,然后收集事件数据并使用一些不同的方法来决定所检测到的事件活动是否偏离了正常行为模式,从而发现是否属于异常活动或是否发生了入侵和误操作。误用检测通过定义正常的(合法的)网络活动,来检测不符合正常行为规则的活动,所以误用检测针对的是异常网络行为,可以检测出入侵行为和误操作行为。图 11-3 所示为误用检测的基本原理。

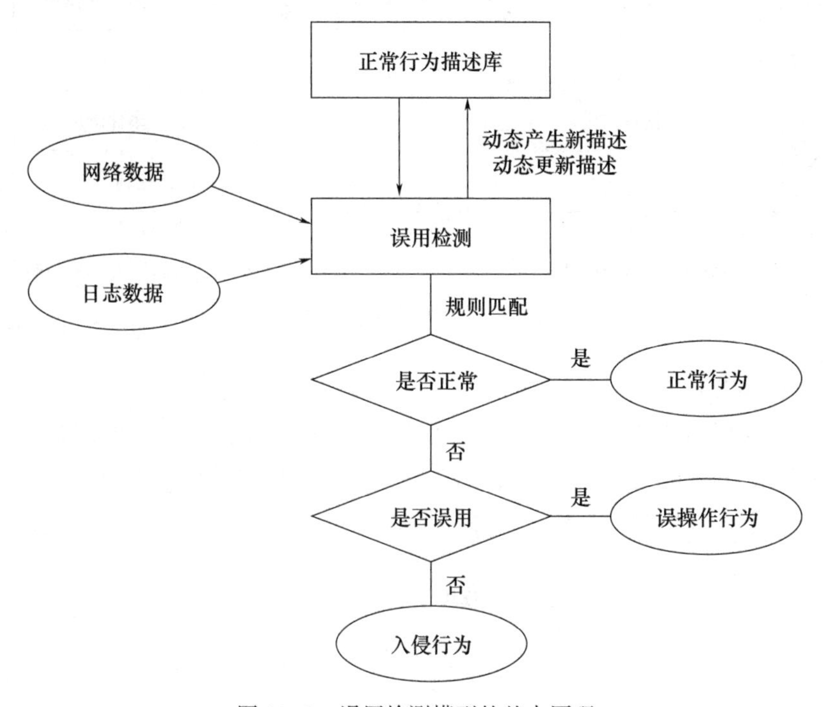

图 11-3　误用检测模型的基本原理

系统在检测出异常行为的基础上,要对发生区域进行响应控制,也就是对异常行为进行控制[56]。行为控制的原理是基于网络安全控制理论构建的,可概括为:通过施加一定的控制策略,使得整个网络中所有网络实体的运行状态和行为活动在能够预期和把握的范围内,保证正常行为活动的有效运行,通过预测和控制的手段尽量避免异常行为活动的发生,针对已出现的异常问题进行实时响应和反馈控制。

11.3.2 控制模型

基于行为的外网接入控制模型如图 11-4 所示，主要分为数据收集与分析模块和异常检测与控制模块两个部分。

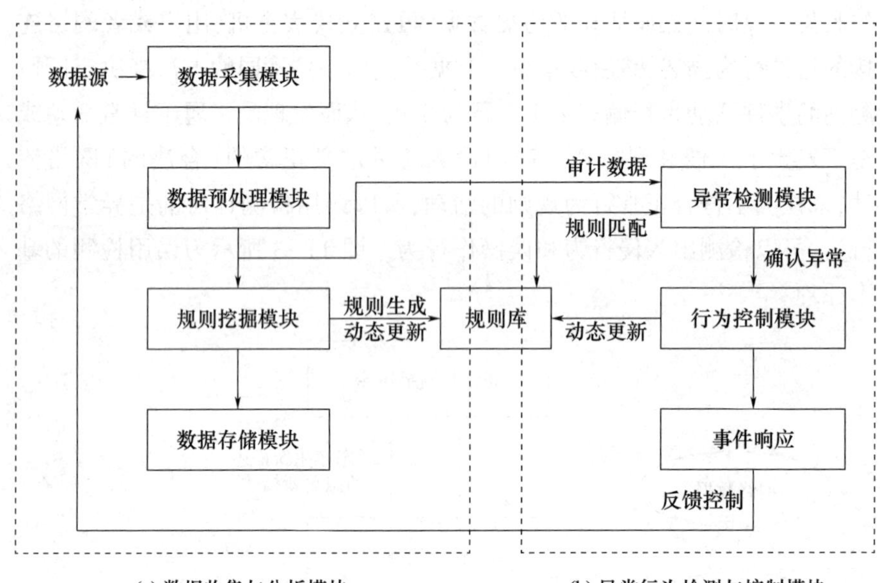

图 11-4　网络行为控制模型

1. 数据收集与分析模块

从实现的功能来看，数据分析模块提供了对海量安全数据的快速采集、存储、分析能力，并且向入侵行为检测与控制模块提供数据资源和功能支撑。数据收集与分析模块组成结构如图 11-5 所示。

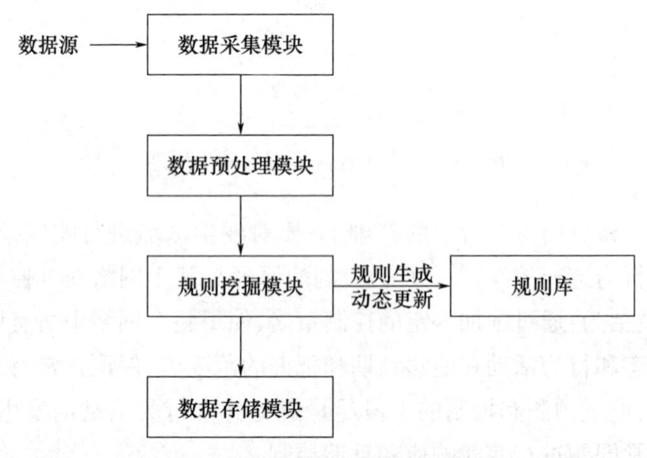

图 11-5　数据收集与分析模块组成结构

1）数据采集模块

数据采集模块负责收集流经整个计算机网络的数据，数据采集模块利用终端安全代理获取的网络中的原始数据，然后将这些原始数据送交到数据预处理模块进行进一步的处理。为了获取流经网络的所有数据，网络中所有节点和终端都需要安全代理来进行数据采集，接着将采集到的数据传送给数据预处理模块。

2）数据预处理模块

数据预处理模块负责接收数据采集模块得到的数据，并将初始数据转换成适合数据挖掘的标准格式后传送至聚类模块或行为检测模块。数据采集模块输出的原始数据只有通过数据预处理模块的清洗和重组才能够为聚类和分析所用。数据预处理的质量直接关系到后面聚类结果和分析的准确性。通常使用属性来描述数据对象，每个属性都具有某个值域，并且根据属性的域的组织，可以将属性分为符号的（离散的、标称的、分类的）、连续的（数值的）或结构化的。表示一个数据可能会有很多属性，但其中只有部分属性与挖掘目的相关，能够反映出网络的正常或异常状态，所以应该对属性进行选择和定序。为了让数据对象适合数据挖掘要求，有时需要构造新的属性或对属性进行变换。网络数据在传输过程中可能产生错误（随机错误和噪声）或丢失。传输中出现的噪声会对挖掘结果产生影响，在预处理中应对这些噪声数据进行清理；而数据的丢失会使属性值（或构造的属性值）缺失，应当采用一定的方法来处理这个问题，如采取简单的丢弃或使用平均值进行替代。

3）规则挖掘模块

规则挖掘模块接收数据预处理模块不断送达的数据对象，然后根据管理的需要以某种挖掘技术对网络数据对象集合进行深入挖掘，通过对挖掘结果的分析，安全控制中心可以了解到当前的或某段时间内的网络使用情况。在系统训练阶段和正常网络行为模型修正阶段，数据挖掘结果被用来构造网络正常或异常行为模式，生成并不断升级行为规则库。在行为分析阶段，可以利用规则库对网络行为进行审计。该条件下的行为规则库包括正常行为规则库和异常行为规则库两部分。

4）数据存储模块

数据存储模块负责存放事件产生器和事件分析器获取的数据和分析结果，它们作为行为控制模块进一步分析处理的数据源和攻击证据。关系数据库具有形式基础好、数据独立性强、数据库语言非过程化等优点。同时，数据存储模块也将处理过的海量数据进行存储。

2. 异常行为检测与控制模块

异常行为检测与控制模块主要由异常检测模块和行为控制模块两部分组成。模块之间的组成结构如图 11-6 所示。

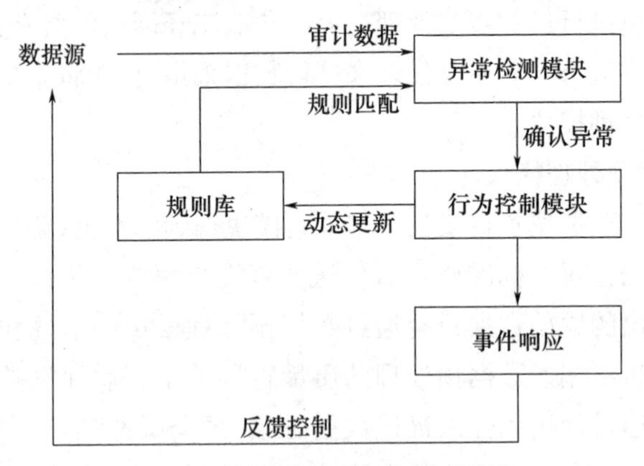

图 11-6　异常行为检测与控制模块

1）异常检测

行为检测模块将根据规则库中存放的规则对捕获的网络行为对象进行审查,将其认定为正常行为、已知异常(攻击)行为或新型异常行为。在网络行为性质认定过程中,将采用特征检测和新异常检测相结合的方式。使用这两种手段相互配合使系统具有识别已知攻击行为的能力,减小误报率,发现未知的攻击类型或非法操作,减小漏报率。

特征检测定义了已知网络异常(攻击)行为,通过对比已知异常行为规则库,其余不符合已知异常行为规则的审计对象被视为正常行为,所以特征检测对已知入侵行为和非法行为的判别较为准确,出现误报的可能性较小;新异常检测定义了正常网络行为,其余不符合正常行为规则的审计对象视为疑似新异常,所以新异常检测模块对异常网络行为比较敏感,可以检测出新的异常(攻击)行为。通过对比正常行为规则库,判别是否为新的异常行为,并将结果提交给行为控制模块。

2）行为控制

行为控制模块的主要功能是依据预先制定的策略对已知的异常网络行为做出响应,并将未知的异常行为提交给安全控制中心,以及接受控制中心发出的指令做出及时反应。控制中心作出的指令,将由网络节点或终端安全代理进行控制活动。对已知的异常网络行为的响应和反馈控制方式根据不同情况进行预先设定,如向网络用户发出警报,备份网络连接事件,关闭某个端口甚至断开网络。对于未知的异常连接行为,由系统及时地发出警报，并将异常事件提交给安全控制中心，如果为非法行为，则采取某种应对措施对数据源进行反馈控制，并生成新异常规则描述提交给规则库。

11.3.3 安全状态空间

外网接入控制是通过对外网向内网传输的数据包进行数据采集、安全性分析、评估与决策和控制等安全控制过程展开的，相关的设备包括防火墙、入侵检测、日志审计和安全网关等设备，相关的控制功能包括数据收集分析、异常检测和反馈控制等；外网接入控制子服务安全状态空间由相关的子服务维、子功能维和子设备维组成，如图 11-7 所示。

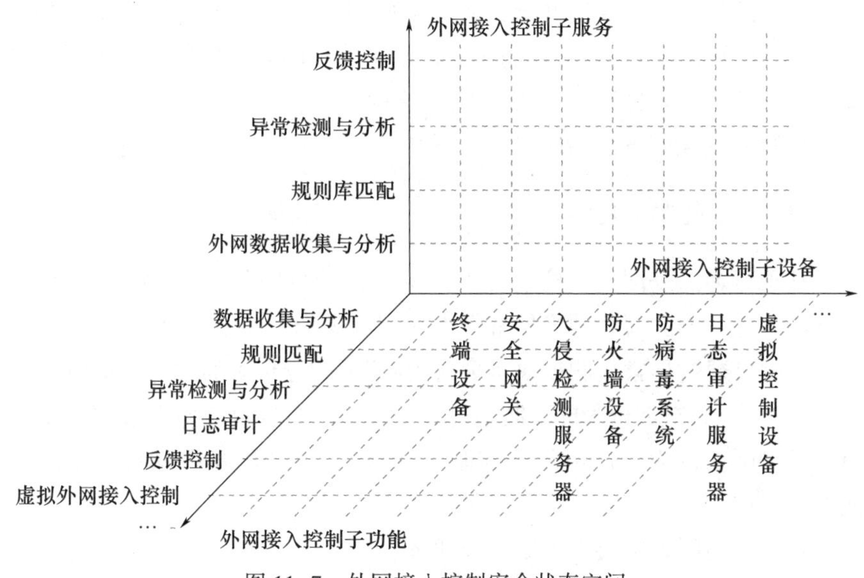

图 11-7 外网接入控制安全状态空间

1. 外网接入控制服务维

外网接入控制服务维主要关注外网数据流是否存在异常，从而决定该数据流是否能够访问内部网络，包括外网数据收集与分析、规则库匹配、异常检测与分析、反馈控制 4 个子服务。首先对外网申请接入数据进行数据预处理，与异常检测规则库进行匹配比对，如发现异常则采取相应的反馈控制，例如改变访问权限、提高防火墙和入侵检测强度，以及木马病毒查杀等控制措施。

2. 外网接入控制功能维

外网接入控制功能维是对控制服务的技术支撑，包括数据收集与分析、规则匹配、异常检测与分析、日志审计、反馈控制和虚拟外网接入控制子功能。收集到的外网接入数据经过预处理和分析过程抽象出数据规则,结合系统日志中审计数据综合判断是否属于异常行为。

3. 外网接入控制设备维

外网接入控制设备维是控制功能和控制服务的软硬件基础,包括终端设备、安全网关、入侵检测服务器、防火墙设备、防病毒系统、日志审计服务器和虚拟控制设备。通常入侵检测功能由专用入侵检测服务器提供,在实际应用中,安全网关、防火墙设备和防病毒系统也能够起到一部分异常检测与分析作用。

根据研究的需要,可以将外网接入控制服务维的 4 个坐标要素递阶拓展成相应的外网接入控制安全状态子空间,进一步开展与入侵检测等相关过程的深入研究;也可以将外网接入控制服务维的 4 个坐标要素递阶拓展成相应的外网接入控制安全状态平面,在时间维拓展开展入侵检测相关控制过程和控制规律方面的研究。

11.3.4 控制流程

基于行为的外网接入控制流程可概括为:通过网络行为状态的监测、网络行为特征的分析和网络异常行为的控制 3 个步骤来完成,网络行为状态的检测可通过异常检测模块实现,行为特征的分析可通过大数据收集与分析模块达成,异常行为的控制通过反馈调节进行控制。整个过程在系统中形成对网络行为的反馈闭环控制,从而提高整个网络系统的安全防护能力[57]。

基于行为的外网接入控制流程如下。

(1) 数据采集模块利用网络节点或终端的安全代理获取的网络中的原始数据,送交到数据预处理模块进行进一步的处理。

(2) 预处理模块首先对数据进行清理,根据挖掘分析目标选择某些属性或构造新的属性并进行格式转换。

(3) 在系统训练阶段,数据挖掘模块对不断送达的数据对象根据某种挖掘目标进行动态地聚类分析,通过安全控制中心可以直接对聚类结果进行查询了解当前的或某段时间内的网络使用情况。同时,挖掘的结果将全部储存在数据储存模块中。

(4) 利用挖掘结果来构造网络行为规则库,网络行为规则库包括正常行为规则和异常(攻击)行为规则两部分。当挖掘的数据个数到达某个节点数量时,则再次进行聚类分析,动态产生新描述并更新规则库。

（5）异常检测模块将预处理过的审计数据与行为规则库进行规则匹配分析。首先将要审计网络对象与异常（攻击）行为规则库进行比对，若为已知异常行为，则提交给行为控制模块进行事件响应。若不匹配，再将其与正常行为库进行比对，匹配成功则视为正常（合法）行为，失败就将其作为未知异常事件提交给行为控制模块。

（6）当收到检测模块提交的异常行为信息，行为控制模块将根据预先制定的策略做出反应。对已知的异常网络行为，根据预先设定的响应方式采取不同的控制策略，如向网络用户发出警报，备份网络连接事件，关闭某个端口甚至断开网络。对于未知的异常连接行为，由系统及时地发出警报，并将异常事件提交给安全控制中心进行反馈处理，如果为非法行为则采取某种应对措施，并提取异常事件的特征进行分析，生成新的异常规则提交给规则库进行动态更新。如果为误报或者错报，则解除警报。

在实际网络中，异常网络行为主要体现为网络攻击行为，由于其刻意隐藏在正常网络行为中，一般情况下不会被轻易发觉，所以可控网络安全控制系统必须对大量的网络攻击行为的特征数据进行采集和分析，利用大数据分析技术进行建模和预测，从而进行有效的控制，通常的网络行为控制包括防病毒系统、防火墙系统和入侵检测系统等系统的功能。

第12章 可控网络传输控制

传输控制主要对网络中的传输信息进行管理,从而确保传输信息的安全性和可控性。在网络安全技术中,数据加密传输技术可以有效地保证通信信息的安全性和可靠性,抵抗数据篡改、窃听等攻击,SDN/NFV 的数控分离特性使得网络中传输路径可以按需灵活调整,可进一步增强信息传输的可控性。因此,本章从传输信息安全和传输路径安全两个方面对传输控制进行研究:首先,对传输控制基本概念进行概述,并对传输路径控制和传输信息控制进行介绍;然后,根据可控网络安全控制体系的构建原理和分析方法,设计传输控制体系、控制模型、加密传输模型,并基于状态空间分析法对传输控制进行举例分析;最后,从信息传输机密性和传输路径两个方面,设计了传输控制方案。

12.1 传输控制概述

传输控制的实现基础是加密传输技术与传输路径选择技术,在此基础上,通过描述传输控制体系和模型的基本概念,介绍传输控制与网络控制的具体关系,并详述传输路径控制和传输信息控制。

12.1.1 传输控制基本概念

传输安全的内涵包括传输信息安全和传输路径安全。传输信息安全主要依靠信息加密来实现,传输路径安全主要依靠安全路由技术和传输路径可编程等技术实现。由于传输信息安全在前面章节给出了相关概念,这里主要讨论传输路径安全相关概念。

如果一个网络没有能发现路由的安全协议,那么该网络在 SYN 攻击下是很难存活的。然而,即使路由发现是安全的,敌手也有可能在某种程度上实施下列攻击:阻止无故障路由的发现,用不存在的链路"污染"无故障的路由,将自己的路由器部署在发现路径中以采集并封锁数据流,或者故意延迟分组以严重影响网络性能,而这一点恰恰是很难检测和避免的。分组转发机制的任务正是防止以上攻击的发生。

任何一个分组转发保护机制都必须(至少)考虑以下两个因素:第一,

当网络运行保护机制时，即使没有遭到入侵，也会比不提供任何保护的分组转发机制增加额外的开销。这是防止遭受攻击而付出的代价，且这些代价有可能是相当大的。第二，当网络受到攻击时保护机制的恢复能力，也就是当遭到敌手攻击后保护机制能多快地进行通信重建。理想状态下，分组转发保护机制应该具有拜占庭鲁棒性。即在一定的合适的时间内，只要在数据源和目标之间还存在一条无故障路径，那么保护机制就能从通信中断中恢复，相关概念如下。

1. 多路径路由

保护分组转发的第一种方法就是利用已发现的可能的冗余路由器，通过多路径转发数据。利用多路径路由和不相交的路径来实现路由攻击的恢复。这些机制的计算强度依靠的是路径创建阶段的数字签名保护和随后转发阶段的端到端的分组加密保护，这种方法也可以被看作是拜占庭检测协议的先驱。

2. 拜占庭检测

在拜占庭检测协议里，每条消息都与一个检测表相关，而每条消息都经过 MAC 和加密技术联合进行加密保护。给定路径的检测表是参与拜占庭检测的路径上的路由器的子集。表上的每个节点都要给源地址发送 ACK。每一个 ACK 都受到 MAC 的保护，该 MAC 是利用源地址和探测器共享的密钥计算产生的。因此，其验证只能由源地址进行。一旦接收到确认应答，源地址就能确定分组是否到达了目的地址。即便分组被丢弃，源地址仍可以在链路范围内确定失败的具体位置。为了减轻通信负担并阻止敌手有选择地丢弃 ACK，后面的 ACK 在被转发之前就被存放在一个单独的分组里了，并用探测器和源地址共享的密钥对其进行加密。

3. 安全路由跟踪

路由跟踪利用互联网控制报文协议确定从源地址到目的地址的完整路径，或者只对黑洞的前一个路由器进行检测。路由跟踪具有良好的链路层探测能力，但是却不能阻止某个敌手对它的分组进行选择性处理，用这种方法避开检测。

类似于路由跟踪，安全路由跟踪从源地址到目的地址进行递增式的全路径检测，但是不同于路由跟踪，安全路由跟踪模式是在链路层检测分组传递的错误。安全路由跟踪的思想是给数据分组嵌入秘密标识符，然后挑选这样的数据作为探针。这些探针和普通的分组是很难被区分开来的，因此这种数据不会受到敌手的选择性处理。

4. 流守恒测试

安全分组转发的方法是基于流守恒的原理。其主要思想是如果恶意路由器丢弃分组,那么流守恒也就不会在网络中继续存在。路由器对进入和离开它们故障链路的数据流进行测量,并且与此阶段全局测量的数据流量进行比较,就可以确定流守恒是否成立。因此,恶意路由能够在此阶段被检测出来。

5. 入侵检测系统

入侵检测系统(IDS)就是一个对输入数据进行统计分析,以检测已发生和正在发生的入侵行为的系统。路由保护机制的设计需要遵循 IDS 的基本原则,但是也有传统的 IDS 被修改以适用于路由的保护。

12.1.2 传输路径控制

1. 基于路由表的传输路径控制

路由(routing)是指数据包从源端发送到目的端时,决定两端之间路径的网络范围的进程[58]。OSI 模型将协议栈分为七层,IP 路由发生在位于第三层的网络层。网络层具有路由选择、数据包封装、数据包的分片重组、差错处理和检测等功能。

数据包的路由要依靠路由器。当源主机向目的主机发送报文时,要首先判断源主机和目的主机是否位于同一个网络中,如果位于同一个网络,则源主机通过直接转发的方式即可将数据包交付给目的主机。但是如果源主机和目的主机不在同一个网络中,则需要通过间接转发的方式来进行,即源主机首先将数据包发送给路由器,依靠路由器间的转发将数据包送至目的主机所在的网络,最后由路由器以直接转发的方式交付给目的主机。如图 12-1 所示,源主机到目的主机 A 的转发是直接转发,源主机到目的主机 B 的转发属于间接转发。间接转发过程一定要依靠路由器才能完成,所以,路由器在数据传输过程中起到了关键性作用[59]。

路由器具有多输入、多输出端口,它的主要任务就是转发数据包。当有路由器接收到来自某个端口的数据包时,按照报文的目的地址,将数据包从合适的端口输出,交付给下一台网络设备。图 12-2 给出了路由器的一般结构,从图中可以看出,路由器包含路由选择处理机和交换组织两部分。

路由选择协议规定了网络中数据传输路径如何选择,以及路由器之间如何进行路由信息交互。根据路由算法能否跟随网络拓扑变化和通信状况做出自适应的调整,路由选择协议可以分为两种类型:静态路由和动态路由[60]。

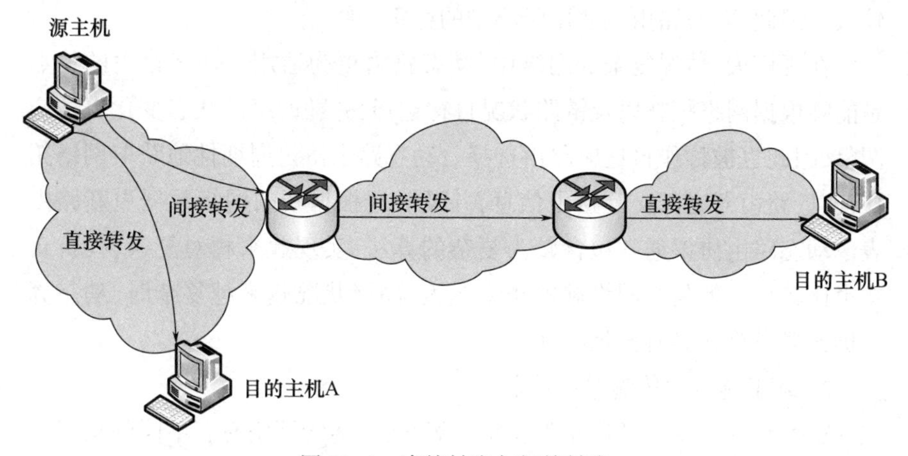

图 12-1 直接转发与间接转发

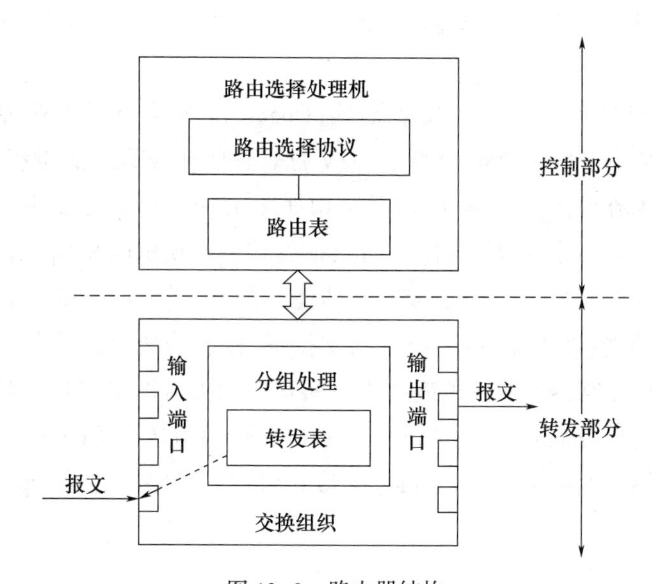

图 12-2 路由器结构

静态路由顾名思义,路由器中的转发策略是静态的,不能自行发生改变的,除非网络管理员手动重新配置网络,因此也称为非自适应路由选择。默认情况下,静态路由信息是路由器私有的,不与其他路由器分享。静态路由的优点是简单和开销小,非常适用于规模较小、稳定的网络。但它在大型不稳定网络中,就会存在比较明显的缺陷,主要是因为它不能自适应网络的变化,管理员手动调整困难造成的:一方面,大规模的网络状态很难被网络管理员完全掌握,难以制定合理的路由策略;另一方面,网络状态稍有变化,大量的网络设备需要重新配置,消耗的人力、物力、时间代价都比较大。因此,静态路由只适用于小型的稳定网络。

在规模大、情况复杂的网络中,动态路由更为适用。动态路由的特点是能够根据网络拓扑以及链路状况自行选择,并随网络的状态变化自适应调整,因此也被称作自适应路由选择。动态路由协议周期性地获取网络拓扑信息,路由器之间交互路由信息,并及时地根据新的网络数据更新路由表。动态路由协议通常包含较为复杂的算法,实现起来相对复杂,代价自然也比较大。但是当网络规模越来越大、网络状况越来越复杂时,动态算法仍比静态算法具有长足的优势。

2. 基于流表的传输路径控制

SDN 作为一种新的网络架构构建思想,与传统网络有着不同的构建形式。SDN 的核心思想是实现传统网络设备中的控制功能和数据转发功能互相分离,从而使网络具备逻辑控制集中化、网络管控过程简化、可扩展性强的特点。

作为 SDN 的一种具体实现形式,OpenFlow 是当下最受业界认可的 SDN 架构之一。OpenFlow 遵循了 SDN 的基本原理,实现了关键组件、组成结构和基本流程,OpenFlow 的体系结构如图 12-3 所示,主要由具有控制功能的 OpenFlow 控制器、支持 OpenFlow 协议的交换机以及 OpenFlow 协议构成。OpenFlow 实现了控制和转发功能的分离,OpenFlow 交换机只具有数据转发功能,在 OpenFlow 协议的支持下,控制功能交由控制器远程完成。部署在控制器上的各种应用程序实现控制器对网络的控制功能多元化。控制器与 OpenFlow 交换机之间通过安全通道按照 OpenFlow 协议直接进行对话,以流表(Flow Table)的形式将控制策略下达给 OpenFlow 交换机。

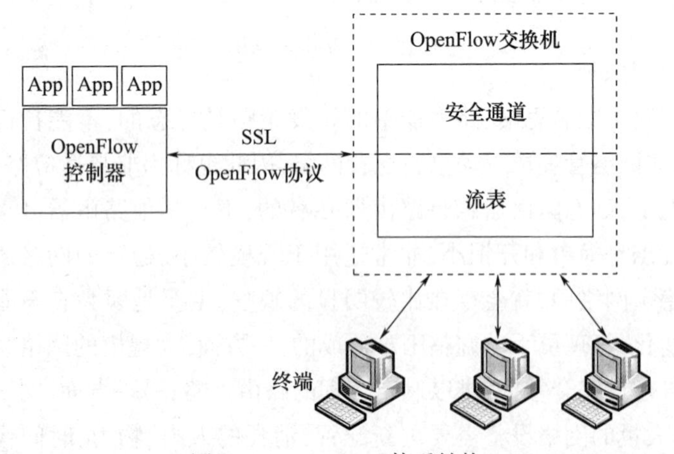

图 12-3　OpenFlow 体系结构

OpenFlow 的工作流程可以简单概括为:OpenFlow 控制器将控制策略生成流表,通过安全通道下发给 OpenFlow 交换机,交换机将流表存储下来。通过交换机的所有数据流都要与流表进行匹配,并根据流表定义的策略执行报文的转发、丢弃等动作。当有新的数据流到达 OpenFlow 交换机,与现有的流表不能匹配时,OpenFlow 交换机要将数据流信息上报,请求新的流表,才能将新数据流转发或执行其他动作。

支持 OpenFlow 协议的网络设备都可以称为 OpenFlow 交换机,OpenFlow 交换机组成了 SDN 网络的数据转发平面。从功能上看,OpenFlow 交换机是去除了控制功能的交换机、路由器等网络基础设备,只保留了数据转发功能。从接口上看,与一般交换机不同的的是多出了控制接口,用于与控制器连接,上报数据流的状态信息和接收控制器下达的控制指令。OpenFlow 交换机的转发接口与一般交换机相同,连接其他网元设备或者用户终端、负责转发功能。控制接口和转发接口之间是互相独立、互不相通的。

从图 12-3 中可以看出,OpenFlow 交换机主要由三部分组成,即安全通道、流表、OpenFlow 协议。OpenFlow 交换机和控制器之间由安全通道实现连接,OpenFlow 控制器通过安全通道实现对 OpenFlow 交换机的控制和配置,OpenFlow 协议则规范了两者之间的通信格式。流表组成了 OpenFlow 交换机的处理单元,多个流表项组成一个流表,流表项直接反映控制器制定的转发规则。OpenFlow 交换机对进入交换机的数据流要查询流表才能实施相关的操作。目前流表匹配协议已经有多个版本,其中长期稳定支持的是 OpenFlow v1.0 和 OpenFlow v1.3。两者明显的区别是 OpenFlow v1.3 允许通过多级流表结构和流水线模式来进行匹配,目的是为了提升流量的查询效率。

如图 12-4 所示,OpenFlow v1.0 定义的流表主要由包头域(header fields)、动作(actions)、计数器(counters)三部分组成。包头域包含多个匹配字段,用于数据流的识别、匹配,传输层、网络层、链路层的大部分标识都被涵盖在包头域的匹配项中。随着 OpenFlow 协议的不断发展更新,IPv6、MPLS、VLAN 等协议也逐渐被 OpenFlow 标准所涵盖。OpenFlow 交换机采取流的匹配和转发模式,因此在 OpenFlow 网络中不再区分路由器和交换机,而是统称为 OpenFlow 交换机[61]。动作定义了与该流表项匹配的数据包应该执行的操作,主要的几种操作有:把数据包转发到指定的接口或接口组;将数据包丢弃;按照设备正常的处理流程将数据包纳入队列;修改数据包的某些字段等。计数器主要用于统计流量信息,统计可以基于流表、流、接口等不同的粒度进行。

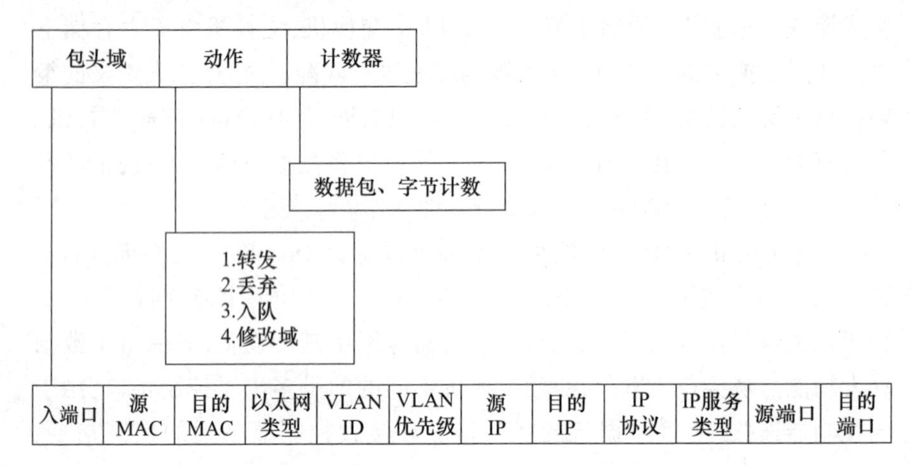

图 12-4 OpenFlow v1.0 定义的流表结构

12.1.3 传输信息控制

数据加密传输技术是网络中最基本的安全技术,主要是通过对网络中传输信息进行数据加密来保障其安全性,这是一种主动的安全防御策略,用很小代价即可为信息提供强大的安全保护。一般的数据加密传输可以在通信的 3 个层次来实现:链路加密传输、节点加密传输和端到端加密传输。

1. 链路加密传输

链路加密是传输数据仅在物理层前的数据链路层进行加密。接收方是传送路径上的各台节点机,信息在每台节点机内都要被解密和再加密,依次进行,直至到达目的地。

面向链路的加密方法将网络看作链路连接的节点集合,每一个链路被独立地加密。使用链路加密装置能为某链路上的所有报文提供传输服务。即经过一台节点机的所有网络信息传输均需加、解密,每一个经过的节点都必须有密码装置,以便解密、加密报文。如果报文仅在一部分链路上加密而在另一部分链路上不加密,则相当于未加密,仍然是不安全的。

对于在两个网络节点间的某一次通信链路,链路加密能为网上传输的数据提供安全保证。对于链路加密(又称在线加密),所有消息在被传输之前进行加密,在每一个节点对接收到的消息进行解密,然后先使用下一个链路的密钥对消息进行加密,再进行传输。在到达目的地之前,一条消息可能要经过许多通信链路的传输。由于在每一个中间传输节点消息均被解密后重新进行加密，因此，包括路由信息在内的链路上的所有数据均以密文形式出现。这样，链路加密就掩盖了被传输消息的源点与终点。由于填充技术的使用，消息的频率和长度特性得以掩盖，从而可以防止对通信业务进行分析。

尽管链路加密在计算机网络环境中使用得相当普遍，但它并非没有问题。链路加密通常用在点对点的同步或异步线路上，它要求先对在链路两端的加密设备进行同步，然后使用一种链模式对链路上传输的数据进行加密。这就给网络的性能和可管理性带来了副作用。在线路/信号经常不通的海外或卫星网络中，链路上的加密设备需要频繁地进行同步，带来的后果是数据丢失或重传。另外，即使仅一小部分数据需要进行加密，也会使得所有传输数据被加密。

链路加密仅在通信链路上提供安全性，消息在每个网络节点中以明文形式存在，因此所有节点在物理上必须是安全的，否则就会泄露明文内容。然而，保证每一个节点的安全性需要较高的费用，为每一个节点提供加密硬件设备和一个安全的物理环境所需要的费用由以下几部分组成：购买硬件基础设备的开销、保护节点物理安全的雇员开销、为确保安全策略和程序的正确执行而进行审计时的费用以及为防止安全性被破坏时带来损失而参加保险的费用。

在传统的加密算法中，用于解密消息的密钥与用于加密消息的密钥是相同的，该密钥必须被秘密保存，并按一定规则进行变化。这样，密钥分配在链路加密系统中就成了一个比较困难的问题，因为每一个节点必须存储与其相连接的所有链路的加密密钥，这就需要对密钥进行物理传送或者建立专用网络设施。而网络节点地理分布的广阔性使得这一过程变得复杂，同时增加了密钥连续分配时的费用。

2. 节点加密传输

节点加密指每对节点共用一个密钥，对相邻两节点间(包括节点本身)传送的数据进行加密保护。

尽管节点加密能给网络数据提供较高的安全性，但它在操作方式上与链路加密是类似的：两者均在通信链路上为传输的消息提供安全性；都在中间节点先对消息进行解密，然后进行加密。因为要对所有传输的数据进行加密，所以加密过程对用户是透明的。

然而，与链路加密不同，节点加密不允许消息在网络节点中以明文形式存在，它先把收到的消息进行解密，然后采用另一个不同的密钥进行加密，这一过程是在节点上的一个安全模块中进行。

节点加密要求报头和路由信息以明文形式传输,以便中间节点能得到如何处理消息的信息,因此这种方法对于防止攻击者分析通信业务是脆弱的。

3. 端到端加密传输

端到端加密是为数据从一端传送到另一端提供的加密方式。数据在发送端被加密,在最终目的地(接收端)解密,在中间节点处不以明文的形式出现。

采用端到端加密是在应用层完成,即传输前的高层中完成。除报头外的报文均以密文的形式贯穿于全部传输过程。只是在发送端和最终端才有加、解密设备,而在中间任何节点报文均不解密,因此,不需要有密码设备。同链路加密相比,可减少密码设备的数量。另一方面,信息是由报头和报文组成的,报文为要传送的信息,报头为路由选择信息。在链路加密方式中,报文和报头两者均须加密。在端到端加密方式中,通常不允许对消息的报头进行加密,这是因为每一个消息所经过的节点都要根据报头来确定如何传输消息。由于这种加密方法不能掩盖被传输消息的源点与终点,攻击者就容易进行通信分析,从中获取某些敏感信息,因此它对于防止攻击者分析通信业务是脆弱的。

端到端加密传输允许数据在从源点到终点的传输过程中始终以密文形式存在。采用端到端加密(又称脱线加密或包加密),消息在到达终点之前不进行解密,因为消息在整个传输过程中均受到保护,所以即使有节点被损坏也不会使消息泄露。

端到端加密系统的价格便宜些,并且与链路加密方式和节点加密方式相比更可靠,更容易设计、实现和维护。端到端加密还避免了其他加密传输方式所固有的同步问题,因为每个报文包均是独立被加密的,所以一个报文包所发生的传输错误不会影响后续的报文包。此外,从用户对安全需求的直觉上讲,端到端加密更自然些。单个用户可能会选用这种加密方法,以便不影响网络上的其他用户,此方法只需要源节点和目的节点是保密的即可。

12.2 传输控制体系及模型

12.2.1 控制体系

传输控制是可控网络安全控制中合作行为控制的一部分,根据可控网络的安全控制体系,传输控制体系如图 12-5 所示。

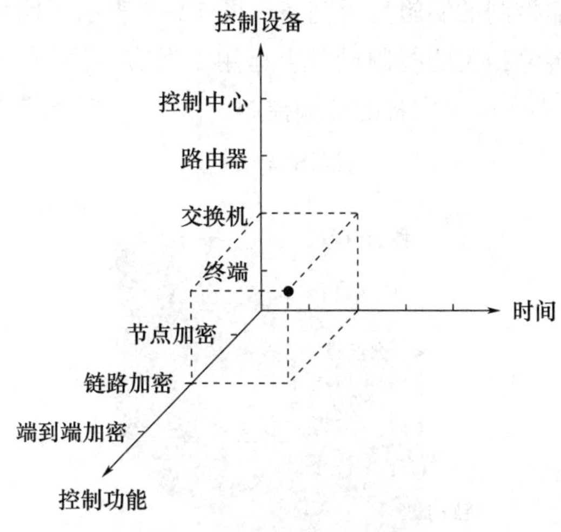

图 12-5　传输控制体系

传输控制体系是在可控网络安全控制体系的基础上,将控制服务类型中的传输控制抽离出来,考虑时间因素,形成的三维体系结构。其中,安全控制的设备维和功能维同可控网络的安全控制体系一致,但仅考虑与传输控制相关的因素,因此形成图 12-5 所示的传输控制体系。

在传输控制体系中,3 个维度均为离散的,因此整个体系坐标中对应着离散的点。如图 12-5 所示,坐标体系中的点表示某一时刻实施的传输控制,该控制是将链路加密的传输控制功能作用于交换机上。

诸多离散点能够形成相对应的面,如图 12-6 所示,图中 3 个示例依次表示:(a)在路由器上实施了所有与网络传输相关的控制功能;(b)链路加密运用于所有与网络传输相关的控制设备上;(c)某一时刻实施了完备的传输控制。

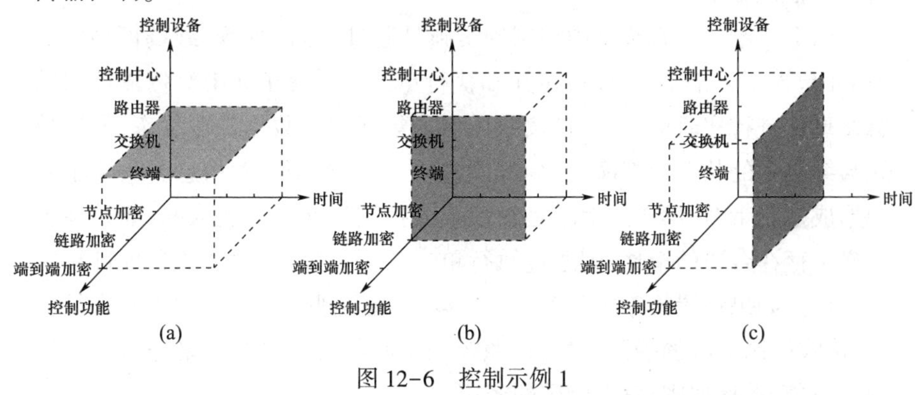

图 12-6　控制示例 1

诸多离散点也能够形成相对应的体,如图 12-7 所示。显然,体的大小直接说明了传输控制的实施是否完备。图 12-7 表示了网络在全时刻下,在所有与网络传输相关的控制设备上运用了所有与网络传输相关的控制功能,即在网络中实施了完备的传输控制。

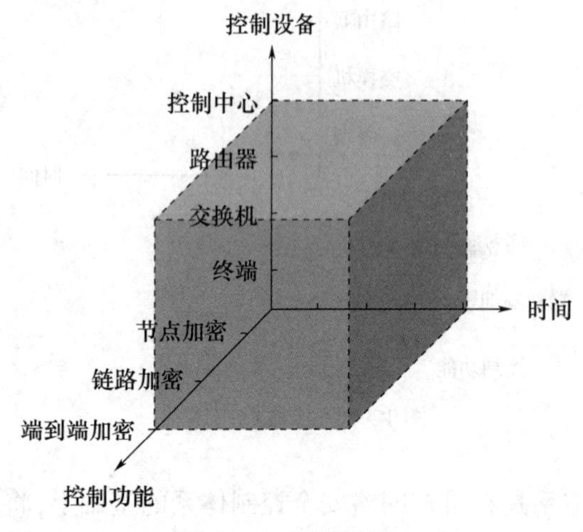

图 12-7　控制示例 2

12.2.2　控制模型

根据安全控制系统的整体模型,以安全控制中心、交换设备和终端为主要研究对象,进行传输控制模型的构建,具体模型如图 12-8 所示。

从上述模型中可以看出,终端和交换设备作为网络数据传输的基础设施,与安全控制中心进行传输控制的交互。通过传输控制相关信息的交互,在终端、交换设备、安全控制中心中分别根据各个设备接收到的相关信息,进行分析决策,进行接受或实施控制。根据设备的不同,传输控制模型的具体描述如下。

(1) 终端。终端模型中控制的实施是通过 Agent 实现,终端模型中的 Agent 包含了采集单元、决策单元和执行单元。采集单元中对传输控制的触发事件进行实时监控,并且按照需要采集终端的数据传输状态;采集单元与终端中的状态数据库、运行日志进行交互,利用相关信息在决策单元中形成控制策略,形成的策略是在预置的控制策略库中选取的;如果预置策略中存在合适的策略,则通过执行单元对需要加密/解密的数据进行对应操作。如果预置策略中不存在合适策略,则说明需要与控制中心进行交互,接收控制中心的控制信息,按照控制中心的传输控制策略进行传输控制,如更新数据加密/解密所用的密钥。

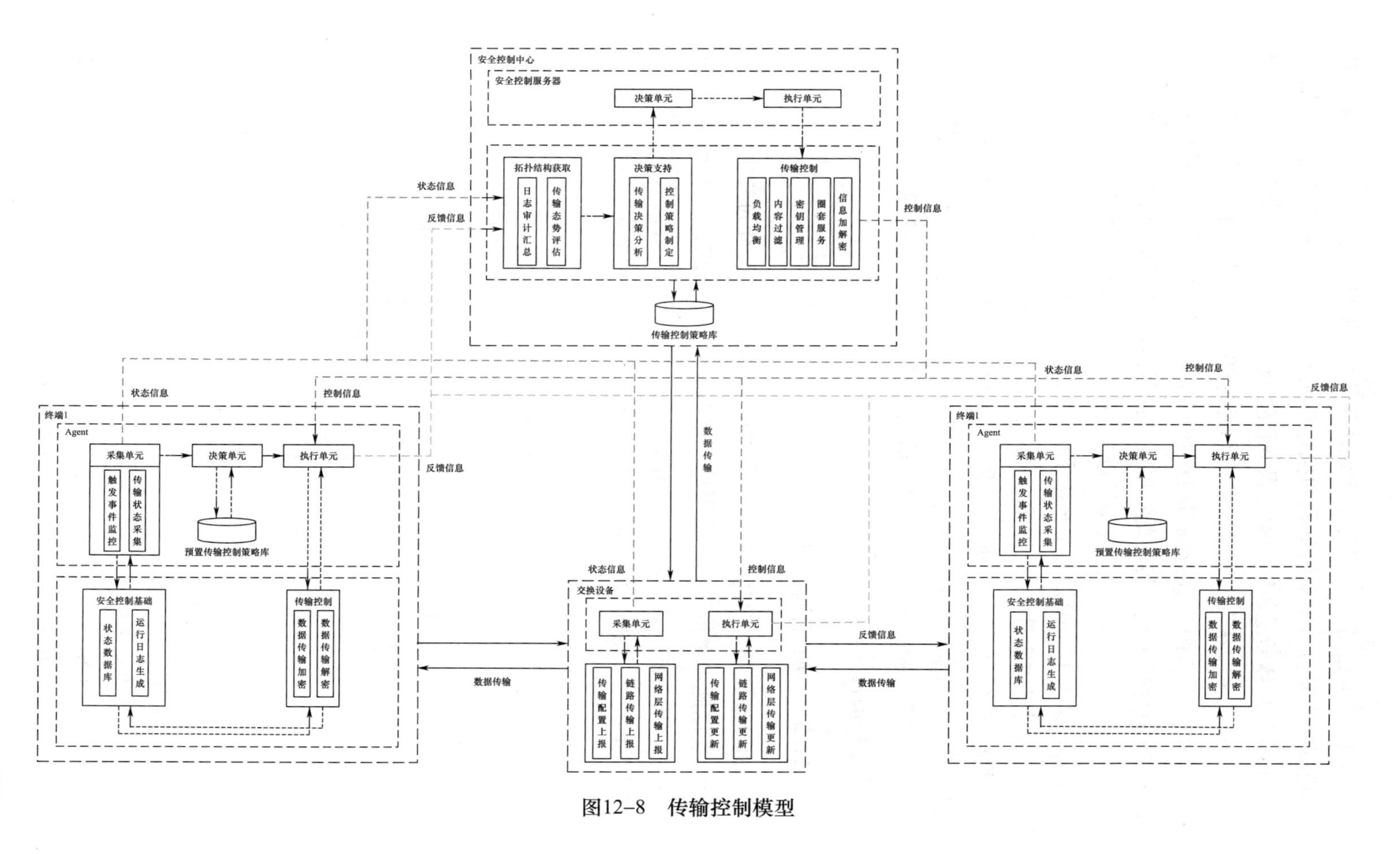
安全控制中心
安全控制服务器
决策单元
执行单元
拓扑结构获取
日志审计汇总
传输态势评估
决策支持
传输决策分析
控制策略制定
传输控制
负载均衡
内容过滤
密钥管理
圈套服务
信息加解密
传输控制策略库
状态信息
反馈信息
控制信息
终端1
Agent
采集单元
触发事件监控
传输状态采集
决策单元
执行单元
预置传输控制策略库
安全控制基础
状态数据库
运行日志生成
传输控制
数据传输加密
数据传输解密
数据传输
交换设备
采集单元
执行单元
传输配置上报
链路传输上报
网络层传输上报
传输配置更新
链路传输更新
网络层传输更新

图12-8 传输控制模型

(2) 交换设备。交换设备模型的实施来自控制中的控制信息,交换设备模型中主要包含了采集单元和执行单元。采集单元主要是进行传输信息的上报,具体通过传输配置上报、链路传输上报和网络层传输上报,将网络中数据的传输状态上报给控制中心;执行单元主要是与控制中心进行交互,接收来自控制中心的控制信息,按照控制中心的传输控制策略进行传输控制,具体措施包含传输配置更新、链路传输更新、网络层传输更新。

(3) 安全控制中心。安全控制中心模型是传输控制模型的核心部分,主要接收终端和交换设备中采集上报的传输状态信息与控制实施的反馈信息,通过日志审计汇总、传输态势评估形成网络数据传输的全局状态信息;根据网络的传输状态进行传输决策分析,制定具体的传输控制策略;通过决策单元与执行单元,利用负载均衡、内容过滤、密钥管理、蜜罐服务、信息加解密等传输控制措施,以控制信息的形式下发各个终端与交换设备,实现全网的传输控制。

12.2.3 加密传输模型

由于端到端加密传输的方式具有密钥管理简单、传输过程中安全性高的优点,因此加密传输系统采用端到端加密传输的方式。本系统由密钥管理中心 KMC、蜜罐服务模块、密钥交换模块、信息加解密模块和信息传输模块共同组成,如图 12-9 所示。密钥管理中心位于网络安全控制中心中。

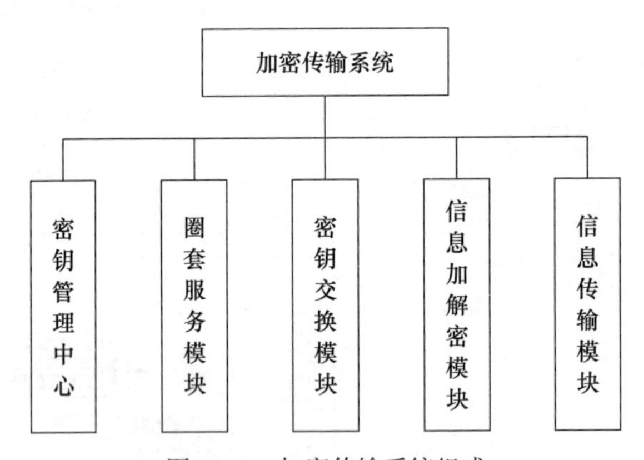

图 12-9 加密传输系统组成

加密传输系统的控制模型如图 12-10 所示。

在加密传输系统的控制模型中,信息发送方和接收方先进行双向身份认证和会话密钥协商。然后,发送方利用协商的会话密钥对明文信息加密后发送给接收方,接收方利用会话密钥对接收的密文进行解密。

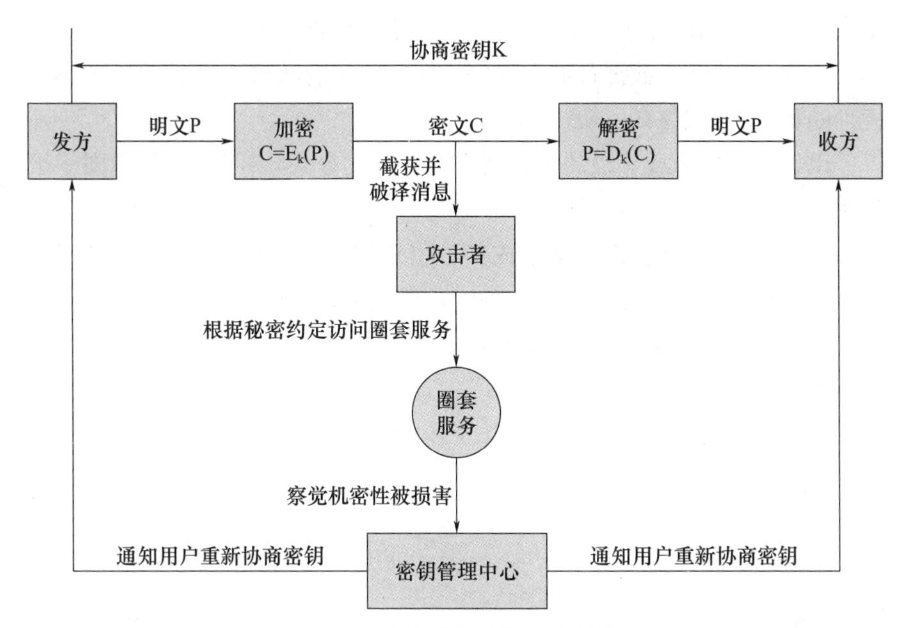

图 12-10　加密传输系统的控制模型

信息传输机密性的检测与控制相对比较困难,这是因为攻击者对数据机密性的攻击属于被动攻击,很难被发觉。但是,采用诱骗机制同样可以间接地检测出信息传输的机密性是否遭受损害。通信实体之间预先协商好在被加密的每条消息中包含秘密的约定信息,比如,访问某个蜜罐服务(地址和服务端口)的账户信息(用户名和口令)。显然,合法的通信实体不会自己去访问蜜罐服务,这些蜜罐服务是专门用于检测攻击者的。当攻击者破译了被加密的消息,获得秘密约定时,通常都会受骗去访问蜜罐服务,从而被密钥管理中心察觉。如果密钥管理中心检测到泄密,马上通知通信双方重新协商密钥,从而对信息传输机密性加以控制。

1. 密钥管理中心(KMC)

密钥管理中心(KMC)是加密传输系统中的重要组成部分,在本系统中,它主要实现下面的基本功能。

1) 对称密钥的生成

一个对称密钥实际就是一个随机数,因此可以通过随机数生成器(RNG)产生一个对称密钥。随机数生成器还可以用于产生分组密码算法中的初始向量(IV)等信息。随机数生成器可以分为确定型和非确定型两种。确定型的随机数生成器使用密码算法和一个随机种子(或密钥)来产生随机数,通常也被称为伪随机数生成器(PRNG)。而非确定型的随机数生成器的输出则依赖于不受人力控制的、不可预测的物理信号,例如,CPU的负载、收到的网络数据包的数目等。非确定型的随机数生成器也被称为硬件随机数生成器(Hardware PNG)。

由于不同用途或等级的密钥所需的安全性有差异,因此应对不同等级的密钥采用不同的生成方法。

(1) 主机主密钥:由于是生成其他密钥的源且需要长期使用,其安全性至关重要,因此需要采用噪声 PNG 等真正的随机方法来生成。

(2) 密钥加密密钥:可用安全算法、二极管噪声产生器、伪随机数产生器等产生。

(3) 会话密钥、数据加密密钥(工作密钥):可在密钥加密密钥的控制下,通过安全算法生成。

2) 密钥分发

生成的密钥完成注册环节之后,需要进行分发,以便将密钥送达目标的用户端。

密钥分发的基本方法主要包括以下几种。

(1) 利用安全信道实现:通过带内或者带外的可信信道来实现密钥的安全传送。其中,带内方式的密钥传送需使用会话密钥进行加密处理。

(2) 利用公钥体制所建立的安全信道实现:公钥体制中所提供的SEEK(secure electronic exchange of keys)密钥分配机制和基于可信任密钥管理中心的模式进行密钥分发。

(3) 利用物理现象实现:利用物理现象,通信双方通过先期精选、信息协调和保密增强等密码技术来实现密钥的分发。

在简单的网络结构中可采取直接分发的方法。而在较复杂的网络结构中,点对点分发模式对系统资源的消耗过大,因而要实现有效的密钥分发,需要通过密钥分发模式或密钥转递模式来实现。在密钥分发模式方式下,需要通信的用户 A 向 KMC 请求发放与对方 B 通信用的密钥,然后由 KMC 生成密钥并分发给 A、B 双方。而在密钥转递模式下,会话密钥将由会话的发起方 A 生成,由 KMC 负责转递给对方 B。在这种分发模式中,每个客户端保存与 KMC 长期通信的密钥,而 KMC 本身承担着较高的安全风险。

3) 检测信息传输的机密性是否遭受损害

为了增强对信息网络中信息传输的安全性控制,密钥管理中心实时检测信息传输的机密性是否遭受损害。本系统中,密钥管理中心通过实时检测是否有用户访问蜜罐服务来判断信息传输的机密性是否遭受损害。

2. 密钥交换模块

密钥交换模块的功能是使通信的双方能够获得共享的安全会话密钥。

在通信中的两方或多方,均不能事先确定或得知共享的会话密钥,他们需要通过密钥交换模块相互传输必要的消息来共同获得一个共享的会话密钥,在这个过程中,会话密钥值取决于每一个参与会话的用户和密钥管理中心的共同参与。

密钥交换模块的核心是密钥交换协议,密钥交换协议是现代网络通信中的一种常见且非常重要的密码协议,能够在不安全的网络中,使通信双方能协商出两方或多方共享的会话密钥。密钥交换协议最重要的作用是使用户能够更好更安全地得到会话密钥。保证了会话密钥的安全,也就保证了通信过程中信息的安全。

有的密钥交换协议还具有认证功能,协商密钥之前可以实现网络中通信双方的相互认证,从而防止有人假冒通信者。进一步分析得出,实现认证是为了保证会话密钥的机密性。如果不实现互相认证,协商出来的会话密钥不安全,不能保证网络中信息的安全性。

由上可知,信息安全传输的关键在于保证密钥的安全性,而密钥的安全性取决于密钥交换协议。因此,密钥交换协议的设计具有至关重要的作用。

3. 信息加解密模块

信息加解密模块的功能是根据用户设置的加解密算法,对目标文件进行加解密操作。

(1) 加密模块。当选择对目标文件进行加密操作后,加密模块提示用户输入密钥文件存放的路径、加密后产生的新文件的名称以及选择所需的加密算法。然后,系统就开始进行目标文件的加密操作了。当系统对文件的加密处理结束后,根据用户是否保留原文件的设置进行原文件的处理,并且生成新的密文文件。

(2) 解密模块。当选择对通过本系统接收到的密文文件进行解密操作后,解密模块提示用户输入密钥文件存放的路径、选择解密后文件的存放路径、选择所需的解密算法并输入新文件名。然后,系统开始对目标文件进行解密。解密完成后,系统将原来的密文文件删除,生成解密后的明文文件。用户就可以通过相应的应用程序阅读解密后的文件。

4. 信息传输模块

信息传输模块的功能是根据不同的传输场合与需求,选择一定的传输协议,将目标文件从发送方发送至接收方。

针对不同的文件传输需求，信息传输模块包括基于传输控制协议 TCP 的传输模块、基于简单邮件传输协议 SMTP 的传输模块、基于用户数据报协议 UDP 的传输模块和基于文件传输协议 FTP 的传输模块。

12.2.4 安全状态空间

传输控制安全状态空间由传输控制服务维、传输控制功能维和传输控制设备维组成。如图 12-11 所示，下面分别进行介绍。

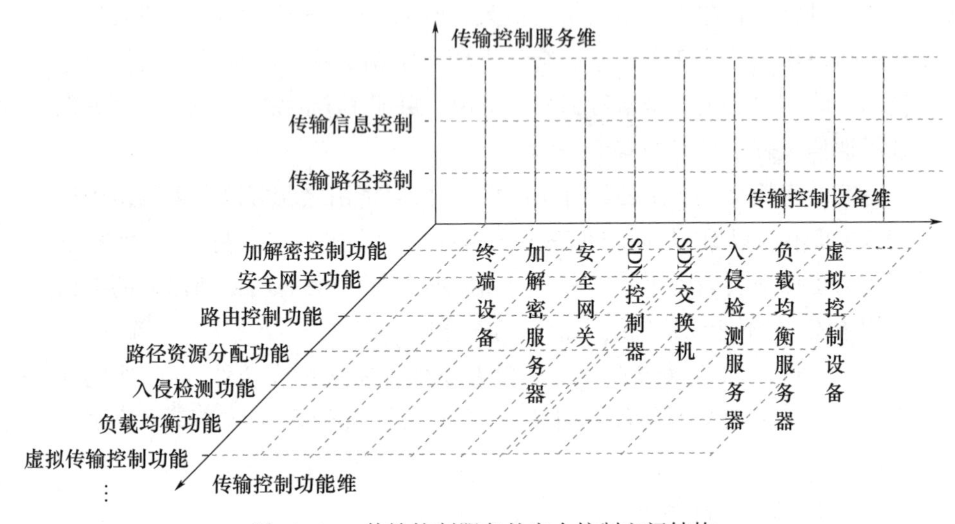

图 12-11 传输控制服务的安全控制空间结构

1. 传输控制服务维

传输控制服务维中，传输控制服务维可以拓展为传输路径控制服务和传输信息控制服务两个子服务。传输路径控制子服务是通过对信息传输的路径进行路由控制、路径资源分配和 SDN 流控制等方式实现的传输控制。传统的路由控制是基于路由协议和路由表控制方法，作用于一般路由器和安全网关上的，主要依赖于对路由器和网关的手动配置更新，效率较低。基于 SDN 的传输路径控制能够利用 SDN 控制器下发流表到对应 SDN 交换机的路由控制功能及路径资源分配功能，引导信息流以高效、安全的方式完成信息传输，提高可控网络信息传输的安全性和资源利用率。传输信息控制子服务主要通过对传输信息进行加解密的方式来保证传输安全，包括链路加密、节点加密和端到端加密传输 3 种方式，其中端到端加密最为常见。

2. 传输控制功能维

传输控制功能维中，加解密控制功能、安全网关功能、入侵检测功能主要从增加安全防御强度的角度提高传输信息的机密性和完整性，例如，端到端加密技术分别在发送端和接受端使用加解密服务器或终端本地自带的加解密功能，以及安全网关上的安全功能来对所传输的信息进行加密，之后利用信息发送方和接收方的双向身份认证和会话密钥协商等步骤来保障信息传输的可靠性和安全性。路由控制功能、路径资源分配功能和负载均衡功能则是通过改变传输路径及路径资源等方式，增强可控网络系统的抗毁性和健壮性，从而提高安全性。

3. 传输控制设备维

传输控制设备维中，加解密服务器、安全网关、入侵检测服务器等为传输信息控制功能提供加解密控制、安全网关等提高机密性和完整性的功能。SDN 控制器和交换机、负载均衡服务器则提供路由路径方面的控制功能。

同样，上述传输控制功能和传输控制服务能够采用虚拟控制设备和虚拟传输控制功能来替代专用传输控制设备所提供的传输控制功能和服务。

根据研究的需要，可以将传输控制服务维递阶拓展成传输信息控制安全状态子空间和传输路径控制安全状态子空间进一步开展深入研究；也可以将传输控制服务维的坐标要素递阶拓展成传输信息控制安全状态平面和传输路径控制安全状态平面，在时间维拓展开展传输控制过程和控制规律方面的研究。

12.2.5 分析方法举例

多年来，利用路由交换设备嵌入安全漏洞实施的数据窃听攻击和分组源地址篡改攻击一直严重威胁信息的保密性、完整性和网络可用性，然而用户和网络运营商以往低估了漏洞攻击的危害。2013 年，美国国家安全局棱镜项目的曝光证实，美国政府已经利用该项目获取分析国内外流量数年之久，利用棱镜项目攻击骨干网络，例如大型路由器，即可获取数十万计算机的通信流量，而无需对它们一一展开攻击。

漏洞攻击具有顽固、隐蔽和单向的特点。顽固体现在不但设备使用者难以识别漏洞，受研发人员认知水平和编码水平限制，设备供应商自身也难以发现和根除漏洞。隐蔽指漏洞攻击行为与正常路由交换行为有较强的相似性，网络运营商难以实现二者精确区分。攻击者单方面掌握设备漏洞，导致网络攻防双方漏洞利用严重失衡。上述特点决定漏洞短时间难以根除，漏洞攻击将长期危害网络安全，因此在设计核心网络安全机制过程中，必须以路由交换设备服务行为符合网络安全配置为前提。

在核心网络范围,路由交换设备的安全属性可以用其服务可信属性来定义与量化。通常,网络及设备服务可信并不代表服务安全,但在核心网络,只要网络设备全部按可信方式处理分组,即网络完全按配置策略服务,运营商即认为网络服务绝对安全。事实上,只要运营商指导的配置策略科学准确,在所有路由交换设备均按配置策略提供服务的前提下,数据窃听攻击和分组源地址篡改攻击均无法实现。因此,在核心网络范围,路由交换设备的服务可信与服务安全等价。而路由交换安全策略的设计目标即是为了识别和约束路由交换设备违反运营商期望的异常输出分组,因此基于安全策略的检测结果准确反映路由交换设备的安全属性,即定义路由交换设备的信任度(Tr D)为当前时刻起输出分组中符合策略分组的比例。

如图 12-12 所示的高速可信路由协议主要由信任度量化与信任度路由协议设计两部分组成,路由协议对网络运行效率的影响主要体现在最优路径计算速度,其影响力有限,因此提高网络运行效率的关键在于路由交换设备信任度的快速量化,为此设计一种对历史信任度随机化处理实现的路由交换设备信任度的快速量化算法。

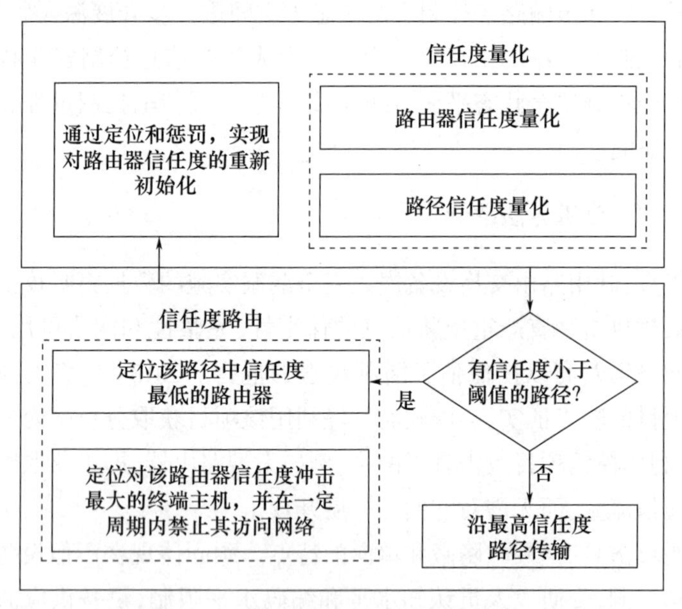

图 12-12　高速可信路由协议设计的总体思路

运用状态空间分析方法,将高速可信路由协议控制过程的每个步骤在动作、设备、功能 3 个维度展开,状态空间分析的步骤见图 12-13 和表 12-1。

表 12-1　高速可信路由状态空间分析过程表

传输过程	传输子过程	动作							网络功能		网络设备				坐标
		调控阈值	求路由信任度	求链路信任度	定位信任度最低节点	定位信任度最低终端	禁用终端	实施传输	信任度量化	信任度路由	终端	交换机	路由器	控制中心	
		1	2	3	4	5	6	7	1	2	1	2	3	4	
通过定位和惩罚实现对路由器信任度的重新初始化	控制中心生成指令		√						√					√	(2,1,4)
	传输指令到路由器							√	√				√		(7,1,3)
	路由器计算信任度		√						√				√		(2,1,3)
	信任度回传控制中心							√	√			√			(7,1,2)
	计算路由信任度		√						√					√	(2,1,4)
	计算链路信任度			√					√					√	(3,1,4)
信任度阈值判断		√								√				√	(1,2,4)
沿最高信任度传输								√		√			√		(7,2,3)
定位路径中信任度最低的路由			√							√			√		(2,2,3)

续表

传输过程	传输子过程	动作							网络功能		网络设备				坐标
		调控阈值	求路由信任度	求链路信任度	定位信任度最低节点	定位信任度最低终端	禁用终端	实施传输	信任度量化	信任度路由	终端	交换机	路由器	控制中心	
		1	2	3	4	5	6	7	1	2	1	2	3	4	
定位并禁用对信任度冲击最大的终端	控制中心生成指令					√				√				√	(5,2,4)
	传输指令到路由器							√		√			√		(7,2,3)
	传输指令到终端							√		√	√				(7,2,1)
	终端计算信任度					√				√	√				(5,2,1)
	终端回传信任度							√		√			√		(7,2,3)
	定位信任度最低终端					√				√				√	(5,2,4)
	生成禁用终端指令						√			√				√	(6,2,4)
	传送禁令到路由							√		√			√		(7,2,3)
	路由执行禁令						√			√			√		(6,2,3)
	传输禁令到交换机							√		√		√			(7,2,2)
	交换机执行禁令						√			√		√			(6,2,2)
	阈值调整	√								√				√	(1,2,4)

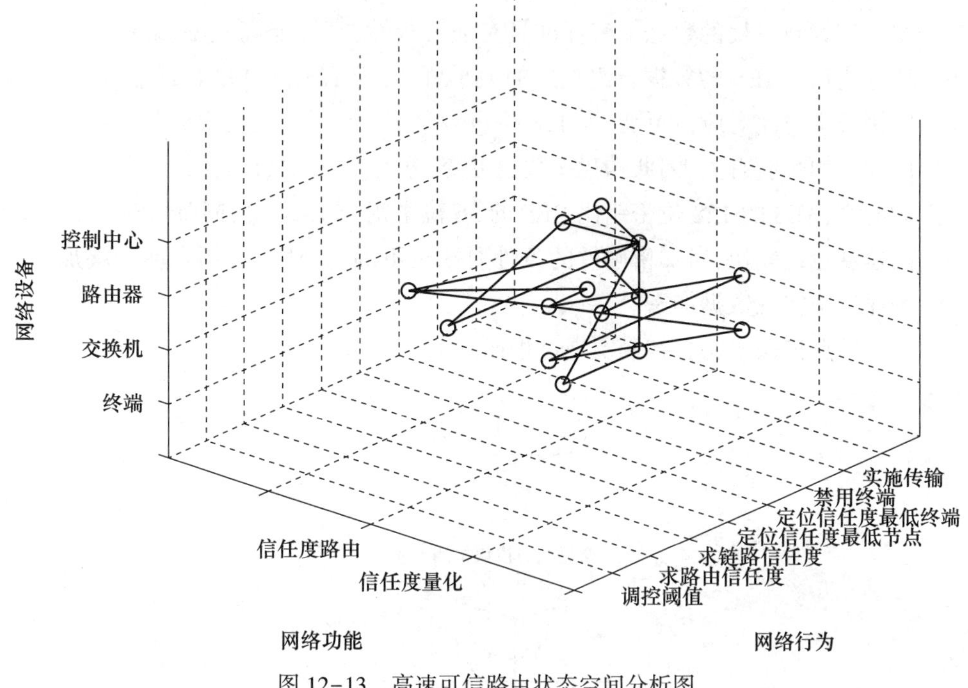

图 12-13　高速可信路由状态空间分析图

12.3　传输控制方案

网络传输过程包括收发节点的信息接收和发送过程以及在链路上的传递过程。网络传输安全控制主要用于监测和控制路由或交换节点的转发、传递路径和传输信息的安全性。本节根据网络传输安全控制模型各个模块的基本功能,分别对应设计了该系统的密钥交换方案、信息加密方案、信息传输方案和机密性控制方案。

12.3.1　信息传输机密性控制方案

信息机密传输前首先要进行加密处理。目前常用的加密算法主要有两种:一种是对称密码算法;另一种是非对称密码算法。在端到端通信中选择上述何种算法,除了需要考虑密码算法的安全性之外,更重要的是考虑实际应用中的需求。公钥密码安全优势非常明显,但其速度和效率等方面却不如对称密码算法。在端到端通信中要求数据实时传输,对加密算法的加解密效率要求很高。于是在端到端加密通信系统中实施数据加密时优先选用对称密码算法。

常用的对称密码算法有 DES、IDEA 和 AES。在以上 3 种常用算法中，AES 作为新一代的数据加密标准具有强安全性、高性能高效率、易用和灵活等优点。AES 的数据分组长度的大小可变，为 128 位、192 位或 256 位，密钥长度与此对应也可变，为 128 位、192 位或 256 位，迭代次数与分组长度和密钥长度有关，因此迭代次数也可变，分别为 10 位、12 位或 14 位。相对而言，AES 的 128 位密钥比 DES 的 56 位密钥强 1024 倍，同时 AES 算法的速度也比较快，对加密硬件的条件要求也不高，更适合利用在端到端加密通信中实现数据加密。

信息传输机密性控制实现过程如图 12-14 所示。

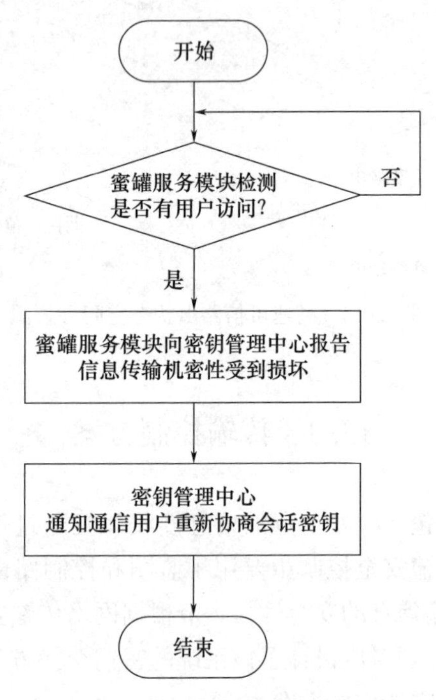

图 12-14　信息传输机密性控制过程

用户在通信的内容中增加了访问某个蜜罐服务（地址和服务端口）的账户信息（用户名和口令）。根据约定，合法的用户不会去访问该蜜罐服务，只有当攻击者破译了用户的加密通信内容获得了该蜜罐服务的账户信息才会去访问。蜜罐服务模块不断地检测是否有用户访问自己，若一旦检测到有用户访问自己，就向密钥管理中心报告信息传输的机密性受到损坏。密钥管理中心收到蜜罐服务模块发来的报告后，马上通知通信用户重新协商会话密钥，从而对信息传输机密性加以控制。

12.3.2 基于SDN/NFV的传输路径控制方案

OpenFlow控制器启动时首先要做的是获取网络的拓扑信息，这是进行后续管理和路由功能的基础。SDN是控制和转发分离、集中化控制的网络，与传统网络的分布式控制不同，OpenFlow控制器掌握了网络的整体信息，才能实现对网络进行集中化的控制。在本章节中设计的分域化SDN网络控制架构中，把握降低控制器信息处理压力的原则，采用了“分布式”的集中控制。在该架构中，不需要某一控制器对整个网络的拓扑情况全面掌握，只需要各个域控制器获取本域的网络拓扑信息，主控制器掌握边界交换机组成的网络拓扑信息。当控制平面负责一条新的数据流的转发任务时，需要经过最优路径计算、转发策略下发两个过程。

1. 域内网络拓扑发现

在OpenFlow网络[62]中，控制器通过LLDP链路发现协议来获取网络拓扑。图12-15所示为域控制器获取本域网络信息的过程。控制器启动后，链路发现程序启动控制器内的链路发现模块，然后按照程序中的设置，周期性地执行LLDP协议，获取最新的网络信息。控制器收集的网络信息主要有节点信息和链路信息，节点信息如OpenFlow交换机的数量、IP地址、MAC地址、接入端口等[63]，链路信息如链路起止端口、最大容量、剩余带宽等。一次LLDP链路发现过程主要分成以下3个步骤。

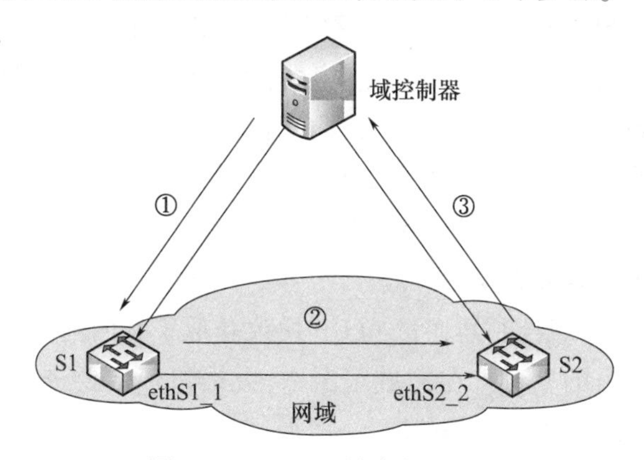

图12-15 LLDP链路发现过程

（1）域控制器以Packet-out消息类型向域内的所有OpenFlow交换机发送LLDP数据包，并在数据包中携带命令代码，使接收到该数据包的交换机从所有端口转发该数据包。图12-15中以两个交换机S1和S2以及起止端口为ethS1_1和ethS2_2的链路来代替整个域的网络拓扑。交换机

S1、S2 都能收到来自控制器的 LLDP 数据包,但为了方便说明,只用 S1 接收到的 LLDP 数据包来说明整个过程。

(2) 交换机 S1 接收到来自域控制器的 LLDP 数据包后,执行转发命令,将数据包从端口 ethS1_1 转发出去。数据包记录了 S1 的转发端口 ethS1_1。

(3) 交换机 S2 从端口接 ethS2_2 收到来自 S1 的 LLDP 数据包,此时交换机内没有与该数据包匹配的流表,因此将该数据包重新打包成 Packet-in 消息类型,发送到域控制器,并在数据包中记录 S2 的接收端口 S2。

域控制器解析收到的 Packet-in 消息,发现该 LLDP 数据包首先到达交换机 S1,并从 S1 的端口 ethS1_1 经过一次转发从端口 ethS2_2 进入 S2,最后从 S2 回收该数据包。这样控制器就获得了交换机 S1、S2 的节点信息及链路信息。LLDP 数据包中包含带链路状态测试指令,用来获取带宽等详细的链路信息。控制器给 LLDP 数据包定义一个生存时间,超过生存时间而没有转发的数据包将返回到控制器,用来探测交换机上的闲置端口。主控制器获取边界交换机网络信息的过程相同。

如果网络拓扑发生变化,控制器要及时更新网络拓扑才能保证对网络继续进行控制。当 OpenFlow 交换机的端口状态发生变化,通过 Asynchronous 消息向控制器上报状态;当一台 OpenFlow 交换机停止工作,通常不会主动向控制器上报状态。控制器周期性地执行链路发现过程,能及时获取最新的网络信息并进行更新。当然,更新的频率会直接影响网络开销。更新间隔时间过短使得花费过大,间隔时间过长又不能及时地对网络变动做出反映。因此,需要用户根据需求统筹规划,将科学的控制策略设置在控制器的应用中,发挥网络最大效能。

2. 控制器域间信息交互

在上一节中,域控制器通过 LLDP 协议获取了域内网络信息[64],这是数据包域内路由的基础。在跨域路由中,数据包不但要进行两次域内路由,还要在主控制器的控制下进行一次域间路由。主控制器首先通过 LLDP 协议获取边界交换机的拓扑。但仅仅获知边界交换机的拓扑是不够的,因为它还要清楚数据包的目的地址是位于哪个域,该域的边界交换机是哪一个,才能将数据包转发到该域的边界交换机,再进行下一步的路由。

根据以上分析,可知主控制器只要明确各域的域内交换机与边界交换机的对应关系就可以。这个对应关系各域的控制器显然是知悉的,因此本小节针对域控制器与主控制器的信息交互过程进行研究。

域控制器通过东西向接口与主控制器交互路由信息。在控制器已经开机启动,并且获取了本域网络拓扑的前提下,交互过程主要分为以下3步。

(1) 主控制器向所有在线的域控制器发送共享路由信息请求。

(2) 域控制器将自身获取的网络拓扑信息,在信息共享模块中处理,删除节点连接关系和链路信息,只保留边界交换机和域内交换机的对应关系。域控制器生成共享路由信息表,共享路由信息表项[65]如图 12-16 所示。

网络域 ID	边界交换机 ID	域内交换机1 ID	域内交换机2 ID	…	域内交换机n ID

图 12-16 共享路由信息表项

(3) 域控制器通过东西向接口把共享路由信息表发送给主控制器。

主控制器接收来自所有域控制器的共享路由信息表,通过分析获得了各域边界交换机和域内交换机的对应关系。最后主控制器维护了如图12-17 所示的网络拓扑图,只包含了边界交换机网络的拓扑和链路信息,以及各域的边界交换机与域内交换机的对应表。主控制器可以通过查询对应表获知发往某一域的数据包该发往哪个交换机,而不用知悉域内网络的具体拓扑信息,以较小的存储消耗和计算量完成域间路由。

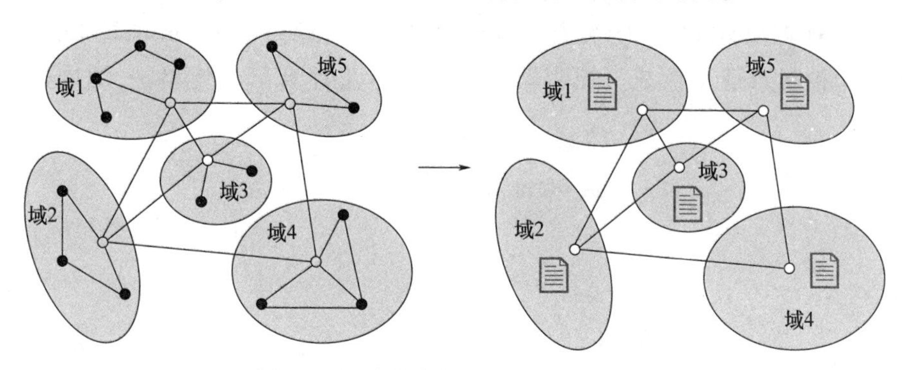

图 12-17 主控制器维护的网络拓扑图

3. 路径计算

OpenFlow 控制器获取了网络的拓扑信息[66],可以完成数据包的路由。控制器的路径计算模块调用路由算法计算最佳转发路径。

域内路由由域控制器来负责计算转发路径,域控制器根据获取的域内网络拓扑信息,将网络的转发开销量化,使用域控制器上部署的路由算法计算最佳转发路径。

跨域路由分为源域内路由、域间路由、目的域内路由3个过程,由3台控制器分别完成路径计算。其中,源域内路由和目的域内路由都属于域内路由,源域内路由由源域控制器计算的以边界交换机为目的节点的一条路径,目的域路由由目的域控制器计算的以边界交换机为起点的一条路径。域间路由转发路径则由主控制器计算。属于源域的边界交换机接收到域内发来的数据包后,成为域间转发路径的起始节点。主控制器解析数据包的目的地址,获知目的交换机的MAC地址。然后,查询边界交换机和域内交换机的对应表,得知该目的交换机属于哪个域,对应哪台边界交换机。主控制器将该边界交换机作为此段路径的目的节点,计算出最佳转发路径。最后,3段路径连接成为一条完整的传输路径。

4. 流表下发

OpenFlow交换机接收到一条数据流时,为了完成数据流的转发,会对数据流的第一个数据包进行解析,并与机内存储的流表逐项匹配。如果匹配成功,则按照流表的指令进行转发,如果匹配不成功,说明控制器内暂没有相应的转发策略。此时控制要向OpenFlow交换机下达新的流表,来完成数据流的转发[67]。

图12-18所示为控制器下发流表的过程。源主机向目的主机发送一条数据流,源主机相连的OpenFlow交换机S1接收到该流的第一个数据包。S1内没有能匹配的流表,于是将数据包封装到Packet-in消息中,发送给控制器请求流表。控制器根据路由算法计算出最佳路径,图中是

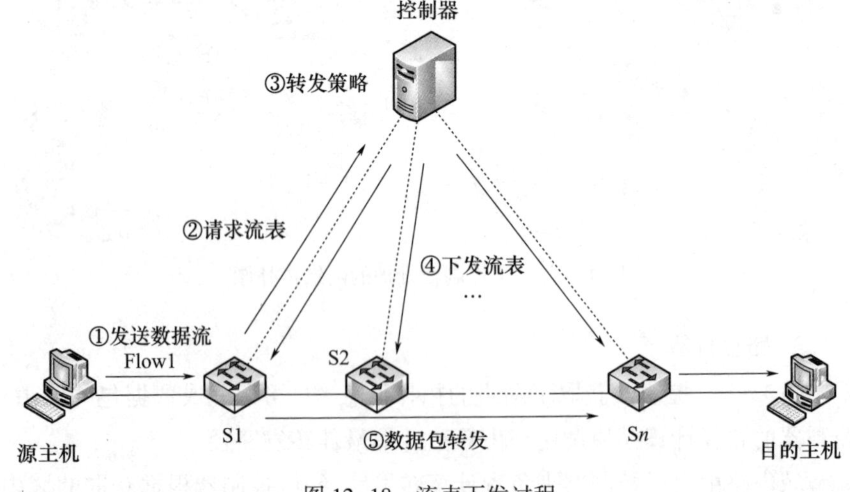

图12-18　流表下发过程

S1→Sn,形成转发策略,生成 OpenFlow 交换机能够识别的流表。控制器将流表添加到位于最佳转发路径 S1→Sn 上的每一台交换机。交换机中有了能够匹配数据包的流表,数据包按照流表指令转发。同条数据流的后续数据包具有相同的匹配域,不需再请求流表,直接转发。如果网络拓扑发生改变,引起当前策略不再适用,控制器会及时更新网络信息,删除 OpenFlow 交换机的无用流表,添加新流表。

第13章 可控网络存储控制

存储控制主要对网络中信息资源的存储进行管控,从而确保信息资源存储的安全性和高效性。网络存储是以互联网为基础向用户提供在线存储服务,是目前信息资源存储的主要模式之一。本章基于网络存储对存储控制进行研究:首先,对网络存储基本概念进行概述,并对网路存储安全风险和安全控制特性进行分析;其次,根据可控网络安全控制体系的构建原理和分析方法,设计了存储控制体系、存储控制模型和存储控制结构,并基于状态空间分析法对存储控制进行举例分析;最后,从云存储数据机密性、云存储数据完整性、云存储数据备份、云存储数据去重4个方面,设计了存储控制方案。

13.1 存储控制概述

网络存储[68]的应用可以说从网络信息技术诞生的那天就已经开始,应用的领域随着信息技术的发展而不断增加,包括以下四类。

(1) ISP(internet service provider,互联网服务提供商):目前国内主要的ISP商家有中国电信、中国网通、中国铁通、中国教育与科研网、长城宽带。

(2) ICP(internet content provider,互联网内容提供商):提供互联网信息搜索、整理加工等服务。如新浪、搜狐等。

(3) ASP(application service provider,网络应用服务商):主要为企、事业单位进行信息化建设、开展电子商务提供各种基于Internet的应用服务。

(4) NSP(network storage provider,网络存储服务商):主要为企业,个人提供网络存储、传输、处理等服务的商家。

网络储存是数据存储的一种方式,是云计算概念上的延伸和发展,是一种新兴的网络存储技术,是高度虚拟、扩展性好、可靠性高而成本低廉的存储资源池。当我们提及网络存储,就会想到如百度网盘、360云盘类似的网络存储服务,这些服务是一种经济活动,由云服务提供商借助网络向使用网络存储客户提供云端存储资源。这种资源可按照不同需求来定制和量化。一般来讲,用户可以通过如下方式来使用网络存储服务:网络存储用户直接通过网络上传数据到云端保存或者从云端下载数据到本地使用,之前提到的百度网盘、360 云盘都是此种类型;第三方网站通过网络存储服务对外提供其所构建的完整 web 应用。

13.1.1 网络存储基本概念

伴随着计算机与互联网技术的飞速发展,与之相适应的信息和网络时代对现代信息存储的要求,使得存储技术正在经历着变革。随着社会越来越依赖网络,网络存储成为主要的存储技术。网络存储是通过网络将存储资源按特定的方式连接在一起,从而实现资源存储和数据共享的技术。下面对目前 3 种主流的网络存储技术进行比较。

1. 直接附加存储(DAS)

直接附加存储(directed attached storage,DAS)是网络存储结构的雏形。其布局形式是通过 SCSI 电缆将存储设备一对一地直接连接到计算机上。在这里,存储设备可以是磁盘阵列或其他存储设备,对服务器来说,存储设备是它的本地块设备,存储设备的维护和管理都是通过主机操作系统来进行的。

2. 网络附接存储(NAS)

网络附接存储(network attached storage,NAS)是网络技术与存储技术整合的产物。其布局形式是将存储设备直接连接到网上,采用 C/S 模式,从而共享存储资源。客户端可以通过两种方式访问 NAS 设备存储的数据,即网络文件系统协议(network file system,NFS)和公共互联网文件系统协议(common internet file system,CIFS)。NAS 技术将分散的存储设备整合成大的数据中心。

3. 存储区域网络(SAN)

存储区域网络(storage area network,SAN)是配置网络化存储的解决方案。在服务器和存储设备之间通过专用的集线器、网关、交换机、路由器建立连接。SAN 是面向数据块基于光纤通道的网络存储。SAN 路由器使用的是 FC 协议,可以避免大流量数据传输时发生阻塞和冲突。客户端通过局域网访问服务器,各存储设备之间数据的交换不通过服务器,大大减轻了服务器的负担。

IP SAN 存储架构——基于网际协议(Internet Protocol,IP)的存储是指在 IP 网络中实现类似 SAN 的数据处理,通常 SAN 用的是光纤传输,采用普通的 1P 网络。IP SAN 技术主要包含 FCIP,iFCP,iSCSI 等,它替代了价格昂贵但性能优异的 FC SAN。FCIP 是个标准协议,在 FCIP 传输中,把传输控制协议/网际协议数据包封装在 FC 数据包里,通过 FC 传输之后,再将其转换成 TCP/IP,iFCP 是在多个 SAN 之间,利用 TCP/IP 网络构建自己的 FCIP 隧道,传输 FC 的命令和数据。iFCP 利用 TCP/IP 完成拥塞控制、错误检测,它的封装格式与 FOIP 相同。iFCP 可以连接多个 SAN 使其形成一个巨大的 SAN 集群,使存储功能更加强大。iSCSI 协议是基于 SCSI 协议发展而来的,它是一个供硬件设备使用的可以在 IP 的上层运行的 SCSI 指令集。它实现了在 IP 网络上运行 SCSI 协议,即将 SCSI 命令封装成 TCP/IP 数据包,在传输后到达目标节点,再恢复成 SCSI 命令。iSCSI 通过互联网使 SAN 的功能得到了较大的提升,在访问远程服务器的时候,采用 SCSI 协议访问。

IP SAN 存储一般采用四层模型架构,分别为应用层、表示层、虚拟层、数据层。用户访问请求先通过负载均衡服务器给它分配要访问的服务器,然后服务器通过 SAN 再访问相应的存储设备,存储设备的物理位置透明。用户访问的只是一个虚拟平台上的界面,具体访问哪台服务器,要访问的数据在哪个存储设备上,对用户来说是透明的。虚拟化使物理上相距较远的设备被同时管理,这就解决了异地备份问题和容灾问题。

13.1.2 网络存储安全风险分析

网络存储包括传统的分布式存储和集中式的云存储。云存储是在云计算概念的基础上发展起来的一种新的存储方式,它是指通过网格计算、集群文件系统、分级存储等现有技术,将网络中大量的存储设备通过硬件软件的方式集合在一起,并对外提供标准的存储接口,以供个人或企业调用并存储数据的存储方式。相比传统的存储方式,云存储的出现使得一些企业或个人不需要购买价格高昂的存储设备,只需要支付较少的费用便可以享受无限的存储空间。

与传统的存储方式相比,云存储中的安全需求不仅是保证数据的安全性,而且还包含了密钥分发以及如何在数据密文上进行高效操作等功能需求。

存储环境下的安全问题分为传统的安全问题和云环境下的特有安全问题,如表 13-1 所列。

用户数据动态共享的方式存储在不可控的云存储资源池中,对其私有数据失去了控制能力,数据面临泄露、滥用风险。需要研究相应的数据加密技术保护用户隐私数据的机密性。由于云存储使用虚拟化技术实现各类资源的逻辑共享,不同用户的数据仍可能存储在相同的物理设备中,需要设置有效的访问机制实现用户数据的逻辑隔离。

表 13-1　云存储环境下的安全威胁

安全威胁	表述
传统威胁	对使用 Internet 提供服务的云存储进行钓鱼网站攻击、拒绝服务攻击、弱密码分析攻击
云存储环境下的特有威胁	用户对云存储环境下的数据失去控制权
	云存储环境中用户数据间的非法获取
	用户和云存储服务商间的信任依赖问题

云存储环境中,数据的安全性完全依赖于云存储服务商使用的安全保护机制,不可避免地带来第三方信任依赖问题。需要研究合理的数据安全保护机制解决云存储环境下的信任依赖问题。

云存储的资源高度集中和高度虚拟化特性在处理海量数据存储时产生了新的安全需求。由于云存储平台尚处于发展阶段,学界的研究点主要集中在云存储。

(1) 数据的安全性。数据安全是云存储系统中最重要的安全需求之一。云存储系统中数据的安全性可分为存储安全性和传输安全性两部分,每部分又包含机密性、完整性和可用性 3 个方面。

① 数据的机密性。云存储系统中的数据机密性是指无论存储还是传输过程中,只有数据拥有者和授权用户能够访问数据明文,其他任何用户或云存储服务提供商都无法得到数据明文,从理论上杜绝一切泄露数据的可能性。

② 数据的完整性。云存储系统中数据的完整性包含数据存储时和使用时的完整性两部分。数据存储时的完整性是指云存储服务提供商是按照用户的要求将数据完整地保存在云端,不能有丝毫的遗失或损坏。数据使用时的完整性是指当用户使用某个数据时,此数据没有被任何人伪造或篡改。

③ 数据的可用性。云存储的不可控制性滋生了云存储系统的可用性研究。与以往不同的是云存储中所有硬件均非用户所能控制。因此,如何在存储介质不可控的情况下提高数据的可用性是云存储系统的安全需求之一。

(2) 密钥管理分发机制。一直以来,数据加密存储都是保证数据机密性的主流方法[69-70]。数据加密需要密钥,云存储系统需要提供安全高效的密钥管理分发机制保证数据在存储与共享过程中的机密性。

(3) 其他功能需求。由于相同密文在不同密钥或加密机制下生成的密文并不相同,数据加密存储将会影响到云存储系统中的一些其他功能,例如数据搜索、重复数据删除等,云存储系统对这些因数据加密而被影响的功能有着新的需求。

13.1.3 网络存储安全控制特性

安全云存储系统是云存储系统的一个子集,它指的是包含了安全特性的云存储系统。安全云存储系统的设计者常常会提出一些安全方面的假设,然后根据这些假设建立系统的威胁模型与信任体系,最终设计并实现系统或原型系统。一般来说,安全云存储系统设计时需要考虑如下几个方面。

(1) 安全假设。在安全领域中,最好的假设是除自己以外的所有实体都不可信。但是在云存储系统中,数据被存放在云端,拥有者对数据丧失了绝对控制权,使得这一假设只存在理论上的可行性。因此,云存储安全系统的设计者需要针对不同的应用场景提出相应的安全假设,并以此为前提来保证系统的安全性。

(2) 威胁模型和信任体系。设计者基于安全假设相关实体进行分析,由此得出相关实体是否可信,然后将这些实体模型化或体系化,由此得出相应的威胁模型和信任体系。

(3) 保证系统安全的关键技术。设计者往往会根据自己系统的应用场景与特征,采取一些相关技术来保证系统的安全性,这些技术也称为安全云存储系统的关键技术。

(4) 系统性能评测。系统的安全与高效是一对矛盾体,在保证系统安全性的同时必然会在一定程度上降低系统效率。在安全云存储系统中,设计者需要对系统的安全与效率进行均衡,使得系统能够在适应所需的安全需求的同时,为用户提供可接受的性能。

云存储的安全问题从本质上来说更多的是信任问题。从云安全联盟(CSA)给出的云安全模型里看得出,云存储安全的核心是密码技术和加密技术,通过采取大量的密码技术的加密技术来向用户提供可信任的安全的云存储服务。

1. 云存储的安全机制

云存储的安全机制可以简单归纳为3个方面,即平台安全机制、管控安全机制和应用安全机制。

(1) 平台安全机制。云存储的平台安全机制是保护整个云存储平台系统自身的安全问题,其中主要有两个技术:第一个是密码技术,保证所有的程序和应用系统的完整性、提供基于PKI的强身份认证和存储节点的透明加密;另一个是加固技术,它采用主动防御技术保障服务器和主机的安全性、采用操作系统内核加固实现对存储节点和虚拟主机的保护,免遭病毒木马攻击,从而实现主机虚拟化技术,实现对虚拟主机的保护,实现数据隔离。

(2) 管控安全机制。云存储的管控安全机制主要解决安全管理的问题,包括对云节点服务器密钥的统一管理、密钥生命周期的可控性、云数据接口/云客户端密钥的自主性等。从管理安全的角度来说,云存储的管理需要满足"相互约束、相互独立"的条件。

(3) 应用安全机制。云存储的应用安全机制主要从以下几方面来实现:存储加密、备份加密、交换加密、身份认证与访问控制、接口安全、手机安全、云端数据库安全。

2. 云存储的安全性

(1) 云数据存储位置的安全性问题。云数据存储位置由云提供商提供,用户不知道实际数据的存储位置,这一点会造成用户对于数据存储安全性的担心。另外还有对敏感数据的访问问题,如果云存储管理出现异常,可能导致用户不能掌控自己数据的访问权限。

(2) 数据隔离问题。云存储系统中存储了大量的客户数据,这些数据本身是应该隔离的,云提供商需要保证私有数据不能被其他无授权的用户访问。

(3) 数据恢复问题。一旦云端的全部或部分数据遭到破坏,提供商是否有能力进行全面恢复,需要多少时间才能完成恢复,都具有不确定性。

(4) 云服务扩充与迁移问题。当用户需求扩大时,云提供商现有的云服务不能满足用户需求,用户需要转移至其他云提供商,但对于用户来说,已有数据及应用能否保证顺利迁移,将面临很大的不确定性。

3. 云存储的安全策略

为解决数据隐私的保护问题,常见的方法是由用户对数据进行加密,把加密后的密文信息存储在服务端。当存储在云端的加密数据形成规模之后,对加密数据的检索成为一种迫切需要解决的问题。

13.2　存储控制体系及模型

13.2.1　控制体系

网络存储控制是可控网络安全控制的一部分,根据可控网络的安全控制体系,网络存储控制体系如图 13-1 所示。

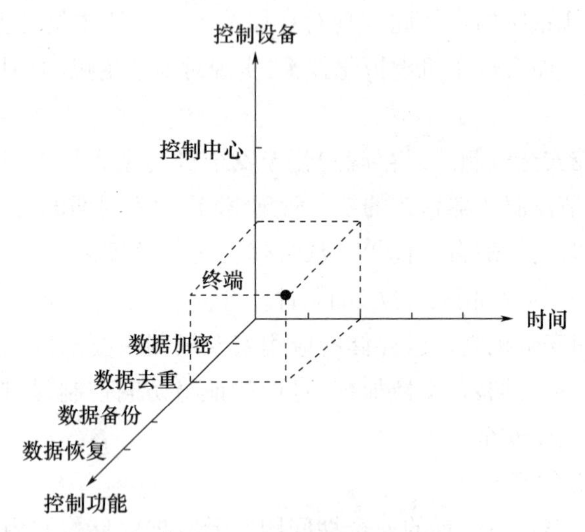

图 13-1　网络存储控制体系

网络存储控制体系是在可控网络控制体系的基础上,将控制服务类型中的网络存储控制抽离出来,考虑时间因素,形成的三维体系结构。其中,安全控制的设备维和功能维同可控网络的安全控制体系一致,但仅考虑与网络存储控制相关的因素,因此形成了如图 13-1 所示的网络存储控制体系。

在网络存储控制体系中,3 个维度均离散的,因此整个体系坐标中对应着离散的点。坐标系中的点表示某一时刻实施的网络存储控制,该控制是基于加密技术对终端实施网络存储控制。

诸多离散点能够形成相对应的面,如图 13-2 所示,图中的 3 个示例依次表示:(a)在控制中心上实施了所有与网络存储控制相关的控制功能;(b)数据恢复运用于所有与网络存储控制相关的设备上;(c)某一时刻实施了完备的网络存储控制。

诸多离散点也能够形成相对应的体,如图 13-3 所示。体的大小直接说明了网络存储控制的实施是否完备。图 13-3 表示了网络在全时刻下,

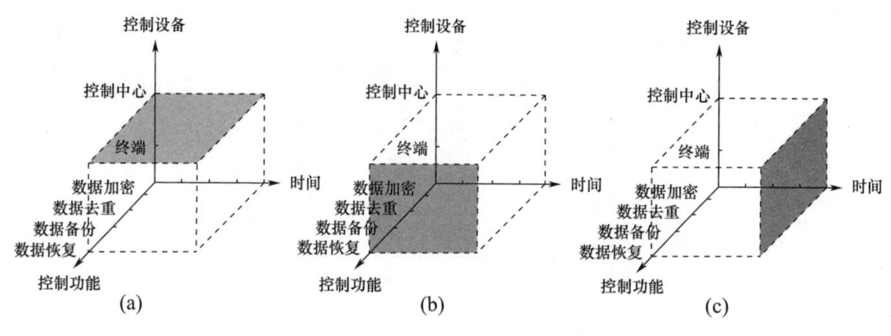

图 13-2　网络存储控制示例 1

在所有与网络存储控制相关的控制设备上运用了所有与网络存储控制的控制功能,即网络中实施了完备的网络存储控制。

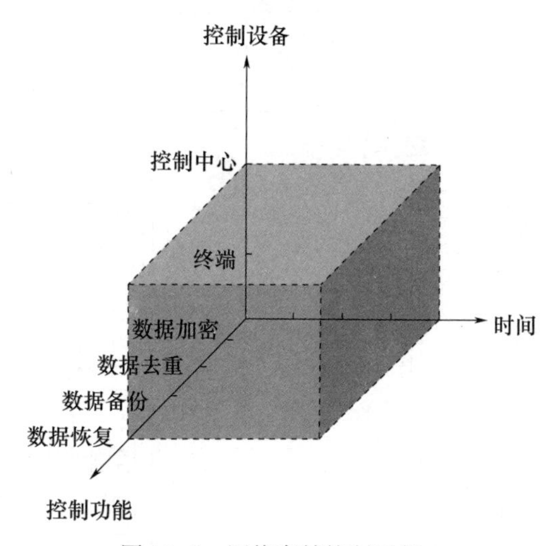

图 13-3　网络存储控制示例 2

13.2.2　控制模型

在现今已有的网络存储系统中,云备份的数据多为个人或者集体的文档数据,海量数据的备份数据备份服务还没有开展起来。同时,进行大数据量的数据备份时,如何保证网络传输环节的数据安全和数据处理速度,以及存储环节的数据安全和存储空间占用率成为云备份系统提供数据安全备份服务的一个关键问题。因此,本章设计了一种新的云备份系统模型,不仅能够使用云存储的 3 种服务环境中为用户提供数据备份服务,还能够统一地保证用户备份数据的安全性。模型分为终端、交换设备、安全控制中心 3 个部分。如图 13-4 所示。

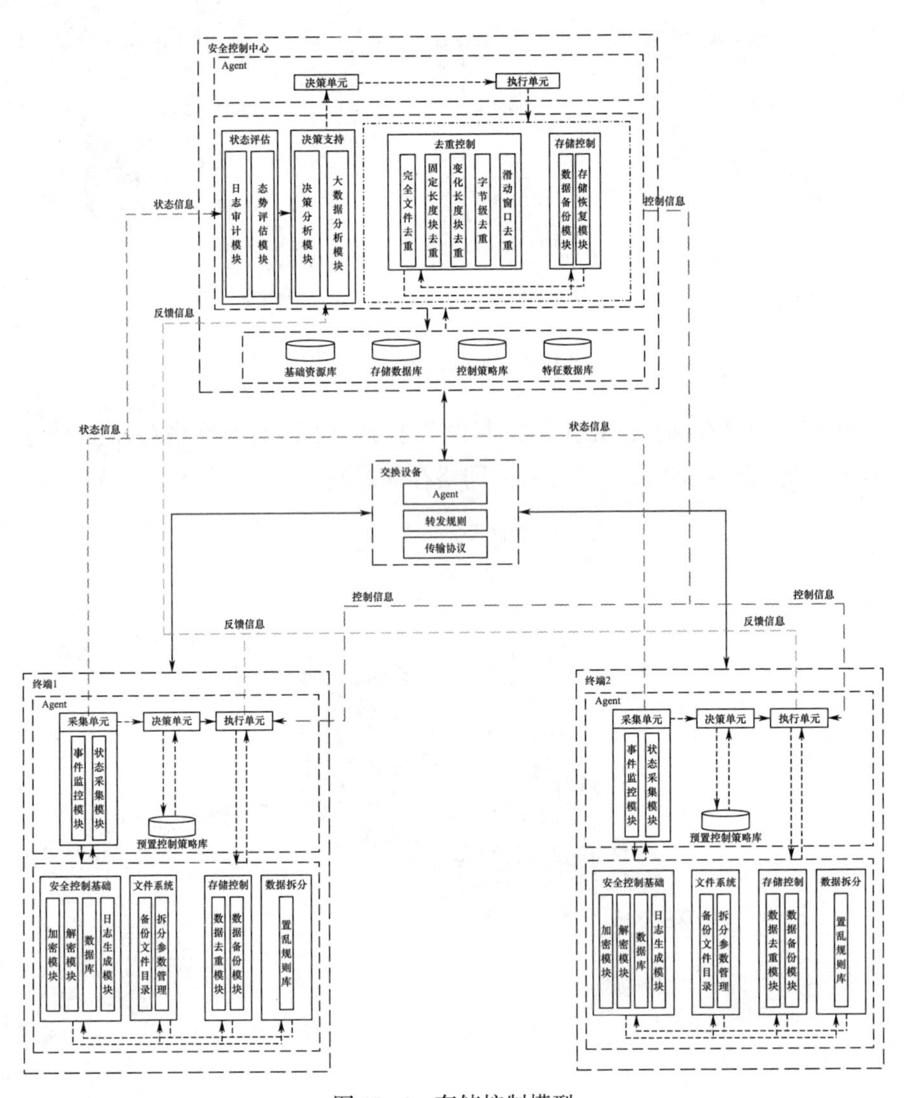

图 13-4　存储控制模型

网络存储控制中终端受控的基本流程是终端中的 Agent 模块能够采集到网络存储行为,并将存储行为进行合理的筛选上传到安全控制中心中,安全控制中心根据终端上报的网络存储行为通过控制输入下发安全控制策略,终端的 Agent 接收安全控制中心的控制策略并对安全控制策略做出解析,结合状态当前的存储状态信息和监控信息,由决策单元对终端网络存储行为做出决策,确定终端网络存储行为被允许、拒绝或继续观察。执行单元根据决策单元的决策结果做出具体的控制动作,最终生成日志并输出反馈信号。

终端模型主要由 Agent、安全控制基础模块、文件系统模块、存储控制模块和数据拆分模块组成。其中,Agent、安全控制基础模块与其他部分基本一致不作冗述。文件系统模块专门用于处理备份文件目录和拆分参数管理,便于系统迅速查找相关文件记录和处理参数信息,以便查找和恢复备份的文件。存储控制模块主要有重复数据删除和数据备份的功能。一方面通过删除重复数据提高数据备份效率和网络空间存储效率,减少冗余数据带来的额外存储费用,另一方面完成数据备份的终端部分功能。数据拆分模块通过拆分算法库中的遍历路径对数据块进行置乱。通过这种设计随着时间的增长更新数据遍历规则的遍历路径库。同时,客户端配有防火墙和入侵检测系统,一旦发现恶意的攻击,用户可以通过清空遍历路径库并重新生成遍历路径来重新置乱数,保证用户数据的机密性。

交换设备主要是为网络存储控制提供数据转发功能,主要由 Agent、转发规则和传输协议组成。Agent 对流经交换设备的数据包进行处理;转发规则和传输协议为数据包的下一步转发路径提供依据。

安全控制中心是能够实现网络存储控制的关键部分,通过集成较为全面的安全服务和应用,为网络存储控制制定安全策略和实施安全控制部署。安全控制中心由 Agent、状态评估模块、决策支持模块、去重控制模块和存储控制模块组成。Agent、状态评估模块、决策支持模块与前述功能基本一致。去重控制模块则按照去重粒度分类,包括完全文件粒度重复数据删除控制模块、固定长度块重复数据删除控制模块、变化长度块重复数据删除控制模块、字节级重复数据删除控制模块和滑动窗口重复数据删除控制模块 5 种分类。这 5 个部分分别采用不同的去重技术对备份数据进行处理。存储控制模块则控制和实现网络存储和备份的功能,同时也负责备份恢复部分的功能。

13.2.3 控制架构

云存储按照其体系结构可分存储层、基础管理层、应用接口层和访问层。在具体的安全云存储系统中,由于应用场景和研究目标的不同,其系统架构也各不相同。图 13-5 总结归纳了现有安全云存储系统的通用架构,具体的安全云存储系统只需根据自身的特点实现部分或全部的功能。

在一般的安全云存储系统中,数据访问层进行加密,然后通过应用接口层的公有 API 接口上传至云存储管理服务器,也就是基础管理层。基础管理层可提供数据分块存储、建立数据索引、支持数据密文搜索等功能提高系统效率和用户体验。最后,基础管理层将数据密文和其附加信息

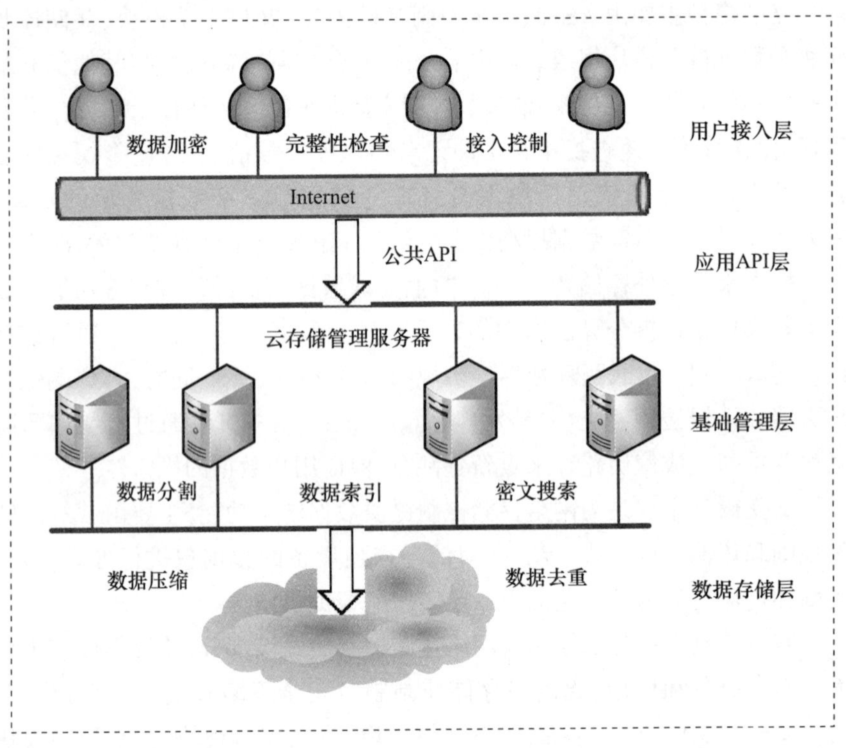

图 13-5　安全云存储系统通用架构

(一般为元数据,用来保证系统功能的正确性和高效性)通过安全高速的内部网络保存至存储层。存储层可以对上层存进来的数据进行一定的压缩、删冗处理,以节省成本、提高存储空间的利用率。

现有的安全云存储系统一般分为客户端、服务器和云存储服务提供商3个组件,其中客户端属于访问层,服务器属于基础管理层,云存储服务提供商属于存储层。客户端与服务器之间通过公有 API 及不可信的网络进行数据交互,服务器与云存储之间通过高速的可信网络传递数据。用户数据和访问权限信息的机密性、完整性都由客户端保障,服务器可以记录一些数据的相关信息为用户提供数据同步、数据搜索等功能,但是在任何情况下服务器均无法获得用户数据的明文。云存储服务提供商的作用相当于过去的磁盘(或磁盘阵列),用来机械式地存取数据。

13.2.4　安全状态空间

存储控制安全状态控制空间由存储控制服务维、存储控制功能维和存储控制设备维组成。如图 13-6 所示,下面分别进行介绍。

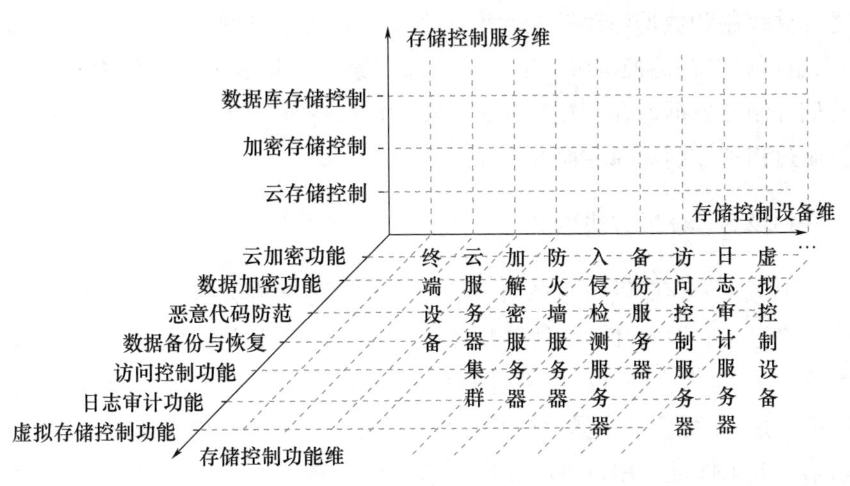

图 13-6　存储控制服务的安全控制空间结构

1. 存储控制服务维

存储控制服务维,包括云存储控制、加密存储控制和数据库存储控制 3 个子服务维。云存储控制子服务维考虑的是云数据存储过程中的数据如何安全存储的问题,加密存储控制子服务维是针对本地数据、远端数据库和云数据服务器等终端和通用服务器所提供的控制服务,数据库存储控制子服务维与上述两种子服务维类似,其主要区别在于服务的对象为存储在本地数据库或远程数据库的数据信息。

2. 存储控制功能维

存储控制功能维,包括云加密功能、数据加密功能、恶意代码防范、数据备份与恢复、访问控制功能、日志审计功能和虚拟存储控制子功能。是对云存储、本地数据库和远程数据库 3 种不同存储类型数据所提出的针对性存储控制功能,主要是对数据加密、数据存取、数据访问权限的管理和控制。通过对存储数据实施加密功能,增加防火墙、入侵检测、访问控制和日志审计等安全功能和手段来提升存储控制的安全性和可靠性,保障用户隐私数据的机密性和完整性。

3. 存储控制设备维

存储控制子设备维中,包括终端设备、云服务器集群、加解密服务器、防火墙服务器、入侵检测服务器、访问控制服务器、日志审计服务器和虚拟控制设备。为了提升数据加密存储的安全性,可以根据安全需求增加防火墙、入侵检测、访问控制和日志审计等多种安全手段和软硬件设备来加固数据传输、存储和用户存取等各个环节的安全性和机密性。

根据研究的需要,可以将存储控制服务维递阶拓展成云存储控制、加密存储控制和数据库存储控制等3个安全状态子空间进一步开展深入研究;也可以将存储控制服务维3个坐标要素递阶拓展成云存储控制、加密存储控制和数据库存储控制等3个安全状态平面,在时间维拓展开展存储控制过程和控制规律方面的研究。

13.2.5 分析方法举例

为防止云存储供应商在用户不知情的情况下将数据存储或移动到用户不愿存储的地方,因此可利用可信计算的思想开发检测数据存储地理位置的方法,将绑定在云存储设施中物理机器上的可信硬件作为唯一身份标识符,每一个物理机器都含有唯一的可信硬件。可信硬件的地理位置由可信第三方来保证。用户可以利用可信硬件可靠地定位他们的数据存储位置并且验证他们正在使用的云存储设施的可信性,检测是否存在云存储提供商或者其他人的恶意操作。

采用物理机器中的可信硬件作为验证数据存储位置的可信根。如图13-7所示,绑定有地理位置信息的可信硬件在认证机构(certification authority,CA)中注册。通过运行虚拟机中的客户端软件来识别可信硬件的身份并且在CA的协助下验证位置。图13-7展示了基于TPCM的数据存储位置保障整体框架。虚拟机VM1运行在云存储提供商提供的位于某个特定地理位置的一台机器上,此台机器绑定有TPCM芯片并安装了云存储服务,其中一个存储节点部署在了VM1中。某用户的数据通过使用云存储服务存储在VM1上。虚拟机监视器运行在硬件之上并负责执行所有的虚拟机。LICT模块位于特权虚拟机中,提供了访问TPCM服务的功能。上面提出的信任链机制可以保证虚拟机监视器以及LICT模块没有受到损害。运行在虚拟机监视器上的所有虚拟机可以通过LICT模块访问TPCM芯片。结合第3章中的Ceph存储集群的部署模型可知,只要能确定存储数据的存储节点的位置,便能确定数据的存储位置。所以,通过验证存储数据的存储节点也就是部署存储节点的虚拟机的位置,来验证数据的实际存储位置。修改可信云存储服务器中的ICheck模块,添加位置验证的功能,ICheck模块的完整性由虚拟机中的TPCM保证。绑定物理机器位置信息的TPCM芯片在CA中注册。我们假设可信服务提供商或者CA执行定期系统检查来验证物理机器的位置。例如,依据标准ISO/IEC 27001,位置验证是一个需要定期执行的安全审计。可以通过与CA通信来验证TPCM身份以及机器的地理位置。这里假定用户、服务器以及CA之间的通信是安全的。

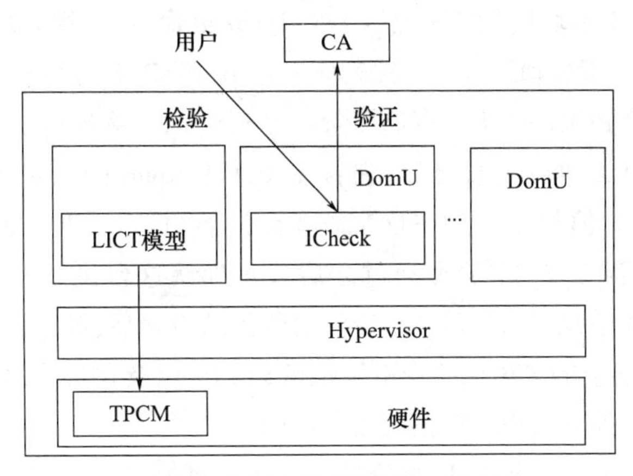

图 13-7　数据存储位置保障整体框架

假设可信服务提供商或者 CA 执行定期系统检查来验证物理机器的位置。首先,当云存储提供商提供一个新的绑定有 TPCM 芯片的服务器时,需要将此物理机器及其位置在 CA 中注册。可以通过与 CA 通信来验证 TPCM 身份以及机器的地理位置。位置信息在 CA 中注册步骤分为以下几步。

(1) 首先,LICT 模块执行 TPCM_Take Ownership 命令来初始化 TPCM,设置访问 TPCM 的用户密码,并将此密码存储在 LICT 模块中。然后,执行 TPCM_Make Identity 命令使 TPCM 生成 PIK 密钥对(PIKpriv,PIKpub)。每一个这样的 SM2 密钥对都与一个健柄 hPIK 绑定,因为在一个 TPCM 内部可以生成多个不同的 PIK。在生成 PIK 的同时,设置用来访问的 EKpriv 密码 passPIK。最后,TPCM 生成一个 PIK 请求(PIK-Request,PR)并使用 PIKpriv 对 PR 进行签名,此请求包含 PIKpub、背书证书 EC、平台证书 PC、一致性证书 CC。TPCM 将此签名与 PR 发送到 LICT 模块。

(2) LICT 模块存储访问 TPCM 的用户密码、hPIK、PIKpub 以及所有的证书以便后续使用。然后,由 LICT 模块将请求和签名发送到 CA。

(3) 收到消息之后,CA 验证证书和签名的有效性。若验证通过,CA 生成一个平台身份证书(platform identity credential,PIC)并且使用 CA 的私钥对 PIKpub 签名。采用对称加密方案 Sym_Enc 用生成的会话密钥 K 对 PIC 加密。

(4) CA 将加密后的 PIC 及加密后的会话密钥 K 发送到 LICT 模块。

(5) LICT 模块调用 TPCM_Activate Identity 命令使用 Ekpriv 解密会话密钥 K,这个操作保证了在后续步骤中只有 TPCM 可以解密 PIC。

(6) LICT 模块使 TPCM 激活 TPCM_Quote 命令,使用 PIKpriv 对 locM 以及相应的用于启动过程完整性验证的 PCR 值 SPCR 进行签名,并将位置 locM、PCR 值 PCR[SPCR]、存储度量日志 SML 以及签名 Sig L 发送给 CA。

(7) 当 CA 收到消息之后,它首先使用 PIKpub 验证签名的有效性。然后比较 PCR 值与 SML 的一致性来验证平台可信性。当位置信息被执行位置审计的第三方 CA 验证通过之后,CA 确认这台机器及它所绑定的 TPCM 的位置信息是可信的。位置注册阶段结束之后,绑定到云存储供应商提供的机器上的 TPCM 的身份标识密钥 PIK 以及它目前的位置就成功地在 CA 中注册并可以供验证阶段所使用了。

运用状态空间分析方法,将位置可信云存储的控制过程的每个步骤在动作、设备、功能 3 个维度展开,状态空间分析的步骤见表 13-2 和图 13-8。

表 13-2　位置可信云存储状态空间分析表

存储控制过程	存储控制子过程	动作								网络功能				网络设备			坐标
		传输	加密	解密	数据绑定	CA 注册	签名	一致性检验	存储	虚拟机云存储	TPCM 服务	CA 位置审计	加解密服务	可信服务提供商 CA	云物理主机的 TPCM	控制中心 LICT	
		1	2	3	4	5	6	7	8	1	2	3	4	1	2	3	
TPCM 初始化	LICT 生成密钥并数据绑定				√						√					√	(4,2,3)
	TPCM 对私钥签名						√						√		√		(6,4,2)
	TPCM 将签名传输给 LICT	√								√					√		(1,1,2)
LICT 存储 TPCM 身份信息	LICT 存储各类身份信息								√	√						√	(8,1,3)
	LICT 将签名传输给 CA	√								√						√	(1,1,3)
	CA 存储身份信息	√								√				√			(1,1,1)

续表

存储控制过程	存储控制子过程	动作								网络功能				网络设备			坐标
		传输	加密	解密	数据绑定	CA注册	签名	一致性检验	存储	虚拟机云存储	TPCM服务	CA位置审计	加解密服务	可信服务提供商CA	云物理主机的TPCM	控制中心LICT	
		1	2	3	4	5	6	7	8	1	2	3	4	1	2	3	
CA验证	CA执行一致性检验							√				√		√			(7,3,1)
	CA对身份证书PIC加密		√										√	√			(2,4,1)
下发会话密钥	CA把加密后的PIC传给LICT	√								√				√			(1,1,1)
LICT解密会话密钥	LICT调用TPCM服务			√							√					√	(3,2,3)
	LICT解密PIC			√									√			√	(3,4,3)
LICT激活TPCM	LICT调用TPCM服务						√				√					√	(6,2,3)
	LICT对信息进行签名						√						√			√	(6,4,3)
	LICT将签名传输给CA	√								√						√	(1,1,3)

续表

存储控制过程	存储控制子过程	动作								网络功能				网络设备			坐标
		传输	加密	解密	数据绑定	CA注册	签名	一致性检验	存储	虚拟机云存储	TPCM服务	CA位置审计	加解密服务	可信服务提供商CA	云物理主机的TPCM	控制中心LICT	
		1	2	3	4	5	6	7	8	1	2	3	4	1	2	3	
验证位置可信性	CA对签名进行一致性校验							√				√		√			(7,3,1)
	CA对绑定的信息进行注册					√						√		√			(5,3,1)

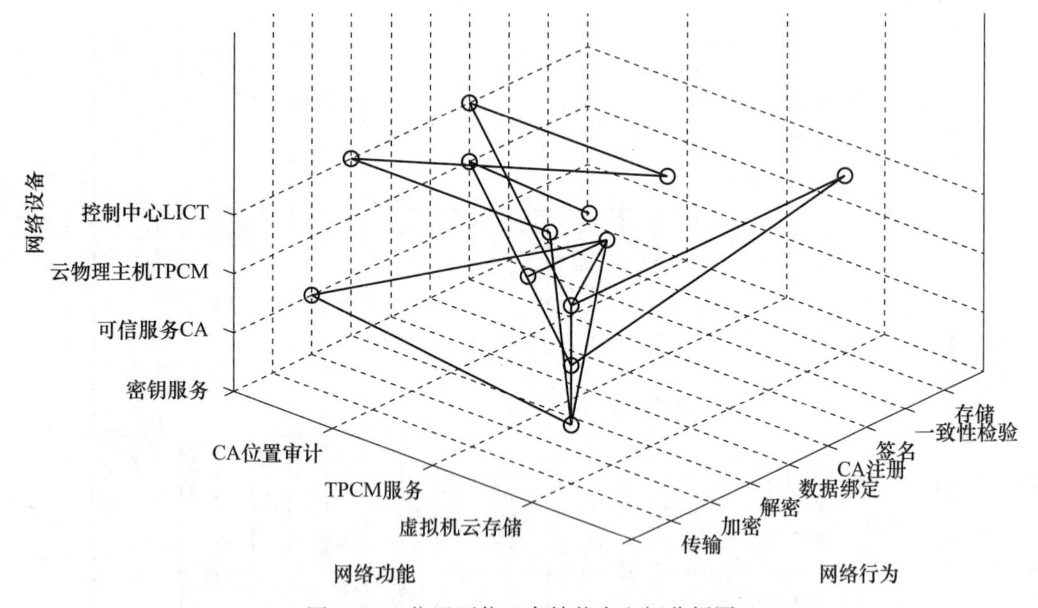

图 13-8　位置可信云存储状态空间分析图

13.3 存储控制方案

云计算和网络存储面临的最大挑战在于安全性。一旦用户的数据被泄露、篡改、丢失将造成难以估量的损失。为使用户放心将数据存储到云端,网络存储服务提供商必须构建足够强大的安全防护网,保证数据无论是在传输过程中还是在存储到云端时都不能被非授权用户轻易截获和破译。

要实现安全的网络存储一般从以下两方面入手:网络安全和存储安全。网络安全是通过安全手段防止攻击者进行消息窃听、篡改,重传和伪造,阻断攻击者进行 DoS 攻击和身份冒充等。存储安全是通过安全措施保证数据的机密性、完整性、可靠性和可用性。一般采用加密技术、防篡改技术和灾容备份技术。

13.3.1 数据机密性控制

数据安全问题已成为制约云存储发展的重要因素。云存储服务的开展必须解决不可信系统中的数据机密性这一用户关心的问题。数据加密是保护用户数据机密性、完整性及不可否认性的关键。

现有研究多混合使用对称和非对称加密技术进行云存储环境下数据的机密性保护。由于用户不希望非授权的用户看到自己的共享数据,通常在数据存储前进行数据的加密,并且由自己管理对称密钥 W 避免在云存储环境下密钥泄露。用户首先用对称加密算法加密共享数据,然后使用授权用户的非对称公钥加密对称密钥,并将加密后的密钥与共享数据一同存放在云端。用户进行数据访问前,首先使用自己的非对称公钥解密还原对称密钥部分,然后使用对称密钥解密访问数据。这种加密方式可有效地保护共享数据的机密性,使得用户不必依赖云存储服务商的安全机制进行数据的保护。但是数据加解密及密钥管理对用户终端的性能要求较高,并且授权用户的动态扩展带来了共享数据的重加密问题。

混合加密算法融合 CP-ABE 与参数完成数据的加解密。算法首先由云存储服务商生成对称参数并由密钥管理中心生成属性参数,然后使用数据属性制定的访问控制结构及对称参数进行共享数据的加密。当用户进行数据访问时,可使用自己的对称参数 CP-ABE 私钥进行共享数据解密。同时,混合加密算法提出了数据重加密算法,使用更新的属性密钥进行数据的重加密,保证注销后的用户无法继续进行数据的解密访问。

混合加密算法的流程如图 13-9 所示,共包括 4 个子算法:密钥融合算法、访问树构造算法、数据加解密算法及数据重加密算法。

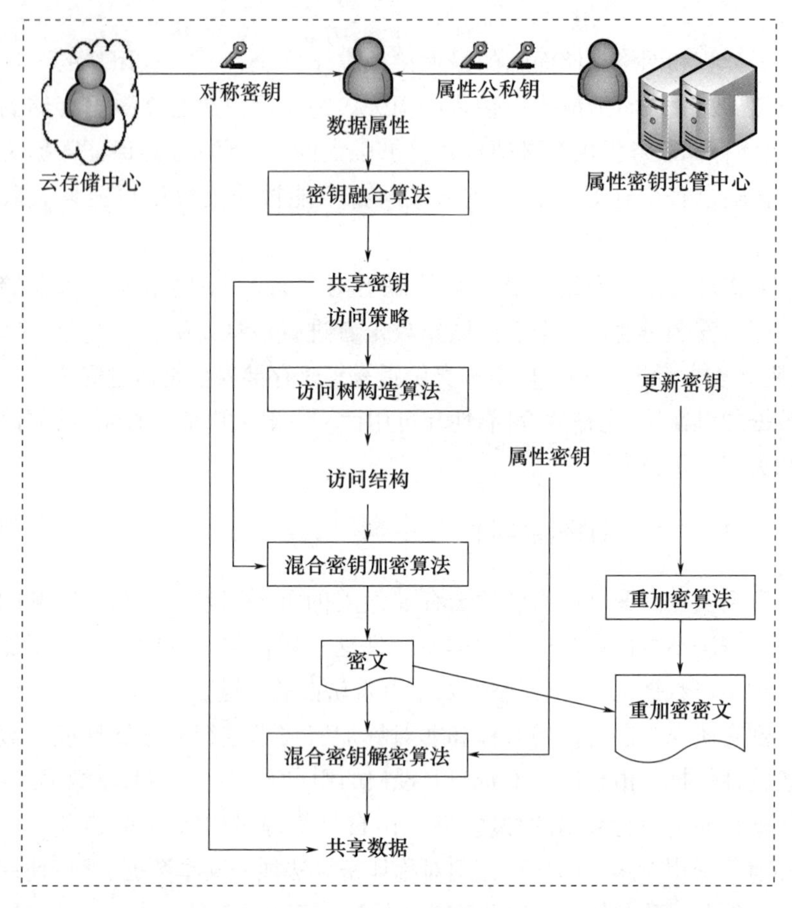

图 13-9　混合加密算法流程

密钥融合算法由云存储服务商为用户生成对称参数,并由密钥授权中心为用户生成属性密钥。最后,由用户计算得到最终的加密密钥。算法具体步骤如下。

(1) 由密钥生成中心生成公有密钥参数 $PK=(G,g,g^{\beta})$。

(2) 云存储服务商为用户生成对称参数 $g^{c/\beta}$。

(3) 由密钥授权中心为用户生成如下所示的属性密钥 SK。

$$SK=(g^{u_i},\forall\lambda_k\in S_i:D_j=g^{u_i}H(\lambda_k)^{r_k},D_j=g^{r_k})$$

(4) 用户可使用下式完成两类密钥的结合,获取最终加密密钥 K 以及公钥 PK。

$$K = \{g^{\frac{c}{\beta}} \times g^{\frac{u_i}{\beta}}, \forall \lambda_k \in S_i : D_j = g^{u_i} H(\lambda_k)^{r_k}, D_j = g^{r_k}\}$$

$$= \{g^{\frac{c+u_i}{\beta}}, \forall \lambda_k \in S_i : D_j = g^{u_i} H(\lambda_k)^{r_k}, D_j = g^{r_k}\}$$

13.3.2 数据完整性控制

云存储是由云计算提供的一个重要服务，是一种数据外包存储服务，允许数据拥有者将数据从本地计算机存储到云服务器上，实现数据托管，以节省本地存储空间，也可以从任何地点在任何时间通过网络访问外包数据。云存储有着明显的优点，其存储容量大、性能的可扩展性高、且不受地域影响，越来越多的数据拥有者开始将数据存储到云服务器上。

然而，这种新的数据托管服务将面临着重要的安全挑战，即数据完整性。数据拥有者担心存储在云服务器中的数据可能会丢失，因为一旦数据被存储到云服务器上，数据拥有者就放弃了对所存储的数据的控制权。如果云存储服务提供商是不可信或者半可信的，那么云服务器可能会对数据拥有者隐瞒数据丢失事故，或者丢弃那些在长时间内未被访问过或很少被访问的数据以达到节省存储空间的目的。尽管如此，云存储服务提供商却可能欺骗数据拥有者并声称数据仍然被完整地存储在云服务器中。因此，数据拥有者亟需一种安全可信的服务机制来确保数据被真实、完整地存储在云服务器中。

云存储审计是指数据拥有者验证存储在云中数据的完整性和可用性的过程。

云存储服务为数据拥有者提供数据资源存储功能，无需本地备份，减少本地存储压力，数据拥有者也可随时随地访问云存储系统中存储的数据。为保证存储的数据完整性和可用性，数据拥有者须向服务器发出完整性审计挑战请求，云服务器返回证据作为应答响应，向数据拥有者证明其正确地持有数据拥有者存储的数据，数据拥有者依据证据验证并判断存储数据完整与否。

云存储审计模型如图 13-10 所示，包含 3 个参与方：数据拥有者、云服务器和第三方审计者（可选）。数据拥有者创建数据，并将数据存储到云服务器上；云服务器存储数据拥有者数据，并为数据拥有者提供数据访问许可；当引入第三方审计者时，第三方审计者为数据拥有者和云服务器提供审计服务。

对于云存储数据完整性审计方案的研究，首要功能是实现存储数据的

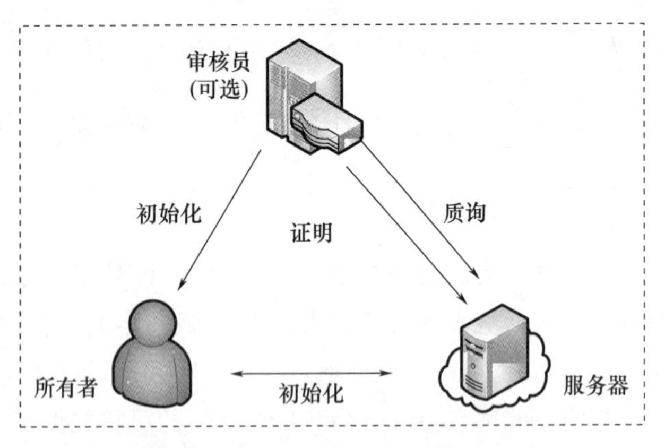

图 13-10 云存储审计模型

完整性验证。在此基础上,考虑审计方案的安全性,确保第三方审计者的公正性和存储数据的隐私性。之后,根据不同的应用环境与功能需求,在不舍弃其安全性的前提下引入动态审计、批量审计,提高云存储服务效率与质量。

13.3.3 数据备份控制

门限容错方案指一类数据编码的方式,它们通过编码的方式将数据切分成 n 块,只要取得其中的 m 块数据就可以恢复出原始的数据。并且在这 n 块数掘当中,任何 $p(p<m)$ 块数据无法泄露原始数据的任何信息。通常情况下门限方可以记为 $p-m-n$ 的形式,它不仅可以防止攻击者在获取到少于 p 个数据块的时候获得用户的信息,还可以防止因为部分存储节点 s 宕机导致数据无法恢复的情况,在一定程度上保证了拆分数据的机密性和可用性。

目前,门限容错方案已经被存储系统广泛地用于防止存储系统的损毁故障,即由于系统崩溃或故障导致的数据和存储空间无法访问的情况。常用的门限方案有加密算法、复制方法、条带化、异或、纠删码、秘密共享 6 种方法。

13.3.4 数据去重控制

1. 重复数据删除原理

重复数据删除的思想是用指针替代重复数据,最终只保留一份不重复的数据,从而节约数据存储和传输带宽等开销。重复数据删除的基本原理如图 13-11 所示。

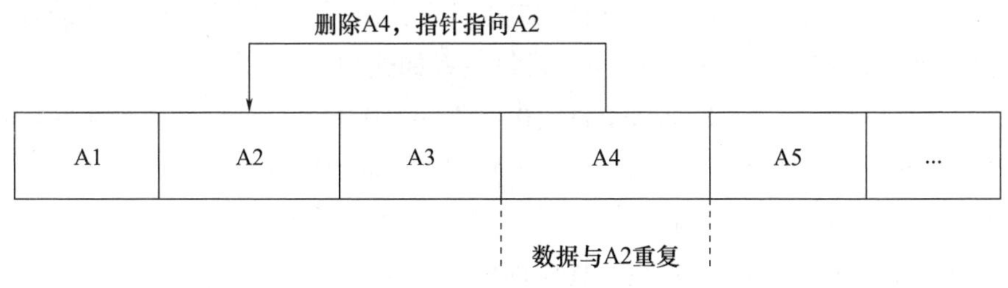

图 13-11　重复数据删除原理图

2. 重复数据删除分类

本小节主要介绍按照去重粒度分类的重复数据删除技术，包括完全文件粒度重复数据删除技术、固定长度块重复数据删除技术、变化长度块重复数据删除技术、字节级重复数据删除技术和滑动窗口重复数据删除技术在内的5种分类。

1）完全文件粒度重复数据删除技术

完全文件去重技术（whole file reduplication，WFR）即以每个完整文件为粒度进行分块，之后查找重复的文件并使用指针代替重复的文件，实现重复数据删除。具体来说，WFR去重首先计算各文件的Hash值，然后到之前存储的fileHashlist中查找该Hash值。如果查找到，则用指针替换原文件；如果未查找到，则存储该文件，并将该文件的Hash值加入到Hashlist中。WFR的去重流程如图13-12所示。

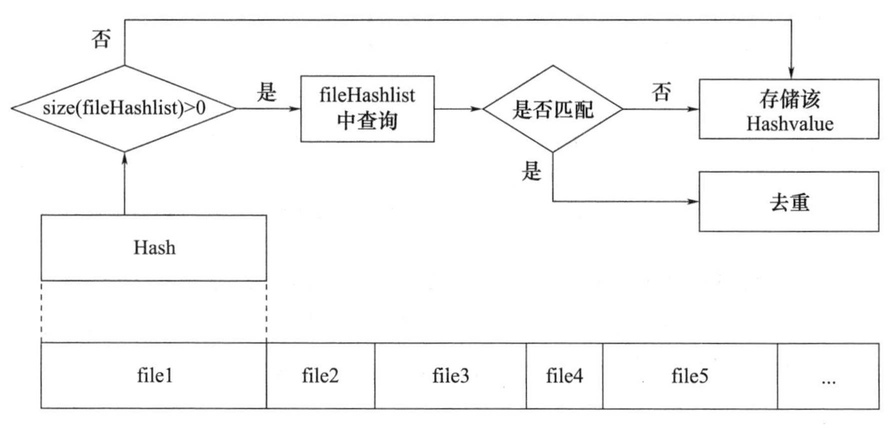

图 13-12　完全文件去重流程图

完全文件去重技术虽然简单，但是切实有效，Windows2000上的SIS和EMC的Centera都采用了此技术，节省的空间比例能达到最佳块级划分的75%。WFR的不足在于它不能检测到文件内部的相同数据。

Hash 函数主要用于文件校验和数字签名,它能将不同信息长度的信息转换为指定长度的 HashCode。映射关系如式(13-1)所示:

$$\text{hash}(\text{data}):\{0,1\}^{*} \rightarrow \{0,1\}^{n} \tag{13-1}$$

式中:data 为原始数据;$\{0,1\}^{*}$ 为任意长度的原始数据;$\{0,1\}^{n}$ 是转换后指定长度为 n 的 HashCode。在完全文件去重中使用 HashCode 代替原始文件进行检索匹配能进一步提高检索匹配的效率。

2）固定长度块重复数据删除技术

完全文件去重技术不能去除文件内部的重复数据,因而研究人员相继提出了固定长度块的重复数据删除技术(fixed chunking reduplication, FCR)。相对于完全文件去重技术,FCR 技术能实现更细粒度的去重。

FCR 首先将待去重数据按照指定块大小划分为互不交叠的若干数据块,然后计算各数据块的 Hash 值,通过到之前存储的 blockHashlist 中查询该 Hash 值来判断是以指针代替原始数据块还是存储该数据块。FCR 的去重流程如图 13-13 所示。

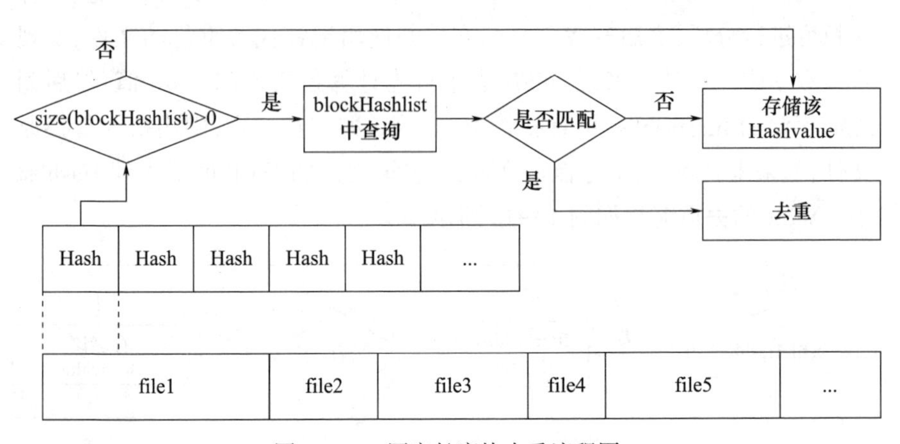

图 13-13 固定长度块去重流程图

固定长度块重复数据删除技术能跨越文件限制,更有效更细粒度去除存在于文件内部的冗余数据,缩减存储空间和网络带宽开销。然而,这种技术不能根据文件间的关联关系自动改变,当更改和删除文件时处理很低效。

3）变化长度块重复数据删除技术

变化长度块重复数据删除技术包括基于 CDC 技术和基于 Fingerdiff 技术两类。这里仅介绍基于 CDC 技术的变长分块重复数据删除技术。与固定长度块去重技术相比,基于 CDC 去重技术改进了边界偏移问题,它采用随机高效的 Rabin 指纹技术,将文件切割成长度不一的分块。Rabin 指纹由美国哈佛大学拉宾教授提出,其定义如下。

对任意二进制串 $A=(a1,a2,\cdots,am)$,可以构造 $m-1$ 度的多项式

$$A(t)=b_1t^{m-1}+b_2t^{m-2}+\cdots+b_{m-1}t+b_m \tag{13-2}$$

式中:t 为不定元。

给定度为 n 的多项式 $P(t)$,定义如下:

$$P(t)=a_1t^n+a_2t^{n-1}+\cdots+a_{n-1}t+a_n \tag{13-3}$$

那么二进制串 A 的 Rabin 指纹定义为

$$f(A)=A(t)\bmod P(t) \tag{13-4}$$

式中:$f(A)$ 的度数为 $n-1$。Rabin 指纹具有如下性质:两个字符串指纹不同,那么这两个字符串一定不同,即 $f(A)\neq f(B)\Rightarrow A\neq B$,CDC 正是应用这个性质。

基于 CDC 技术的变长分块重复数据删除技术流程图和流程说明如图 13-14 所示。

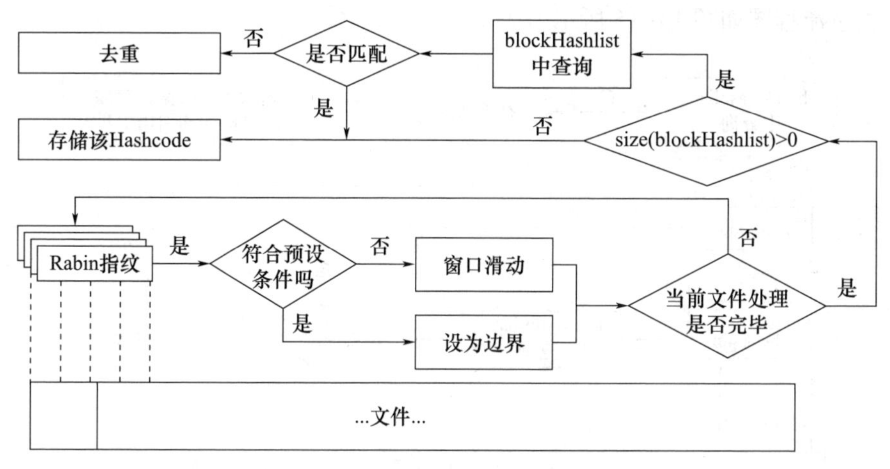

图 13-14 基于 CDC 变长块去重流程图

从文件的头部开始,采用滑动窗口获取文件块并将其视为文件的组成部分。之后逐个计算各滑动窗口数据块的 Rabin 指纹作为该块数据的指纹。

判断当前块的 Rabin 指纹是否符合之前预设的条件,如果符合则将该窗口所在的位置设为块边界,否则向前滑动窗口。重复这个过程,直到将整个文件都被分块。

针对划分好的数据块,计算其 Hashcode,并到已有的 blockHashlist 中检索该 Hashcode。如果 blockHashlist 为空则初始化 blockHashlist,并存储该数据块和其对应 Hashcode;否则查看检索结果,如果词 Hashcode 已经存

在则用指针代替数据块,否则存储该数据块和其对应 Hashcode。

采用基于 CDC 的去重技术,插入和删除部分数据给其他块带来的影响很小。同时,去重的粒度可由期望的数据块大小进行调整。期望的数据块设置越大,则去重粒度越粗;反之,期望数据块设置得越小,那么去重粒度越细,这时额外开销也会比较大。所以,在使用此去重技术时,需要根据实际情况,权衡去重粒度和额外开销。

4) 字节级重复数据删除技术

严格来说,字节级重复数据删除技术是固定长度块重复数据删除技术的一种特殊情形。这种去重技术从字节层次检索和删除重复数据,能实现较高的去重率,但速度较慢。

5) 滑动窗口重复数据删除技术

滑动窗口重复数据删除技术结合了固定长度块重复数据删除技术和变长分块重复数据删除技术的优势,数据分块的大小固定,管理简单,它的去重流程图如图 13-15 所示。

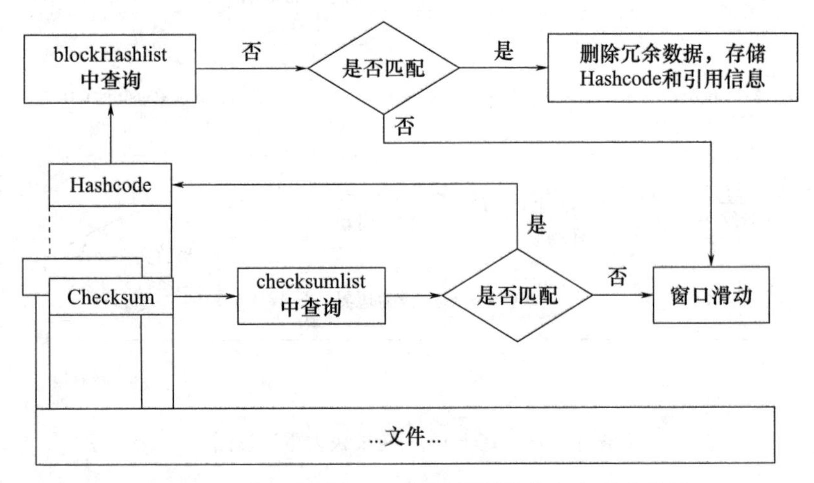

图 13-15　基于滑动窗口重复数据删除技术去重流程图

滑动窗口去重过程主要包括以下步骤。

(1) 采用固定大小的滑动窗口获取当前文件的数据块,并计算出其校验和 checksum。

(2) 将该校验和与之前存储的校验和进行比较,如果匹配进入第三步处理,否则继续滑动窗口。

(3) 计算该数据块的 Hashcode,并与之前存储的 Hashcode 进行比较。如果命中说明该数据块冗余,则记录位于上个块结尾到本次检测到的冗余数据块之间的数据块并存储下来,同时继续滑动窗口滑过该重复块;否则直接滑动窗口。

(4) 当滑动超过一个块的距离还无法匹配到已存储的数据块时,计算滑动过块的 Hashcode 并保存下来。

滑动窗口去重技术对数据的插入和删除处理很高效,而且去重粒度较小,能检测到更多重复数据,但会引入碎片,增加去重额外开销。

第 14 章　可控网络运行控制

运行控制是为实现网络运行安全目标而对网络实施的一种特定的作用,是可控网络闭环控制的具体实现。本章基于安全服务链对运行控制进行研究:首先,从运行控制整体框架、态势感知和综合审计 3 个方面对运行控制进行概述;其次,从安全风险评估、安全态势预警、安全态势评估和安全态势预测等方面阐述动态安全服务关键技术;最后,从安全服务资源描述、安全服务链构建流程、安全服务链建模分析、安全服务链动态构建等方面,设计安全服务等级动态控制模型。

14.1　运行控制概述

14.1.1　整体框架

1. 运行控制概念

运行控制是网络安全控制的重要组成部分,运行控制在网络系统正常运作过程中的作用不言而喻。在千差万别的网络系统中,每个实体和用户、每种信息、环境和行为,都存在网络系统的成分和作用。许多网络运行控制问题,如路由控制、流量控制和差错控制等一系列的网络运行控制问题,运用控制论的方法和思路解决这一系列运行控制问题是一种思路。网络运行控制是为了改善某个或者某些网络对象、设备的运行状态,并加以利用这些信息,以这种信息为基础而选择施加在该网络对象的运行控制作用。换句话说,网络运行控制是为了实现网络运行安全目标而对网络实施的一种特定的作用。从可控网络运行控制的概念可以看出,运行控制的实质是将控制原理运用于可控网络系统的设计和可控网络运行控制技术的实现过程中。

可控网络系统的运行控制过程实质为闭环反馈控制的具体体现,主要包括信息采集、反馈、评估、决策和控制环节。在运行过程中,最为核心的部件是可控网络系统的安全控制中心,它是协调整个可控网络系统中各个部件运行的关键,主要负责接收和处理、观测和采集部件传送来的网络信息。安全控制中心描述受控网络的控制特征,将控制任务分割成子任务并分配给各个组件完成,实现任务分解的功能;同时管理系统的各个部件,负责设定各个组件的功能和参数。协调管理部件针对网络反馈信息管理和调整控制策略、控制机制和控制部件,增强网络的可控性、可观性和安全性。在安全控制中心的协调运行下,可控网络系统的安全态势评估分析、动态安全防护体系是运行控制的具体体现。动态安全防护技术主要包括风险评估、安全预警、态势评估和态势预测,动态安全防护体系是建立在安全态势评估的基础上,根据态势评估分析的结果,动态调度不同安全等级的功能组件形成安全服务链,以确保网络通信的安全可控和实施有效的运行控制。

2. 运行控制总体框架

为了应对网络中的安全问题所带来的挑战,业界部署了不同的安全系统,如防火墙系统、防病毒系统、入侵检测系统等[71]。然而,随着部署的安全管理系统的增多,同时也出现了很多相应的问题:一是由于各种安全设备部署分散,导致产生的事件告警之间相对独立,难以把握综合风险情况,更难以实现对这些设备的集中监控和安全事件的分析处理;二是安全设备产生的事件数据量庞大,管理员无法对这些海量数据进行综合分析和处理,更无法从这些独立的事件中准确分析网络态势情况;三是安全设备之间缺乏协调机制,不能从总体上综合进行网络安全控制,更不能针对网络反馈信息管理和调整控制策略、控制机制和控制部件。

要解决上述问题,依据可控网络系统的总体设计结构,对可控网络运行控制整体框架进行设计。运行控制整体框架的核心是安全控制中心,安全控制中心通过集中监控安全设备和网络设备及应用,实时分析采集安全事件,对平台进行网络风险总体状况分析,以便管理者做出正确及时的决策或响应。其中安全事件指各个 IT 资源(防火墙、IDS、服务器等设备)的日志、告警信息的统称。网络中众多的安全设备和网络设备及应用产生了海量事件,如果不对这些数据进行合理处理,管理员将无法得到整个平台的总体安全态势,难以做出正确的决策或应急响应,因此对安全事件进行关联分析是非常重要的。通过关联分析,找出安全设备已上报的安全事件(已经规范化为统一格式)之间的相关程度,挖掘出有效信息,剔除虚假、重复的告警信息,发现潜在威胁告警,进行响应处理和控制。安全控制中心将安全事件处理作为主要业务流程,实现对各类资产和业务的信息采集、关联分析、日志审计、事件监控、流量分析、网络攻击防范、态势感知、安全预警和快速响应,做到“集中监控(monitor)、统一管理(manage)、全面分析(analyze)、快速响应(response)”,即“MMAR”。

可控网络运行控制的总体架构图如图 14-1 所示。从逻辑上可分为受控对象、控制组件、数据采集、核心处理、集中展示、用户接口 6 个层次,安全控制中心主要包括态势显示系统、综合审计系统、态势评估系统、响应处理系统、平台管理系统。态势显示系统用于网络拓扑、安全设备运行情况、网络设备及终端运行情况、应用系统运行情况的综合展示。综合审计系统通过对关联处理后的日志信息、漏洞信息等相关信息综合处理之后,产生综合告警、统计报表以及其他面向业务的审计信息。态势评估系统根据关联事件及相关设备或软件系统的脆弱性信息进行风险计算,给出风险评估报告、安全预警信息和态势分析图。响应处理系统根据关联事件及处理预案库实现对控制组件进行自动或人工的操作控制。平台管理系统主要存储控制策略库、处理预案库关联规则库等信息。此外,作为可控网络系统的一部分,控制组件作为中间控制节点,能够直接获取受控对象的相关状态以及应用和服务的反馈信息,实现本区域相关控制功能,提供本地控制界面。在控制中心协调控制下,具备一定的参数设置和改变网络状态的功能,实现网络系统的动态特性和分布特征。

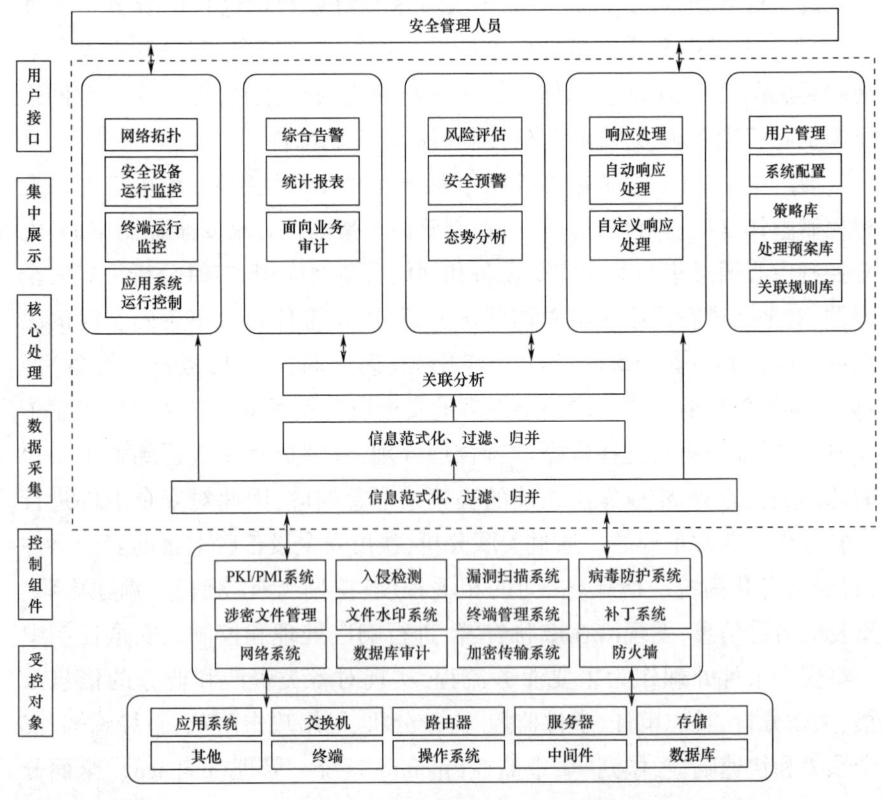

图 14-1　可控网络系统总体架构

14.1.2 态势感知

态势感知系统[72]能够对全网的各类网络设备、安全设备、服务器、存储、终端、数据库、中间件、应用系统等进行实时、细粒度的运行监控。该态势感知系统能够显示整个网络拓扑运行情况，动态展示拓扑节点的运行状态，及时发现网络中的可用性故障，并实现故障定位和告警。态势感知系统的数据来源于信息采集接口对受控对象、控制组件相关接口的直接读取或相关功能模块的直接调用。

1. 网络拓扑获取

网络态势显示中非常重要的一个环节就是网络拓扑结构的展现。由于网络的动态性，网络的拓扑结构未必是静态的。为此，需要通过技术手段动态获取网络的拓扑结构。SNMP（simple network management protocol）即简单网络管理协议作为 IETF 提出的网管协议，在网络设备管理、网络拓扑获取方面无疑就有很多天然的优势。SNMP 遵循网络管理的一般模型，为了使不同功能和型号的网络设备能够提供统一的运行信息，SNMP 为它们规定了固定通信接口和交互协议。在网络监测系统中，服务监测程序和不同的网络设备都使用统一的接口、SNMP 协议发送网络命令，进而实现传输设备运转信息正常交互。网络监测程序收到的是格式统一的网络设备运行数据，根据相应规则对网络数据综合分析后即可得到每个设备的运行状态和网络总体的运行态势。SNMP 的这些协议和接口是基于 UDP 通信的，因此 SNMP 是基于 TCP/IP 协议工作在传输层之上，可以视其为应用层的协议。SNMP 协议实现的核心思想其实是在应用层和传输层之间构造了一个新的网络数据构造以及传输的协议，对于不同平台、不同网络设备间具有相同意义的信息（如路由器的内存占用比和 Window NT 的内存占用比），该协议定义了统一数据格式进行了封装，对底层可以兼容不同种类的设备数据，对高层（应用层的网络监控程序）提供了统一的数据格式，这个协议就是 SNMP。

2. 运行监控

运行监控又可分为网络安全设备的运行监控、网络终端的运行监控、应用系统的运行监控。网络安全设备作为网络管理的工具，本身就是可控网络系统的一部分，而网络终端则是可控网络系统的控制对象。网络安全设备和网络终端从本质上都属于网络节点设备，只是在网络中扮演不同的角色。因此，网络安全设备的运行监控和网络终端的运行监控处理起来是类似的。应用系统的运行监控属于软件系统监控的范畴，侧重于操作系统级的 API 调用。在控制中心的运行监控部分需要展示如下方面。

(1) 性能指标:展示每台设备的 CPU 利用率、内存利用率、带宽利用率、设备响应性能等指标,使管理人员能一目了然当前网络中的性能瓶颈问题。

(2) 性能视图:用户可灵活定制性能数据浏览视图,分析网络运行趋势。性能视图支持多指标多实例数据组合的展示,支持 TopN 明细表格、TopN 柱图、折线图、柱状图、面积图、汇总数据多种性能监控数据展示方式。

(3) 服务器监控管理:平台通过 SNMP/WMI/SSH/Telnet 等方式对各种平台的操作系统主机的监控,如服务器系统的处理能力(CPU、内存、磁盘容量、磁盘性能),服务器系统的服务能力。

(4) 数据库监控管理:基于 ODBC、JDBC 等方式自动发现并监控数据库,对各数据库的分区、进程、表空间、数据文件、日志文件、命中率等指标信息进行采集,用户可以根据业务应用情况对各指标进行告警阈值的设置,从而帮助运维人员很好地掌握数据库的运行状态。

(5) 中间件监控管理:通过 IP 地址和应用的端口号实现对中间件的监控,提供包括配置信息、连接池、线程队列、负载监测、通道情况监测等多类监测组,分析与监测中间件的各项运行状态参数。

(6) 应用服务器监控管理:实现 J2EE 应用服务器的监控管理,对于每种应用的管理通过相应的监听端口和管理用户名及密码实现。

(7) 存储设备:通过 SMI-S、SNMP 等协议,监控主机、交换机、存储设备、光纤通道状态,以及数据存储磁盘分配情况,并支持生成 FC-SAN 拓扑。

3. 流量监控

网络流量是单位时间内通过网络设备或传输介质的信息量(报文数、数据包数或字节数),对在网络中不同位置通过不同方法采集不同空间粒度和不同时间粒度下的网络流量,并借助于数理统计、随机过程和时间序列等数学手段针对预先定义的一系列网络流量的相关属性对网络流量展开分析与研究。得到网络流量的不同属性在其构成、分布、相关性和变化规律与趋势等方面的特征,称为流量测量。网络流量监控就是通过分析和研究网络上所运载的流量特性,从中抽取能够刻画网络流量特征的参数,进而通过对网络流量建模模拟和性能分析,寻找可调控的性能参数。对流量实施有效的控制、改进和优化网络性能。

目前常用的流量监测技术有以下 4 种。

（1）SNMP/RMON:SNMP是TCP/IP的标准网络管理协议，该协议定义了传送管理信息的协议消息格式及管理站和设备代理相互之间进行消息传送的规程。网管系统通过轮询远程运行在节点设备上的SNMP代理来收集设备信息和统计数据，管理信息库MIB是一个信息存储库，它包含了管理代理中的有关配置和性能的数据，同时也是一个组织体系和公共结构，其中包含分属不同组的许多数据对象，它定义了节点设备的对象标识树，每个对象表示设备的一种状态或一个数据，例如接口发送和接收的报文数和字节数。

（2）NetFlow/SFlow:NetFlow是Cisco公司开发的专用流交换技术，同时用于记录流量统计信息。NetFlow集成在Cisco的各类路由器和交换机内，广泛应用于网络监视、流量计费、设计规划和故障定位。NetFlow采用三层体系结构：数据输出设备（NDE）、数据收集器（NFC）和数据分析器（NDA）。NetFlow主要完成流数据信息从采集、汇聚、输出、接收、过滤、存储到分析的过程。

（3）数据采集探针：是专门用于获取网络链路流量数据的硬件设备，按实现方式分为软件架构和硬件架构。使用时通过分光分路设备、交换机流量镜像端口或直接将其串接在待观测链路上，对链路上所有的数据报文进行处理，能够提取流量监测所需的协议字段甚至全部报文内容。流量探针可以实时对流量数据进行采集记录，经过汇聚和预处理将流量信息发送到后端数据库，通过分析软件进行实时监视，通过图表显示分析统计结果或导出报表文件。通过条件设置还能够利用流量探针的数据捕获功能对网络流量进行实时采集或流量镜像，进行报文的协议分析。

硬件架构的数据采集探针是为流量监测目的专门设计的技术方案，能够做到高速端口的线速流量采集。探针采用无源分光器或镜像方式接入网络，不影响原有设备的传输和性能。流量采集过程不需要现网设备的参与，路由器交换机可全力用于路由和转发，探针技术也不依赖于设备本身的流量统计功能，能够精确记录所有报文的流量信息，还可根据用户要求定制灵活高效的数据采集策略最终满足用户对流量监测的需求。流量探针适合部署在汇聚层，或某些网间互连的重要或关键链路，如果价格合理也可以部署在接入层到汇聚层的边缘。由于探针必须放置在物理链路上，因此不同类型的端口需要不同接口的探针。探针方法需要部署新的设备，并且一个探针只能同时监测一条或几条链路。

（4）协议分析仪表：可以对网络流量的全部数据进行短时的实时采集，数据量的多少与报文缓存的大小相关，既能捕获整个数据报也可捕获数据报的片段,既能进行实时解码也能离线分析。许多协议分析仪表还支持设定条件的数据捕获和后分析。通过捕获的数据可以进行2~7层的协议解码、报文或会话重组,进行详细的分析和诊断。协议分析仪表具有强大的协议解析能力,能够提供非常详细的协议和信令交互分析,广泛应用于网络调试诊断、故障定位和内容分析。部分协议分析软件也提供诸如排名分析,分类统计,关联分析等功能。协议分析仪的产品功能定位于专用的分析和故障处理,一般在具有故障申告或网络出现异常告警后由运维人员到现场处理。也可用于对特定业务、网络拥塞和入侵的详细分析。

4. 安全状态的监控

安全状态监控主要根据安全状态空间的相关描述,结合安全状态、安全状态变量、安全状态空间,以实现信息网络系统始终运行在安全域和可控域内。安全控制中心通过代理准确把握网络中各个软硬件的状态,通过对相关要素的安全状态感知、分析、评估,形成控制决策,实现网络安全控制。

(1) 安全状态空间。可控网络的安全状态空间虽然是借鉴现代控制理论的状态空间思想,但与状态空间有明显区别之处在于以网络安全为核心要素进行的理论研究与分析。因此,结合状态空间概念,定义安全状态空间相关概念。根据安全状态空间的相关描述,结合网络安全特点,安全状态空间的相关概念主要包括安全状态、安全状态变量、安全状态向量和安全状态空间。其中安全状态由若干安全状态变量组成确定,安全状态向量则是安全状态在安全状态空间的表现形式。

(2) Agent 的应用描述。在安全状态的监控过程中,Agent 扮演着重要作用。Agent 是具备基本的控制指令接收、控制决策、策略执行和反馈指令输出功能,主要由采集单元、决策单元和执行单元组成,采集单元包含了事件监控模块和状态采集模块,主要负责为采集单元提供不间断的当前网络状态和事件监控、网络状态采集功能。决策单元负责根据采集状态提供的网络状态信息做出基本决策。执行单元负责接收决策信息,并根据具体决策内容,与相应的功能模块进行交互,调用各种控制功能和服务,或实施数据传递等具体的控制动作。

14.1.3 综合审计

综合审计系统包括网络行为审计系统、业务审计系统,关联分析是其中的核心技术,它是数据挖掘技术范畴。关联分析是指将所有系统中的事件以统一格式综合到一起进行观察,是对集中的数据根据领域知识或者某些属性进行关联。在网络安全领域中，关联分析是指对网络全局的安全事件数据进行自动、连续分析，根据用户定义的、可配置的规则来识别网络威胁和复杂的攻击模式，从而可以确定事件真实性、进行事件分级并对事件进行有效响应。关联分析可以用来提高安全操作的可靠性、效率以及可视化程度，并为安全管理和应急响应提供技术手段。比如，在统一安全管理平台中各种安全设备都会产生一些日志，单独分析每一条日志难以发现一些隐藏攻击，若将各种设备的日志统一收集起来，把相关的日志进行归类或者根据时间进行先后次序的关联，一些攻击信息很容易找出来。

1. 关联分析问题

关联分析亟需解决的问题如下。

(1) 联系可能的安全场景分析单个报警事件，以避免虚警。

(2) 对相同、相近的报警事件作处理，以避免重复报警。

(3) 挖掘深层次、复杂的攻击行为，达到识别有计划的攻击，从而增加攻击检测率。

(4) 提高分析的实时性，以利于及时响应。

关联分析需要采集安全设备所产生的报警信息和日志信息，将采集来的信息进行预处理，包括安全事件的格式统一化、对无用的安全事件的过滤、对安全事件的时间排序，对重复的安全事件的归并等，然后根据有关知识进行分析后得到相应的结果。

2. 关联分析系统组成

典型的关联分析系统包括以下几个部件。

(1) 代理端：从各个安全组件采集原始数据，对原始数据进行预处理，并通过安全信道将数据传送给关联分析引擎。

(2) 关联分析知识库：事件关联关系的定义、事件之间推理规则的描述等。

(3) 关联分析引擎：运用各种关联方法从相互独立的数据源中提取相关信息，用于安全事件的分析与处理。

(4) 关联分析结果处理：对关联后的结果进行显示并做进一步的响应处理。

3. 关联分析典型方法

关联分析包括以下的几种典型的方法。

(1) 基于因果关系的事件关联分析。基于因果关系的事件关联分析是通过动态事件库的方式来实现。动态事件库是一个事件知识库，它保存了网络中所有对象和对象间关系的信息，事件关联分析引擎从事件队列中取出一个事件,然后在事件知识库中找到与之匹配的事件,从而对事件的原因和结果进行分析。

(2) 基于模型推理的事件关联分析。基于模型推理的方法是一个基于知识的系统,它需要对网络的结构和行为进行建模,从而根据其结构和功能的行为表示来对系统进行推理,它的优点在于具有解决新问题的能力,但是当遇到的问题在系统知识范围之外时,分析过程的性能大大降低。

(3) 基于规则的事件关联分析。基于规则的事件关联分析方法最大的特点就是简单易懂。在现代网络的管理中被广泛应用。但该方法在规则数量达到一定程度时,规则库的维护变得比较困难,知识的获取更新和维护是一个很大的问题,而且没有自学能力,知识的获取主要通过专家知识。

14.1.4 分析方法举例

可控网络运行控制是建立在存储控制、传输控制、接入控制和结构控制等控制服务之上的概念,其实质是联合多种控制服务来实现整个网络多级闭环反馈控制,主要包括系统级和部件级的信息采集、反馈、评估、决策和控制环节。

1. 运行控制状态空间和时间维拓展

运行控制安全状态空间和基本安全状态空间相似,由基本控制服务维、基本控制功能维和基本控制设备维组成的三维状态空间构成。控制服务维包括结构控制服务、接入控制服务、传输控制服务和存储控制服务等。控制功能维包括结构控制功能、接入控制功能、传输控制功能和存储控制功能等。控制设备维包括安全日志系统、安全网关、防火墙设备、加解密设备和入侵检测设备等,为了研究运行控制过程和控制规律,我们需要对运行控制安全状态空间进行时空拓展,同时借鉴系统级、部件级二级反馈控制的思路,采用安全状态空间分析方法对运行控制进行分析,如图 14-2 所示。

2. 可控网络安全控制中心的作用

安全控制中心作为可控网络系统的核心,负责接收、处理、观测和采集部件传送来的部件级网络信息,根据感知得到的网络信息计算网络安全状态的近似值,进而生成相应安全策略。安全控制中心结合安全策略,动态开启相应的控制服务所对应的网络设备,实现多种控制服务中相应控制功能的联合动态控制。随着时间的推移,安全控制中心在线感知设备的网络信息和实时评估网络安全状态,生成新的安全策略,动态调整各安全控制

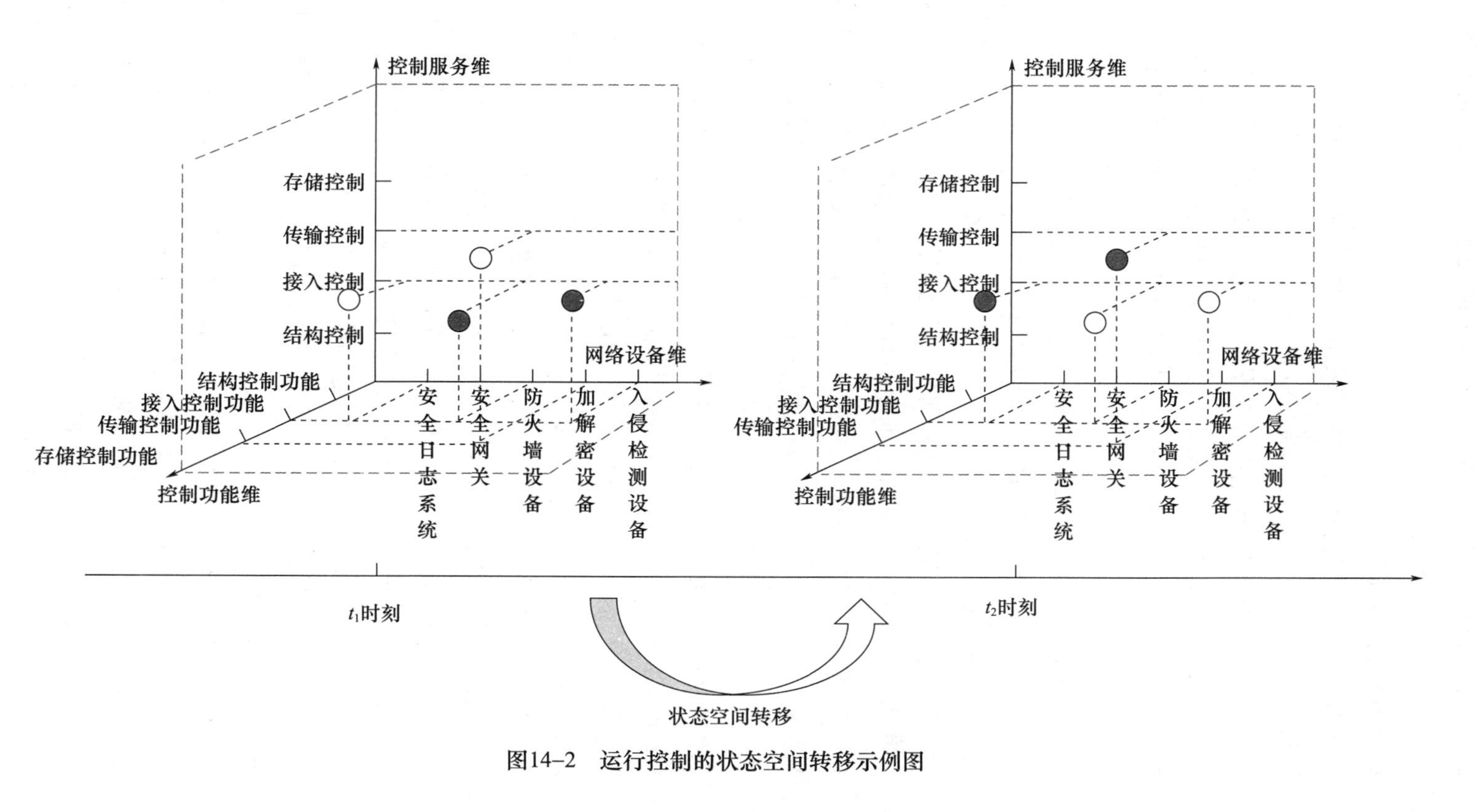

图14-2 运行控制的状态空间转移示例图

服务的运行状态，使得整个网络系统状态始终处于安全可控的状态空间内。

3. 运行控制过程简介

下面以 DoS 攻击导致网络安全状态变化为例，来阐述运行控制中状态空间转移的具体过程。为了确保网络信息安全和稳定网络运维，如图 14-2 所示，在 t_1 时刻，安全控制中心根据相关信息进行评估，判断是敌方网络 DoS 攻击行为，安全控制中心根据安全策略，分别启动接入控制服务对应的防火墙设备、入侵检测设备，并分别执行过滤 DoS 攻击流量的接入控制功能、网络行为检测的接入控制功能，则安全控制中心使得对应的两个控制功能点由状态 0 变为状态 1。同时，安全控制中心通过采集部件级层面的网络设备节点信息，经过分析器的分析和判断，将相关的感知信息反馈至安全控制中心，生成新的安全策略对网络状态空间进行控制，促使在 t_2 时刻运行控制的状态空间转移到另一状态空间。在 t_2 时刻，敌方网络 DoS 攻击行为逐渐消失，则相应的安全控制服务需要做动态的调整，并降低相应安全功能配置。具体地，关闭防火墙功能与入侵检测功能，即接入控制服务对应的防火墙接入控制功能、入侵检测接入控制功能均由 t_1 时刻的状态 1 变为 t_2 时刻的状态 0。同时，接入控制服务对应的安全日志系统接入控制功能和传输控制对应的加解密传输控制功能由 t_1 时刻的状态 0 变为 t_2 时刻的状态 1，从而保证了可控网络安全状态始终处于稳定空间。

可以看出，在运行控制的过程中，安全控制中心与网络安全设备形成系统级的反馈控制回路，网络安全设备与各控制服务形成部件级的反馈控制回路。在运行过程中，各个网络控制节点之间传输的主要是状态信息和控制信息，状态信息从下向上由部件级的各网络设备反馈至系统级的安全控制中心，控制信息自上向下由系统级的安全控制中心到各部件级的网络设备。从安全状态空间的角度分析，安全控制中心通过感知与评估当前网络空间安全状态，生成相应的安全策略进而改变安全空间中的状态 0 和状态 1，最终保证可控网络系统以多级反馈、协调控制的方式运行在稳定的网络安全状态空间。

根据研究的需要，可以按递阶拓展的思路，将控制服务维 4 个坐标要素递阶拓展成结构控制、接入控制、传输控制和存储控制等 4 个安全状态子空间，并在时间维进一步开展深入研究；也可以将控制服务维的 4 个坐标要素递阶拓展成 4 个安全状态平面，在时间维拓展开展运行控制过程和控制规律方面的研究。

14.2　动态安全防护技术

态势评估分析系统属于动态安全防护技术范畴,它是在网络态势感知及综合审计的基础上,综合全网拓扑状态、运行状态、流量情况等,自动生成风险评估报告、安全预警信息以及综合态势分析报告的系统,态势评估的结果将决定响应系统的下一步网络安全服务链动态控制。

14.2.1　安全风险评估

根据《信息安全技术——信息安全风险评估规范》(GB/T 20984—2007),风险评估是围绕着资产、威胁、脆弱性和安全措施这些基本要素展开的,在对基本要素的评估过程中,需要充分考虑业务战略、资产价值、安全需求、安全事件、残余风险等与这些基本要素相关的各类属性。风险要素及属性之间存在着以下关系。

(1) 业务战略的实现对资产具有依赖性,依赖程度越高,要求其风险越小。

(2) 资产是有价值的,组织的业务战略对资产的依赖程度越高,资产价值就越大。

(3) 风险是由威胁引发的,资产面临的威胁越多则风险越大,并可能演变成为安全事件。

(4) 资产的脆弱性可能暴露资产的价值,资产具有的脆弱性越多则风险越大。

(5) 脆弱性是未被满足的安全需求,威胁利用脆弱性危害资产。

(6) 风险的存在及对风险的认识导出安全需求。

(7) 安全需求可通过安全措施得以满足,需要结合资产价值考虑实施成本。

(8) 安全措施可抵御威胁,降低风险。

(9) 残余风险有些是安全措施不当或无效,需要加强才可控制的风险;而有些则是在综合考虑了安全成本与效益后不去控制的风险。

(10) 残余风险应受到密切监视,它可能会在将来诱发新的安全事件。

风险分析中要涉及资产、威胁、脆弱性 3 个基本要素。每个要素有各自的属性,资产的属性是资产价值;威胁的属性可以是威胁主体、影响对象、出现频率、动机等;脆弱性的属性是资产弱点的严重程度。风险分析原理如图 14-3 所示。

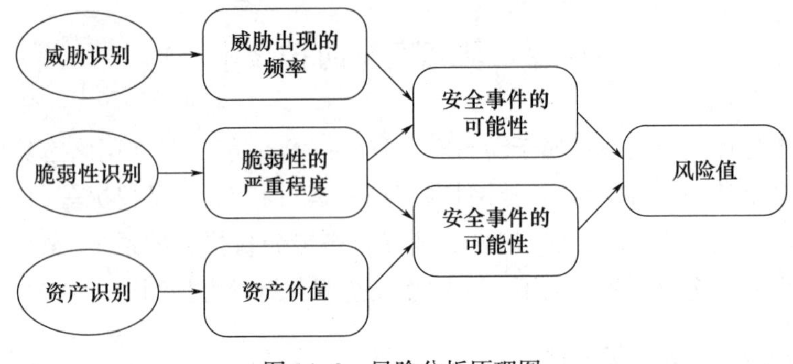

图 14-3　风险分析原理图

风险分析的主要内容如下。

(1) 对资产进行识别,并对资产的价值进行赋值。

(2) 对威胁进行识别,描述威胁的属性,并对威胁出现的频率赋值。

(3) 对脆弱性进行识别,并对具体资产的脆弱性的严重程度赋值。

(4) 根据威胁及威胁利用脆弱性的难易程度判断安全事件发生的可能性。

(5) 根据脆弱性的严重程度及安全事件所作用的资产价值计算安全事件造成的损失。

(6) 根据安全事件发生的可能性以及安全事件出现后的损失,计算安全事件一旦发生对组织的影响,即风险值。

14.2.2　安全态势预警

根据当前网络运行状况和风险评估的结果,安全预警系统需要从用户行为、网络结构、流量状况、网络安全设备运行状况、终端设备运行状况等方面对存在的问题和隐患给出预警信息。安全预警系统组成结构图如图 14-4 所示。

(1) 用户非法接入告警:当有用户以非法身份接入内部网络或利用破解工具试图入侵身份认证系统时,安全预警系统将告警。

(2) 用户非法外连告警:当用户没有访问外部网络的权限时,利用有线或无线方式非法访问外部网络时,安全预警系统将告警。

(3) 用户行为异常告警:利用网络行为分析系统和用户行为模型,确定用户行为是否异常,并对异常行为进行告警。

(4) 动态网络结构危机预警:针对当前的网络拓扑结构进行分析,如果发现结构存在可靠性、安全性等方面的隐患时,系统将给出预警信息。

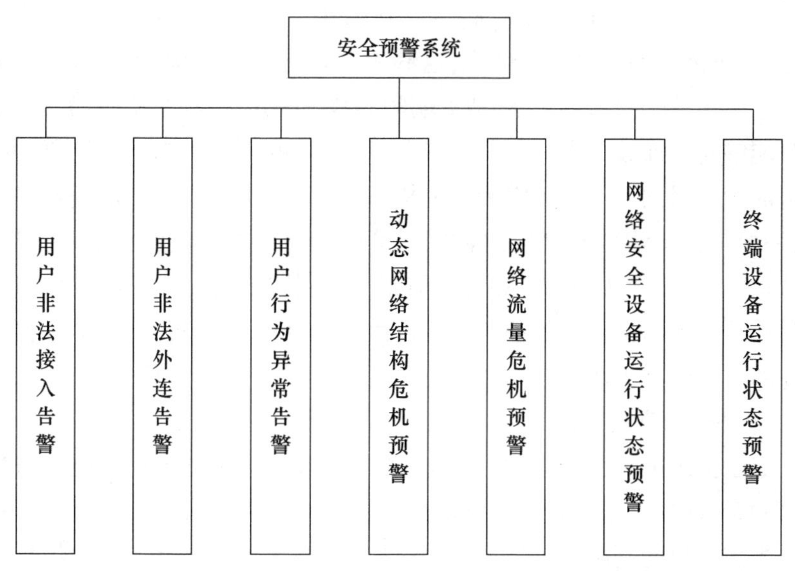

图 14-4　安全预警系统组成结构图

(5) 网络流量危机预警：利用流量监控系统，实时掌握网络链路的流量分布情况，针对可能出现的网络拥塞情况进行预警。

(6) 网络安全设备运行状态预警：利用运行监控系统，实时监控网络安全设备的运行状态，一旦发现运行状态异常，系统将给出预警信息。

(7) 终端设备运行状态预警：利用运行监控系统，实时监控终端设备的运行状态，一旦发现运行状态异常，系统将给出预警信息。

安全预警系统给出警报信息，展现给网络管理人员，同时将信息发送给响应管理系统，做进一步处理。

14.2.3　安全态势评估

安全态势评估是综合前述态势信息采集、综合审计、风险评估、安全预警等各方面信息之后，利用相关分析方法，产生态势评估的总体性的结论。在当前分析评估方法中，传统方法包括基于贝叶斯的方法、基于知识的方法、人工神经网络、模糊逻辑技术、遗传算法，引入的新理论有集对分析、D-S 证据理论、粗糙集理论、灰色关联分析等。这些技术方法大致可以分为 3 类，即基于数学模型的方法、基于推理的方法和基于模式识别的方法。

1. 基于数学模型的方法

基于数学模型的方法，就是综合考虑影响态势的各项态势因素，构造评定函数，建立态势因素集合 R 到态势空间 θ 的映射关系 $\theta=f(r_1,r_2,$

$r_3, \cdots, r_n$)，其中 $r_i \in R(1 \leqslant i \leqslant n)$ 为态势因素。态势包含众多相互冲突、不可公度、不确定的复杂态势因素，这些因素具有层次结构，可以逐层划分、细化。基于数学模型的方法，建立明晰的数学表达式，模型直观易于理解，而且能够建立连续的态势空间，给出一种有利或不利的判断性结果，便于态势的优劣对比。但是评定函数的构造、参数的选择，没有统一科学的方法，一般依赖领域知识和专家经验，不可避免带有主观意见，缺少科学客观的依据。此外，态势评估多数情况使用自然语言表述知识，而这种知识不容易被转化为易被机器处理的数学表达式。因此，建立面向自然语言条件陈述的数学模型也成为该方法的又一难点。

2. 基于推理的方法

基于推理的方法，基本思路是在已知知识、先验概率的前提下，接收一级融合的输出，根据实时监测的数据信息，通过一定的关系逐级推理得到对当前态势的判断，可以对态势空间进行划分，给出分级、分类结果。推理方法又可以分为基于产生式规则的逻辑推理、基于图模型的推理和基于证据理论的概率推理。基于推理的方法能够模拟人类思维方式，较之基于数学模型的方法，将知识的运用融于推理的过程之中，具有一定的智能，类似于专家解决问题的过程。评估的结果建立离散的态势空间，能够确定态势优劣等级，或者指明态势的攻防类型，便于态势的理解和把握。该方法的难点在于获取知识、建立模型，如果凭借经验会带有强烈的主观色彩，如果通过机器学习，相关的研究还比较少，而且如何学习到“模拟人类思维方式”的知识更是难上加难，可见该方法的优点反而成了最大的障碍。此外，该方法维护大量推理规则，空间开销和推理代价都很高，如何应对大规模问题，是另一个需要考虑的问题。

3. 基于模式识别的方法

基于模式识别的方法分为建立模版和模式匹配两个阶段。第一阶段建立态势模版，在对态势空间进行划分的基础上，识别所有可能出现的态势状态。划分没有统一的标准，可以将态势分为不同类型，例如进攻、防御、势均力敌，也可以对态势进行分级，例如优势、劣势、均势，或者细分为更多级别。第二阶段模式匹配。通过计算实测数据与模版数据之间的关联，如果两组数据符合，或者关联系数达到预先规定的阈值，则认为匹配成功，从而确定态势状态。建立模版是基于模式识别的方法的重点，关键在于选择分类方法。除了凭借专家经验、领域知识，机器学习是划分的主要手段，从训练样本或案例中获得有关分类的知识，代表性的方法有：基于案例的推理、神经网络、模糊聚类分析、灰关联分析、粗集。这些方法一般也用于模式匹配。基于认知的方法引入机器学习机制,科学客观,可以方便地从历史数据或者案例中获得有关态势划分的知识。但是该方法计算量大,在非实时环境中有很好的效果,而在实时环境中可能无法满足要求,某些研究采用启发式算法来提高效率。而且由于分类知识是从历史数据中通过机器学习获得,机器很难给出直观的解释,不利于理解。

14.2.4 安全态势预测

综合态势分析阶段,最高层次的应用即为态势预测。态势预测方法与态势评估方法在某种意义上可以说是一致的,它们的基本原理都是一样的,或者是基于推理的、或者是基于数学模型的、或者是基于模式匹配的。目前,基于神经网络的预测方法研究的较多,根据其知识获取方式可以分为3类,即基于线性化方法的神经网络预测、基于迭代学习求解的神经网络预测、基于神经网络控制器的神经网络预测。

1. 基于线性化方法的神经网络预测

线性化方法一直是处理非线性问题的一个常用方法。它对非线性问题进行抽象,通过各种线性化逼近,可以将非线性化问题的知识表示的求解过程加以简化,提高实时计算速度。张日东等提出一种可用于非线性过程的神经网络多步预测控制方法,将非线性系统处理成简单的线性和非线性两部分,用线性预测控制方法求得网络的知识表示,避免了复杂的非线性优化求解,仿真结果表明了该算法有一定的可行性。非线性方法虽然在计算过程上得到了简化,使得系统的计算量大大的缩减,但是在复杂问题的求解过程中有着不可避免的劣势。当系统的知识表示超出了线性方法能够表示的限度时,它就显现出无能为力,预测控制将不再有效,这是线性化方法的一个弊端。

2. 基于迭代学习求解的神经网络预测

这种方法采用神经网络实现对过程的多步预测,网络控制信息的求取基于多步预测的目标函数,利用神经网络预测模型提供的梯度信息进行迭代学习获得。这种预测方式中,系统的知识表现为网络中互连的权值以及网元的阈值。学习过程中根据网络的误差相对于网络权值的梯度负方向来调整权值与阈值,使得随着学习过程的进行,网络的知识表示越来越接近被模拟系统的"真实"运行结果。在神经网络预测控制中,这种方法被广泛采取,并运用在各种领域中,如航空运输预测、网络流量预测、网络安全预测等。这种方法在神经网络学习规则分类中被归为"有导师"学习,即以网络实际运行的部分结果为系统的训练样本,通过学习过程,也就是权值、阈值调整过程,使得网络很好地模拟系统的前期行为,以期用前期系统的特征模拟系统的未来运行情况。

3. 基于神经网络控制器的神经网络预测

这种方法适用于对预测精度要求较高的系统中,它基于两个神经网络,其中一个是建模网络,用于过程的动态建模以获取对过程预测的信号;另一个是控制网络,它按照与预测控制目标函数相应的驱动信号来调整整个网络的权值,以获取对预测控制信号的函数逼近。陈博等将传统预测控制的优化策略与神经网络逼近任意非线性函数的能力相结合,提出了一种基于 BP 神经网络的新的预测控制算法,即滚动化模块用一个神经网络来实现,并针对一个工业装置控制实例,探讨了该算法在工业控制中的应用。此类方法由于维持了两个非线性的神经网络,其运算量可想而知是很大的。这种方法在工业控制上是可行的,因为众所周知硬件运算速度相比于软件要高上几个数量级,所以可以满足系统的实时需求。但是在网络态势分析中则暴露出其运算时间长、反应缓慢等弊端,不能得到很好的应用效果。

14.3 安全服务等级动态控制

传统网络安全功能与硬件设备的紧耦合关系,造成传统网络安全服务模式静态僵化,难以满足未来网络的多样性安全需求。当前,基于软件定义网络和网络功能虚拟化的动态安全服务链为实现可控网络安全管理提供了支撑技术。本节重点对可控网络安全等级防护系统的资源描述、构建流程、建模分析等进行详细的介绍。

14.3.1 服务资源描述

为了避免功能划分不统一导致功能模块混乱,将基础网络安全功能划分为基本要素,并为网络安全功能的组合编排提供基础。功能部件系统运用各类控制技术,可将网络安全控制功能分解为四大类,如图 14-5 所示,分别为接入控制类、传输控制类、存储控制类和结构控制类;再对每类功能进行功能单位分解,得到细粒度的安全功能集合。接入控制技术主要包括身份认证技术、防火墙技术和访问控制技术等;传输控制技术主要包括流量控制技术、路由控制技术和加密传输技术等;存储控制技术主要包括加密存储技术、虚拟化存储技术和数据隐藏技术等;结构控制技术主要包括隔离控制技术和边界控制技术等。

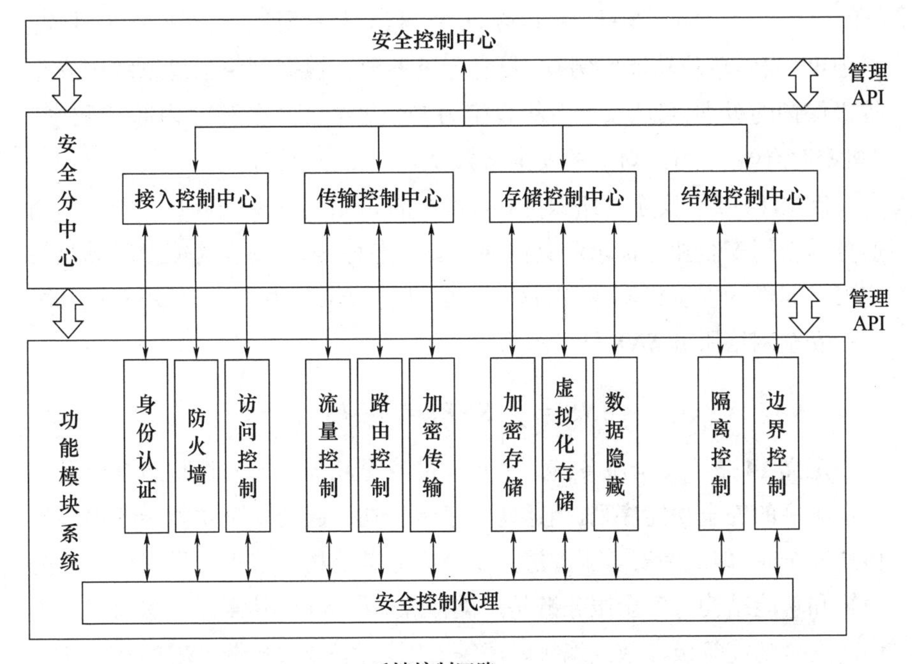

图 14-5　网络安全功能集合

在网络安全功能集合中,不仅可以对集合中安全功能进行动态组合以实现安全需求的用户定制化,也可以向集合中添加新型的安全功能以实现安全的快速扩展,由此增强网络安全的管控能力和拓展能力。可控网络中安全功能的概念及其动态等级防护构建是安全可控体系设计核心环节,基于安全可控网络可以构造针对不同应用场景和租户需求、具有多等级安全强度的安全服务,实现网络安全需求的充分满足和合理适配[73]。下面介绍可控网络安全服务等级动态控制的相关概念定义。

定义 14-1　安全网络功能(security network function,SNF)。安全网络功能是指能够提供基本安全要素和功能的单元实体,通过安全网络功能的有序重组为构建安全服务提供功能单位。如接入控制安全服务可由身份认证、访问控制和防火墙等安全功能组成。某种安全网络功能可视为向量空间中某一维度的单位向量,因此第 i 类安全网络功能 $\boldsymbol{se}_i$ 可表示为

$$\boldsymbol{se}_i = (0\cdots0 \underset{\text{第}i\text{位}}{1} 0\cdots0)^T, i = 1,2,\cdots,N \tag{14-1}$$

式中:N 为安全网络功能的种类数目。不失一般性,将第 i 类网络功能视为安全等级参数 λ_i 和单位安全功能 $\boldsymbol{se}_i$ 的乘积组合,因此第 G^v 类安全功能 $\boldsymbol{SNF}_i$ 可表示为

$$SNF_i = sl_i se_i, sl_i = \{1,2,3,4,5\} \tag{14-2}$$

式中：L^v 表示单位功能实例 se_i 安全等级参数。根据网络信息系统中安全等级保护的级别，可将安全等级设定为5个等级，即“公开”“内部”“秘密”“机密”“绝密”，与此对应的安全参数 $sl_i = \{1,2,3,4,5\}$。

定义 14-2 安全网络服务(security network service，SNS)。安全网络服务是根据安全业务需求和具体网络安全态势，聚合安全功能形成满足特定安全属性的安全机制，并由这些安全机制来保障提供安全服务。因此，某一安全网络服务 ***SNS*** 可表示为

$$SNS = \sum_{i=1}^{N} SNF_i = \sum_{i=1}^{N} sl_i se_i \tag{14-3}$$

定义 14-3 安全服务链。节点上的安全功能动态有序地组合成具有一定顺序的安全功能序列，当这些有序组合在一起的安全功能能够提供具体的安全时，即成为安全服务链。安全服务链是物理节点提供安全服务的逻辑和功能结构。安全服务链是一类特殊的服务链，其需要考虑构建过程中的安全功能等级参数或编排顺序等。因此，安全服务链 ***SSC*** 可表示为

$$SSC = (SNS_1, SNS_2, \cdots, SNS_M)^T = \left(\sum_{i=1}^{N} \lambda_{1,i} se_i, \sum_{i=1}^{N} \lambda_{2,i} se_i, \cdots, \sum_{i=1}^{N} \lambda_{M,i} se_i\right)^T \tag{14-4}$$

式中：M 为安全网络服务的种类数目。

基于可控网络的安全服务链构建机制需要考虑差异化业务、安全等级保护需求和安全功能的性能要求，以实现“服务承载网络业务、承载需求充分满足、网络安全需求合理适配”的构建目标。基于可控网络统一资源描述的思想，给出了动态安全等级防护模型，如图14-6所示。该模型是一个层次化的闭环安全管理结构，其主要分为智能调度层、控制层和基础设施层。其中，控制层主要包括SDN控制器和NFV服务器，NFV服务器作为各种安全功能的开发环境，其主要作用是对网络中安全功能进行集中化管理，并选择合适的物理节点部署安全功能虚拟机；而SDN控制器能够实时获取全网运行的状态(如流量、拓扑和路由等信息)，具有全网视图可视化的优势，能够通过流量调度构建安全服务链。智能调度层作为安全控制中心，其主要的作用是对整个基础设施层的运作情况进行评估，根据不同业务安全需求和网络安全态势，决定提供何种安全功能以及其等级级别，寻求总体控制效果最优，通过编排组合安全功能来提供更为合适的安全等级防护。基础设施层主要包括通用型的硬件设备(如标准化转发设备和x86硬件资源设备等)，其作用是接收配置控制层下发的规则，对数据报文执行

具体的功能处理,进而实现安全服务功能的放置和组链。

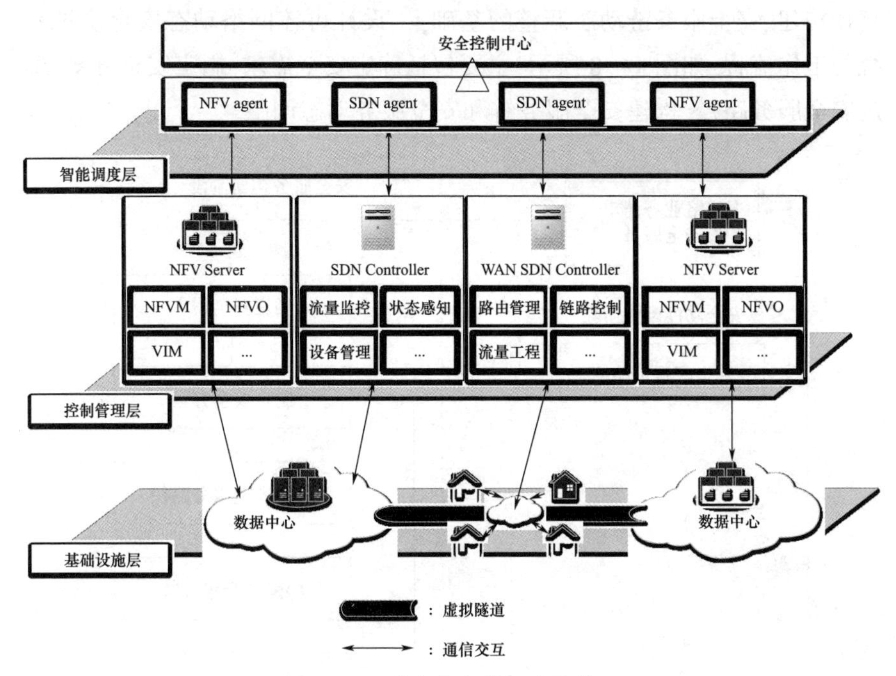

图 14-6　动态安全等级防护模型

14.3.2　构建流程

安全服务链与网络可提供的安全网络功能之间可概括为“安全服务链—安全网络服务—安全网络功能”的二级映射结构,如图 14-7 所示,其中“安全服务链”到“安全网络功能”的映射是安全服务链部署过程的重要内容。

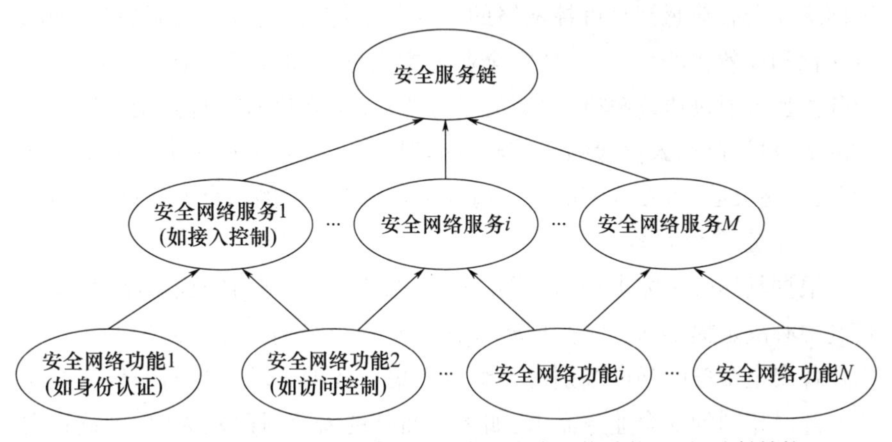

图 14-7　“安全服务链—安全网络服务—安全网络功能”二级映射结构

在融合了业务安全分析、网络安全态势感知、安全方案适配、安全服务路径构建、安全服务链动态调整的基础上，设计可控网络动态安全防护系统的工作流程，如图 14-8 所示，主要包括确定安全需求、制定安全方案、确定安全服务路径、构建安全服务链和安全服务动态调整。

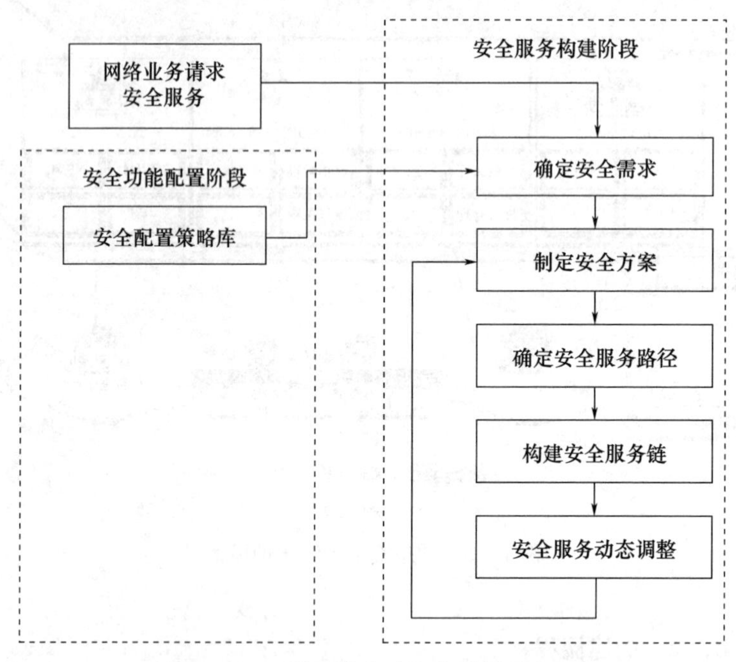

图 14-8　可控网络安全服务链构建流程

1. 确定安全需求

为了实现对租户提供适度安全等级的服务，首先需要准确描述安全需求，业务安全需求由网络感知和业务需求共同确定。对网络业务安全需求和网络安全态势感知是可控网络的一项基本特征，实现安全服务自动化、智能化和高效化的前提，包括安全业务类型分析和网络安全态势分析等，业务类型可通过协议解析、数据流量分析；安全态势需运行安全控制中心的网络流量分析、入侵检测、安全审计等技术。在安全控制中心的综合决策下，对防火墙、入侵检测等安全功能及其相应等级的组合方案进行定制。

2. 制定安全方案

根据具体安全需求和当前网络安全态势，结合网络安全策略库，安全控制中心决定提供何种安全服务及该安全等级级别。选择何种安全功能以及各安全服务的强度级别需要综合考虑业务的需求和当前网络安全态势。针对相同的安全业务需求，如果当面临的安全风险较大时，则选择更高安全等级级别的功能进行组合；反之，则可适度选择较低安全等级级别的功能组合，以节约网络资源。

3. 确定安全服务路径

根据安全方案的具体要求，结合路由策略、网络节点安全资源等综合信息，确定提供安全服务的安全服务路径，确定安全服务路径上需要经过的所有节点。安全方案中规定了构建安全服务链所需要的安全功能及安全等级配置，接下来需要确定由哪些节点来提供安全服务，这个过程可以视为安全控制中心对网络节点上可用资源（计算资源、存储资源、带宽资源）进行感知、分析的基础上，综合相应的部署约束条件的路由建立过程。

4. 构建安全服务链

在接收到租户的安全业务请求后，安全控制中心根据反馈的安全功能状态、路由策略和可用资源信息等做出最优评估决策，将安全功能放置策略下发，并依次将安全功能映射到能够提供该服务且满足安全等级、资源约束的节点上，同时在承载安全功能的节点之间建立一条满足带宽需求的路径，确保该路径上的数据流量能依次经过约定的安全功能，最终构建形成一条满足特定功能、性能的安全服务路径。

5. 安全服务动态调整

考虑到可控网络的动态特征，在安全业务执行过程中，可能会出现网络拓扑动态变化、安全态势动态变化、网络资源状态变化，需要对这些变化进行感知，并反映到安全控制中心，必须实时对安全方案进行调整，重新进行第 2~4 步。需要实现网络安全态势感知、网络资源变化感知以及节点资源的释放，网络资源变化感知需要确定安全功能承载过程中的变化情况，比如是否有网络节点宕机，是否出现网络流量拥塞，是否有新的资源加入网络等。若网络安全风险变小，则降低该安全功能的配置等级，甚至节点上有些安全功能不再有所需要时，则释放该安全功能所占的资源；若网络安全风险变大，则增大相应的安全功能配置等级，调用备份安全资源进行配置，提高安全管控能力。

14.3.3 建模分析

安全功能组合的时间维度优化是指安全控制中心通过动态调度安全服务链中各个安全功能的生命周期，提高已部署安全功能在单位时间内的资源利用率。考虑到安全请求中功能调度的贯序性，在空间维度优化的基础上，采用离散时间的马尔可夫决策过程对安全功能部署的空间和时间维度优化问题进行建模，如图 14-9 所示。传统安全服务链组合方法认为服务链中各安全功能都具有与安全请求相同的生命周期,但在真实的网络环境中,安全请求的到达与离开符合泊松过程,泊松过程满足以下两个条件:①不同安全请求到达与离开是独立事件,即不同安全功能的生命周期相互独立;②在单位时间内,有且仅有不超过一个安全请求,其数学描述如式(14-5)所示,其中,$R(t)$表示$[0,t]$时间内安全请求的数量,h表示时间维度上的一个无穷小量,$\lambda(t)$为t时刻泊松分布的强度。如式(14-5)表示服从泊松分布的安全请求在单位时间内最多尽可能有一个请求到达。因此,一个安全请求的部署可以拆成有序的多个安全请求,编排器在单位时间内只选择单一安全功能的部署位置,再由多个安全功能有序连接形成安全服务功能链。

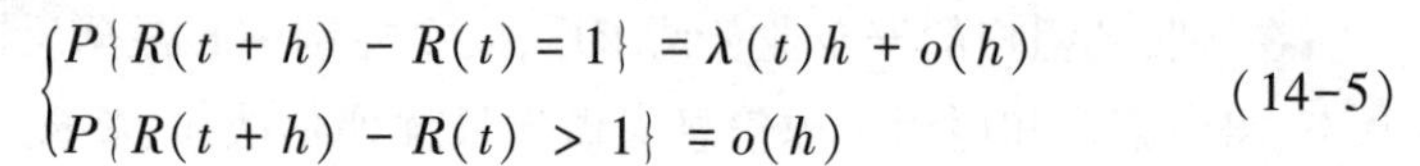

$$\begin{cases} P\{R(t+h)-R(t)=1\}=\lambda(t)h+o(h) \\ P\{R(t+h)-R(t)>1\}=o(h) \end{cases} \tag{14-5}$$

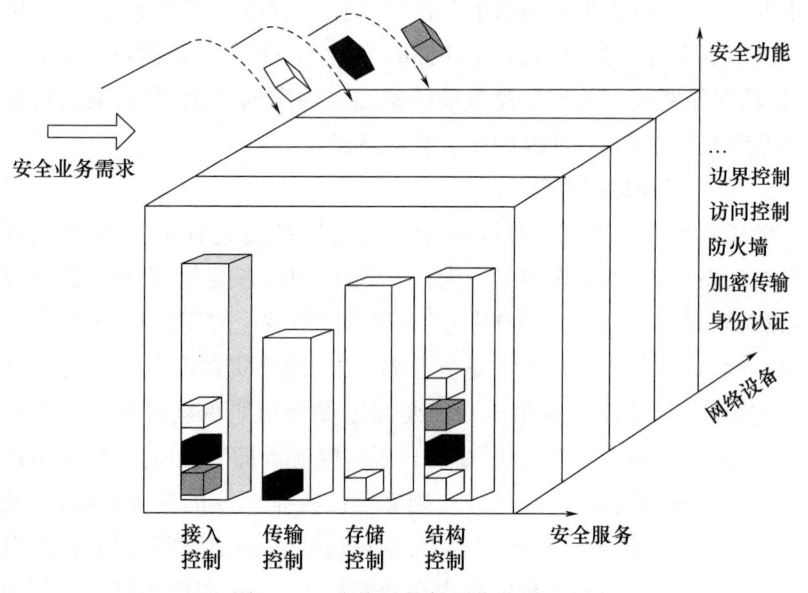

图 14-9　安全功能部署优化模型

综上所述,安全请求部署模型可采用离散时间平稳马尔可夫决策过程描述,表示为五元组$\{S,A,r,P,J\}$,其中,S定义有限的功能部署状态空间,空间中的基本时间如式(14-6)所示,$X(t)$定义为t时刻空间维度优化模型中的部署状态矩阵,其中i为安全功能,j为物理节点,$X_{i,j}$为矩阵$X(t)$中的元素,表示安全功能与服务节点之间的部署关系,1表示功能部署,0表示功能移除;A表示部署基本事件,即服务节点上任意的安全功能的部署或移除;r表示效用函数,如果时刻t的状态—行为对(s_t,a_t)满足相应的约束条件，则部署收益由空间维度优化的目标函数表示，否则部署效用采用惩罚因子表示，$r=-1/\varepsilon$，ε 为一个足够小的正实数；P 为马尔可夫决策过程的状态转移概率；J 表示折扣总收益。

$$X(t)=\begin{pmatrix} X_{11} & \cdots & X_{1n} \\ & \ddots & \\ \vdots & X_{ij} & \vdots \\ & \ddots & \\ X_{m1} & \cdots & X_{mn} \end{pmatrix},X(t)\in S \tag{14-6}$$

在时刻 t，在线到达一条 SSC 服务请求，编排层综合考虑安全需求、底层网络资源情况，动态编排安全实例以构建具有最大效用的安全服务链。在控制层获取全网视图过程中，若底层资源容量、安全需求满足整数规划的约束条件，则可采用有向图模型来描述安全实例及其相邻逻辑链路的所有可部署位置，即同一安全功能类型不同的安全实例及其所有上下文连接关系，组成具有方向性的逻辑视图，安全服务功能链可部署视图如图 14-10 所示。采用赋权的有向图 G^v 表示全部安全实例可部署的节点及其上下文连接关系，记为 $G^v=(N^v,L^v)$，式中 N^v 表示安全实例节点集合，即 $N^v=\{nv\ 1,\cdots,nv\ i,\cdots,nv\ m \mid 1\leqslant i\leqslant m\}$，$L^v$ 表示安全实例之间逻辑链路集合，即 $L^v=\{(nv\ i,nv\ j),\cdots,\mid 1\leqslant i<j\leqslant m\}$。

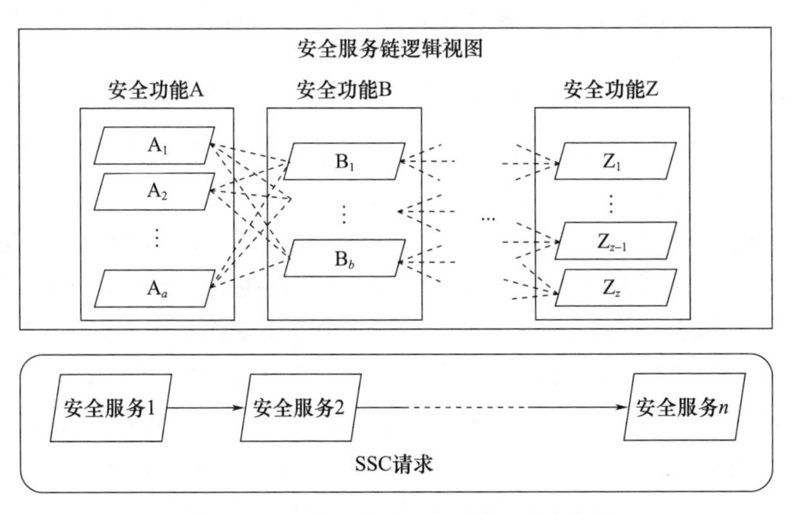

图 14-10　安全服务链可部署位置的有向图

图中，SSC 请求箭头的方向表示数据报文所需经过的安全网络功能顺序，每一列表示一种安全实例类型，同一列不同安全实例表示在时刻 t，该类型的安全功能中可选择的不同安全实例，即不同的服务节点。对于 SSC

请求中的安全功能序列,需要为每一种类型的安全功能选取一个安全实例来执行相应的处理功能,进而形成一条满足特定功能、性能的安全服务路径。

为一个 SSC 请求进行动态组合,这里引入效用函数 u_{ij} 的概念对组合过程进行评价,其表示第 i 类安全网络功能的第 j 个安全实例的综合性能。部署效用函数取值越大,越有助于服务提供商获取收益,降低运营商的营运成本。安全实例的性能指标包括节点计算资源、存储资源、链路带宽资源和 QoS 性能指标等。假设安全实例的性能参数 $\boldsymbol{R}_{ij}$ 表示 K 维性能参数向量,即 $\boldsymbol{R}_{ij}=\{\boldsymbol{r}_{ij}^1,\cdots,\boldsymbol{r}_{ij}^k,\cdots,\boldsymbol{r}_{ij}^K\}$。需要对各性能参数量度进行归一化,并将其转化为取值[0,1]之间的参数 $\boldsymbol{r}_{ij}^k$ 可表示为

$$\boldsymbol{r}_{ij}^k=\boldsymbol{R}_{ij}^k/\max_{j\in se_i}(\boldsymbol{R}_{ij}^k) \tag{14-7}$$

为了使部署过程中各性能指标的优化方向与这里定义的效用函数正相关,在该 K 维性能参数向量中前 k 个性能参数是关于效用 u_{ij} 正相关的函数,即取值越大越好(如映射收益、资源利用率等),后 $K-k$ 个性能参数是关于效用 u_{ij} 负相关的函数,即取值越小越好(如带宽消耗、通信时延等),则第 i 类安全网络功能的第 j 个安全实例的效用函数可表示为

$$u_{ij}=\sum_{k=1}^{K}\omega_k\pi^+(\boldsymbol{r}_{ij}^k)+\sum_{k=k+1}^{K}\omega_k\pi^-(\boldsymbol{r}_{ij}^k) \tag{14-8}$$

式中:ω_k 为缩放因子,用于调整各性能指标对于目标函数的影响因子,且 $\sum_{k=1}^{K}\omega_k=1,\omega_k>0$。考虑前 k 个性能参数,$\pi^+:r\to[0,1]$是关于 r 的增函数;对于后 $K-k$ 个性能参数,$\pi^-:r\to[0,1]$是关于 r 的减函数,进而使得效用函数值 u_{ij} 的变化与优化目标正相关。

以安全服务链部署效用最大化为目标,建立面向 SDN/NFV 网络的安全服务链优化部署问题的整数规划模型。控制层根据编排组合策略,选择每类安全服务功能集合 $N(i=1,2,\cdots,N)$ 中安全实例子集 $M(j=1,2,\cdots,M)$ 的实例,按照一定的编排顺序形成安全服务路径,进而实现安全服务链的动态部署。假设所选择安全实例的参数等级记为 sl_{ij},选择并使用该实例所产生的效用记为 u_{ij}。引入二进制变量 x_{ij} 表示第 j 个安全实例是否作为第 i 类安全网络功能的实例,1 代表选择,0 代表不选择。

目标函数:

$$\max\sum_{i=1}^{N}\sum_{j=1}^{M}u_{ij}x_{ij} \tag{14-9}$$

资源约束:

$$\mathrm{num}_{ij} \leqslant e_{ij}{}^{P}, i=1,2,\cdots,N, j=1,2,\cdots,M \tag{14-10}$$

安全等级约束：

$$sl_{ij}x_{ij} \geqslant SL_i, i=1,2,\cdots,N, j=1,2,\cdots,M \tag{14-11}$$

解变量约束：

$$\sum_{j=1}^{M} x_{ij} = 1, x_{ij} \in \{0,1\} \tag{14-12}$$

说明：

式(14-9)是该模型的目标函数，即安全服务链最大化效用。式(14-10)为资源约束条件，num_{ij} 表示安全实例的使用次数，$e_{ij}{}^{P}$ 表示安全实例所能满足 SSC 请求的次数，该性能指标与底层的资源情况(如计算、带宽和存储等)有关。式(14-11)是安全等级约束条件，表示实例链中的每个安全实例应满足安全强度等级需求。式(14-12)是模型的解变量约束条件，表示对于同一个 SSC 请求，每种安全功能只能选取实例集合其中的一个安全实例。

14.3.4 动态构建

安全服务链部署问题可归约为有向图模型中的路径求解问题，该类问题已被证明是 NP-Hard，即在 $NP \neq P$ 条件下，不可能存在多项式时间算法来解决该问题。对于参数已知的有向图模型，可用精确算法或启发式算法来求解路径，但精确算法的搜索空间巨大，难以在合理的时间得到的较优解。此时启发式算法成为一种有效的手段，其能在多项式时间内求得部署问题的近似最优解。因此，为了进一步简化算法搜索空间和提高计算效率，这里提出一种基于启发式广度优先搜索算法(breadth first search，BFS)的部署机制来求解安全服务链部署模型。该算法主要分为“先选择后搜索”两个过程：首先，给定 SSC 请求和底层资源，根据安全需求和网络安全态势对实例进行选择，以得到满足安全功能、等级防护的实例子集合；其次，在得到的实例子集合基础上，基于安全实例的效用值构建广度优先搜索树，采用使目标函数最大化的构建策略来对每个子空间进行搜索。启发式广度优先搜索算法的具体过程可描述如下。

(1) 选择过程。为进一步缩小求解空间范围，根据安全需求、网络安全态势决定提供何种安全实例以及安全实例的等级级别，以得到满足要求的实例集合。假设满足第 m 个安全服务需求的实例选择矩阵为 $\mathbf{SR_m}$，则选择过程的矩阵计算式可表示为

$$\mathbf{SR_m} = \mathbf{Se_m} - \mathbf{SNS_m}$$

$$= \begin{bmatrix} SL_{1,1} & SL_{1,2} & \cdots & SL_{1,N} \\ SL_{2,1} & SL_{2,2} & \cdots & SL_{2,N} \\ \vdots & \vdots & & \vdots \\ SL_{M,1} & SL_{M,2} & \cdots & SL_{M,N} \end{bmatrix} \cdot \begin{bmatrix} \mathbf{cv}_1 \\ \mathbf{cv}_2 \\ \vdots \\ \mathbf{cv}_N \end{bmatrix} - \begin{bmatrix} sl_{1,1} & sl_{1,2} & \cdots & sl_{1,N} \\ sl_{2,1} & sl_{2,2} & \cdots & sl_{2,N} \\ \vdots & \vdots & & \vdots \\ sl_{M,1} & sl_{M,2} & \cdots & sl_{M,N} \end{bmatrix} \cdot \begin{bmatrix} \mathbf{se}_1 \\ \mathbf{se}_2 \\ \vdots \\ \mathbf{se_N} \end{bmatrix}$$

(14-13)

式中：$\mathbf{Se_m} = \left(\sum_{i=1}^{N} SL_{1,i}\mathbf{cv_i}, \sum_{i=1}^{N} SL_{2,i}\mathbf{cv_i}, \cdots, \sum_{i=1}^{N} SL_{M,i}\mathbf{cv_i} \right)^{\mathrm{T}}$ 为第 m 个安全服务的具体业务需求；SL_i 为单位实例安全等级需求；$\mathbf{cv_i} = (0\cdots0\underset{第i位}{1}0\cdots0)^{\mathrm{T}}$，$i=1,2,\cdots,N$ 为需求中的安全实例类别向量。为了得到满足第 m 个安全服务需求的实例子集，令实例选择矩阵 $\mathbf{SR_m} \geqslant 0$，即可得到子集 Ω_m 为

$$\Omega_m = \left\{ se_{ij} \middle| \begin{array}{c} sl_{ij} \mapsto se_{ij}, sl_{ij} \in \mathbf{SR}_m, sl_{ij} \geqslant 0 \\ i \in [1,m], j \in [1,n] \end{array} \right\} \tag{14-14}$$

式中：符号"$\mapsto$"表示安全实例与等级参数对应关系。

（2）搜索过程。为搜索效用值最大的安全服务链，在得到的实例子集 Ω_m 基础上，根据式（14-8）计算所有安全实例的效用值，构建基于效用值的广度优先搜索树，树中的每一层节点按照其效用值降序排序，且效用值越大则被选择的优先级越高。每当一个安全实例选择成功后，便搜索与其相连接的虚拟链路。为了尽可能避免两实例之间的跳数过大而造成额外的底层资源开销，本节引入两实例节点之间的距离参数 K，若选择的安全实例超过了该值，回溯上一阶段迭代的安全实例子集合中的次优解。该搜索过程的具体流程如表 14-1 所列。

表 14-1　实例搜索步骤

步骤 1 计算出实例子集 $\Omega_m(m=1,2,\cdots,M)$ 中每一安全实例的效用值 u_{ij}，并基于安全实例子集构建广度优先搜索树，树中的每一层安全实例按照其效用函数值降序排列。 步骤 2 若将待选择的安全功能作为根节点，效用值越高的安全实例，被选择的优先级越高。遍历与根节点相邻且未被访问的所有安全实例，并依次放入队列 Q 中。根据式（14-12）选择每一安全服务中效用值最大的安全实例； $\Omega_m^{sel} = \{\hat{se}_{ij} \mid \hat{se}_{ij} = \mathrm{argmax}(u_{ij} \mid se_{ij} \in \Omega_m), i = 1,2,\cdots,m, j = 1,2,\cdots,n\}$ （14-15） 步骤 3 设置距离上限 k，按编排顺序搜索集合 Ω_m 中满足资源约束指标和距离 h 约束条件的安全实例，若满足上述条件则选择该安全实例并标记该实例 $\Omega sel\ m$，将其从队列 Q 中删除；否则回溯到子集合 Ω_m 中选择次优解替换当前选择的安全实例 $\Omega sel\ m$，更新网络资源状态。 步骤 4 判断队列 Q 是否还有安全实例入队，若是则转到步骤 2，否则转到步骤 5。 步骤 5 搜索迭代结束，得到所选的安全实例集合 $\Omega_{SSC} = \{\Omega sel\ 1, \Omega sel\ 2, \cdots, \Omega sel\ m\}$，则 Ω_{SSC} 为部署模型的解。

BFS 算法以底层网络和 SSC 请求的编排拓扑结构和资源需求能力作为输入,以满足安全等级防护的安全服务链部署方案为输出结果。图 14-11 所示为启发式广度优先搜索算法的整体流程。

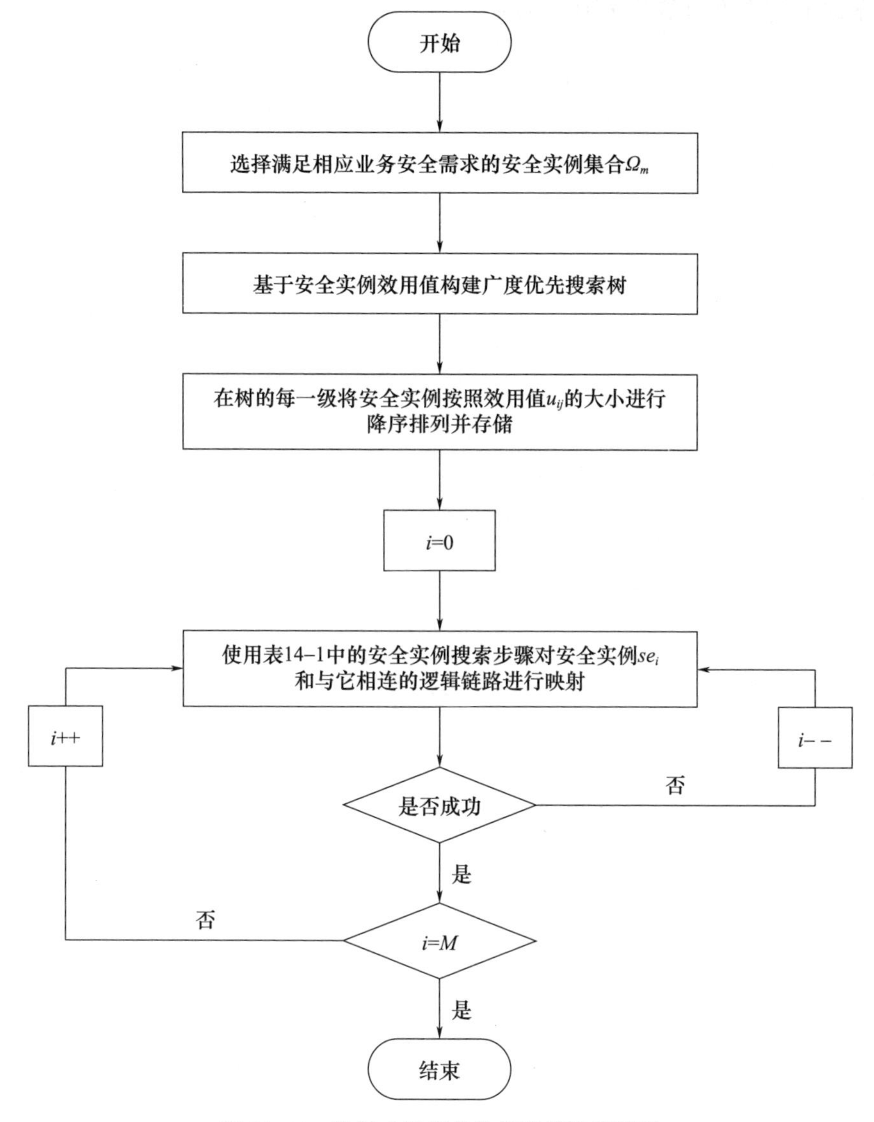

图 14-11 启发式广度优先搜索算法流程图

假设网络中有 n 个安全实例,m 条安全实例之间相连的逻辑链路。BFS 算法主要分为两步:在选择过程中,根据安全业务请求选择符合安全等级需求的安全实例,每个安全实例需要被遍历一次,因此选择过程的时间复杂度可表示为 $O(n)$;而在搜索过程中,该过程的复杂度主要消耗在维护安全实例访问次序的辅助队列,以及记录安全实例和逻辑链路状态的标识位。由于每个实例入栈出栈各一次,且需要对每一实例的邻接表进行扫描,因此搜索过程的时间复杂度可表示为 $O(n+m)$。综上所述,BSF 算法的时间复杂度可等价于 $O(n+m)$。

第15章　可控网络控制典型实践案例

逐渐普及的SDN架构将控制平面和数据转发平面分离，为安全状态信息的采集和安全控制中心的构建提供了方便，同时也为在现实网络中实现可控网络安全控制体系的传输控制、结构控制、运行控制等安全控制功能提供了简单便利的方法。为了表征如何将可控网络安全控制体系映射到现实网络，本章分别给出传输控制实践案例、结构控制实践案例以及运行控制实践案例。

15.1　传输控制实践案例

15.1.1　基于跨域SDN架构的传输控制原型系统设计

使用Mininet建立一个轻量级分域化SDN网络原型系统，构建的拓扑如图15-1所示。图中包含3个网络域，每个域含有3台交换机。S1、S4、S7是边界交换机，其余为域内交换机。每个交换机上连接两台主机，为方便起见边界交换机上不连主机。C1、C2、C3是域控制器，C0是主控制器。

Mininet2.2.1版本支持可视化创建拓扑。开启Mininet可视化操作界面，按照图15-1的拓扑拖拽创建控制器、交换机、主机等网元，并添加链接方式，形成基本的网络结构。创建结果如图15-2所示。其中，虚线代表控制链路，实线代表转发链路。控制器的IP配置如表15-1所列。

表15-1　控制器的IP配置

控制器	IP
C0	192.168.1.100
C1	192.168.1.101
C2	192.168.1.102
C3	192.168.1.103

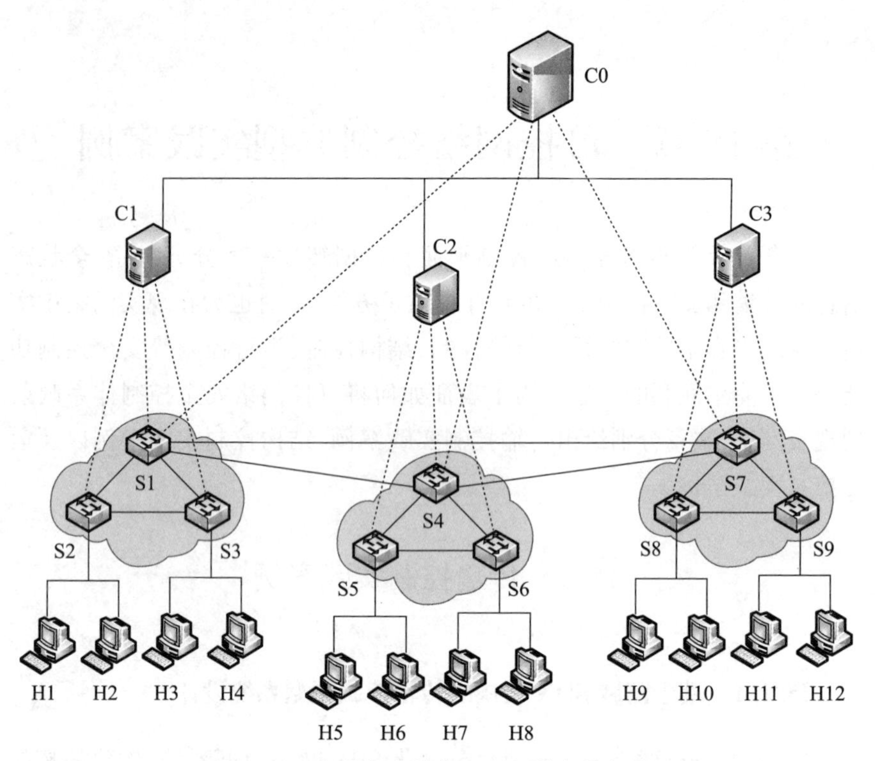

图 15-1　轻量级分域化 SDN 网络架构拓扑

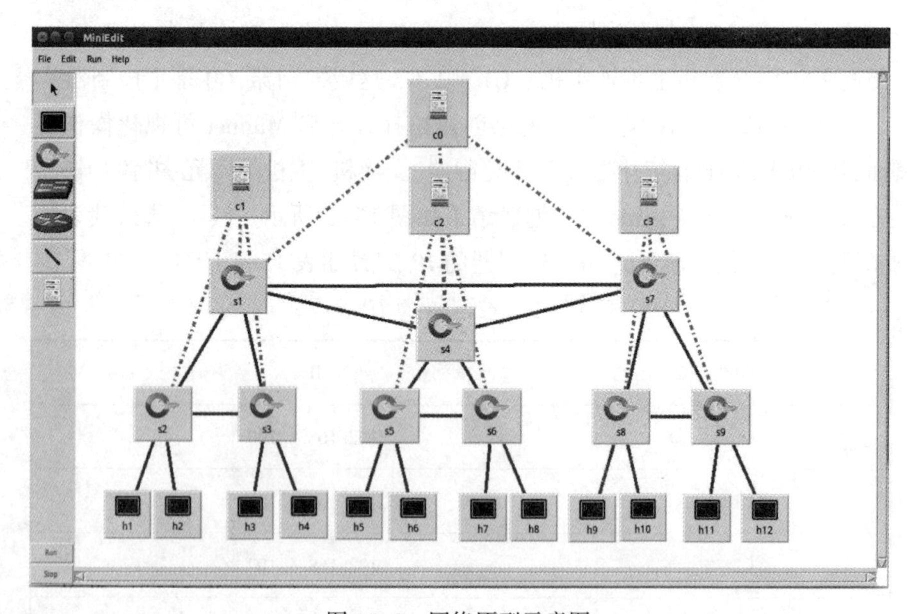

图 15-2　网络原型示意图

运行创建的拓扑,Mininet 自动创建网络,网络创建结果如图 15-3 所示。成功向网络中添加主机、交换机,并添加交换机之间、交换机与主机之间的连接关系。可以看出,控制器 C1 控制的交换机有 S1、S2、S3,控制器 C2 控制的交换机有 S4、S5、S6,控制器 C3 控制的交换机有 S7、S8、S9,C0 作为主控制器,控制的交换机有 S1、S4、S7。控制器分别运行在不同的虚拟机上,并连接到网络。

```
*** Creating network
*** Adding hosts:
h1 h2 h3 h4 h5 h6 h7 h8 h9 h10 h11 h12
*** Adding switches:
s1 s2 s3 s4 s5 s6 s7 s8 s9
*** Adding links:
(s1, s2) (s1, s3) (s1, s4) (s2, h1) (s2, h2) (s3, h3) (s3, h4) (s4, s5) (s4, s6)
 (s4, s7) (s5, h5) (s5, h6) (s6, h7) (s6, h8) (s7, s8) (s7, s9) (s8, h9) (s8, h1
0) (s9, h11) (s9, h12)
*** Configuring hosts
h1 h2 h3 h4 h5 h6 h7 h8 h9 h10 h11 h12
*** Starting network
*** Starting controller: c0
    + Starting switches ...  s1 s4 s7
*** Starting controller: c1
    + Starting switches ...  s1 s2 s3
*** Starting controller: c2
    + Starting switches ...  s4 s5 s6
*** Starting controller: c3
    + Starting switches ...  s7 s8 s9
*** Running CLI
*** Starting CLI:
```

图 15-3　网络创建结果

使用 net 命令查看网络信息,显示结果图 15-4 所示。图中显示了主机和交换机之间、交换机之间的详细连接情况,包括连接的节点和使用的端口。主机以 h1 为例,通过 h1-eth0 端口和交换机 s2 的 s2-eth2 端口相连。交换机以 s1 为例,以 s1 为顶点的链路有 4 条,分别是 s1 和 s2 通过 s1-eth1、s2-eth2 端口连接,s1 和 s3 通过 s1-eth2、s3-eth4 端口连接,s1 和 s4 通过 s1-eth3、s4-eth1 端口连接,s1 和 s7 通过 s1-eth4、s7-eth1 端口连接。

```
mininet> net
h1 h1-eth0:s2-eth2
h2 h2-eth0:s2-eth3
h3 h3-eth0:s3-eth2
h4 h4-eth0:s3-eth3
h5 h5-eth0:s5-eth3
h6 h6-eth0:s5-eth4
h7 h7-eth0:s6-eth3
h8 h8-eth0:s6-eth4
h9 h9-eth0:s8-eth3
h10 h10-eth0:s8-eth4
h11 h11-eth0:s9-eth3
h12 h12-eth0:s9-eth4
s1 lo:  s1-eth1:s2-eth1 s1-eth2:s3-eth4 s1-eth3:s4-eth1 s1-eth4:s7-eth1
s2 lo:  s2-eth1:s1-eth1 s2-eth2:h1-eth0 s2-eth3:h2-eth0 s2-eth4:s3-eth1
s3 lo:  s3-eth1:s2-eth4 s3-eth2:h3-eth0 s3-eth3:h4-eth0 s3-eth4:s1-eth2
s4 lo:  s4-eth1:s1-eth3 s4-eth2:s7-eth2 s4-eth3:s5-eth1 s4-eth4:s6-eth2
s5 lo:  s5-eth1:s4-eth3 s5-eth2:s6-eth1 s5-eth3:h5-eth0 s5-eth4:h6-eth0
s6 lo:  s6-eth1:s5-eth2 s6-eth2:s4-eth4 s6-eth3:h7-eth0 s6-eth4:h8-eth0
s7 lo:  s7-eth1:s1-eth4 s7-eth2:s4-eth2 s7-eth3:s8-eth1 s7-eth4:s9-eth2
s8 lo:  s8-eth1:s7-eth3 s8-eth2:s9-eth1 s8-eth3:h9-eth0 s8-eth4:h10-eth0
s9 lo:  s9-eth1:s8-eth2 s9-eth2:s7-eth4 s9-eth3:h11-eth0 s9-eth4:h12-eth0
```

图 15-4　网络信息显示

使用 dump 命令查看各节点信息,显示结果如图 15-5 所示。系统给主机自动分配 IP,12 台主机的 IP 分别为从 10.0.0.1 到 10.0.0.12,并通过各自的 eth0 端口与交换机连接。交换机使用 OpenFlow v1.3 协议与控制器进行通信。从以上结果可以看出,当前创建的网络主机、交换机成功连接。

```
mininet> dump
<Host h1: h1-eth0:10.0.0.1 pid=32364>
<Host h2: h2-eth0:10.0.0.2 pid=32367>
<Host h3: h3-eth0:10.0.0.3 pid=32369>
<Host h4: h4-eth0:10.0.0.4 pid=32371>
<Host h5: h5-eth0:10.0.0.5 pid=32373>
<Host h6: h6-eth0:10.0.0.6 pid=32375>
<Host h7: h7-eth0:10.0.0.7 pid=32377>
<Host h8: h8-eth0:10.0.0.8 pid=32379>
<Host h9: h9-eth0:10.0.0.9 pid=32381>
<Host h10: h10-eth0:10.0.0.10 pid=32383>
<Host h11: h11-eth0:10.0.0.11 pid=32385>
<Host h12: h12-eth0:10.0.0.12 pid=32387>
<OVSSwitch{'protocols': 'OpenFlow13'} s1: lo:127.0.0.1,s1-eth1:None,s1-eth2:None,s1-eth3:None,s1-eth4:None pid=32392>
<OVSSwitch{'protocols': 'OpenFlow13'} s2: lo:127.0.0.1,s2-eth1:None,s2-eth2:None,s2-eth3:None,s2-eth4:None pid=32395>
<OVSSwitch{'protocols': 'OpenFlow13'} s3: lo:127.0.0.1,s3-eth1:None,s3-eth2:None,s3-eth3:None,s3-eth4:None pid=32398>
<OVSSwitch{'protocols': 'OpenFlow13'} s4: lo:127.0.0.1,s4-eth1:None,s4-eth2:None,s4-eth3:None,s4-eth4:None pid=32401>
<OVSSwitch{'protocols': 'OpenFlow13'} s5: lo:127.0.0.1,s5-eth1:None,s5-eth2:None,s5-eth3:None,s5-eth4:None pid=32404>
<OVSSwitch{'protocols': 'OpenFlow13'} s6: lo:127.0.0.1,s6-eth1:None,s6-eth2:None,s6-eth3:None,s6-eth4:None pid=32407>
<OVSSwitch{'protocols': 'OpenFlow13'} s7: lo:127.0.0.1,s7-eth1:None,s7-eth2:None,s7-eth3:None,s7-eth4:None pid=32410>
<OVSSwitch{'protocols': 'OpenFlow13'} s8: lo:127.0.0.1,s8-eth1:None,s8-eth2:None,s8-eth3:None,s8-eth4:None pid=32413>
<OVSSwitch{'protocols': 'OpenFlow13'} s9: lo:127.0.0.1,s9-eth1:None,s9-eth2:None,s9-eth3:None,s9-eth4:None pid=32416>
```

图 15-5　节点信息显示

15.1.2　实验验证及测试

1. 相关功能实现

分域化 SDN 网络原型系统主要实现两个功能:第一,多控制器控制功能;第二,传输控制功能。

1) 多控制器控制功能

在这里设计的分域化 SDN 网络架构中,多控制器具体包含两个含义:第一,面向网络域的多控制器,即每个域都拥有独立的域控制器,各域控制器管理各自域内交换机组成的网络;第二,面向边界交换机的多控制器,即边界交换机既连接域控制器,又连接主控制器,同时被两个控制器控制。

首先是面向多网络域的多控制器。图 15-6 所示为向网络中每个域添加控制器的关键代码,为控制器命名并且指定连接到网络的端口号。原型系统中包含 3 个域控制器和 1 个主控制器。

```
idx = 1
for addr in ControllerAddress:
    name = 'c%d' % idx
    info('*** Creating remote controller: %s (%s)\n' % (name, addr))
    self.addController(name, ip=addr, port=6633)
    idx = idx + 1
```

图 15-6　添加控制器关键代码

启动 ODL 控制器的代码如图 15-7 所示。该脚本启动 4 个虚拟机,分别在不同的端口上启动 4 个不同的 ODL 控制器,通过虚拟接口连接到不同的网络域。

```
def start(self, net):
    """Start all controllers and switches in the network."""

    cidx = 0
    for c in net.controllers:
        info("*** Starting controller: %s\n" % c)
        info("    + Starting switches ... ")
        switches = self.treeSwitches[cidx]
        for sname in switches:
            s = net.getNodeByName(sname)
            info(" %s" % s)
            s.start([c])
        cidx += 1
        info("\n")

    self.treeSwitches = None
```

图 15-7　启动 ODL 控制器关键代码

其次是面向边界交换机的多控制器。连接在同一个交换机上的控制器角色分为 Equal、Master、Slave 三种。Equal 角色的控制器具有平等的地位,对交换机有完全访问权。就边界交换机而言,主控制器负责边界交换机上数据包的转发,因此主控制器的设置为 Master,具有完全访问权和唯一控制权。边界交换机所属域的域控制器只读取边界交换机和域内交换机的连接关系,因此设置为 Slave。在这种角色下,对边界交换机具有 Read-only 访问权,不能接收处理 Port-status 消息以外的 Asynchronous massage。边界交换机禁止执行一切来自域控制器的 Controller-to-swtich 命令,自身的状态不会被域控制器修改。如图 15-8 所示,边界交换机启动时,首先向域控制器和主控制器发送 Role-request 询问角色信息,控制器下发 Reply 信息,回复自身是 Master 或 Slave。

2) 传输控制功能

ODL 控制器的路由传输控制功能以及其他功能的实现,依赖于相关的协议模块 bundle 以插件的方式嵌入到 SAL 上,并注册进 OSG*i* 框架中。因此,在 ODL 上部署新功能变得十分简单。

本小节实现原型系统最基本的传输控制功能,控制器能够调用 Dijkstra 算法按照跳数最少的原则完成数据包的转发控制。将该功能模块命名为 RT 模块,内部可分解为 3 个子功能模块,如图 15-9 所示。

(1) 消息接收模块:接收来自 SAL 的 Packet-in 消息,解析数据包信息。

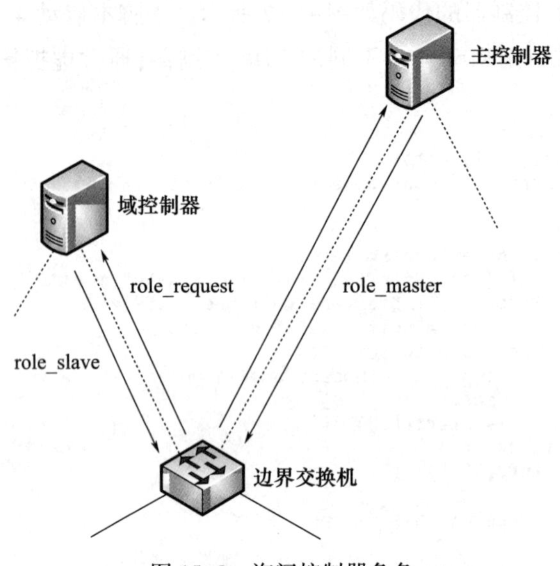

图 15-8　询问控制器角色

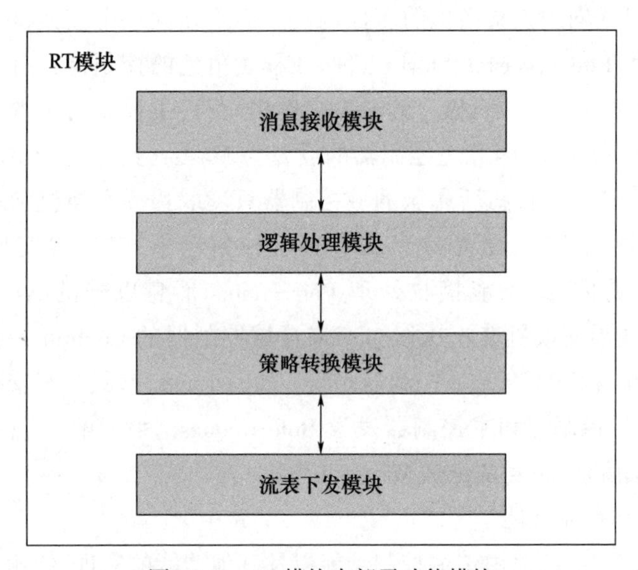

图 15-9　RT 模块内部子功能模块

（2）逻辑处理模块：根据数据包的源 IP 地址和目的 IP 地址，调用 Dijkstra 算法计算最短路径，形成转发策略。

（3）策略转换模块：将转发策略转化成 OpenFlow 交换机能识别并执行的流表。

（4）流表下发模块：将生成的流表通过 SSL 安全通道下发给指定的 OpenFlow 交换机。

模块间的工作流程如图 15-10 所示。

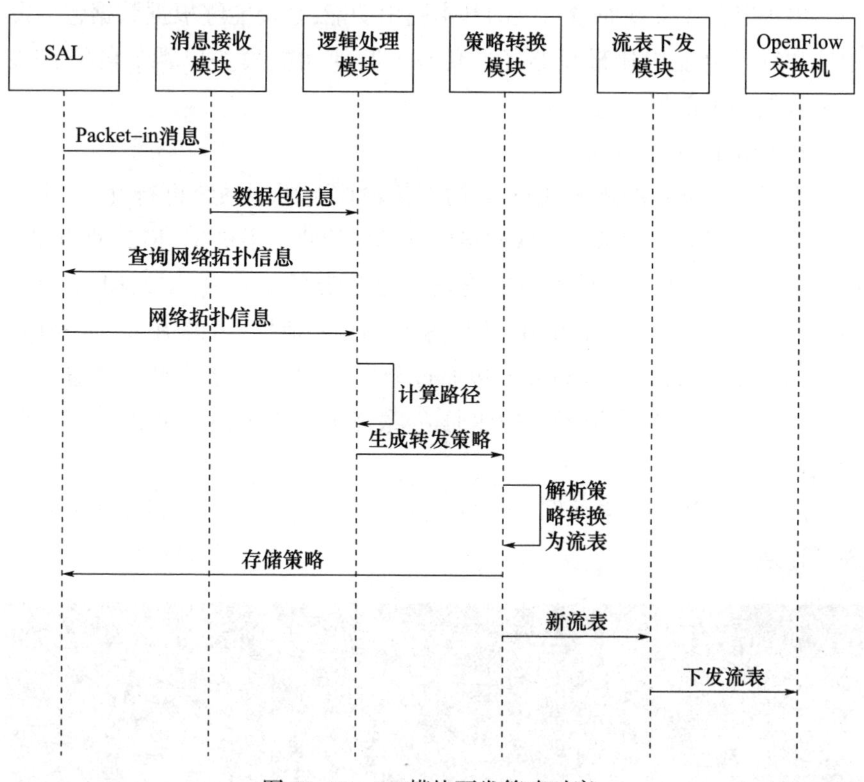

图 15-10　RT 模块下发策略时序

(1) 消息接收模块从 SAL 读取 Packet-in 消息,解析内部的数据包获得源 IP 地址和目的 IP 地址。把数据包信息发送给逻辑处理模块。

(2) SAL 为各种功能插件提供一致性服务。逻辑处理模块从 SAL 的网络拓扑管理模块获得网络拓扑信息,调用 Dijkstra 算法计算最短路径,并生成转发策略交付给策略转换模块。

(3) 策略转换模块获得转发策略的详细信息,把转发策略转换为流表,并传递给流表下发模块。把新策略发送给 SAL 上的策略存储模块存储策略,便于策略的管理和调用。

(4) 流表下发模块将新流表下发给指定的交换机。

其中,逻辑处理模块是 RT 模块的核心模块。域控制器和主控制器的逻辑处理过程有所不同。对域控制器而言,首先根据数据包的目的 IP 地址判断路由类型,然后确定该段路由的目的交换机是域内交换机或边界交换机,再计算转发路径;对主控制器而言,从边界交换机接收到数据包,首先要根据数据包的目的 IP 地址查询需要转发到的边界交换机,再进行路径计算。

本小节首先实现原型系统的基本路由功能,系统能够根据数据包的源地址和目的地址构建最短路径并传输。其他功能模块以类似的方法在ODL控制器上部署。

2. 网络连通性测试

为了验证创建的跨域SDN架构下传输控制原型系统可行性,本小节进行网络的联通性测试。选取网络中不同域的两个主机h1、h12,使用ping命令测试h1、h12之间是否能够连通。运行命令h1 ping h12,h1发起对h12的ping请求,h1产生源IP地址为h1的IP地址、目的IP地址为h12的IP地址的数据包。这些数据包通过分域化SDN网络原型系统进行传输,由控制器计算转发路径并构建通道,最终由h12接收该数据流,并回复数据包给h1。

ping命令执行结果如图15-11所示。从图中看出,h1到h12成功实现了连通。

```
mininet> h1 ping h12
PING 10.0.0.12 (10.0.0.12) 56(84) bytes of data.
64 bytes from 10.0.0.12: icmp_seq=1 ttl=64 time=0.500 ms
64 bytes from 10.0.0.12: icmp_seq=2 ttl=64 time=0.406 ms
64 bytes from 10.0.0.12: icmp_seq=3 ttl=64 time=0.446 ms
64 bytes from 10.0.0.12: icmp_seq=4 ttl=64 time=0.595 ms
64 bytes from 10.0.0.12: icmp_seq=5 ttl=64 time=0.272 ms
64 bytes from 10.0.0.12: icmp_seq=6 ttl=64 time=0.274 ms
64 bytes from 10.0.0.12: icmp_seq=7 ttl=64 time=0.367 ms
64 bytes from 10.0.0.12: icmp_seq=8 ttl=64 time=0.814 ms
64 bytes from 10.0.0.12: icmp_seq=9 ttl=64 time=0.364 ms
64 bytes from 10.0.0.12: icmp_seq=10 ttl=64 time=0.406 ms
64 bytes from 10.0.0.12: icmp_seq=11 ttl=64 time=0.320 ms
64 bytes from 10.0.0.12: icmp_seq=12 ttl=64 time=0.968 ms
64 bytes from 10.0.0.12: icmp_seq=13 ttl=64 time=0.227 ms
64 bytes from 10.0.0.12: icmp_seq=14 ttl=64 time=0.202 ms
64 bytes from 10.0.0.12: icmp_seq=15 ttl=64 time=0.196 ms
64 bytes from 10.0.0.12: icmp_seq=16 ttl=64 time=0.232 ms
64 bytes from 10.0.0.12: icmp_seq=17 ttl=64 time=0.314 ms
64 bytes from 10.0.0.12: icmp_seq=18 ttl=64 time=0.401 ms
64 bytes from 10.0.0.12: icmp_seq=19 ttl=64 time=2.22 ms
64 bytes from 10.0.0.12: icmp_seq=20 ttl=64 time=0.640 ms
^C
--- 10.0.0.12 ping statistics ---
20 packets transmitted, 20 received, 0% packet loss, time 19019ms
rtt min/avg/max/mdev = 0.196/0.508/2.223/0.440 ms
```

图15-11　h1和h12的连通性测试

数据包从h1到h12的传输过程属于跨域路由。按照跨域路由的一般过程,h1首先将数据包交付给s2,由c1计算源域内路由转发路径,将数据包从 s2 转发至 s1；由 c0 计算域间路由转发路径，将数据包从 s1 转发至 s7；最后由 c3 计算目的域内路由转发路径，将数据包从 s7 转发至 s9；最后将数据包交付给 h12。在该过程中，路由算法计算最短转发路径的依据是跳数。因此，在构建的拓扑中，数据包的转发路径是 h1→s2→s1→s7→s9→h12。

运行 h1-h12 的连通测试之后，控制器为了控制交换机完成数据包的转发，已经计算出最短路径，并将流表下发至交换机上。用相应控制器分别查看位于转发路径上的各交换机的流表。

在 c1 上查看 s2 流表，结果如图 15-12 所示。从图中可以看出，从 s2-eth2 输入的数据包，执行转发操作，输出端口是 s2-eth1。从图 15-12 获知，s2-eth2 与 h1-eth0 连接，s2-eth1 与 s1-eth1 连接，由此可知该流表完成的转发过程是，s2 从 h1 接收的数据包，从端口 s2-eth1 转发到了 s1。

```
kay@kay-vm:~$ sudo ovs-ofctl dump-flows s2 -O OpenFlow13
OFPST_FLOW reply (OF1.3) (xid=0x2):
 cookie=0x0, duration=6.467s, table=0, n_packets=0, n_bytes=0, priority=1,in_por
t=2 actions=output:1
 cookie=0x7f57ffffffffffff, duration=103.609s, table=0, n_packets=258, n_bytes=4
2822, send_flow_rem priority=0 actions=CONTROLLER:65535
```

图 15-12　交换机 s2 上的流表

在 c0 上查看 s1 的流表，结果如图 15-13 所示。从图中可以看出，从 s1-eth1 输入的数据包，执行转发操作，输出端口是 s1-eth4。从图 15-13 获知，s1-eth1 与 s2-eth1 连接，s1-eth4 与 s7-eth1 连接，由此可知该流表完成的转发过程是，s1 从 s2 接收的数据包，从端口 s1-eth4 转发到了 s4。

```
kay@kay-vm:~$ sudo ovs-ofctl dump-flows s1 -O OpenFlow13
OFPST_FLOW reply (OF1.3) (xid=0x2):
 cookie=0x0, duration=30.334s, table=0, n_packets=7, n_bytes=595, priority=1,in_
port=1 actions=output:4
 cookie=0x7f57ffffffffffff, duration=238.529s, table=0, n_packets=203, n_bytes=1
7651, send_flow_rem priority=0 actions=CONTROLLER:65535
```

图 15-13　交换机 s1 上的流表

在 c0 上查看 s7 的流表，结果如图 15-14 所示。从图中可以看出，从 s7-eth1 输入的数据包，执行转发操作，输出端口是 s7-eth4。从图 15-14 获知，s7-eth1 与 s1-eth4 连接，s7-eth4 与 s9-eth2 连接，由此可知该流表完成的转发过程是，s7 从 s1 接收的数据包，从端口 s7-eth4 转发到了 s9。

```
kay@kay-vm:~$ sudo ovs-ofctl add-flow s7 priority=1,in_port=1,actions=output:4 -
O OpenFlow13
kay@kay-vm:~$ sudo ovs-ofctl dump-flows s7 -O OpenFlow13
OFPST_FLOW reply (OF1.3) (xid=0x2):
 cookie=0x0, duration=9.359s, table=0, n_packets=1, n_bytes=85, priority=1,in_po
rt=1 actions=output:4
 cookie=0x7f57ffffffffffff, duration=45.402s, table=0, n_packets=38, n_bytes=323
0, send_flow_rem priority=0 actions=CONTROLLER:65535
```

图 15-14　交换机 s7 上的流表

在 c3 上查看 s9 的流表,结果如图 15-15 所示。从图中可以看出,从 s9-eth2 输入的数据包,执行转发操作,输出端口是 s9-eth4。从图 15-15 获知,s9-eth2 与 s7-eth4 连接,s9-eth4 与 h12-eth01 连接,由此可知该流表完成的转发过程是,s9 从 s7 接收的数据包,从端口 s9-eth4 转发到了 h4,完成了数据包的最终转发。

```
kay@kay-vm:~$ sudo ovs-ofctl dump-flows s9 -O OpenFlow13
OFPST_FLOW reply (OF1.3) (xid=0x2):
 cookie=0x0, duration=12.49s, table=0, n_packets=59, n_bytes=10206, priority=1,i
n_port=2 actions=output:4
 cookie=0x7f57ffffffffffff, duration=30.067s, table=0, n_packets=75, n_bytes=123
07, send_flow_rem priority=0 actions=CONTROLLER:65535
```

图 15-15　交换机 s9 上的流表

从以上的流表来看,控制器 c1、c0、c3 分别构建了 s2→s1、s1→s7、s7→s9 三段通道,连接成一条完整的传输通道 s2→s1→s7→s9。

用 Wireshark 软件在位于最短路径上的交换机端口上抓包,查看端口的状态。Wireshark 是一个网络封包分析软件,能够从设备端口上抓取网络封包,并显示详细的资料。首先在位于最短路径的交换机上抓包,结果如图 5-16~图 5-19 所示。

No.	Time	Source	Destination	Protocol	Length	Info
1	0.000000000	0a:b3:cd:0b:53:62	CayeeCom_00:00:01	LLDP	85	Chassis Id = 00:00:00:00:00:02 Port Id = 1 TTL = 4919 System Name = openflow:2
2	0.000480000	12:a6:71:56:b9:7e	CayeeCom_00:00:01	LLDP	85	Chassis Id = 00:00:00:00:00:01 Port Id = 1 TTL = 4919 System Name = openflow:1
3	0.040835000	10.0.0.1	10.0.0.12	ICMP	98	Echo (ping) request id=0xd37e, seq=303/12033, ttl=64 (reply in 4)
4	0.041012000	10.0.0.12	10.0.0.1	ICMP	98	Echo (ping) reply id=0xd37e, seq=303/12033, ttl=64 (request in 3)
5	1.039757000	10.0.0.1	10.0.0.12	ICMP	98	Echo (ping) request id=0xd37e, seq=304/12289, ttl=64 (reply in 6)
6	1.039896000	10.0.0.12	10.0.0.1	ICMP	98	Echo (ping) reply id=0xd37e, seq=304/12289, ttl=64 (request in 5)
7	2.038936000	10.0.0.1	10.0.0.12	ICMP	98	Echo (ping) request id=0xd37e, seq=305/12545, ttl=64 (reply in 8)
8	2.039227000	10.0.0.12	10.0.0.1	ICMP	98	Echo (ping) reply id=0xd37e, seq=305/12545, ttl=64 (request in 7)
9	3.040284000	10.0.0.1	10.0.0.12	ICMP	98	Echo (ping) request id=0xd37e, seq=306/12801, ttl=64 (reply in 10)
10	3.040513000	10.0.0.12	10.0.0.1	ICMP	98	Echo (ping) reply id=0xd37e, seq=306/12801, ttl=64 (request in 9)

图 15-16　端口 s2-eth1 抓包结果

每执行一次 ping 程序,两个主机之间进行一次询问过程和一次应答过程,因此会产生 request 和 reply 两个报文。测试中一共执行了 20 次 ping 程序,因此产生 40 条记录,文中只截取前 10 条进行查看。从抓包的结果来看,wireshark 在每个端口抓到 ICMP(internet control message protocol,In-

No.	Time	Source	Destination	Protocol	Length	Info
1	0.000000000	6a:21:b0:a1:e2:f3	CayeeCom_00:00:01	LLDP	85	Chassis Id = 00:00:00:00:00:01 Port Id = 3 TTL = 4919 System Name = openflow:1
2	0.000798000	96:8a:14:f9:42:88	CayeeCom_00:00:01	LLDP	85	Chassis Id = 00:00:00:00:00:04 Port Id = 1 TTL = 4919 System Name = openflow:4
3	0.514096000	10.0.0.1	10.0.0.12	ICMP	98	Echo (ping) request id=0xd54c, seq=59/15104, ttl=64 (reply in 4)
4	0.514189000	10.0.0.12	10.0.0.1	ICMP	98	Echo (ping) reply id=0xd54c, seq=59/15104, ttl=64 (request in 3)
5	0.846549000	0.0.0.0	255.255.255.255	DHCP	342	DHCP Discover - Transaction ID 0x2f8ab442
6	1.515234000	10.0.0.1	10.0.0.12	ICMP	98	Echo (ping) request id=0xd54c, seq=60/15360, ttl=64 (reply in 7)
7	1.515384000	10.0.0.12	10.0.0.1	ICMP	98	Echo (ping) reply id=0xd54c, seq=60/15360, ttl=64 (request in 6)
8	1.822967000	0.0.0.0	255.255.255.255	DHCP	342	DHCP Discover - Transaction ID 0xef010e79
9	2.519508000	10.0.0.1	10.0.0.12	ICMP	98	Echo (ping) request id=0xd54c, seq=61/15616, ttl=64 (reply in 10)
10	2.520934000	10.0.0.12	10.0.0.1	ICMP	98	Echo (ping) reply id=0xd54c, seq=61/15616, ttl=64 (request in 9)

图 15-17 端口 s1-eth4 抓包结果

No.	Time	Source	Destination	Protocol	Length	Info
1	0.000000000	10.0.0.1	10.0.0.12	ICMP	98	Echo (ping) request id=0xd37e, seq=17/4352, ttl=64 (reply in 2)
2	0.000272000	10.0.0.12	10.0.0.1	ICMP	98	Echo (ping) reply id=0xd37e, seq=17/4352, ttl=64 (request in 1)
3	1.001623000	10.0.0.1	10.0.0.12	ICMP	98	Echo (ping) request id=0xd37e, seq=18/4608, ttl=64 (reply in 4)
4	1.001784000	10.0.0.12	10.0.0.1	ICMP	98	Echo (ping) reply id=0xd37e, seq=18/4608, ttl=64 (request in 3)
5	1.285600000	62:00:09:b0:a1:4d	CayeeCom_00:00:01	LLDP	85	Chassis Id = 00:00:00:00:00:09 Port Id = 2 TTL = 4919 System Name = openflow:9
6	1.285998000	c6:b7:94:a4:bc:76	CayeeCom_00:00:01	LLDP	85	Chassis Id = 00:00:00:00:00:07 Port Id = 4 TTL = 4919 System Name = openflow:7
7	2.002834000	10.0.0.1	10.0.0.12	ICMP	98	Echo (ping) request id=0xd37e, seq=19/4864, ttl=64 (reply in 8)
8	2.002933000	10.0.0.12	10.0.0.1	ICMP	98	Echo (ping) reply id=0xd37e, seq=19/4864, ttl=64 (request in 7)
9	3.003520000	10.0.0.1	10.0.0.12	ICMP	98	Echo (ping) request id=0xd37e, seq=20/5120, ttl=64 (reply in 10)
10	3.003671000	10.0.0.12	10.0.0.1	ICMP	98	Echo (ping) reply id=0xd37e, seq=20/5120, ttl=64 (request in 9)

图 15-18 端口 s7-eth4 抓包结果

No.	Time	Source	Destination	Protocol	Length	Info
1	0.000000000	10.0.0.1	10.0.0.12	ICMP	98	Echo (ping) request id=0xd6ce, seq=330/18945, ttl=64 (reply in 2)
2	0.000043000	10.0.0.12	10.0.0.1	ICMP	98	Echo (ping) reply id=0xd6ce, seq=330/18945, ttl=64 (request in 1)
3	1.001185000	10.0.0.1	10.0.0.12	ICMP	98	Echo (ping) request id=0xd6ce, seq=331/19201, ttl=64 (reply in 4)
4	1.001313000	10.0.0.12	10.0.0.1	ICMP	98	Echo (ping) reply id=0xd6ce, seq=331/19201, ttl=64 (request in 3)
5	2.002511000	10.0.0.1	10.0.0.12	ICMP	98	Echo (ping) request id=0xd6ce, seq=332/19457, ttl=64 (reply in 6)
6	2.002548000	10.0.0.12	10.0.0.1	ICMP	98	Echo (ping) reply id=0xd6ce, seq=332/19457, ttl=64 (request in 5)
7	3.003297000	10.0.0.1	10.0.0.12	ICMP	98	Echo (ping) request id=0xd6ce, seq=333/19713, ttl=64 (reply in 8)
8	3.003320000	10.0.0.12	10.0.0.1	ICMP	98	Echo (ping) reply id=0xd6ce, seq=333/19713, ttl=64 (request in 7)
9	3.283647000	c2:78:1f:e6:c7:84	CayeeCom_00:00:01	LLDP	85	Chassis Id = 00:00:00:00:00:09 Port Id = 4 TTL = 4919 System Name = openflow:9
10	4.004900000	10.0.0.1	10.0.0.12	ICMP	98	Echo (ping) request id=0xd6ce, seq=334/19969, ttl=64 (reply in 11)

图 15-19 端口 s9-eth4 抓包结果

ternet 控制报文协议）报文，含有 request 和 reply 过程，证明了 IP 地址为 10. 0. 0. 1 和 10. 0. 0. 12 的主机可达。

同时，也在非最短路径上的交换机端口上进行了抓包，结果如图 15-20 和图 15-21 所示。Wireshark 在每个端口抓到 LLDP 报文，说明 s3、s4 执行链路发现协议过程，没有 ICMP 报文通过。证明 h12 发出的以 10. 0. 0. 12 为目的 IP 地址的数据包，没有经过 s3、s4。

No.	Time	Source	Destination	Protocol	Length	Info
1	0.000000000	3e:36:15:26:b5:a3	CayeeCom_00:00:01	LLDP	85	Chassis Id = 00:00:00:00:00:01 Port Id = 2 TTL = 4919 System Name = openflow:1
2	0.003438000	76:87:f3:22:44:ab	CayeeCom_00:00:01	LLDP	85	Chassis Id = 00:00:00:00:00:03 Port Id = 4 TTL = 4919 System Name = openflow:3
3	4.998146000	76:87:f3:22:44:ab	CayeeCom_00:00:01	LLDP	85	Chassis Id = 00:00:00:00:00:03 Port Id = 4 TTL = 4919 System Name = openflow:3
4	5.000137000	3e:36:15:26:b5:a3	CayeeCom_00:00:01	LLDP	85	Chassis Id = 00:00:00:00:00:01 Port Id = 2 TTL = 4919 System Name = openflow:1
5	10.001793000	3e:36:15:26:b5:a3	CayeeCom_00:00:01	LLDP	85	Chassis Id = 00:00:00:00:00:01 Port Id = 2 TTL = 4919 System Name = openflow:1
6	10.002818000	76:87:f3:22:44:ab	CayeeCom_00:00:01	LLDP	85	Chassis Id = 00:00:00:00:00:03 Port Id = 4 TTL = 4919 System Name = openflow:3
7	14.675602000	fe80::3c36:15ff:fe26:b5a3	ff02::fb	MDNS	107	Standard query 0x0000 PTR _ipps._tcp.local, "QM" question PTR _ipp._tcp.local, "QM" question
8	14.998735000	3e:36:15:26:b5:a3	CayeeCom_00:00:01	LLDP	85	Chassis Id = 00:00:00:00:00:01 Port Id = 2 TTL = 4919 System Name = openflow:1
9	14.998894000	76:87:f3:22:44:ab	CayeeCom_00:00:01	LLDP	85	Chassis Id = 00:00:00:00:00:03 Port Id = 4 TTL = 4919 System Name = openflow:3
10	16.052342000	fe80::883f:59ff:fee3:950a	ff02::fb	MDNS	107	Standard query 0x0000 PTR _ipps._tcp.local, "QM" question PTR _ipp._tcp.local, "QM" question

图 15-20 端口 s3-eth4 抓包结果

No.	Time	Source	Destination	Protocol	Length	Info
1	0.000000000	7e:97:7f:0a:e1:4a	CayeeCom_00:00:01	LLDP	85	Chassis Id = 00:00:00:00:00:04 Port Id = 2 TTL = 4919 System Name = openflow:4
2	0.001862000	76:79:76:22:6a:69	CayeeCom_00:00:01	LLDP	85	Chassis Id = 00:00:00:00:00:07 Port Id = 2 TTL = 4919 System Name = openflow:7
3	5.000166000	76:79:76:22:6a:69	CayeeCom_00:00:01	LLDP	85	Chassis Id = 00:00:00:00:00:07 Port Id = 2 TTL = 4919 System Name = openflow:7
4	5.004541000	7e:97:7f:0a:e1:4a	CayeeCom_00:00:01	LLDP	85	Chassis Id = 00:00:00:00:00:04 Port Id = 2 TTL = 4919 System Name = openflow:4
5	6.632971000	fe80::7c97:7fff:fe0a:e14a	ff02::fb	MDNS	107	Standard query 0x0000 PTR _ipps._tcp.local, "QM" question PTR _ipp._tcp.local, "QM" question
6	10.000110000	7e:97:7f:0a:e1:4a	CayeeCom_00:00:01	LLDP	85	Chassis Id = 00:00:00:00:00:04 Port Id = 2 TTL = 4919 System Name = openflow:4
7	10.002490000	76:79:76:22:6a:69	CayeeCom_00:00:01	LLDP	85	Chassis Id = 00:00:00:00:00:07 Port Id = 2 TTL = 4919 System Name = openflow:7
8	15.000043000	76:79:76:22:6a:69	CayeeCom_00:00:01	LLDP	85	Chassis Id = 00:00:00:00:00:07 Port Id = 2 TTL = 4919 System Name = openflow:7
9	15.010930000	7e:97:7f:0a:e1:4a	CayeeCom_00:00:01	LLDP	85	Chassis Id = 00:00:00:00:00:04 Port Id = 2 TTL = 4919 System Name = openflow:4
10	20.002162000	7e:97:7f:0a:e1:4a	CayeeCom_00:00:01	LLDP	85	Chassis Id = 00:00:00:00:00:04 Port Id = 2 TTL = 4919 System Name = openflow:4

图 15-21　端口 s4-eth2 抓包结果

综合以上结果看出,经过路由协议选择最短路径,h1 发出的 ping 数据包,由交换机 s2、s1、s7、s9 转发,到达了 h12。控制器 c1、c0、c3 成功控制交换机完成了数据包的转发。

以上数据显示,在分域化 SDN 网络架构原型系统中,多控制器协调工作成功完成了传输控制的实现。

15.2　结构控制实践案例

15.2.1　基于 SDN/VxLAN 的结构控制原型系统设计

为满足可控网络安全控制的需求,构建基于 SDN/VxLAN 的结构控制原型系统,如图 15-22 所示。

物理层面上,各个站点在空间上是分布式的,处于不同的地理位置,代表分布在不同地域的军事单位,拥有独立的数据中心和业务系统,包含大量的网络基础资源。站点与站点之间通过骨干网相连,通过骨干网实现站点间的信息交换和数据传输。物理实体资源由大量网络设备组成,包含路由器、交换机等通用网络交换设备,以及主机、服务器等计算、存储设备。站点内部的网络交换设备可以为常规交换机或路由器,边界交换设备需为支持 OpenFlow 协议的 SDN 交换机。

逻辑层面是由物理实体资源抽象出的虚拟网络构成。虚拟网络采用不同网段的形式划分,不同站点所对应的虚拟网络通过 VxLAN 隧道进行互联互通。各个虚拟子网的划分可根据定制化的应用场景需求,如安全等级、业务系统类型和服务质量需求等。

以图 15-22 为例具体说明,站点 1 抽象出虚拟子网 A1 和虚拟子网 B1,站点 2 抽象出虚拟子网 A2 和虚拟子网 B2,站点 3 抽象出虚拟子网 A3 和虚拟子网 B3,A1 至 A4 属于虚拟网络 A,B1 至 B4 属于虚拟网络 B。各个虚拟子网内的网络节点互相连通,如虚拟子网 A1 内所有节点互相连通。

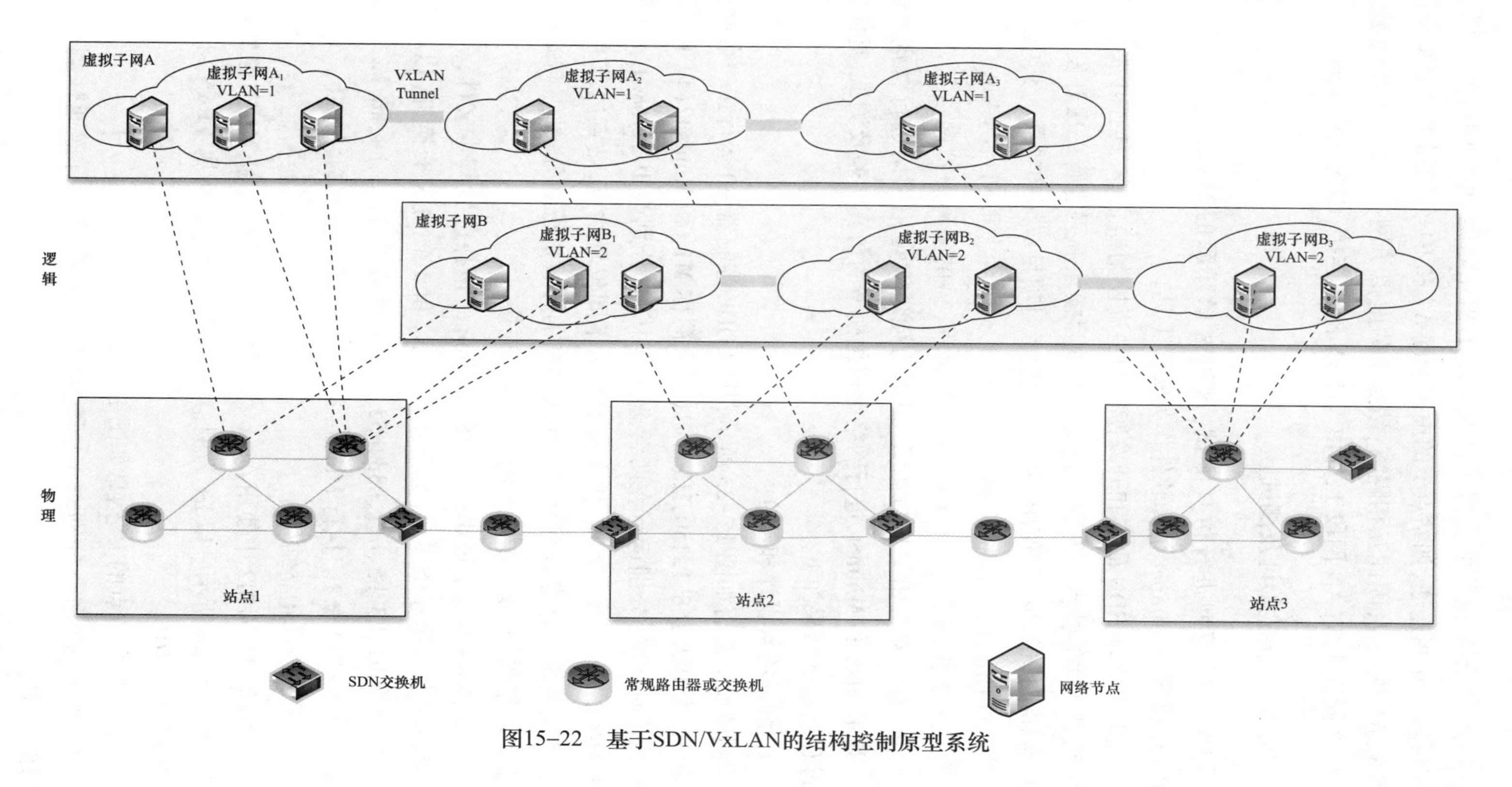

图15-22　基于SDN/VxLAN的结构控制原型系统

同一站点内,不同网段的虚拟子网在逻辑上相互隔离,相同网段的虚拟子网在逻辑上互相连通,如站点 1 的虚拟子网 A1 和 B1 分别属于 VLAN 网段 1 和 VLAN 网段 2,因此互相隔离;站点 1 的虚拟子网 A1 和站点 2 的虚拟子网 A2 同属于 VLAN 网段 1,并由 VxLAN 隧道连接,因此互相连通。

15.2.2 实验验证及测试

为对上述模型进行仿真测试,这里选择开源的 OpenDaylight(简称 ODL)控制器和 Mininet 仿真软件作为实验工具。

ODL 是目前 SDN 研究和开发使用的主流控制器之一,具有开放性、扩展性和灵活性等特点。它支持开发者对项目模块源码进行二次开发,优化控制器和组件的功能和使用,也支持使用者对项目应用和扩展。其中虚拟租户网络(virtual terant network,VTN)模块支持对虚拟网络的多种管理功能,简化了虚拟网络与底层网络映射的过程,提供多种虚拟网络组件和映射接口。通过调用相关接口函数,可以方便地对虚拟网络进行管理和部署。利用 ODL 和 Mininet,进行网络虚拟化模型的仿真实验及测试,具体实验过程及测试结果如下。

1. 测试场景设计和建立

测试场景部署如图 15-23 所示,其中 ODL 控制器 C0 运行在一台虚拟机中,IP 为 192.168.1.150,Mininet1(以下简称 M1)和 Mininet2(以下简称 M2)为仿真网络,分别运行在两台虚拟机中,IP 分别为 192.168.1.151 和 192.168.1.152。M1 和 M2 代表两个处于不同位置站点,站点内部有若干终端和交换机。站点内部终端采用 VLAN 的方式进行划分,站点与站点间的虚拟网络采用 VxLAN 隧道的形式进行连接。

按照图 4-2 所示逻辑拓扑,编写 Mininet 拓扑配置脚本文件,分别在 M1 和 M2 中创建 6 个终端(以下用 h 表示)和 3 个 SDN 交换机(以下用 s 表示),并将 h1、h3、h5、h11、h33、h55 的 vlan id 设为 0,h2、h4、h6、h22、h44、h66 的 vlan id 设为 1。执行 Mininet 配置脚本文件,生成网络拓扑。

2. 测试场景建立结果

分别在 M1 和 M2 中使用 dump 命令,输出各节点信息,M1 中各个节点信息如图 15-24 所示。以 h1 为例,其端口为 h1-eth0,所属 VLAN id 为 0,ip 为 10.0.0.101。

M2 中各个节点的 IP 信息如图 15-25 所示。

使用 pingall 命令分别对 M1 和 M2 中所有终端进行连通性测试,如图 15-26 所示。

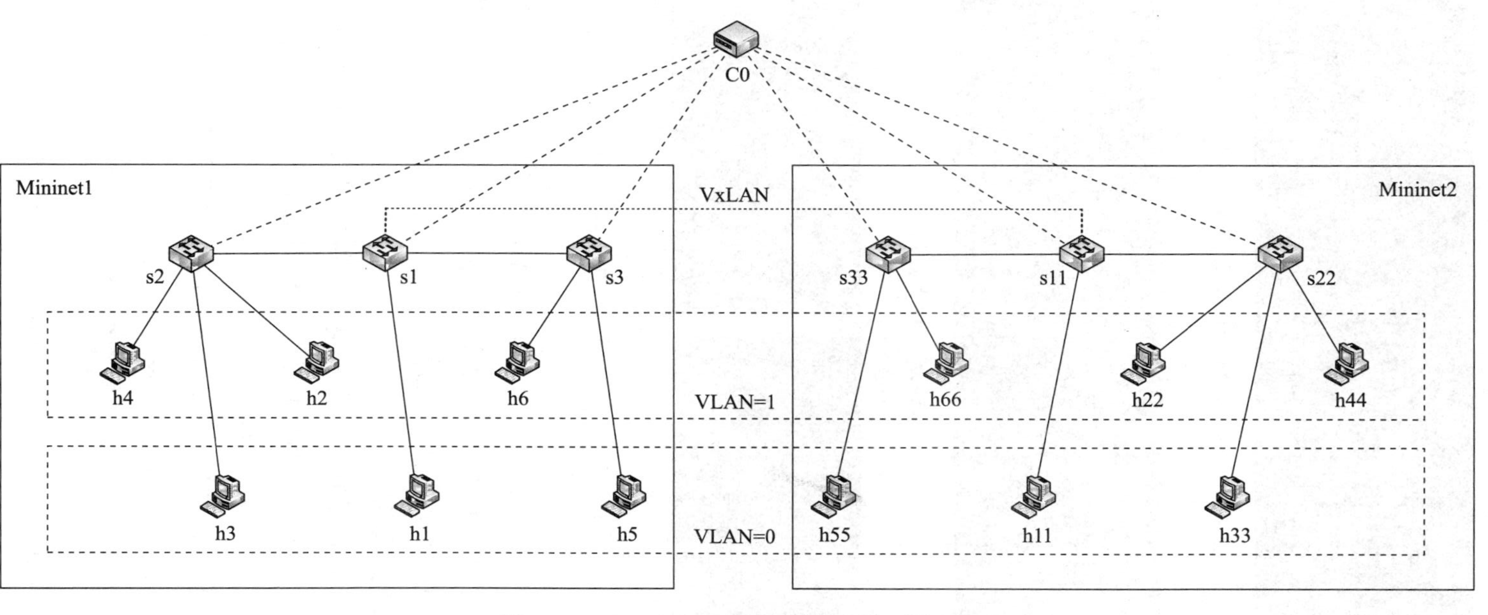

图15–23　SDN/VxLAN结构控制网络测试场景

```
mininet> dump
<VLANHost h1: h1-eth0.0:10.0.0.101 pid=2915>
<VLANHost h2: h2-eth0.1:10.0.0.102 pid=2917>
<VLANHost h3: h3-eth0.0:10.0.0.103 pid=2919>
<VLANHost h4: h4-eth0.1:10.0.0.104 pid=2921>
<VLANHost h5: h5-eth0.0:10.0.0.105 pid=2923>
<VLANHost h6: h6-eth0.1:10.0.0.106 pid=2925>
<OVSSwitch s1: lo:127.0.0.1,s1-eth1:None,s1-eth2:None,s1-eth3:None pid=2930>
<OVSSwitch s2: lo:127.0.0.1,s2-eth1:None,s2-eth2:None,s2-eth3:None,s2-eth4:None pid=2933>
<OVSSwitch s3: lo:127.0.0.1,s3-eth1:None,s3-eth2:None,s3-eth3:None pid=2936>
<RemoteController{'ip': '192.168.1.150'} c0: 192.168.1.150:6633 pid=2909>
```

图 15-24　M1 节点信息

```
mininet> dump
<VLANHost h11: h11-eth0.0:10.0.0.111 pid=2904>
<VLANHost h22: h22-eth0.1:10.0.0.122 pid=2906>
<VLANHost h33: h33-eth0.0:10.0.0.133 pid=2908>
<VLANHost h44: h44-eth0.1:10.0.0.144 pid=2910>
<VLANHost h55: h55-eth0.0:10.0.0.155 pid=2912>
<VLANHost h66: h66-eth0.1:10.0.0.166 pid=2914>
<OVSSwitch s11: lo:127.0.0.1,s11-eth1:None,s11-eth2:None,s11-eth3:None pid=2919>
<OVSSwitch s22: lo:127.0.0.1,s22-eth1:None,s22-eth2:None,s22-eth3:None,s22-eth4:None pid=2922>
<OVSSwitch s33: lo:127.0.0.1,s33-eth1:None,s33-eth2:None,s33-eth3:None pid=2925>
<RemoteController{'ip': '192.168.1.150'} c0: 192.168.1.150:6633 pid=2898>
```

图 15-25　M2 节点信息

```
mininet> pingall
*** Ping: testing ping reachability
h1 -> X X X X X
h2 -> X X X X X
h3 -> X X X X X
h4 -> X X X X X
h5 -> X X X X X
h6 -> X X X X X
*** Results: 100% dropped (0/30 received)
```

(a)

```
mininet> pingall
*** Ping: testing ping reachability
h11 -> X X X X X
h22 -> X X X X X
h33 -> X X X X X
h44 -> X X X X X
h55 -> X X X X X
h66 -> X X X X X
*** Results: 100% dropped (0/30 received)
```

(b)

图 15-26　M1(a)和 M2(b)的连通性测试

图 15-26 中,×代表不连通,当前网络中的所有终端是无法通信的。这是由于控制器 ODL 中并未设置虚拟网络结构划分策略,使得两个 Mininet 网络中的各个终端无法通信。

3. VLAN 网段划分

调用 ODL 控制器中的 vtn 模块接口命令,构建一个虚拟网络平面 vtn1,包含两个虚拟网桥 vbr1 和 vbr2,分别对应 vlan=0 和 vlan=1 的虚拟子网,具体实现过程的关键步骤如下。

步骤 1:调用 vtn 创建函数 update-vtn( ),创建虚拟网络平面 vtn1。

```
curl --user "admin":"admin" -H "Content-type: application/json"
-X POST \http://192.168.1.150:8181/restconf/operations/vtn:update-vtn \
-d '{"input":{"tenant-name":"vtn1"}}'
```

步骤 2:调用 vbr 创建函数 update-vbridge( ),创建虚拟网桥 vbr1 和 vbr2。

```
curl --user "admin":"admin" -H "Content-type: application/json"
-X POST \http://192.168. 1.150:8181/restconf/operations/vtn-vbridge:update-vbridge \
-d '{"input":{"tenant-name":"vtn1", "bridge-name":"vbr1"}}'

curl --user "admin":"admin" -H "Content-type: application/json"
-X POST \http://192.168. 1.150:8181/restconf/operations/vtn-vbridge:update-vbridge \
-d '{"input":{"tenant-name":"vtn1", "bridge-name":"vbr2"}}'
```

步骤 3：调用 vlan 映射函数 add-vlan-map( )，将 vlan=0 映射到 vbr1 上，将 vlan=1 映射到 vbr2 上。

```
curl --user "admin":"admin" -H "Content-type: application/json"
-X POST \http://192.168. 1.150:8181/restconf/operations/vtn-vlan-map:add-vlan-map \
-d '{"input":{"vlan-id":0,"tenant-name":"vtn1","bridge-name":"vbr1"}}'

curl --user "admin":"admin" -H "Content-type: application/json"
 -X POST \http://192.168. 1.150:8181/restconf/operations/vtn-vlan-map:add-vlan-map \
 -d '{"input":{"vlan-id":1,"tenant-name":"vtn1","bridge-name":"vbr2"}}'
```

4. VLAN 网段划分测试结果

完成上述 vtn1 及各个 VLAN 的映射关系后，再次分别对 M1 和 M2 中的所有终端进行连通性测试，如图 15-27 所示。

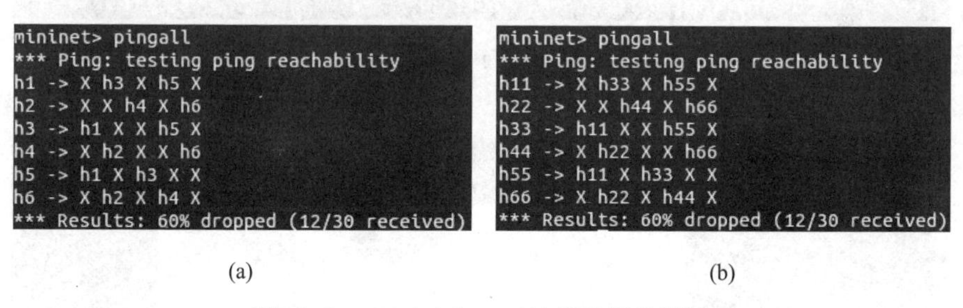

图 15-27　M1(a)和 M2(b)的连通性测试

此时，同一虚拟子网、同一 Mininet 连通性测试结果为网络可达，由此可知，两个网络中的终端分别被划分到两个虚拟子网(vlan=0 和 vlan=1)中。在 M1 中，h1、h3、h5 属于 vlan=0 的虚拟子网，h2、h4、h6 属于 vlan=1 的虚拟子网；在 M2 中，h11、h33、h55 属于 vlan=0 的虚拟子网，h22、h44、h66 属于 vlan=1 的虚拟子网。

以 h1、h11 为例，对不同 Mininet 中的同一虚拟子网(vlan=0)终端进行连通性测试，如图 15-28 所示。

以 h2、h22 为例，对不同 Mininet 中的同一虚拟子网(vlan=1)终端进行连通性测试，如图 15-29 所示。

此时，同一虚拟子网、不同 Mininet 连通性测试结果为网络不可达。由当前网络的逻辑拓扑结构(图 15-30)可知，M1、M2 中各自的 3 个 SDN 交换机连通，M1 和 M2 之间并不存在逻辑链路。

```
mininet> h1 ping 10.0.0.111
PING 10.0.0.111 (10.0.0.111) 56(84) bytes of data.
From 10.0.0.101 icmp_seq=1 Destination Host Unreachable
From 10.0.0.101 icmp_seq=2 Destination Host Unreachable
From 10.0.0.101 icmp_seq=3 Destination Host Unreachable
From 10.0.0.101 icmp_seq=4 Destination Host Unreachable
From 10.0.0.101 icmp_seq=5 Destination Host Unreachable
From 10.0.0.101 icmp_seq=6 Destination Host Unreachable
^C
--- 10.0.0.111 ping statistics ---
7 packets transmitted, 0 received, +6 errors, 100% packet loss, time 6000ms
```

图 15-28　h1 与 h11 连通性测试

```
mininet> h2 ping 10.0.0.122
PING 10.0.0.122 (10.0.0.122) 56(84) bytes of data.
From 10.0.0.102 icmp_seq=1 Destination Host Unreachable
From 10.0.0.102 icmp_seq=2 Destination Host Unreachable
From 10.0.0.102 icmp_seq=3 Destination Host Unreachable
From 10.0.0.102 icmp_seq=4 Destination Host Unreachable
From 10.0.0.102 icmp_seq=5 Destination Host Unreachable
From 10.0.0.102 icmp_seq=6 Destination Host Unreachable
^C
--- 10.0.0.122 ping statistics ---
7 packets transmitted, 0 received, +6 errors, 100% packet loss, time 6004ms
```

图 15-29　h2 与 h22 连通性测试

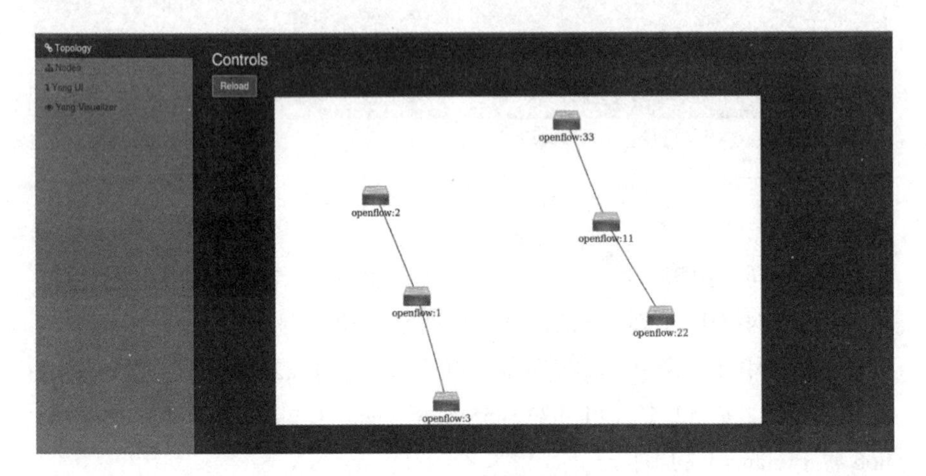

图 15-30　网络逻辑拓扑

5. VxLAN 隧道建立

由于两个子网之间并未建立虚拟网络的传输通道，虽然 h1 和 h11、h2 和 h22 均在同一虚拟子网，但不同 Mininet 中的网络并不能实现互通。为实现两个 Mininet 中同一虚拟子网的互通，分别在两个 Mininet 网络的边缘交换机 s1、s11 中创建 vxlan 类型的端口，并且在 M1 和 M2 之间建立 VxLAN 隧道。

在 M1 和 M2 的边缘交换机 s1 和 s11 上,分别添加 VxLAN 形式的端口,并建立 VxLAN 的隧道。

```
sudo ovs-vsctl add-port s1 vxlan
sudo ovs-vsctl set interface vxlan type=vxlan option:remote_ip=192.168.1.152

sudo ovs-vsctl add-port s11 vxlan
sudo ovs-vsctl set interface vxlan type=vxlan option:remote_ip=192.168.1.151
```

分别查看 s1 和 s11 交换机端口状态,如图 15-31 所示。

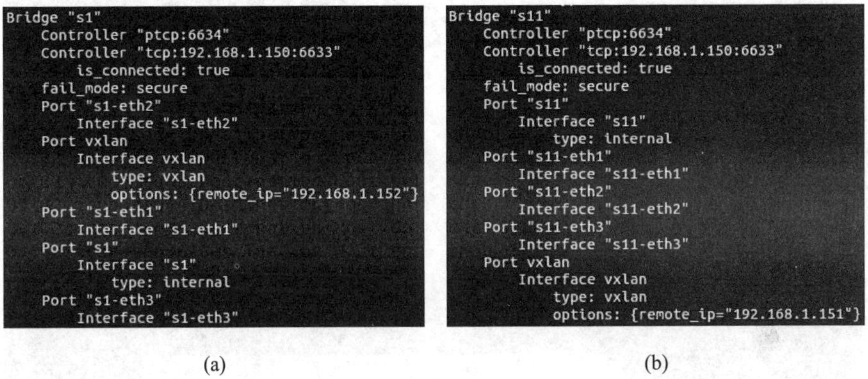

```
Bridge "s1"
    Controller "ptcp:6634"
    Controller "tcp:192.168.1.150:6633"
        is_connected: true
    fail_mode: secure
    Port "s1-eth2"
        Interface "s1-eth2"
    Port vxlan
        Interface vxlan
            type: vxlan
            options: {remote_ip="192.168.1.152"}
    Port "s1-eth1"
        Interface "s1-eth1"
    Port "s1"
        Interface "s1"
            type: internal
    Port "s1-eth3"
        Interface "s1-eth3"
```

(a)

```
Bridge "s11"
    Controller "ptcp:6634"
    Controller "tcp:192.168.1.150:6633"
        is_connected: true
    fail_mode: secure
    Port "s11"
        Interface "s11"
            type: internal
    Port "s11-eth1"
        Interface "s11-eth1"
    Port "s11-eth2"
        Interface "s11-eth2"
    Port "s11-eth3"
        Interface "s11-eth3"
    Port vxlan
        Interface vxlan
            type: vxlan
            options: {remote_ip="192.168.1.151"}
```

(b)

图 15-31　s1(a)和 s11(b)端口状态

以 s1 为例,可以看到当前 s1 中存在 5 个 port,其中一个 port 为 vxlan 端口。

6. VxLAN 隧道建立测试结果

以 h1、h11 为例,对不同 Mininet 中的同一虚拟子网(vlan=0)终端进行连通性测试,如图 15-32 所示。

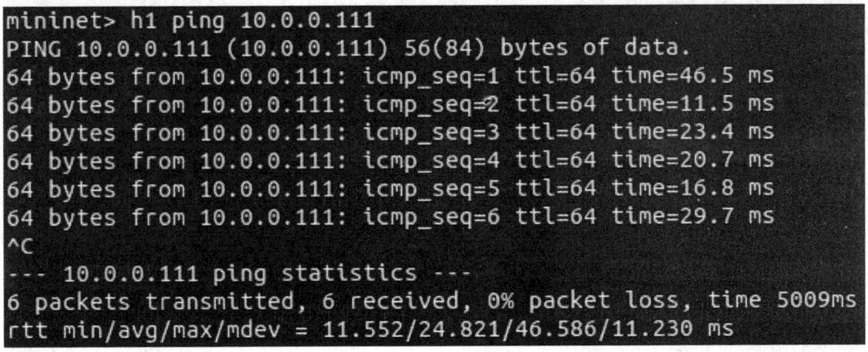

```
mininet> h1 ping 10.0.0.111
PING 10.0.0.111 (10.0.0.111) 56(84) bytes of data.
64 bytes from 10.0.0.111: icmp_seq=1 ttl=64 time=46.5 ms
64 bytes from 10.0.0.111: icmp_seq=2 ttl=64 time=11.5 ms
64 bytes from 10.0.0.111: icmp_seq=3 ttl=64 time=23.4 ms
64 bytes from 10.0.0.111: icmp_seq=4 ttl=64 time=20.7 ms
64 bytes from 10.0.0.111: icmp_seq=5 ttl=64 time=16.8 ms
64 bytes from 10.0.0.111: icmp_seq=6 ttl=64 time=29.7 ms
^C
--- 10.0.0.111 ping statistics ---
6 packets transmitted, 6 received, 0% packet loss, time 5009ms
rtt min/avg/max/mdev = 11.552/24.821/46.586/11.230 ms
```

图 15-32　h1 与 h11 连通性测试

以 h2、h22 为例,对不同 Mininet 中的同一虚拟子网(vlan=1)进行连通性测试,如图 15-33 所示。

```
mininet> h2 ping 10.0.0.122
PING 10.0.0.122 (10.0.0.122) 56(84) bytes of data.
64 bytes from 10.0.0.122: icmp_seq=1 ttl=64 time=41.6 ms
64 bytes from 10.0.0.122: icmp_seq=2 ttl=64 time=1.17 ms
64 bytes from 10.0.0.122: icmp_seq=3 ttl=64 time=0.506 ms
64 bytes from 10.0.0.122: icmp_seq=4 ttl=64 time=0.456 ms
64 bytes from 10.0.0.122: icmp_seq=5 ttl=64 time=0.433 ms
64 bytes from 10.0.0.122: icmp_seq=6 ttl=64 time=0.647 ms
^C
--- 10.0.0.122 ping statistics ---
6 packets transmitted, 6 received, 0% packet loss, time 5004ms
rtt min/avg/max/mdev = 0.433/7.483/41.680/15.295 ms
```

图 15-33　h2 与 h22 连通性测试

由连通性测试结果可知，此时同一虚拟子网、不同 Mininet 的终端实现了相互连通，由当前的网络逻辑拓扑结构（图 15-34）可知，M1 和 M2 的边缘交换机 s1 和 s11 间成功的建立了一条逻辑链路，即 VxLAN 隧道。

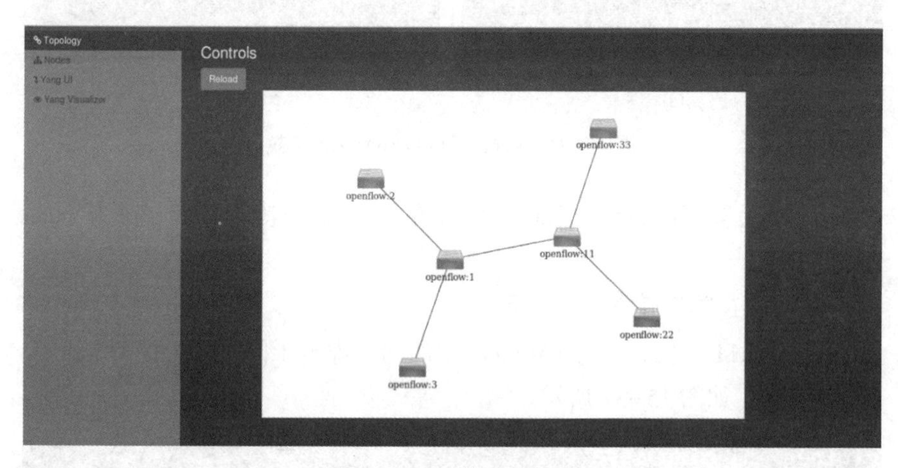

图 15-34　网络逻辑拓扑

综合以上 M1 和 M2 中各终端的连通性测试可知，通过调用 ODL 控制器的相关 API 创建不同的虚拟子网，实现了同一 Mininet 内对应终端的网络隔离，验证了两个站点内部虚拟子网划分的有效性；通过 VxLAN 隧道连通相同的虚拟子网，实现了不同 Mininet 内对应终端的互联互通，验证了两个站点间 VxLAN 网络隧道建立的有效性。因此，基于 SDN/VxLAN 的网络虚拟化能够满足可控网络安全控制体系中结构控制的设计需求，且具备一定的可行性。

15.3 运行控制实践案例

15.3.1 基于 SFC 的运行控制原型系统设计

服务功能链(service function chain,SFC)为满足上述安全部署的设计需求提供了新思路。SFC 将虚拟化的网络功能定义为服务功能(service fuction,SF),将一系列有顺序的服务功能所形成的集合定义为 SFC。通过设定数据流所需经过的服务功能链,可以方便地完成针对特定网络需求的安全策略部署。本节研究的重点是安全控制中心内的网络安全功能,因此,以下所提到的服务功能特指安全服务功能,SFC 特指安全服务功能链。

整个安全策略部署的流程可概括为:根据业务网络的安全需求,制定相应的安全策略,策略包括该业务网络所需要进行的服务功能。将这些服务功能顺序定义为一个集合,制定相应的转发规则,通过控制器以流表的形式下发至交换机,形成一条或多条 SFC。则该业务网络中所有的数据流,将会按照 SFC(根据安全策略对应的转发规则)进行数据的转发。安全策略部署的过程可看做是一个二级映射关系:“策略—SFC—流规则”,部署策略的详细设计如下。

1. 策略—SFC

通过定义安全策略 P 与 SFC 的对应关系,将网络的安全需求转化为数据流对安全服务功能的需求,形成策略 P 与服务功能链 SFC 的映射关系,可用 P:SFC 表示。其中,SFC 可表示为一系列服务的集合,即 $SFC=\{SF1,SF2,\cdots,SFn\}$。图 15-35 所示为基于 SFC 的安全策略部署。

该站点包含若干转发设备和 3 个部署在标准服务器上的安全服务功能 SF1、SF2、SF3,现有两条数据流 flow1、flow2 分别流经该站点。

根据数据流 flow1 的特定安全需求,设定相应的安全策略 P1。P1 要求数据流经过安全服务功能 SF1、SF2,则 SF1、SF2 所形成的顺序集合构成了服务功能链 SFC1。安全策略 P1 和服务功能链 SFC1 之间形成映射关系。

$$P1:SFC1=\{SF1,SF2\}$$

根据数据流 flow2 的特定安全需求,设定相应的安全策略 P2。P2 要求数据流经过安全服务功能 SF1、SF2、SF3,则 SF1、SF2、SF3 所形成的顺序集合构成了服务功能链 SFC2。安全策略 P2 和服务功能链 SFC2 之间形成映射关系。

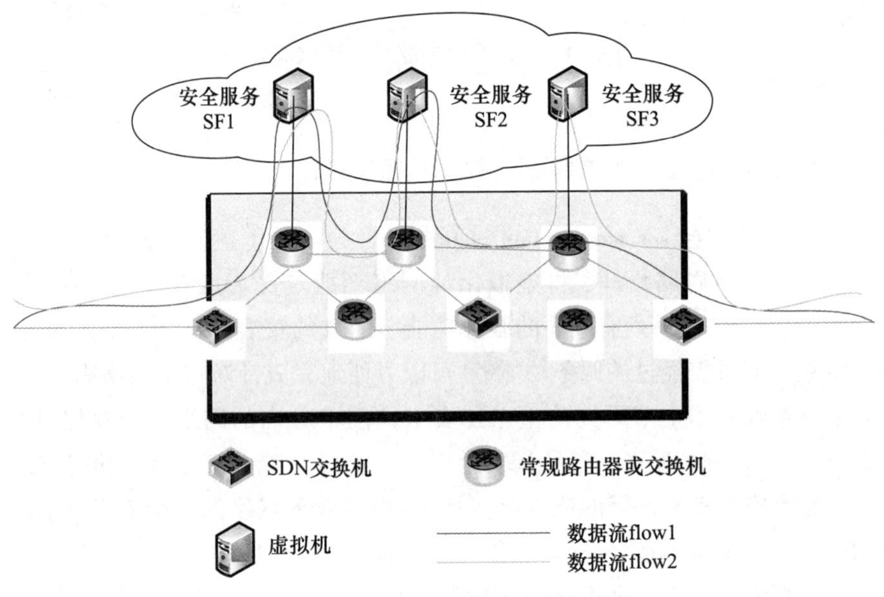

图 15-35　基于 SFC 的安全策略部署

P2:SFC2 = {SF1,SF2,SF3}

2. SFC—流规则

通过定义服务功能链 SFC 到流表的映射关系,将数据流对安全服务功能的需求转化为数据流转发规则。控制器则根据转发规则将对应的流表下发给交换机,使数据流按照转发规则依次通过相应的安全服务设备,为数据流提供完整的安全服务功能,实现对特定数据流的安全策略部署。

上述设计方案中,“策略—SFC”主要为分析过程,“SFC—流规则”则是由控制器具体实现。因此,一旦策略确定,即可快速配置控制器,实现运行控制策略的快速部署。

15.3.2　实验验证及测试

利用 ODL 控制器和 Mininet 仿真软件这两种工具,进行基于 SFC 的安全策略部署仿真实验及测试,具体实验过程及测试结果如下。

1. 测试场景建立

测试场景部署如图 15-36 所示,其中 ODL 控制器 C0 和 Mininet 分别运行在两台虚拟机中,IP 分别为 192.168.1.150 和 192.168.1.152。

按照图 15-36 的拓扑结构,在 Mininet 中构建网络,Mininet 网络内各节点信息如图 15-37 所示。

其中 srvc1 和 srvc2 为安全服务终端,代表搭载了安全服务功能的服务

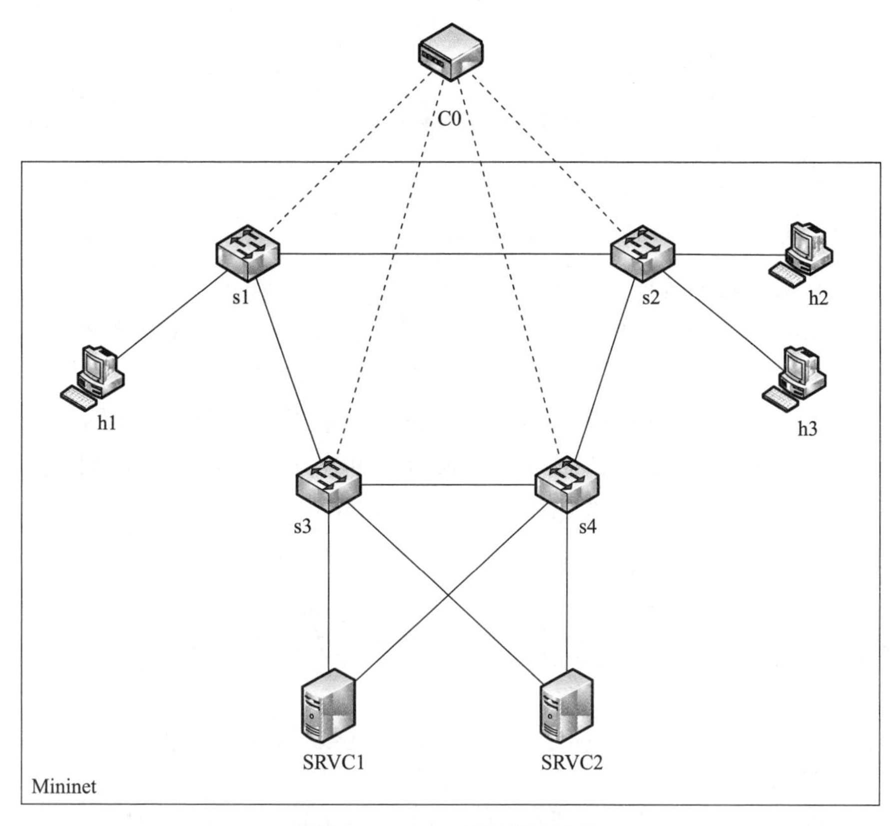

图 15-36　SFC 部署测试场景

```
mininet> dump
<Host h1: h1-eth0:10.0.0.1 pid=6377>
<Host h2: h2-eth0:10.0.0.2 pid=6379>
<Host h3: h3-eth0:10.0.0.3 pid=6381>
<Host srvc1: srvc1-eth0:10.0.0.4,srvc1-eth1:None pid=6383>
<Host srvc2: srvc2-eth0:10.0.0.5,srvc2-eth1:None pid=6385>
<OVSSwitch s1: lo:127.0.0.1,s1-eth1:None,s1-eth2:None,s1-eth3:None pid=6390>
<OVSSwitch s2: lo:127.0.0.1,s2-eth1:None,s2-eth2:None,s2-eth3:None,s2-eth4:None pid=6393>
<OVSSwitch s3: lo:127.0.0.1,s3-eth1:None,s3-eth2:None,s3-eth3:None,s3-eth4:None pid=6396>
<OVSSwitch s4: lo:127.0.0.1,s4-eth1:None,s4-eth2:None,s4-eth3:None,s4-eth4:None pid=6399>
<RemoteController{'ip': '192.168.1.150'} c0: 192.168.1.150:6633 pid=6371>
```

图 15-37　Mininet 节点信息

器。h1 为源终端,h2 和 h3 为目的终端,拟构建 sfc1 = {srvc1} 和 sfc2 = {srvc2} 两条服务功能链。

为 h1 到 h2 的数据流设定安全策略 P1,形成映射关系 P1:sfc1 = {srvc1};为 h1 到 h3 的数据流设定安全策略 P2,形成映射关系 P2:sfc2 = {srvc2}。

为验证两条服务功能链,在 srvc1 和 srvc2 上分别设置 200ms 和 300ms 的延时,具体设置如下:

```
srvc1 brctl addbr br0
srvc1 brctl addif br0 srvc1-eth0
srvc1 brctl addif br0 srvc1-eth1
srvc1 ifconfig br0 up
srvc1 tc qdisc add dev srvc1-eth1 root netem delay 200ms
srvc2 brctl addbr br0
srvc2 brctl addif br0 srvc2-eth0
srvc2 brctl addif br0 srvc2-eth1
srvc2 ifconfig br0 up
srvc2 tc qdisc add dev srvc2-eth1 root netem delay 300ms
```

2. 服务功能链建立

调用ODL控制器中的vtn模块接口命令,构建一个虚拟网络平面vtn1及虚拟网桥vbr1,建立h1、h2、h3的虚拟端口if1、if2、if3,通过端口映射将虚拟端口映射到物理端口上。设定两条SFC对应的转发条件,依据转发条件设置数据流转发规则,从而实现两条SFC的部署。具体实现步骤如下:

步骤1:调用vtn创建函数update-vtn(),建立虚拟子网平面vtn1。调用vbr创建函数update-vbridge(),建立虚拟网桥vbr1。

```
curl --user "admin":"admin" -H "Content-type: application/json"
-X POST \http://192.168. 1.150:8181/restconf/operations/vtn:update-vtn \
-d '{"input":{"tenant-name":"vtn1"}}'
```

```
curl --user "admin":"admin" -H "Content-type: application/json"
-X POST \http://192.168. 1.150:8181/restconf/operations/vtn-vbridge:update-vbridge \
-d '{"input":{"tenant-name":"vtn1", "bridge-name":"vbr1"}}'
```

步骤2:调用虚拟接口创建函数update-vinterface(),在虚拟网桥vbr1上创建3个虚拟端口if1、if2、if3,以if1为例说明。

```
curl --user "admin":"admin" -H "Content-type: application/json"
-X POST \http://192.168. 1.150:8181/restconf/operations/vtn-vinterface:update-vinterface \
-d '{"input":{"update-mode": "CREATE","operation":"SET","tenant-name":"vtn1",
"bridge-name":"vbr1","interface-name": "if1"}}'
```

步骤3:调用端口映射函数set-port-map(),将虚拟端口if1、if2、if3以端口映射的方式,分别映射到终端h1、h2、h3所连SDN交换机的物理端口上,以if1为例说明。

```
curl --user "admin":"admin" -H "Content-type: application/json"
-X POST \http://192.168. 1.150:8181/restconf/operations/vtn-port-map:set-port-map \
-d '{"input":{"vlan-id":0,"tenant-name":"vtn1","bridge-name":"vbr1",
"interface-name":"if1","node":"openflow:1","port-name": "s1-eth1"}}'
```

步骤4:调用虚拟终端创建函数update-vterminal(),分别创建安全服务终端srvc1的两个虚拟终端vt_srvc1_1和vt_srvc1_2,srvc2的两个虚拟终端vt_srvc2_1和vt_srvc2_2,以vt_srvc1_1为例说明。

```
curl --user "admin":"admin" -H "Content-type: application/json"
-X POST \http://192.168. 1.150:8181/restconf/operations/vtn-vterminal:update-vterminal \
-d '{"input":{"update-mode": "CREATE","operation":"SET","tenant-name":
"vtn1","terminal-name":"vt_srvc1_1"}}'
```

步骤 5:调用虚拟接口创建函数 update-vinterface( ),创建 4 个虚拟终端对应的 4 个虚拟接口 IF1、IF2、IF3、IF4,以 vt_srvc1_1 对应的 IF1 为例说明。

```
curl --user "admin":"admin" -H "Content-type: application/json"
-X POST \http://192.168. 1.150:8181/restconf/operations/vtn-vinterface:update-vinterface \
-d '{"input":{"update-mode": "CREATE","operation":"SET","enabled":"true",
"tenant-name":"vtn1","terminal-name": "vt_srvc1_1","interface-name":"IF1"}}'
```

步骤 6:调用端口映射函数 set-port-map( ),将 IF1、IF2、IF3、IF4 映射到 srvc1 和 srvc2 的物理端口上,以虚拟终端 vt_serv_1 为例说明。

```
curl --user "admin":"admin" -H "Content-type: application/json"
-X POST \http://192.168. 1.150:8181/restconf/operations/vtn-port-map:set-port-map \
-d '{"input":{"tenant-name":"vtn1", "terminal-name":"vt_srvc1_1",
"interface-name":"IF1","node":"openflow:3","port-name":"s3-eth3"}}'
```

步骤 7:调用流匹配函数 set-flow-condition( ),设定两条 SFC 的匹配条件,以 h1 到 h2 的数据流为例,其匹配条件设为源地址为 h1 的 ip,目的地址为 h2 的 ip。

```
curl --user "admin":"admin" -H "Content-type: application/json"
-X POST \http://192.168. 1.150:8181/restconf/operations/vtn-flow-condition:set-flow-condition \
-d '{"input":{"operation": "SET","present":"false","name":"cond_200",
"vtn-flow-match":[{"index":1,"vtn-ether-match":{},
 "vtn-inet-match":{"source-network":"10.0.0.1/32","destination-network":"10.0.0.2/32"}}]}}'
```

步骤 8:调用流转发函数 set-flow-filter( ),并设置相应的流转发规则,以 h1 到 h2 的数据流为例,相应条件匹配成功时,进行重定向的转发。

```
curl --user "admin":"admin" -H "Content-type: application/json"
-X POST \http://192.168. 1.150:8181/restconf/operations/vtn-flow-filter:set-flow-filter \
-d '{"input":{"output":"false", "tenant-name":"vtn1",
"bridge-name":"vbr1","interface-name":"if1",
"vtn-flow-filter": [{"condition":"cond_200","index":1,
"vtn-redirect-filter":{"redirect-destination":{"terminal-name":"vt_srvc1_1",
"interface-name":"IF1"},"output":"true"}}]}}'
```

```
curl --user "admin":"admin" -H "Content-type: application/json"
-X POST \http://192.168. 1.150:8181/restconf/operations/vtn-flow-filter:set-flow-filter \
-d '{"input":{"output":"false", "tenant-name":"vtn1",
"terminal-name":"vt_srvc1_2","interface-name":"IF2",
"vtn-flow-filter": [{"condition":"cond_200","index":2,
"vtn-redirect-filter":{"redirect-destination":{"bridge-name":"vbr1",
"interface-name":"if2"},"output":"true"}}]}}'
```

3. SFC 结果测试

完成上述过程后,进行 SFC 部署有效性测试,其中 h1 与 h2、h1 与 h3 的连通性测试如图 15-38 所示。

由测试结果可以看出,h1 到 h2 的数据流有 200ms 的延迟,可知数据流通过了安全服务节点 srvc1,证明对 sfc1 的转发规则设置有效,对 h1 到 h2 节点间的安全策略 P1 部署成功。同样,h1 到 h3 的数据流有 300ms 的

```
mininet> h1 ping h2
PING 10.0.0.2 (10.0.0.2) 56(84) bytes of data.
64 bytes from 10.0.0.2: icmp_seq=1 ttl=64 time=200 ms
64 bytes from 10.0.0.2: icmp_seq=2 ttl=64 time=200 ms
64 bytes from 10.0.0.2: icmp_seq=3 ttl=64 time=200 ms
64 bytes from 10.0.0.2: icmp_seq=4 ttl=64 time=200 ms
64 bytes from 10.0.0.2: icmp_seq=5 ttl=64 time=200 ms
64 bytes from 10.0.0.2: icmp_seq=6 ttl=64 time=200 ms
^C
--- 10.0.0.2 ping statistics ---
6 packets transmitted, 6 received, 0% packet loss, time 5008ms
rtt min/avg/max/mdev = 200.121/200.317/200.711/0.412 ms
```

(a)

```
mininet> h1 ping h3
PING 10.0.0.3 (10.0.0.3) 56(84) bytes of data.
64 bytes from 10.0.0.3: icmp_seq=1 ttl=64 time=300 ms
64 bytes from 10.0.0.3: icmp_seq=2 ttl=64 time=300 ms
64 bytes from 10.0.0.3: icmp_seq=3 ttl=64 time=300 ms
64 bytes from 10.0.0.3: icmp_seq=4 ttl=64 time=300 ms
64 bytes from 10.0.0.3: icmp_seq=5 ttl=64 time=300 ms
64 bytes from 10.0.0.3: icmp_seq=6 ttl=64 time=300 ms
^C
--- 10.0.0.3 ping statistics ---
6 packets transmitted, 6 received, 0% packet loss, time 5005ms
rtt min/avg/max/mdev = 300.224/300.289/300.359/0.449 ms
```

(b)

图 15-38　h1 与 h2(a)和 h1 与 h3(b)连通性测试

延迟，证明 h1 到 h3 节点数据流安全策略 P2 部署成功。

查看 s1 中的流表如图 15-39 所示。

```
kay@kay-vm:~$ sudo ovs-ofctl dump-flows s1
NXST_FLOW reply (xid=0x4):
 cookie=0x7f560000000000c, duration=4.097s, table=0, n_packets=0, n_bytes=0, idle_timeout=300, idle_age=4, priority=11,arp,in_port=1,vlan_tci=
0x0000,dl_src=26:d9:91:69:33:d8,dl_dst=f2:05:44:7c:ba:d3 actions=output:2
 cookie=0x7f5600000000008, duration=232.014s, table=0, n_packets=0, n_bytes=0, idle_timeout=300, idle_age=232, priority=11,arp,in_port=1,vlan_
tci=0x0000,dl_src=26:d9:91:69:33:d8,dl_dst=4a:8c:f4:65:f3:10 actions=output:2
 cookie=0x7f5600000000006, duration=237.369s, table=0, n_packets=4, n_bytes=392, idle_timeout=300, idle_age=233, priority=13,ip,in_port=1,vlan
_tci=0x0000,dl_src=26:d9:91:69:33:d8,dl_dst=4a:8c:f4:65:f3:10,nw_src=10.0.0.1,nw_dst=10.0.0.3 actions=output:3
 cookie=0x7f5600000000009, duration=9.323s, table=0, n_packets=3, n_bytes=294, idle_timeout=300, idle_age=6, priority=13,ip,in_port=1,vlan_tci
=0x0000,dl_src=26:d9:91:69:33:d8,dl_dst=f2:05:44:7c:ba:d3,nw_src=10.0.0.1,nw_dst=10.0.0.2 actions=output:3
 cookie=0x7f5600000000005, duration=237.389s, table=0, n_packets=6, n_bytes=532, idle_age=232, priority=10,in_port=2,vlan_tci=0x0000,dl_src=4a
:8c:f4:65:f3:10,dl_dst=26:d9:91:69:33:d8 actions=output:1
 cookie=0x7f560000000000b, duration=9.105s, table=0, n_packets=4, n_bytes=336, idle_age=4, priority=10,in_port=2,vlan_tci=0x0000,dl_src=f2:05:
44:7c:ba:d3,dl_dst=26:d9:91:69:33:d8 actions=output:1
 cookie=0x0, duration=1062.702s, table=0, n_packets=1022, n_bytes=149210, idle_age=3, priority=0 actions=CONTROLLER:65535
```

图 15-39　s1 流表信息

查看 s2 中的流表如图 15-40 所示。

```
kay@kay-vm:~$ sudo ovs-ofctl dump-flows s2
NXST_FLOW reply (xid=0x4):
 cookie=0x7f560000000000c, duration=12.36s, table=0, n_packets=0, n_bytes=0, idle_age=12, priority=11,arp,in_port=3,vlan_tci=0x0000,dl_src=26:
d9:91:69:33:d8,dl_dst=f2:05:44:7c:ba:d3 actions=output:1
 cookie=0x7f5600000000008, duration=240.286s, table=0, n_packets=0, n_bytes=0, idle_age=240, priority=11,arp,in_port=3,vlan_tci=0x0000,dl_src=
26:d9:91:69:33:d8,dl_dst=4a:8c:f4:65:f3:10 actions=output:2
 cookie=0x7f5600000000005, duration=245.636s, table=0, n_packets=6, n_bytes=532, idle_timeout=300, idle_age=240, priority=10,in_port=2,vlan_tc
i=0x0000,dl_src=4a:8c:f4:65:f3:10,dl_dst=26:d9:91:69:33:d8 actions=output:3
 cookie=0x7f560000000000b, duration=17.354s, table=0, n_packets=4, n_bytes=336, idle_timeout=300, idle_age=12, priority=10,in_port=1,vlan_tci=
0x0000,dl_src=f2:05:44:7c:ba:d3,dl_dst=26:d9:91:69:33:d8 actions=output:3
 cookie=0x7f5600000000007, duration=245.327s, table=0, n_packets=4, n_bytes=408, idle_age=241, priority=13,ip,in_port=4,dl_vlan=100,dl_src=26:
d9:91:69:33:d8,dl_dst=4a:8c:f4:65:f3:10,nw_src=10.0.0.1,nw_dst=10.0.0.3 actions=strip_vlan,output:2
 cookie=0x7f560000000000a, duration=17.381s, table=0, n_packets=3, n_bytes=306, idle_age=14, priority=13,ip,in_port=4,dl_vlan=100,dl_src=26:d9
:91:69:33:d8,dl_dst=f2:05:44:7c:ba:d3,nw_src=10.0.0.1,nw_dst=10.0.0.2 actions=strip_vlan,output:1
 cookie=0x0, duration=1067.305s, table=0, n_packets=1025, n_bytes=147608, idle_age=2, priority=0 actions=CONTROLLER:65535
```

图 15-40　s2 流表信息

查看 s3 中的流表如图 15-41 所示。

```
kay@kay-vm:~$ sudo ovs-ofctl dump-flows s3
NXST_FLOW reply (xid=0x4):
 cookie=0x7f5600000000006, duration=249.641s, table=0, n_packets=4, n_bytes=392, idle_age=245, priority=13,ip,in_port=2,vlan_tci=0x0000,dl_src
=26:d9:91:69:33:d8,dl_dst=4a:8c:f4:65:f3:10,nw_src=10.0.0.1,nw_dst=10.0.0.3 actions=mod_vlan_vid:100,output:4
 cookie=0x7f5600000000009, duration=21.598s, table=0, n_packets=3, n_bytes=294, idle_age=18, priority=13,ip,in_port=2,vlan_tci=0x0000,dl_src=2
6:d9:91:69:33:d8,dl_dst=f2:05:44:7c:ba:d3,nw_src=10.0.0.1,nw_dst=10.0.0.2 actions=mod_vlan_vid:100,output:3
 cookie=0x0, duration=1067.644s, table=0, n_packets=2019, n_bytes=293344, idle_age=1, priority=0 actions=CONTROLLER:65535
```

图 15-41　s3 流表信息

查看 s4 中的流表如图 15-42 所示。

```
kay@kay-vm:~$ sudo ovs-ofctl dump-flows s4
NXST_FLOW reply (xid=0x4):
 cookie=0x7f560000000000a, duration=24.751s, table=0, n_packets=3, n_bytes=306, idle_timeout=300, idle_age=21, priority=13,ip,in_port=3,dl_vla
n=100,dl_src=26:d9:91:69:33:d8,dl_dst=f2:05:44:7c:ba:d3,nw_src=10.0.0.1,nw_dst=10.0.0.2 actions=output:1
 cookie=0x7f5600000000007, duration=252.696s, table=0, n_packets=4, n_bytes=408, idle_timeout=300, idle_age=248, priority=13,ip,in_port=4,dl_v
lan=100,dl_src=26:d9:91:69:33:d8,dl_dst=4a:8c:f4:65:f3:10,nw_src=10.0.0.1,nw_dst=10.0.0.3 actions=output:1
 cookie=0x0, duration=1067.118s, table=0, n_packets=1993, n_bytes=291983, idle_age=1, priority=0 actions=CONTROLLER:65535
```

图 15-42　s4 流表信息

从上述 SFC 部署有效性测试,以及交换机 s1、s2、s3 和 s4 的流表信息可以看出,流规则的设定符合安全策略的部署需求。通过对流转发规则的设定,能够实现基于 SFC 的安全策略部署,证明了基于 SFC 的运行控制原型系统的有效性和可行性。

第 16 章 可控网络系统设计与工程

可控网络较一般信息网络而言,最大的区别在于运行着可控网络系统,可控网络系统集合了实施网络安全控制的所有分系统,能够实现可控网络中的安全控制,是可控网络相关理论的一种具体应用。可控网络系统的设计与构建是围绕着具体的网络系统进行的,是为了设计和构建可控网络理论的实现运用平台,将理论研究实践化。设计构建可控网络系统,首先需要明确可控网络系统的基本概念及相关特点。根据可控网络的特点,制定可控网络系统的设计原则,明确可控网络的一般工作过程。

16.1 可控网络系统概述

16.1.1 基本概念

可控网络系统是由相互关联的安全控制部件针对一定安全目标、按照一定结构构成的、能够提供预期的系统安全响应、具有整体功能和综合行为的统一体。它是以安全性、可控性为目标,按照网络系统的理论指导、在网络控制系统架构下部署的由多层面、一体化的安全控制部件构成的有机整体。典型的可控网络系统如图 16-1 所示。

可控网络系统一般包括安全控制基础设施、各类控制子系统和安全控制中心。可控网络系统的底层是网络安全控制基础设施,它提供信息传送的载体和用户接入的手段,是各种网络应用系统的基础,为网络安全控制提供了基本、灵活的软硬件系统和安全标准。其中,软硬件系统包括主干网络、通信子网和资源子网等安全硬件基础设施,以及用户终端上实施安全控制的软件安全代理;安全标准是安全技术和产品标准化、规范化的基础。各国都非常重视安全标准的研究和制定,主要的标准化组织都推出了安全标准,著名的安全标准有可信计算机系统的评估准则(trusted computer system evaluation criteria,TCSEC)、公共准则(common criteria,CC)和安全管理标准 ISO17799 等。安全标准给出了技术发展、产品研制、安全测评和方案设计等多方面的技术依据,如 TCSEC 将安全划分为 7 个等级,并从技术、文档和保障等方面规定了各个安全等级的要求。

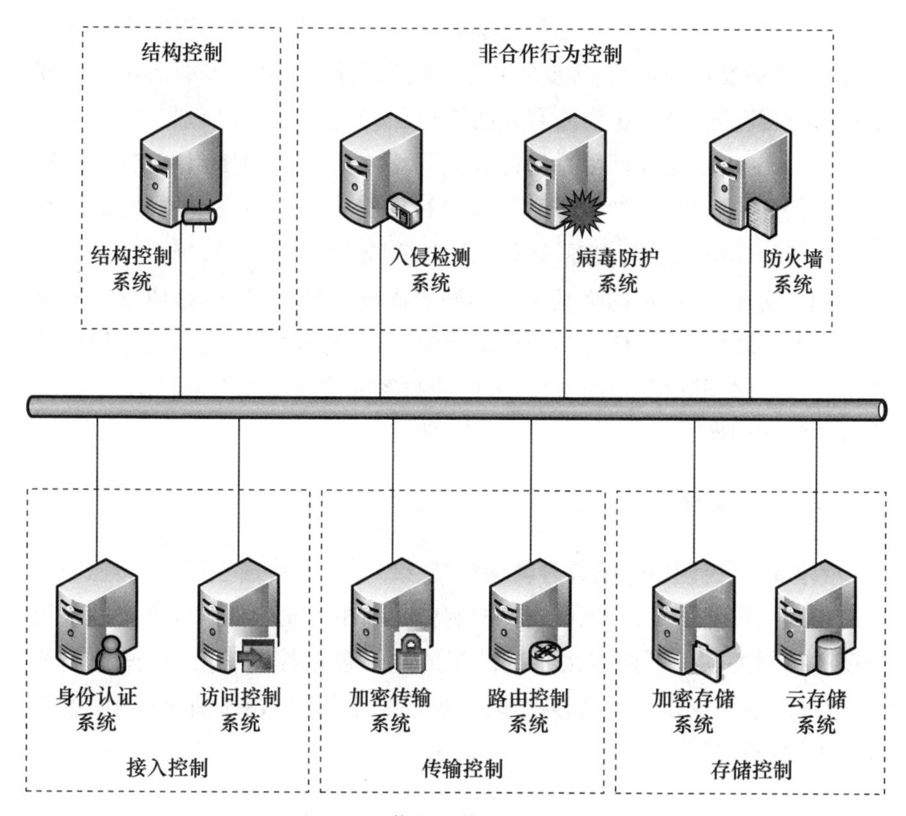

图 16-1　信息网络可控网络系统

为保护信息网络的全面安全,必须确立完善的安全控制分系统[74]。根据前面几章的内容描述可知,网络安全控制分为结构控制和网络行为控制,行为控制又分为合作行为和非合作行为,合作行为又包括接入控制、传输控制、存储控制。因此,相对完善的安全控制分系统可以根据可控网络中安全控制的分类进行完善与部署,并且每个分系统都应该与安全控制中心形成反馈,受到安全控制中心的整体调控。各分系统通过安全控制中心的总体调控,相关分系统之间也会形成联动,最终形成一个有机整体。

安全控制系统和各个安全控制分系统中用于保护网络的安全控制技术很多,但并非把这些技术进行简单的组合就可以实现可控网络。只有通过合理应用安全控制技术,并进行有机结合,才可从技术上实现有效的可控网络系统。因此,可控网络系统应该体现以下特点。

(1) 稳定性:可控网络系统要能保证网络的安全满足各种网络服务的基本要求,并能随时间、空间的变化动态地保持系统的安全状态,使系统的安全水平趋于稳定,不会因意外或攻击事件造成网络或信息的安全损害。

(2) 灵活性:可控网络系统要能适应不同规模、不同结构网络的安全需要,对网络要实施灵活、多变的相适应的安全控制,并能及时容纳新的安全技术,对新的安全危害实施有效的控制。

(3) 完备性:可控网络系统能控制网络系统本身和使用网络的人员,对网络信息的采集、存储、处理、传输和利用实施全面的安全控制,对信息网络系统的分析、设计、实现、运行和维护实施全面的安全管理。

(4) 实用性:可控网络系统在不同层次与操作系统、网络协议和现有安全技术手段相结合,例如与操作系统结合,获得本机信息,与网络协议结合进行网络漏洞分析,与防火墙、入侵检测系统结合构成安全联动,从而具有较大的实用性。

16.1.2 系统组成

要实现可控网络系统具有结构控制、接入控制、传输控制、存储控制和运行控制的设计目标,必须在安全控制中心和相关安全控制部件之间采用合适的控制关系。可控网络系统的组成主要包括控制中心、中间控制节点、信息采集节点以及控制客户端,其组成关系如图 16-2 所示(图中虚线部分为被控制对象)。

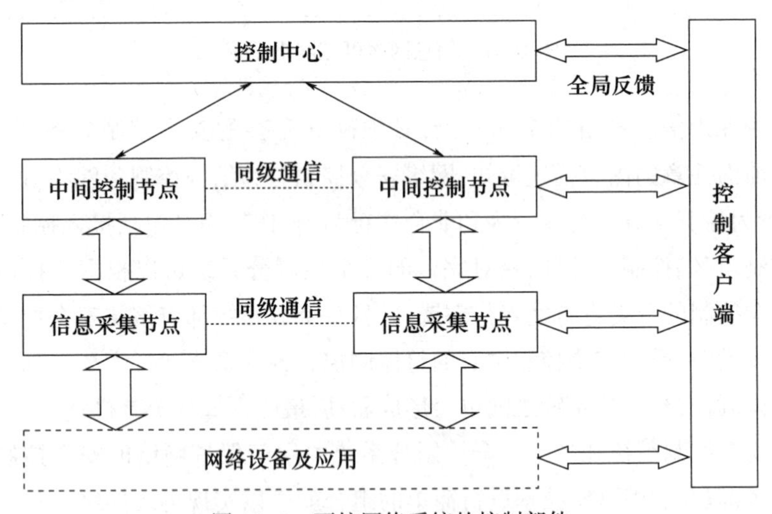

图 16-2 可控网络系统的控制部件

1. 控制中心

控制中心是可控网络系统控制结构的协调级,作为可控网络系统的最高层,控制中心为整个网络系统的控制提供支持,包括控制代码、应用模式和受控对象集的生成、维护和扩展,控制界面的生成以及用户注册的控制管理等,通过与控制客户端和中间控制节点交互,实现代码受控分发、管理功能受控构造、界面受控生成以及系统的受控扩展。控制中心由管理器、代码控制器、应用模式库、受控对象集、界面生成器和注册控制器等部分构成,如图 16-3 所示。

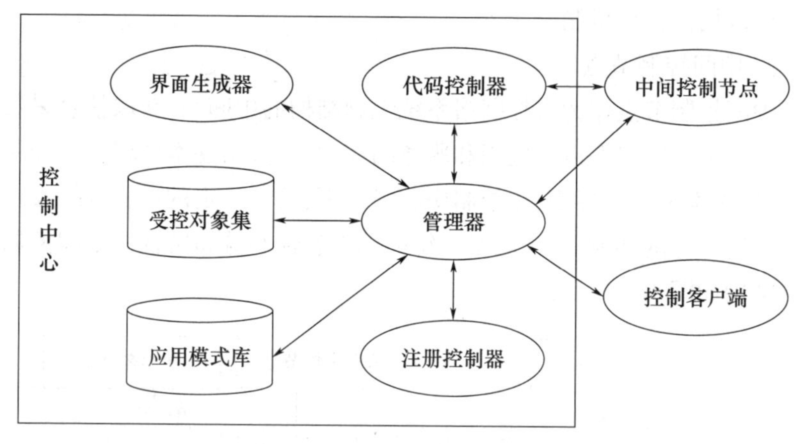

图 16-3　控制中心体系结构

(1) 管理器也称作管理服务器,包括万维网服务器和数据库服务器等,为可控网络系统提供基础支持,负责接收和处理分析器或协调器传送来的网络信息。它描述可控网络系统的控制特征,并将控制任务分割成子任务分配给各个组件完成,实现任务分派的功能;同时管理着系统的各个部件,负责设定各个组件的功能和参数等。管理器还会向用户界面提供一些必要信息。

(2) 代码控制器用于存放控制功能代码段,将根据不同的控制服务应用生成的控制功能向相应的网络控制节点分发控制代码,具备相应的控制机制,通过身份认证、数字签名、加密以及基于角色的权限控制等综合手段,加强代码构造、分发的安全性和可控性。

(3) 应用模式库用于存放控制应用的模式,应用模式是对应用和服务的形式化描述,可以通过分析典型的安全控制应用来建立相应的模式库,找到其中的规律性及受控扩展的机制,实现应用与控制的关联。

(4) 受控对象集提供对受控对象的定义及描述,同时通过它产生与控制的关联。受控对象集采用类似管理信息数据库的结构,它具备以下一些内容:对 IP、TCP、UDP、RSVP、ICMP 和 IGMP 等网络协议相关受控对象的描述;对从网络拓扑结构到主机等硬件设备的相关受控对象的描述;对服务、事件以及系统级应用的受控对象的描述。

(5) 界面生成器完成用户界面的构造,针对网络管理员、设备厂商、应用开发者和普通用户提供内容不同的界面,并且随着应用和服务的动态变化随时生成相应的用户界面。

(6) 注册控制器控制用户注册以及管理相应的注册信息,并为系统在用户层次提供扩展机制。

2. 中间控制节点

中间控制节点作为可控网络系统控制结构的中间级,获取信息采集节点上的相关网络状态以及应用和服务的控制信息,实现本区域相关控制功能,并提供本地控制界面,在控制中心指示下,具备一定的设置网络参数以改变网络状态的功能,实现网络系统的动态特性和分布特性。中间控制节点的结构如图 16-4 所示。

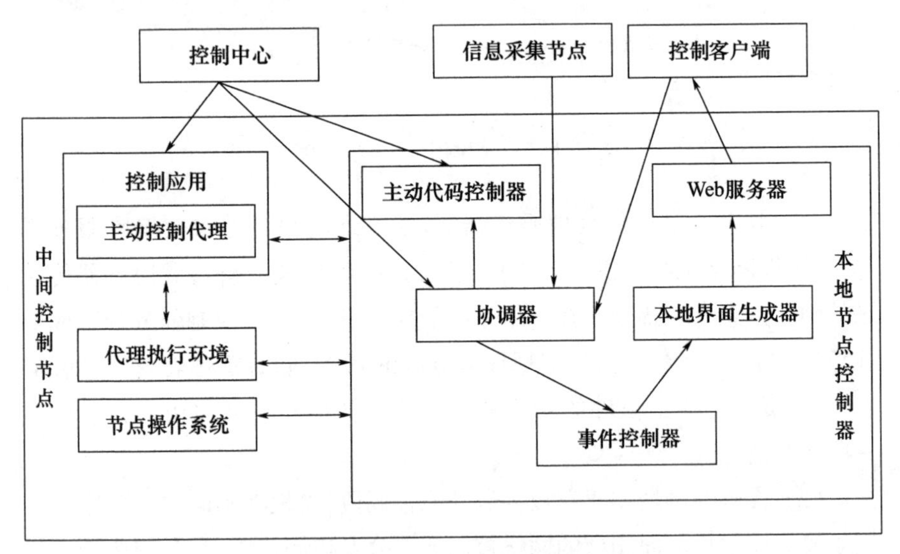

图 16-4 中间控制节点体系结构

(1) 协调器接收受控对象的消息,然后根据这些消息的类型将消息传给主动代码控制器或事件控制器。协调器还负责接收多个分析器传来的信息并且判断其内容,报告给不同的分析器,它协助多个分析器共同完成网络控制任务。

(2) 主动代码控制器接收和处理控制代码消息,包括控制代码的下载、安装、存储和维护,同时具备相应的安全机制,通过身份认证、数字签名、加密和基于角色的权限控制等综合手段,加强代码分发、加载、执行等环节的安全性和可控性。

(3) 事件控制器接收和存储事件消息,并对相应的事件进行处理。

(4) 本地界面生成器根据事件控制器、主动代码控制器和控制应用的相关信息生成本区域的用户界面。

(5) Web 服务器是为了实现跨平台的控制和管理功能的动态构造而设置的。

(6) 代理执行环境是专门为主动控制代理的运行而设计的,主动控制代理可以动态地部署到各个主动节点的控制代理执行环境中运行,主动控制代理利用节点操作系统和受控对象集的控制接口,实现系统安全控制功能的动态构造,执行环境中具备的相应控制机制。

3. 信息采集节点

信息采集节点作为可控网络系统控制结构的局控级,从控制应用指定的网络、设备、应用服务器或受控对象集获得控制所需的信息,并将信息传给中间控制节点。信息采集节点的结构如图 16-5 所示。

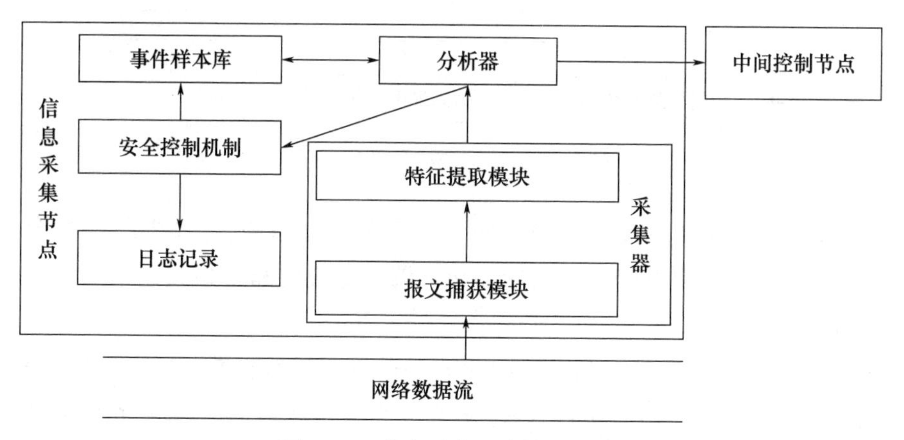

图 16-5　信息采集节点体系结构

(1) 采集器负责采集过滤原始数据资料,产生约定格式的事件传送给分析器。原始数据可以来自主机也可以来自网络,每个主机至少有一个采集器。采集器包括报文捕获模块和特征提取模块,报文捕获模块实时监测和捕获流经系统监测网段的网络数据流作为采集器的数据源;特征提取模块提取出描述网络数据流的特征向量,并提交给分析器。

(2) 分析器分析一个或多个采集器传送过来的事件,判断网络是否存在异常情况,报告给管理器或者协调器。

(3) 安全控制机制是实现可控网络系统某种安全控制策略的技术方案,当分析器检测到网络存在异常情况时,调用相应的控制机制进行处理,并将事件记入事件样本库和日志记录。

(4) 事件样本库用于分析器的训练,日志记录用于记录事件的相关信息。

4. 控制客户端

控制客户端下载、运行相应的控制代理,并以相应的格式发送控制应用数据和消息,通过在中间控制节点及信息采集节点上执行主动代码并与控制中心通信,实现控制功能,同时针对不同用户和不同的控制需求提供用户界面,如图 16-6 所示。

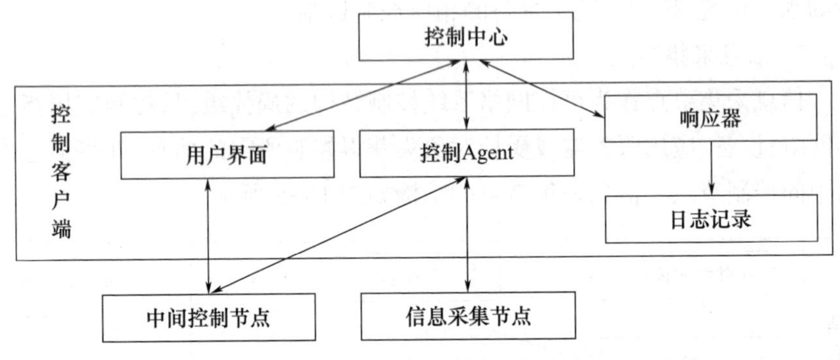

图 16-6 控制客户端体系结构

(1) 响应器(responsor)负责执行相关的响应措施,比如中断网络会话、禁止相关的用户访问权限、增加防火墙过滤规则和将相关记录写入日志等。

(2) 用户界面(user interface)以直观的形式显示告警,并给管理员提出处理意见;同时,用户界面动态监控各个系统组件的工作状态,允许管理员查看、管理和维护。考虑到系统的可移植性和远程管理和控制的需要,用户界面和管理器应该分开实现。

16.1.3 工作过程

可控网络系统的一般工作过程如下。

(1) 根据安全控制需求和设计选择的安全控制模型,自主开发或购买相应的安全控制部件或子系统,安装在信息网络系统的相应位置。

(2) 确定每种控制模型的控制方式和控制结构。

(3) 定制控制部件的初始化参数。

(4) 实时采集信息网络系统的运行状态,对安全风险和控制效能进行准确、及时的评估。

(5) 按照控制要求和反馈的评估结果,实时调整控制部件的输入参数和工作状态。

(6) 根据需要调整可控网络系统,包括使能、禁止、更新控制部件等调度操作。

控制是一个不断反馈的动态过程。针对每种安全风险和安全控制需求,采用的控制模型和控制部件不同,相应的控制过程也有所区别。在可控网络系统中,反馈控制、前馈控制、智能控制、人工干预控制、实时控制、非实时控制等各种控制方式都可能被采用;按照系统物理结构和信息逻辑结构的不同,控制结构也不尽相同,一个复杂的信息网络系统往往包括集中控制、分层控制、递阶控制等不同控制结构;控制反馈的频率、效能评估的精度、控制反应的速度等要求也不一样。

图 16-7 所示为可控网络系统多级控制结构的典型部署,它的基本特征是由控制中心按照某种控制策略控制多个被控对象,由此构成了具有层次性和分时性特点的一类混合动态系统。

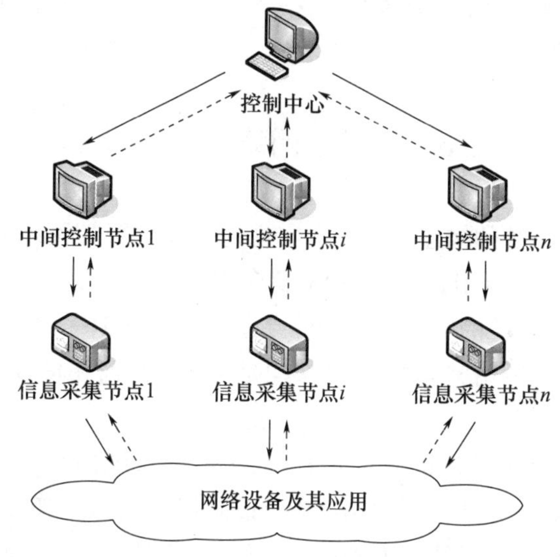

图 16-7　可控网络系统多级控制结构的典型部署

控制中心由计算机或计算机网络组成,按分时方式控制网络系统的多个过程或动态对象,它不仅需要根据网络信息的采样值通过控制算法来产生相应的控制信号,而且需要按设定的准则决定如何在各被控对象之间分配用于进行闭环控制的时间。局部网络过程或动态对象属于连续变量动态系统的范畴,而控制中心对各被控对象之间控制时间的分配属于离散事件动态系统的范畴,两者的相互作用和相互制约组成了一个混和的动态系统。

下面以接入控制为例说明可控网络系统的工作过程。当某一访问请求到达一个或多个信息采集节点后,信息采集节点将访问请求的事件报告给中间控制节点。若中间控制节点能够自行协调就产生相应控制信号给控制安全代理实施相应的控制作用;若访问请求不在中间控制节点的控制范围,中间控制节点就将该访问的状态信息进一步报告给控制中心。控制中心的授权中心根据各个中间控制节点反馈来的信息,在安全态势和审计分析的支持下,产生相应控制策略,即是否授权访问请求,并由代码控制器生成相应控制代码分发给各中间控制节点,由中间控制节点将控制信号逐级下传,直至控制信号到达信息采集节点,作用于相对应的网络。可以看出,在这个接入控制过程中,系统控制方式的各控制节点之间传输的主要是状态信息和控制信息。控制信息自上向下由控制中心到中间控制节点、信息采集节点,最后到达被控网络;状态信息从下向上由信息采集节点反馈给中间控制节点和控制中心。从可控网络系统的控制信息结构上看,控制信息通道和状态信息通道构成一个环路,保证了可控网络系统的可控性。

16.2 可控网络系统设计

可控网络系统的构建是从技术实现的角度为可控网络的安全控制提供实现方案,主要运用技术是 SDN 和虚拟化技术[75]。通过 SDN 和虚拟化,为可控网络系统的实施提供运行支撑平台。图 16-8 所示为基于 SDN 和虚拟化的信息网络整体架构,该架构是从水平平面和垂直平面分别构建信息网络。

水平平面上主要是利用 SDN 构架,将网络系统的转发与控制进行分离。根据 SDN 中应用层、控制层、基础设施层的基本构架,结合信息网络的特点需求,将网络系统分为管理应用层、网络控制层、网络传输层、终端业务层 4 层结构。利用 SDN 控制与转发相分离、软件定义等相关特点,不仅可以针对各层任务需求进行便捷管理与功能扩展,还可以使信息网络具有便捷的结构控制功能。

垂直平面上主要是利用虚拟化技术,将网络系统中的软、硬件进行分离。可信硬件资源池作为虚拟化的底层硬件支撑,不仅提供硬件资源,还从可信角度保证了上层应用、功能的稳定运行。加之虚拟化本身软硬分离的安全特点,使得虚拟化技术在灵活利用硬件资源的同时,具有了一定的安全属性。

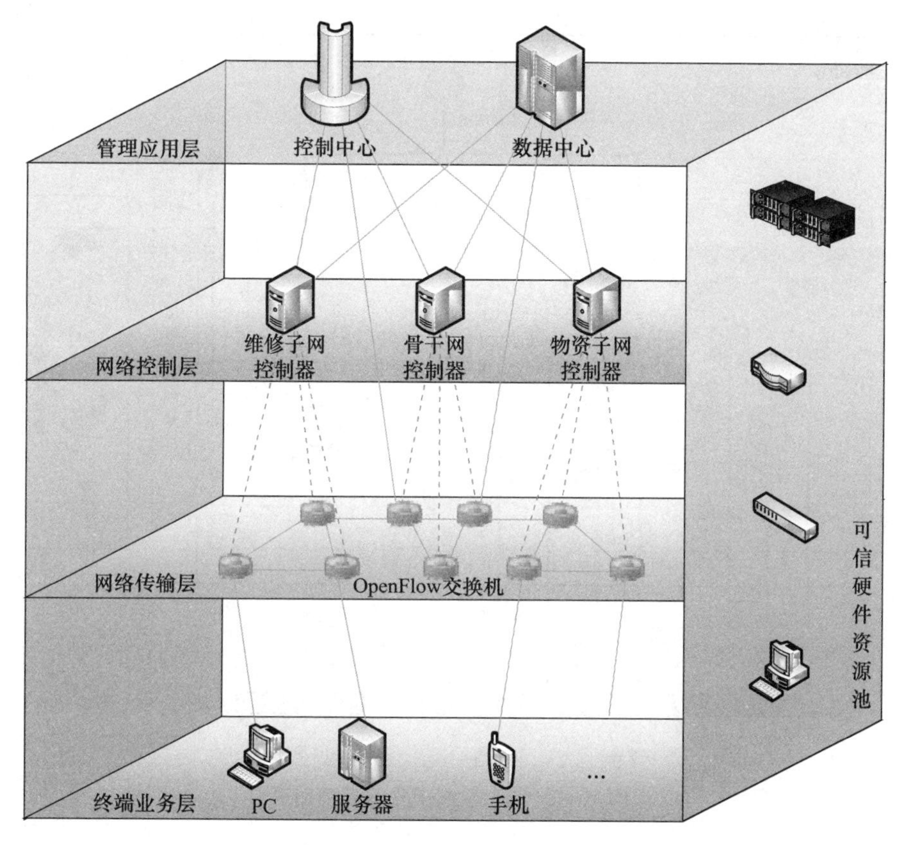

图 16-8　基于 SDN 和虚拟化的信息网络整体架构

由于水平平面上的层次较为复杂,因此按照水平平面对网络的划分,对信息网络中的 4 个层次进行详细说明。其中,管理应用层是网络系统的顶层,分为控制中心和数据中心两部分进行描述。

16.2.1　安全控制中心

安全控制中心对整个信息网络实施动态控制,是实现全网管控的核心部分,基本构成如图 16-9 所示。

从图 16-9 中可知,安全控制中心主要包含了诸多的虚拟化控制机制,不同于常规的、相对独立的控制机制,图中的虚拟化控制机制都是协调统一的。具体过程是由态势显示机制将各个控制机制中的状态进行采集,输出显示的同时,由策略制定机制根据网络态势进行有效的控制策略制定,再将策略下发各个控制机制,形成网络控制的反馈回路,实现动态的网络控制。各个控制机制的实现载体是基于虚拟化的控制虚拟机,通过虚拟化管理接口,以硬件资源为基础,根据控制策略进行部署与构建。

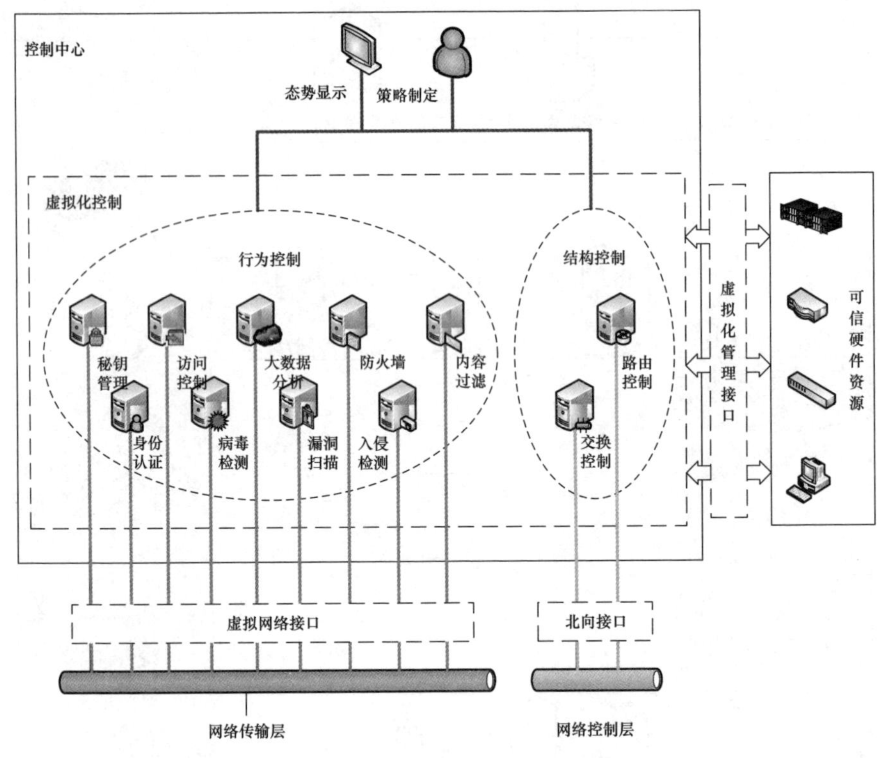

图 16-9　安全控制中心的基本构成

虚拟化控制机制可以分为行为和结构两方面。其中行为控制较为复杂，包含诸多行为的分管控制机制，并且通过虚拟网络接口直接接入网络传输层；结构控制则利用 SDN 控制与转发相分离、集中管控的特点，通过北向接口与网络控制层相连。整个控制中心中的虚拟化控制机制，既可以看作是网络系统中上层应用的安全拓展，体现网络的可编程性，又可以看作是网络系统中的一部分，实现整个网络中的动态控制。

16.2.2　数据中心

数据中心为信息网络提供计算、存储、网络三大服务，是实现整个网络应用服务的核心部分，基本构成如图 16-10 所示。

从图 16-10 可知，数据中心主要为信息网络提供 3 类虚拟化资源及其对应的云服务。其中计算资源主要包括 CPU 和内存，提供的应用服务主要包括计算资源管理、各类业务中所需的计算处理等；存储资源包括存储单元和数据库，提供的存储服务包括存储资源分配、加密存储、数据备份、数据迁移等；网络资源包括网络中的节点和连接设备，提供的网络服务包

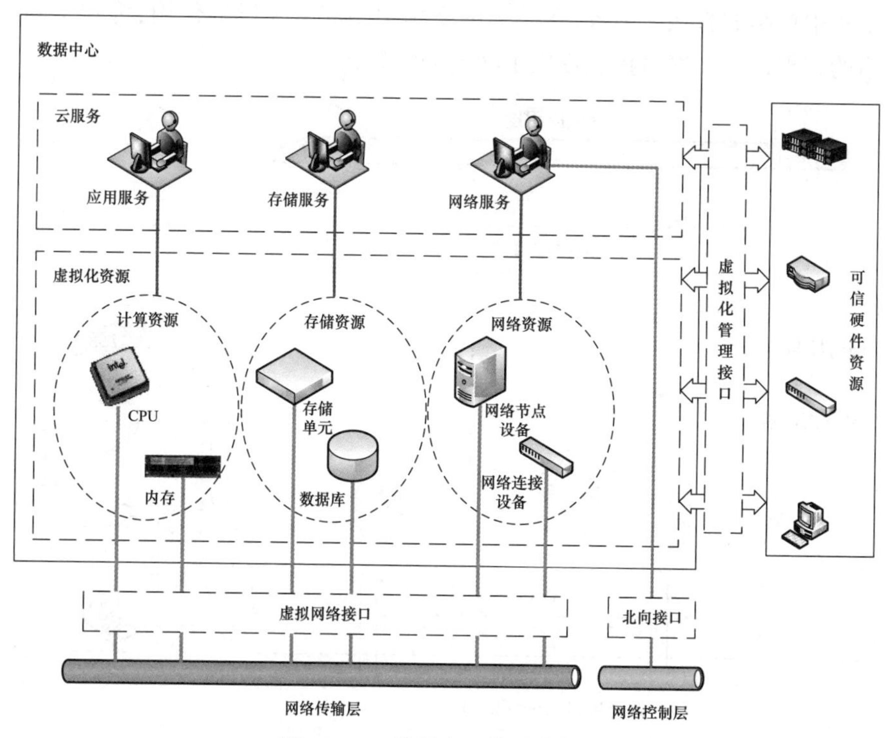

图 16-10　数据中心的基本构成

括单机备份、单机迁移、网络分片隔离、网络负载均衡、网络备份、网络迁移等。

虚拟化资源直接通过虚拟网络接口接入网络传输层,对应的云服务也直接面向传输层。其中网络服务还通过北向接口与网络控制层相连,实现一些网络功能。同控制中心类似,整个数据中心的虚拟资源及服务,可看作是网络系统中上层应用的功能服务拓展,体现了网络的可编程性,又可以看作是网络系统中的一部分,实现网络中的某些功能服务。

16.2.3　网络控制层

网络控制层是 SDN 架构的控制平面,其功能是实现信息网络结构的集中控制,基本构成如图 16-11 所示。由图可知,网络控制层主要由 SDN 控制器构成,各控制器是基于虚拟化搭建运行的。网络控制对上接受管理应用层中的结构控制策略与网络服务部署,对下根据策略与部署直接对网络传输层下发结构控制流表。控制器与网络传输层中的 SDN 交换机通过南向接口相连,同时为了实现虚拟化网络,SDN 控制器与交换机之间还存在一个透明层次 FlowVisor,用于实现网络分片的管理。网络控制层作为网络集中控制的直接实施者,在整个网络构架中起着关键的作用,为整个网络的管理运行及网络控制提供了必要的实施条件。

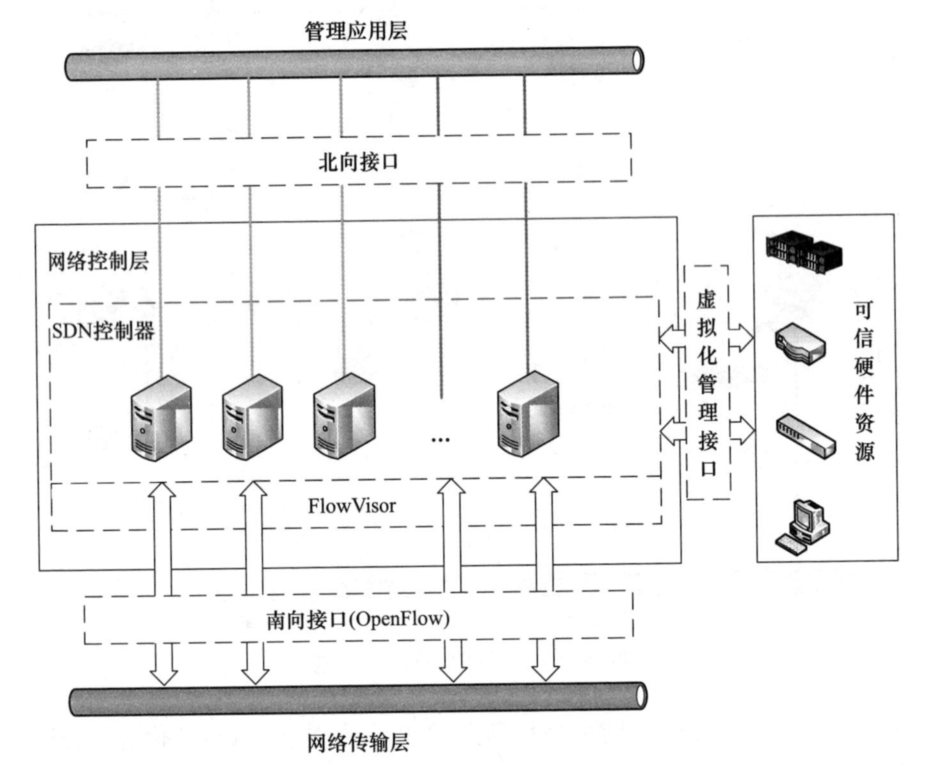

图 16-11　网络控制层的基本构成

16.2.4　网络传输层

网络传输层是整个信息网络的主体,其功能是实现网络系统中的信息传输,基本构成如图 16-12 所示。

从图 16-12 可知,网络传输层主要包括各类网络连接设备和传输设备,如虚拟网络连接设备、有线网络连接设备和无线网络传输设备。各类连接设备与顶层的管理应用层相连,由于控制中心和数据中心中的应用均为虚拟化构建,因此网络连接层与管理应用层之间通过虚拟网络接口相连。网络连接设备处于 SDN 架构中的数据转发平面,包括支持 OpenFlow 协议的虚、实交换机,这些 OpenFlow 交换机则通过南向接口与上层的网络控制层相连。网络传输层中的无线传输设备能够满足当前无线传输的需求,包括无线 AP、战术电台、卫星通信收发等设备。有线网络连接设备、虚拟网络连接设备和无线传输设备分别通过有线网络接口、虚拟网络接口和

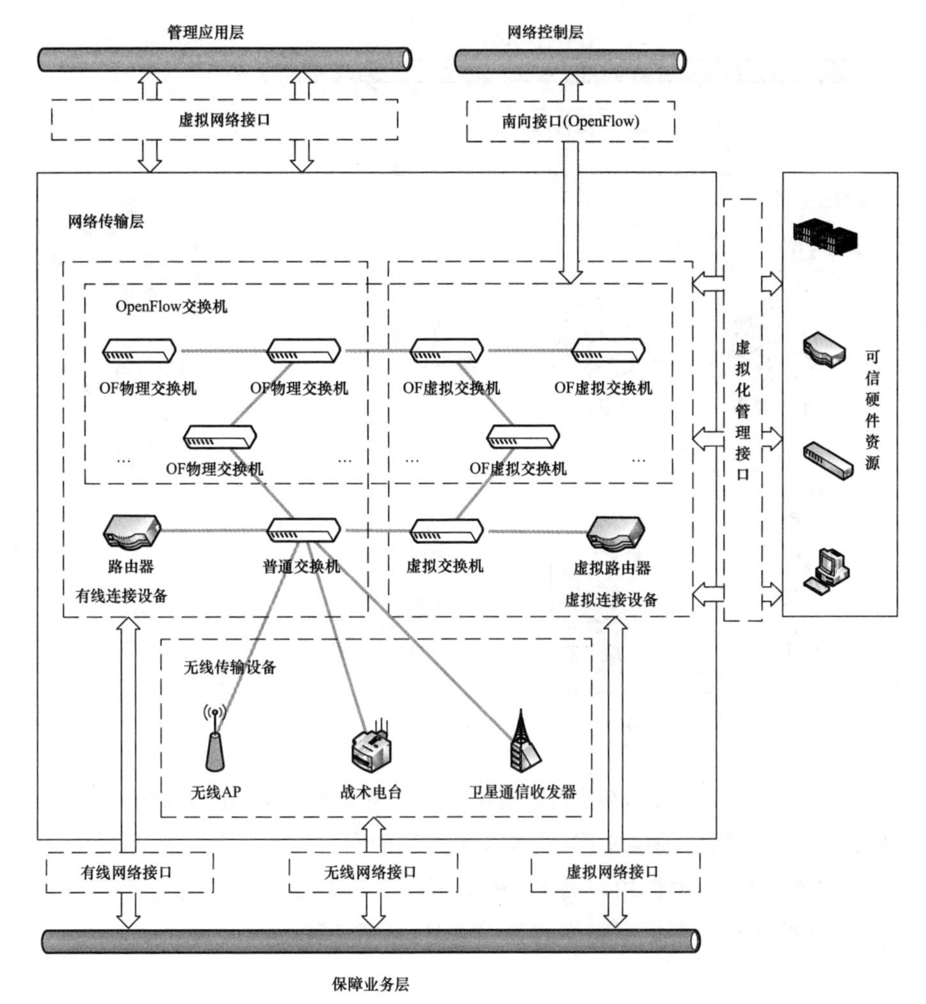

图 16-12　网络传输层的基本构成

无线网络接口与下层的保障业务层相连,使具体业务实施接入到信息网络中。

利用 SDN 构架和虚拟化技术,使得网络传输层可以根据信息网络的任务需求及安全需求,在管理应用层和网络控制层的驱使下,实现网络中逻辑拓扑结构的灵活改变。从实现效果上来看,即根据上层的策略和部署,实现了信息网络的结构控制。

16.2.5　终端业务层

终端业务层是信息网络的末端,其功能是实现网络系统的具体业务功能,基本构成如图 16-13 所示。

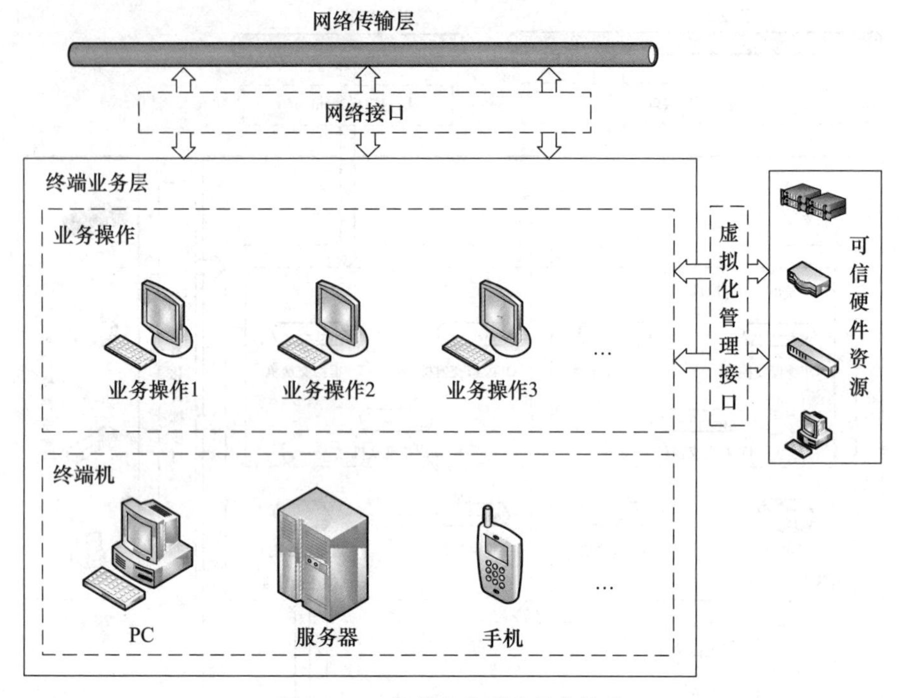

图 16-13 终端业务层的基本构成

从图 16-13 可知,终端业务层由业务操作和终端机组成,均通过各类网络接口与网络传输层相连,实现各类终端的网络接入。其中业务操作是基于虚拟化的,即根据用户需求,虚拟出操作终端,使得用户实现各类网络业务;各类终端机则根据网络的具体情况,包括各种终端设备。

16.3 可控网络系统工程

可控网络系统的开发研制过程可看作是一个由用户的安全控制需求映射到可控网络系统实现与运行的生命周期过程,对于信息网络可控网络系统的开发研制主要包括安全控制需求分析、可控网络系统设计、可控网络系统实现、可控网络系统运行和安全控制效能评估五部分。

16.3.1 设计原则

虽然不可能设计出绝对安全和受控的网络系统,但是如果在开发研制可控网络系统之初就遵守一些合理的原则,那么相应网络系统的安全和控制就更加有保障。从工程技术角度出发,在设计可控网络系统时,至少应该遵守以下设计原则。

1. 木桶原则

木桶原则是“木桶的最大容积取决于最短的一块木板”。可控网络系统是一个复杂的计算机网络系统,它在物理上、操作上和管理上的种种漏洞构成了系统的安全脆弱性。攻击者使用的是“最易渗透原则”,必然在系统中最薄弱的地方进行攻击。因此,充分、全面、完整地对系统的安全漏洞和安全威胁进行分析、评估和检测(包括模拟攻击),是设计可控网络系统的必要前提条件。安全控制机制和安全控制服务设计的首要目的是防止最常用的攻击手段,但首先要保护系统最薄弱的地方,根本目标是提高整个系统安全最低点的安全控制性能。

2. 整体性原则

可控网络系统应该包括 4 种机制,即攻击性机制、防御性机制、监测性机制和反应性控制机制。攻击性控制机制主要是实现网络系统的攻击控制策略的技术方案;防御性机制是根据具体系统存在的各种安全漏洞和安全威胁采取相应的防护措施,避免非法攻击的进行;监测性控制机制是监测系统的运行情况,及时发现和制止对系统进行的各种攻击;反应性控制机制是在防御性机制失效的情况下,进行应急处理并尽量、及时地恢复信息,减少攻击的破坏程度。

3. 动态化原则

可控网络系统中被加密信息的生存期越短,可变因素越多,系统的安全性能就越高,因此应当考虑周期性地更换口令和主密钥,安全传输采用一次性的会话密钥,动态选择和使用加密算法等。各种密码攻击和破译手段是在不断发展的,用于破译运算的资源和设备性能也在迅速提高,所谓的安全,只是相对的和暂时的,不存在一劳永逸的可控网络系统,应该根据攻击手段的发展进行相应的更新和升级。

4. 平衡性原则

不论是从网络对抗的角度,还是从成本/效益的角度,可控网络中的安全控制都必须考虑其经济效益和现实可行性。控制与反控制是同一事物中矛盾的两个方面,它们相互依存、相互制约,因此在满足控制需求的情况下,应该尽可能降低控制的成本,以维持控制与反控制的相对平衡。另一方面,在控制结构的选择中也要将集中控制与分散控制相结合,使之达到相对平衡。集中控制力度大,但是控制器极易成为效率的瓶颈和被攻击的焦点;分散控制的力度较低,但是灵活性强,易于扩展。网络安全控制应综合运用这两种控制方式,做到局部集中控制,全局分散控制,骨干网络或关键服务不存在单一故障点。

5. 通用性原则

可控网络作为一种新型的高可控、高安全网络,并不是将现有网络完全推翻,而是在传统网络的基础上,进行改造、扩展,加装控制部件,其实现过程是逐步进行的,不是一蹴而就的。因此,可控网络中的安全部件需要支持现有网络中的通用接口。同时,为了在未来的构建中逐步丰富控制功能,方便更多的功能扩展,控制部件应当专门化、构件化、标准化,尽可能做到功能专一、接口标准、通用性强。只有按照通用性的原则,才能降低整个系统的控制开销,增强控制部件之间的交互能力,进而提高整个系统的控制能力。

6. 突出重点原则

可控网络中,首先是将安全基础设施作为控制的重点和关键,安全基础设施(如 PKI、PMI、KMI 等)是保障整个信息网络系统安全的基础,如果它们在某个环节遭受损害,会直接影响鉴别控制,进而影响其他控制的有效性。因此,实现安全控制的关键是有良好的安全基础设施。其次是预防为重点,以发现漏洞、弥补缺陷为重点,网络系统的安全威胁是由威胁源和系统存在的脆弱性决定的,作为控制方,降低系统威胁的唯一方法是尽可能发现系统存在的缺陷并及时弥补缺陷,把控制的重心转移到系统的薄弱环节上,才能发挥最大控制效能。

16.3.2 需求分析

安全控制需求分析的目的是将用户对信息网络系统的安全控制需求体现在可控网络系统的设计中。它的过程包括通过和系统的最终用户交流,对任务和环境进行分析,确定功能性的安全控制需求和来自环境、性能等方面的约束限制,协助用户发现隐藏的需求。典型的安全控制需求分析过程如图 16-14 所示。

安全风险分析是从系统的信息资产价值分析、系统脆弱性分析和安全威胁分析 3 个方面进行的。信息资产的价值越大,系统的安全缺陷越多,面临的安全威胁越严重,那么系统的安全风险就越大。安全风险分析报告成为获取用户对系统的安全控制期望,挖掘安全控制需求,选择安全控制解决方案的重要依据。需求分析的另一重要内容是明确受控对象。

受控对象分主体(主要是用户或用户代表)和客体(主要是网络资源和信息资源)。主体具有不同的角色和访问权限,客体具有不同的安全等级,因此必须设计好主体的角色和访问权限,确定客体的范畴和安全分级标准,并且划分信息的保护域,最后得出系统的安全控制标准。安全控制

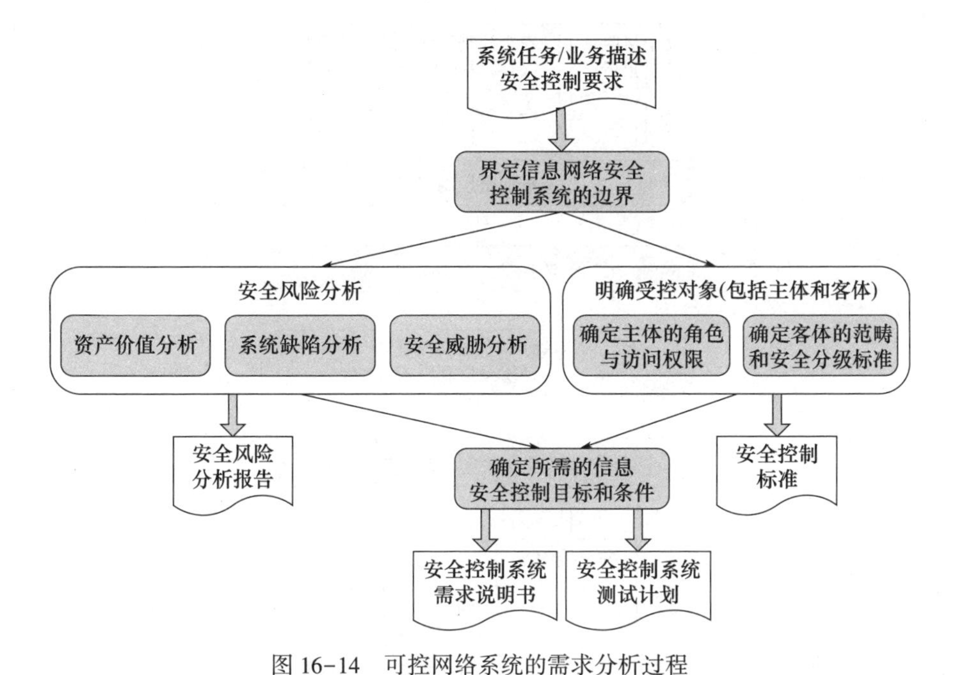

图 16-14　可控网络系统的需求分析过程

需求分析的结果是得到可控网络系统的需求说明书和测试计划。需要注意的是,安全控制需求分析是一个与用户不断交换意见,反复提炼的过程,最后得到的需求说明书应该体现完整、简明、无二义、准确、可操作的特点。

16.3.3　系统设计

典型的可控网络系统设计过程如图 16-15 所示。

用户的安全控制需求是通过信息网络可控网络系统的控制服务实现的,而这些控制服务又分解为相应的控制机制和控制模型。因此,可控网络系统的设计采用了自顶向下,逐步求精,反复决策的过程,将控制系统分解到更低级的功能或资源,将性能和其他限制的需求分配给更低级的功能,设计精练的功能接口(内部/外部),定义和集成控制体系结构,分别从系统结构控制、访问控制、内容控制、加密控制、鉴别控制和通信控制等方面,根据需求选择控制方式和控制结构,建立控制模型的布局和相互关系,形成详细的系统设计报告和系统安全控制计划。

16.3.4　系统实现

经过对设计过程的检查和鉴定,下一步就开始实现具体的可控网络系统。典型的可控网络系统实现过程如图 16-16 所示。

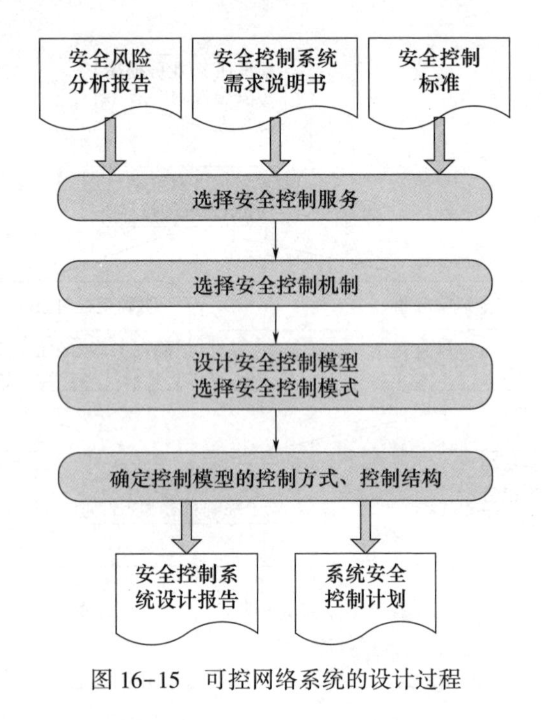

图 16-15　可控网络系统的设计过程

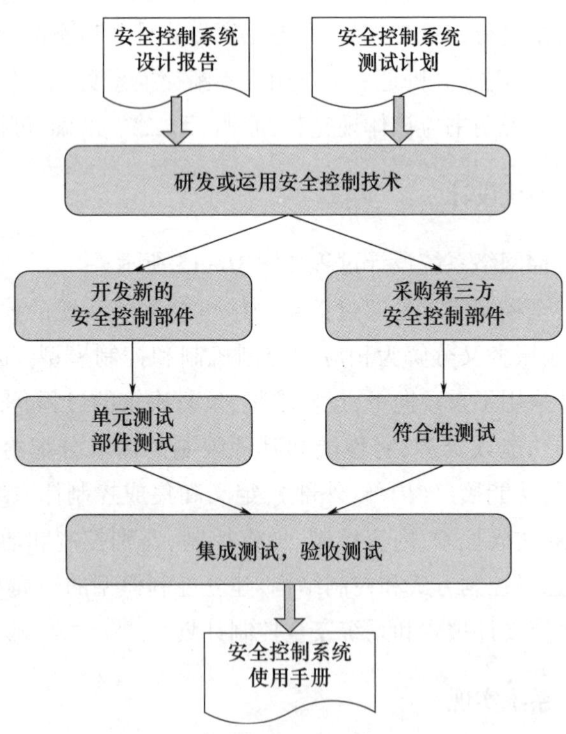

图 16-16　可控网络系统的实现过程

可控网络系统的实现与普通的软件系统的实现基本没有太大的区别，它是运用具体的控制技术，开发自己的控制部件，或利用第三方控制部件，实现可控网络系统的过程。在实现过程中，要根据系统的测试计划对各个控制部件进行正确性测试、功能测试和符合性测试，并对最终形成的控制系统进行集成测试、运行测试和验收测试，根据测试结果更改设计要求或实现的代码，并最终形成可控网络系统的使用手册。

16.3.5　系统运行

一旦实现了可控网络系统，就标志着系统已经从开发阶段进入了运行和维护阶段，可控网络系统的运行过程如图 16-17 所示。

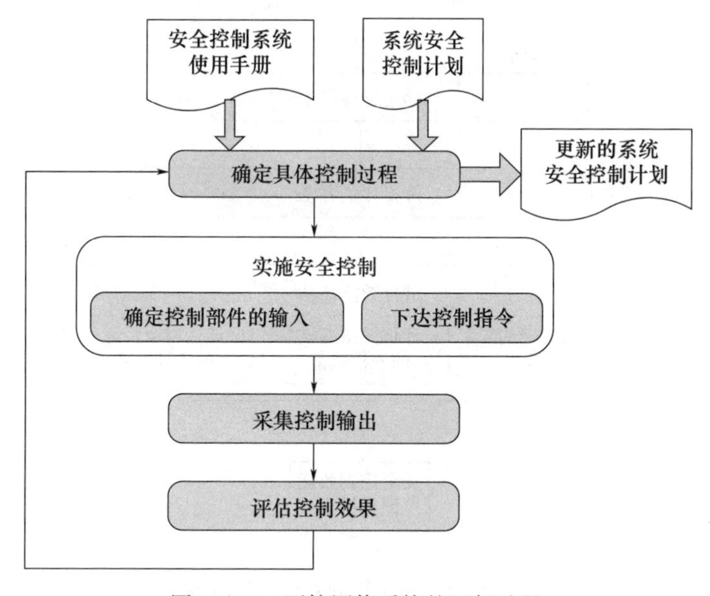

图 16-17　可控网络系统的运行过程

可控网络系统的运行过程实际上就是控制系统的控制过程的具体体现，它包括信息采集、反馈、评估、决策和控制等环节。控制的关键在于根据当前的系统运行状态和控制要求，选择恰当的控制部件输入参数，下达正确的控制指令，只有这样才能实施有效的控制。控制效果是通过效能评估得到的，控制则是按照系统的安全控制计划进行的，并根据系统运行的状态随时调整控制计划。

16.3.6　效能评估

可控网络系统的控制效能评估是设计、实现符合要求的可控网络系统,保证控制系统的控制效果的关键,它与可控网络系统生命周期的各个活动环节紧密相关。效能评估的具有多个目的,从用户的角度看,它能帮助定义安全需求;从开发者的角度看,它能帮助描述系统的安全控制效能;从评估者的角度看,它能帮助度量对系统的可信度(assurance degree)和可控能力(controllability)。静态效能评估能帮助系统分析与设计人员选择正确的控制模型,设计出良好的控制体系;动态效能评估能帮助控制人员及时了解系统的运行状态和控制效果,准确地控制系统。安全控制效能评估过程如图 16-18 所示。

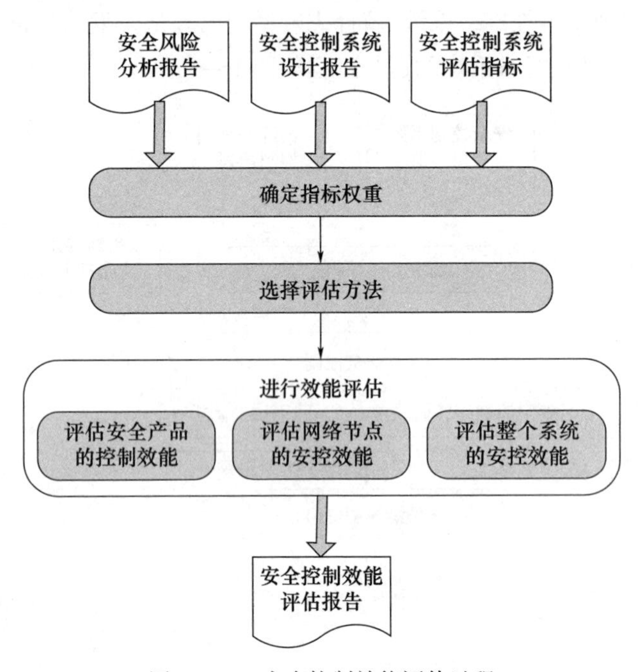

图 16-18　安全控制效能评估过程

评估效能的关键在于确定评估的指标体系和指标权重,选择正确的评估方法。指标权重可通过风险分析报告中的用户安全控制期望间接获得,这是因为只有安全控制期望越大的节点或网络,才值得采取相应的安全控制措施,否则即使运用了各种安全控制部件,最终的控制效能仍然很低。评估的过程采用先局部后全体,先静态后动态的方法。需要注意的是,安全的“木桶原则”体现出安全效能的大小是由系统最薄弱环节决定的,因此在进行动态评估时,要注意选择正确的综合评判算式。

在上述可控网络系统的开发研制过程中,各个活动过程并不是相互独立的,它们之间的联系如图 16-19 所示。

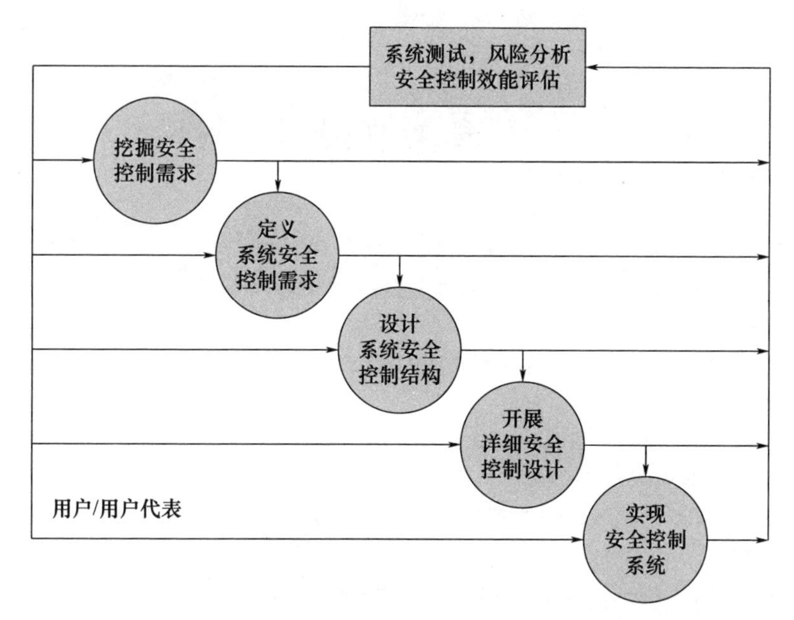

图 16-19　可控网络系统各活动过程的相互联系

控制需求分析、控制系统设计、控制系统实现和控制效能评估构成了一个多级反馈的开发模型。在整个过程中都需要用户的参与,每个阶段结束后,都需要进行相应的检查、测试和评估,并根据需要重复以前的过程,使信息网络可控网络系统的开发和运行符合用户的安全控制要求。

参考文献

[1] 林闯,任丰原.可控可信可扩展的新一代互联网[J].软件学报,2004,15(12):1815-1821.

[2] 罗军舟,韩志耕,王良民.一种可信可控的网络体系及协议结构[J].计算机学报,2009(3):391-404.

[3] 邱晓刚,陈亚洲,张鹏.从系统仿真到领域仿真的拓展[J].系统仿真学报,2020,32(09):1637-1644.

[4] 谢军,庄建楼,康成斌.基于北斗系统的物联网技术与应用[J].南京航空航天大学学报,2021,53(03):329-337.

[5] 蒙艳松,边朗,王瑛,等.基于"鸿雁"星座的全球导航增强系统[J].国际太空,2018(10):20-27.

[6] 孙喆."长征"十一号火箭成功发射"虹云"工程首颗卫星[J].中国航天,2019(01):42.

[7] 吴树范,王伟,温济帆,等.低轨互联网星座发展研究综述[J/OL].北京航空航天大学学报:1-13.

[8] 张平,牛凯,田辉,等.6G移动通信技术展望[J].通信学报,2019,40(01):141-148.

[9] 张换然,申凌峰,任资卓,等.无人机辅助智能边缘网络技术综述[J/OL].电讯技术:1-10.

[10] 刘小虎,张恒巍,马军强,等.基于攻防博弈的网络防御决策方法研究综述[J].网络与信息安全学报,2022,8(01):1-14.

[11] 刘益岑,卢昱,陈兴凯,等.SDN/NFV协同部署技术在军事信息网络中的应用探讨[J].飞航导弹,2018(04):67-73.

[12] 王进文,张晓丽,李琦,等.网络功能虚拟化技术研究进展[J].计算机学报,2019,42(02):185-206.

[13] 姚鑫.大数据中若干安全和隐私保护问题研究[D].长沙:湖南大学,2018.

[14] 薛荣辉.智能控制理论及应用综述[J].现代信息科技,2019,3(22):176-178.

[15] 卢昱,吴忠望,王宇,等.网络控制论概论[M].北京:国防工业出版社,2005.

[16] ERAMO V,et al. An Approach for Service Function Chain Routing and Virtual Function Network Instance Migration in Network Function Virtualization Architectures[J]. IEEE/ACM Transactions on Networking,2017,25(4):2008-2025.

[17] MCKEOWN N,et al. Openflow:Enabling innovation in campus networks[J]. ACM SIGCOMM Computer Communication Review,2008,38(2):68-74.

[18] 卢昱,王宇,吴忠望.信息网络安全控制[M].北京:国防工业出版社,2011.

[19] 卢昱,指挥与控制学科发展报告[R].北京:中国科学技术出版社,2016(4):123-124.

[20] 胡寿松.自动控制原理[M].北京:科学出版社,2013.

[21] 林闯,彭雪海.可信网络研究[J].计算机学报,2005,(5):751-758.

[22] 卢昱,李玺,吴忠望,等.可控网络初探[J].军械工程学院学报,2015(3):38-43.

[23] 林闯,贾子骁,孟坤.自适应的未来网络体系架构[J].计算机学报,2012(6):1077-1093.

[24] 卢昱,陈兴凯,陈立云,等. 可控网络-指控网络的安全基石[J]. 指挥与控制学报,2015,1(2):170-174.

[25] FREDERICK S HILLIER, GERALD J LIEBERMAN. Introduction to Operations Reasearch 9th[M]. New York:The McGraw-Hill Companies,inc,2010.

[26] DIMITRI P BERTSEKAS. Dynamic Programming and Optimal Control 4th[M]. Cambridge:Athena Scientific. Belmont,2017.

[27] STEPHEN BOYD,LIEVEN VANDENBERGHE. Convex Optimization[M]. Cambridge:Cambridge University Press,2004.

[28] 周洪,邓其军,孟红霞,等. 网络控制技术及应用[M]. 北京:中国电力出版社,2007.

[29] 王爱文,黄静静,魏传华,等. 数学建模方法与软件实现[M]. 北京:中央民族大学出版社,2018.

[30] 林耿. 组合优化的启发式算法英文版[M]. 南京:南京大学出版社,2017.

[31] DATE C J,HUGH DARWEN. Databases,Types and the Relational Model[M]. 3rd Edition. New Jersey:Addison Wesley,2006.

[32] 克劳斯,梁志学. 从哲学看控制论[M]. 北京:中国社会科学出版社,1981.

[33] 郭齐胜,董志明,单家元,等. 系统仿真[M]. 北京:国防工业出版社,2006.

[34] 郭齐胜,徐享忠. 计算机仿真[M]. 北京:国防工业出版社,2011.

[35] 王永庆. 人工智能原理与方法[M]. 西安:西安交通大学出版社,1998.

[36] 郭秉文,张世鎏. 英汉双解韦氏大学字典[M]. 上海:上海商务印书馆,1923.

[37] 卢昱,林琪. 网络安全技术[M]. 北京:中国物资出版社,2001.

[38] 张兴全. 装备保障信息化[M]. 北京:解放军出版社,2003.

[39] 孙晓,刘彬,曹智一,等. 装备保障信息网络拓扑动态性建模研究[J]. 计算机工程与设计,2012,33(12):4663-4666.

[40] 高龙,曹军海,宋太亮,等. 基于复杂网络理论的装备保障体系演化模型[J]. 兵工学报,2017,38(10):2019-2030.

[41] 邢彪,曹军海,宋太亮,等. 基于复杂网络的装备保障体系协同保障模型研究[J]. 兵工学报,2017,38(2):375-382.

[42] 张勇,孙栋,刘亚东,等. 基于复杂网络的装备保障网络结构脆弱性分析[J]. 火力与指挥控制,2015,40(1):92-95.

[43] 徐玉国,邱静,刘冠军. 基于复杂网络的装备维修保障协同效能优化设计[J]. 兵工学报,2012,32(2):244-251.

[44] NEPUSZ T,VICSEK T. Controlling edge dynamics in complex networks[J]. Nature Physics,2012,8(7):568-573.

[45] COWAN N J,CHASTAIN E J,VILHENA D A,et al. Nodal dynamics,not degree distributions,determine the structural controllability of complex networks[J]. Plos One,2012,7(6):e38398.

[46] REZA HAGHIGHI,HAMIDREZA NAMAZI. Algorithm for identifying minimum driver nodes based on structural controllability[J]. Mathematical Problems in Engineering,2015:192307.

[47] GAO JIANXI,LIU YANG-yU,RAISSA M D'SOUZA. Target Control of Complex Networks[J]. Nature Communications,2014(5):5415.

[48] JOSE C NACHER, TATSUYA AKUTSU. Structural Controllability of Unidirectional Bipartite Networks[J]. Scientific Reports, 2013, 3(4): 1647.
[49] TAO JIA, Márton Pósfai. Connecting core percolation and controllability of complex networks [J]. Scientific Reports, 2014(4): 5379.
[50] 晏杰. 装备保障信息网络身份认证研究[D]. 石家庄:军械工程学院, 2016.
[51] 卢昱, 晏杰, 陈立云, 等. 装备保障信息网络身份认证体系研究[J]. 指挥与控制学报, 2016, 2(2): 134-138.
[52] 张焕国, 罗捷, 金刚, 等. 可信计算研究进展[J]. 武汉大学学报(理学版), 2006, 52(5): 513-518.
[53] 周明天, 谭良. 可信计算及其进展[J]. 电子科技大学学报, 2006, 000(0S1): 116-127.
[54] 袁浩, 等. Internet 接入 · 网络安全[M]. 北京:电子工业出版社, 2011.
[55] 鲜永菊. 入侵检测[M]. 西安:西安电子科技大学出版社, 2009.
[56] 卢鋆, 吴忠望, 王宇, 等. 基于 kNN 算法的异常行为检测方法研究[J]. 计算机工程, 2007(07): 133-134.
[57] 杜志秀, 王宇, 卢昱. 信息网络的安全控制过程[A]. 中国通信学会青年工作委员会. 第一届中国高校通信类院系学术研讨会论文集[C]. 中国通信学会青年工作委员会:中国通信学会青年工作委员会, 2007: 6.
[58] 吴建平, 林嵩, 徐恪, 等. 可演进的新一代互联网体系结构研究进展[J]. 计算机学报, 2012, 35(6): 1094-1108.
[59] 左青云, 陈鸣, 赵广松, 等. 基于 OpenFlow 的 SDN 技术研究. 软件学报, 2013, 24(5): 1078-1097.
[60] 陆骏. 基于软件定义网络的多控制器部署问题研究[D]. 大连:大连理工大学, 2015.
[61] 马文婷. 基于 OpenFlow 的 SDN 控制器关键技术研究[D]. 北京:北京邮电大学, 2015.
[62] 柯有运. 面向 SDN 的路由算法研究[J]. 中国科技信息, 2014(22): 131-134.
[63] 董占丽. 基于 SDN 的农垦 EDRP 路由协议研究. 信息技术, 2014, 38(3): 198-202.
[64] 梁昊驰. SDN 可扩展路由及流表资源优化研究[D]. 北京:中国科学技术大学, 2015.
[65] 杨建选. 基于 OpenFlow 网络的分层路由技术研究[D]. 杭州:杭州电子科技大学, 2012.
[66] Fernandez M P. Comparing OpenFlow Controller Paradigms Scalability: Reactive and Proactive [C]. Advanced Information Networking and Applications. IEEE Computer Society, 2013: 1009-1016.
[67] PHAN X T, THOAI N, KUONEN P. A collaborative model for routing in multi-domains OpenFlow networks[C]. Computing Management and Telecommunications. IEEE, 2013: 278-238.
[68] 刘帆, 杨明. 一种用于云存储的密文策略属性基加密方案[J]. 计算机应用研究, 2012, 029(004): 1452-1456.
[69] 徐小龙, 周静岚, 杨庚. 一种基于数据分割与分级的云存储数据隐私保护机制[J]. 计算机科学, 2013, 40(002): 98-102.
[70] 孙辛未, 张伟, 徐涛. 面向云存储的高性能数据隐私保护方法[J]. 计算机科学, 2014(05): 143-148.
[71] BELLO-ORGAZ G, JUNG J J, CAMACHO D. Social big data: Recent achievements and new chal-

lenges[J]. Information Fusion,2016,28:45-59.

[72] LI K,ZHENG X,RONG C. Machine Learning Based Scalable and Adaptive Network Function Virtualization [C]// International Workshop on Multi - disciplinary Trends in Artificial Intelligence. Springer International Publishing,2015:397-404.

[73] ARTEAGA C H T,RISSOI F,RENDON O M C. An adaptive scaling mechanism for managing performance variations in network functions virtualization: A case study in an NFV - based EPC [C]// International Conference on Network and Service Management. IEEE Computer Society, 2017:1-7.

[74] 黄韬,刘江,霍如,等.未来网络体系架构研究综述[J].通信学报,2014,35(8):184-197.

[75] 谢高岗,张玉军,李振宇,等.未来互联网体系结构研究综述[J].计算机学报,2012,35(6):1109-1119.